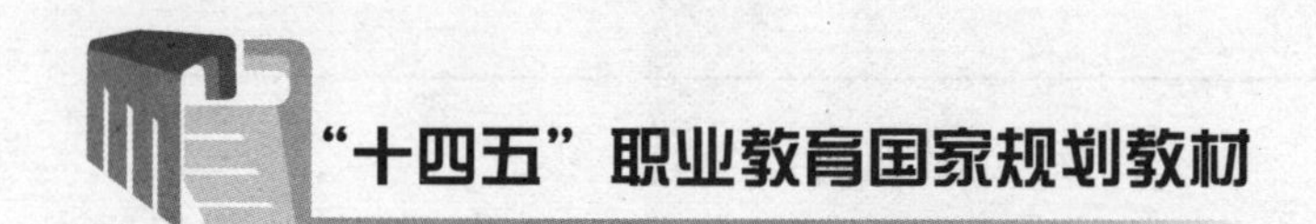

数控编程与加工技术

（第3版）

主　编　董建国　龙　华　肖爱武

副主编　黄登红　张　云

参　编　陈志坚　陈年华

北京理工大学出版社

BEIJING INSTITUTE OF TECHNOLOGY PRESS

图书在版编目（CIP）数据

数控编程与加工技术 / 董建国，龙华，肖爱武主编. —3 版. —北京：北京理工大学出版社，2019.9（2024.12重印）

ISBN 978－7－5682－7673－3

Ⅰ.①数…　Ⅱ.①董…②龙…③肖…　Ⅲ.①数控机床－程序设计②数控机床－加工　Ⅳ.①TG659

中国版本图书馆 CIP 数据核字（2019）第 220532 号

出版发行 / 北京理工大学出版社有限责任公司
社　　址 / 北京市海淀区中关村南大街 5 号
邮　　编 / 100081
电　　话 /（010）68914775（总编室）
（010）82562903（教材售后服务热线）
（010）68944723（其他图书服务热线）
网　　址 / http：//www.bitpress.com.cn
经　　销 / 全国各地新华书店
印　　刷 / 三河市华骏印务包装有限公司
开　　本 / 787 毫米×1092 毫米　1/16
印　　张 / 21
字　　数 / 470 千字
版　　次 / 2019 年 9 月第 3 版　2024 年 12 月第 10 次印刷
定　　价 / 49.90 元

责任编辑 / 陆世立
文案编辑 / 陆世立
责任校对 / 周瑞红
责任印制 / 李志强

图书出现印装质量问题，请拨打售后服务热线，本社负责调换

前　言

随着我国制造产业结构发生的巨大变化，机械产品数量和品种在不断地增加，用户对产品的性能和精度提出了越来越高的要求，质量和效率已经成为企业生存和发展的关键。党的二十大对教育、科技、人才工作的统筹与部署，为职业教育改革创新和高质量发展提供了前所未有的政策支持和历史机遇。围绕“建设现代产业体系，推进新型工业化，加快建设制造强国”的目标，培养大批能熟练掌握数控机床编程、操作、修理和维护的应用性高技能人才成了目前最迫切的需求。

本教材本着“突出技能、重在实用、强化基础、够用为度”的指导思想，结合本课程的具体情况和教学实践来编写的。本书将传统的“数控加工工艺艺编程”和“数控加工实训”等课程的主要内容进行有机整合，形成新的课程体系。在编写本书过程中，注重理论与实践相结合，突出能力培养，强化实践教学充分发挥学生的潜力，提高学生的创新意识。本书贯彻工学结合的原则，以 FANUC 数控系统为基础，结合实际产品加工的典型实例，较全面地论述了数控加工主要工艺，数控车床、数控铣床、加工中心的程序编制、机床操作与零件加工。所有实例的数控加工程序都附有详细、清晰的注释说明。每节后都设有习题，便于学生更好地掌握所学内容。

本书的主要特点：一是根据高等职业教育的培养目标和教育特点，将数控加工必需的数控加工工艺规程的制订、数控编程、数控机床操作、典型零件加工有机地联系在一起，培养学生合理而规范地编制零件数控加工程序的能力、典型零件的加工能力；二是选材注意实用性和代表性，尤其是典型零件的编程实例大都是近年来各编者学校开展培训和考证以及参加国家技能竞赛的学生进行训练的零件，部分是从生产实践中选材，全面介绍典型零件从分析零件图到编制数控加工程序、机床操作、零件加工的全部过程，注重了学生的工艺分析、数控编程与加工技能的培养。

全书以工艺、编程、操作、加工为主线，分别介绍数控车床、数控铣床、加工中心、电火花、线切割等数控机床的数控加工工艺、数控加工程序编制、数控机床操作和典型零件加工方法。在体系上力求新颖，文字力求准确，选图力求简练，适用！在内容的取舍与深度的把握上，注重重点突出、理论联系实际，以及学生在程序编制与零件加工两方面能力的培养。

本书第 1、2、3 章由湖南工业职业技术学院数控技术专业指导委员会副主任委员董建国教授编写，第 4 章由长沙航空职业技术院黄登红教授编写，第 5 章由湖南化工职业技术学院肖爱武教授编写，第 6、7 章由湖南职业技术学院龙华教授编写。全书由黄登红教授担任主审。湖南工业职业技术学院数控中心张云、陈志坚、陈年华等老师参与了部分内容的编写与实践验证。

由于编者经验不足，书中存在缺点和错误在所难免，恳请广大读者批评指正。

编　者

目　录

第 1 章

绪　论

素养小贴士

学习目标

- 了解数控机床的工作原理与基本结构
- 了解数控机床的分类与加工特点
- 了解数控机床的适用范围和发展趋势

素养目标

- 培育学生用普遍联系的、全面系统的、发展变化的观点观察事物的能力；
- 培养学生进行归纳总结的习惯与能力。

1.1　数控机床概述

数字控制机床（Numerical Control Machine Tool）简称数控机床，是一种装有程序控制系统（数控系统）的自动化机床。该系统能够逻辑地处理由其他符号编码指令（刀具移动轨迹信息）所组成的程序。这种机床是一种综合运用了计算机技术、自动控制、精密测量和机械设计等新技术的机电一体化典型产品。数控机床较好地解决了复杂、精密、小批量、多品种的零件加工问题，是一种柔性的、高效能的自动化机床。

1.1.1　数控机床的工作原理与机床结构

1. 数控机床工作原理

按照零件加工的技术要求和工艺要求，编写零件的加工程序，然后将加工程序输入到数控装置，通过数控装置控制机床的主轴运动、进给运动、更换刀具、工件的夹紧与松开、润滑泵的开与关，使刀具、工件和其他辅助装置严格按照加工程序规定的顺序、轨迹和参数进行工作，从而加工出符合图纸要求的零件。

2. 数控机床结构

数控机床主要由控制介质、数控装置、伺服系统和机床本体四个部分组成，如图 1-1 所示。

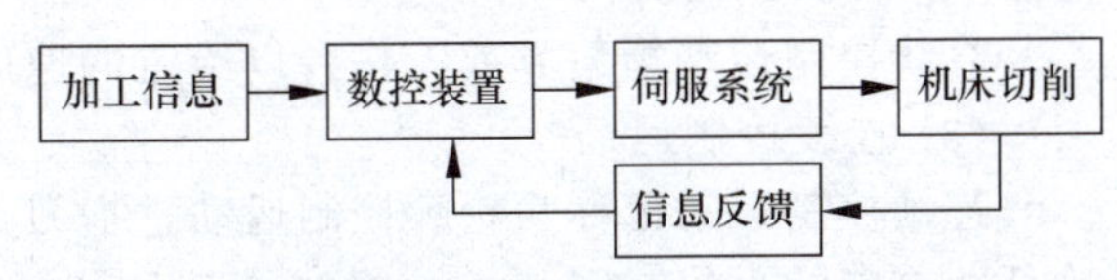

图 1-1　数控机床的加工过程

（1）控制介质

控制介质以指令的形式记载各种加工信息，如零件加工的工艺过程、工艺参数和刀具运动等。将这些信息输入到数控装置，控制数控机床便对零件切削加工。

（2）数控装置

数控装置是数控机床的核心，其功能是接受输入的加工信息，经过数控装置的系统软件和逻辑电路进行译码、运算和逻辑处理，向伺服系统发出相应的脉冲，并通过伺服系统控制机床运动部件按加工程序指令运动。

（3）伺服系统

伺服系统由伺服电机和伺服驱动装置组成，通常所说的数控系统是指数控装置与伺服系统的集成，因此说伺服系统是数控系统的执行系统。数控装置发出的速度和位移指令控制执行部件按进给速度和进给方向移动。每个进给运动的执行部件都配备一套伺服系统，有的伺服系统还有位置测量装置，直接或间接测量执行部件的实际位移量，并反馈给数控装置，对加工的误差进行补偿。

（4）机床本体

数控机床的本体与普通机床的基本类似，不同之处是数控机床结构简单、刚性好，传动系统采用滚珠丝杠代替普通机床的丝杠和齿条传动，主轴变速系统采用简化了的齿轮箱，普遍采用变频调速和伺服控制。

1.1.2 数控机床分类

数控机床可以根据不同的方法进行分类，常用的分类方法有按数控机床加工原理分类、按数控机床运动轨迹分类和按进给伺服系统控制方式分类。

1. 按数控机床加工原理分类

按数控机床加工原理可把数控机床分为普通数控机床和特种加工数控机床。

（1）普通数控机床

如数控车床、数控铣床、加工中心、车削中心等各种普通数控机床，其加工原理是用切削刀具对零件进行切削加工。

（2）特种加工数控机床

如线切割数控机床，对硬度很高的工件进行切割加工；如电火花成型加工数控机床，采用电火花原理对工件的型腔进行加工。

2. 按数控机床运动轨迹分类

数控机床运动轨迹主要有三种形式：点位控制运动、直线控制运动和连续控制运动。

（1）点位控制运动

点位控制运动指刀具相对工件的点定位，一般对刀具运动轨迹无特殊要求，为提高生产效率和保证定位精度，机床设定快速进给，临近终点时自动减速，从而减少运动部件因惯性而引起的定位误差。

（2）直线控制运动

直线控制运动指刀具或工作台以给定的速度按直线运动。

（3）连续控制运动

连续控制运动也称为轮廓控制运动，指刀具或工作台按工件的轮廓轨迹运动，运动轨迹为任意方向的直线、圆弧、抛物线或其他函数关系的曲线。这种数控系统有一个轨迹插补器，根据运动轨迹和速度精确计算并控制各个伺服电机沿轨迹运动。

3. 按进给伺服系统控制方式分类

由数控装置发出脉冲或电压信号，通过伺服系统控制机床各运动部件运动。数控机床按进给伺服系统控制方式分类有三种形式：开环控制系统、闭环控制系统和半闭环控制系统。

(1) 开环控制系统

这种控制系统采用步进电机，无位置测量元件，输入数据经过数控系统运算，输出指令脉冲控制步进电机工作，如图 1-2 所示，这种控制方式对执行机构不检测，无反馈控制信号，因此称为开环控制系统。开环控制系统的设备成本低，调试方便，操作简单，但控制精度低，工作速度受到步进电机的限制。

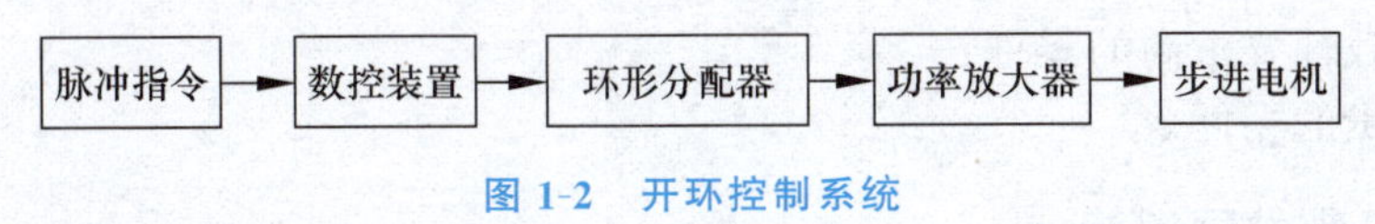

图 1-2 开环控制系统

(2) 闭环控制系统

这种控制系统绝大多数采用伺服电机，有位置测量元件和位置比较电路。如图 1-3 所示，测量元件安装在工作台上，测出工作台的实际位移值并反馈给数控装置。位置比较电路将测量元件反馈的工作台实际位移值与指令的位移值相比较，用比较的误差值控制伺服电机工作，直至到达实际位置，误差值消除，因此称为闭环控制。闭环控制系统的控制精度高，但要求机床的刚性好，对机床的加工、装配要求高，调试较复杂，而且设备的成本高。

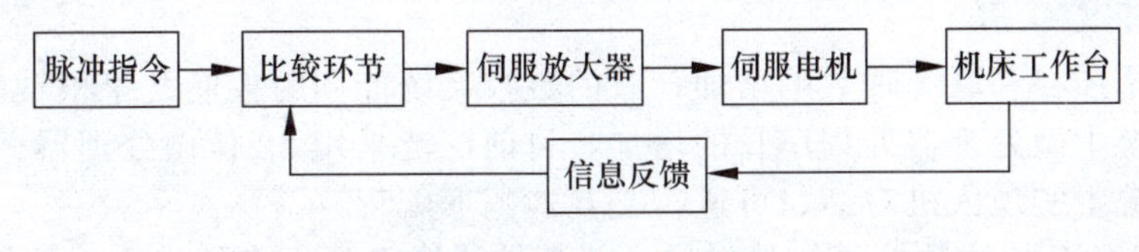

图 1-3 闭环控制系统

(3) 半闭环控制系统（图 1-4）

这种控制系统的位置测量元件不是测量工作台的实际位置，而是测量伺服电机的转角，经过推算得出工作台位移值，反馈至位置比较电路，与指令中的位移值相比较，用比较的误差值控制伺服电机工作。这种用推算间接测量工作台位移的方法，不能补偿数控机床传动链零件的误差，因此称为半闭环控制系统。半闭环控制系统的控制精度高于开环控制系统，调试比闭环控制系统容易，设备的成本介于开环与闭环控制系统之间。

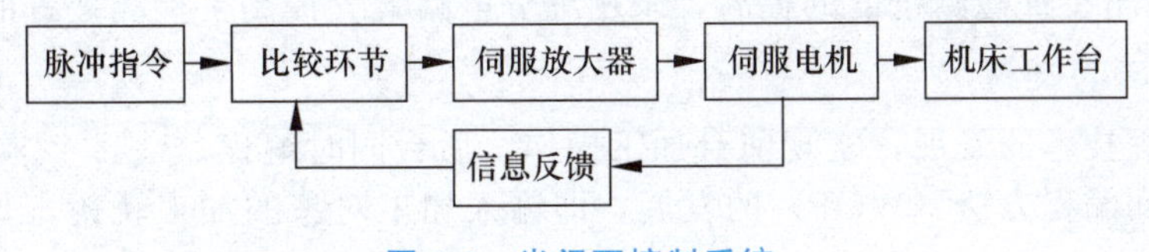

图 1-4 半闭环控制系统

1.1.3 数控机床的加工特点与适用范围

1. 数控机床的加工特点

与传统的加工手段相比，数控加工具有以下特点：

① 自动化程度高。

② 具有加工复杂形状零件的能力。

③ 生产准备周期短。

④ 加工精度高、质量稳定。

⑤ 生产效率高。

⑥ 易于建立计算机通信网络。

2. 数控机床加工适用范围

数控机床适宜加工以下类型的零件：

① 生产批量小的零件（100 件以下）。

② 加工精度高、结构形状复杂的零件，如箱体类，曲线、曲面类零件。

③ 需要进行多次改型设计的零件。

④ 加工一致性要求高的零件。

⑤ 价值昂贵的零件。

1.1.4 数控机床发展趋势

数控机床是 20 世纪 50 年代发展起来的新型自动化机床，较好地解决了形状复杂、精密、小批量零件的加工问题，具有适应性强、加工精度和生产效率高的优点。由于综合了电子计算机、自动控制、伺服驱动、精密测量和新型机械结构等诸方面的先进技术，数控机床的发展日新月异，数控机床的功能越来越强大。数控机床的发展趋势体现在数控功能、数控伺服系统、编程方法、数控机床的检测和监控功能、自动调整和控制技术等方面的发展。

1. 数控功能的扩展

① 数控系统插补和联动轴数的增加，有的数控系统能同时控制几十根轴。

② 数控系统中微处理器处理字长的增加，目前广泛采用 32 位微处理器。

③ 数控系统中实现人机对话、可进行交互式图形编程。

④ 基于 PC 的开放式数控系统的发展，使数控系统得到更多硬件和软件的支持。

2. 数控伺服系统的发展

① 交流伺服系统替代直流伺服系统。

② 前馈控制技术的发展，增加了速度指令控制，使跟踪滞后误差减小。

③ 高速电主轴和程序段超前处理技术（Look Ahead）使高速小线段加工得以实现。

④ 多种补偿技术的发展与应用，如机械静摩擦与动摩擦非线性补偿，机床精度误差的补偿和切削热膨胀误差的补偿。

(5) 位置检测装置检测精度的提高，采用细分电路大大提高了检测装置的分辨率。

3. 编程方法的发展

① 在线编程技术的发展，实现前台加工操作，后台同时编程。

② 面向车间编程方法（WOP）的发展，即输入加工对象的加工轨迹，数控系统自动生成加工程序。

③ CAD/CAM 技术的发展，实现计算机辅助设计与辅助制造一体化。

4. 数控机床的检测和监控功能的增强

数控机床在加工过程中对刀具和工件在线检测，发现工件超差、刀具磨损和破损可及时反馈或进行报警处理。

5. 自动调整控制技术的应用

按加工要求，数控系统动态调整工作参数，使加工过程始终达到最佳工作状态。

综上所述，由于数控机床不断采用科学技术发展中的各种新技术，使得其功能日趋完善，数控技术在机械加工中的地位也显得越来越重要，数控机床的广泛应用是现代制造业发展的必然趋势。

1.2 数控系统

随着现代制造业生产方式的发展，生产设备正朝着灵活、多功能、网络化的方向发展，它希望控制器的功能重新配置、修改、扩充和改装甚至重新生成，这样就对控制器产生了“开放”的要求。控制器制造商希望开放式控制器具有更高的性能价格比，具有较高产品竞争力。制造信息的集成化、生产系统的分散化也促进了控制器的开放。日新月异的互联网技术为控制器的开放奠定了物质基础。

开放式体系结构CNC的研究始于1987年美国政府资助下的NGC（Next Generation Controller）项目。其目的是实现基于互操作和分级式软件模块的“开放体系结构的标准规范”SOSAS（Specification for an Open System Architecture Standard）。1994年由美国Chrysler Corp、Ford Motor和General Motors Powertrain Group三大汽车公司提出了OMAC（Open Modular Architecture Controllers）计划，其目标是降低控制器的投资成本和维护费用，提高机床利用率，提供软硬件模块的“即插即用”和高效的控制器重构机制，缩短产品开发周期，从而使系统易于更新换代，尽快跟上新技术的发展，并适应需求的变化。

欧盟在1992年组织了OSACA（Open System Architecture for Control within Automation Systems）项目，其研究目标是自动化系统中的开放式控制系统体系结构。该项目由德国斯图加特大学的ISW研究所主持，联合德、意、法、瑞士、英、西班牙等11个国家的有关研究结构、大学和制造商，投资1 140万欧元，历时4年，于1996年结束。OSACA模型的理想是在标准平台上建立由可自由组合的模块组成的系统，它是诸多开放式控制器研究计划中最为理想的模型。现在，欧洲主要的数控制造商如SIEMENS、BOSCH、NUM、FAGOR等都在开发符合OSACA标准规范的开放式数控系统。

日本在1995年由机床制造商和信息、电子产品企业组建了OSE协会，开展名为OSEC（Open System Environment for Controller Architecture）的研究。项目分两步进行，第一步是“OSEC-Ⅰ设计”的研究，议论的中心问题是开放式控制器的意义和方向，提出了FADL语言，其实质是建立一种有多家公司支持的中性语言，以这种中性语言作为用户与控制器的交互界面。第二步是“OSEC-Ⅱ设计”的研究，目标是达到能实际安装的完成度高的体系结构。在OSEC-Ⅱ中，FADL语言进一步发展为OSEL语言，它将终端用户和机械厂家积累的生产技术做成软件包的形式，是一种具有可重复利用特性的新的NC语言。

这些研究项目的主要任务是制定开放式数控系统的体系结构标准规范，以便在这种标准的支持下，各个开发商能开发出具有互换性和互操作性的构成要素模块，通过标准化接口，可将不同制造商提供的要素模块组合成所需要的数控系统。

思考与练习

1. 简述数控机床的发展趋势。
2. 试述数控机床的分类。
3. 简述数控机床的工作原理。
4. 试分析三种伺服控制系统的控制特点。
5. 试述数控系统的发展现状。

第 2 章

数控编程基础

素养小贴士

学习目标

- 了解数控机床的坐标系
- 掌握数控机床的编程的基本格式
- 掌握数控机床功能字的含义

素养目标

- 培育学生劳动精神、奋斗精神；
- 通过分组学习培养学生团队协作的精神。

2.1 数控编程概述

数控机床是按照预先编好的数控程序自动地对工件进行加工的高效自动化设备。数控程序除了能保证加工出符合图样要求的合格零件外，还应该充分发挥、利用数控机床的各种功能，使数控机床能安全、可靠、高效地工作。

在数控机床上加工零件时，要把待加工零件的全部工艺过程、工艺参数，以代码的形式记录在控制介质上，用控制介质上的信息来控制机床，实现零件的全部加工过程。将从零件图纸到获得数控机床所需的控制介质的全部过程，称为程序编制。记录工艺过程、工艺参数的表格，称为“零件加工程序单”，简称“程序单”。

1. 数控编程的内容和步骤

(1) 数控编程的内容

数控编程的主要的内容有：分析零件图样，确定加工工艺过程，进行数值计算，编写零件加工程序，制作控制介质，进行程序检验和首件试切。

(2) 数控编程的步骤

数控编程的步骤如图 2-1 所示。

1) 分析零件图。编程人员要根据图样对工件的材料、形状、尺寸、精度以及毛坯形状及技术要求等进行分析。通过分析，可以确定该零件是否适宜在数控机床上加工或确定在哪种机床上加工。有时还要确定在某台数控机床上加工该零件的工序或表面。

2) 确定加工工艺过程。在分析零件图样的基础上，确定零件的加工方法和加工路线，选定加工刀具并确定切削用量等工艺参数。

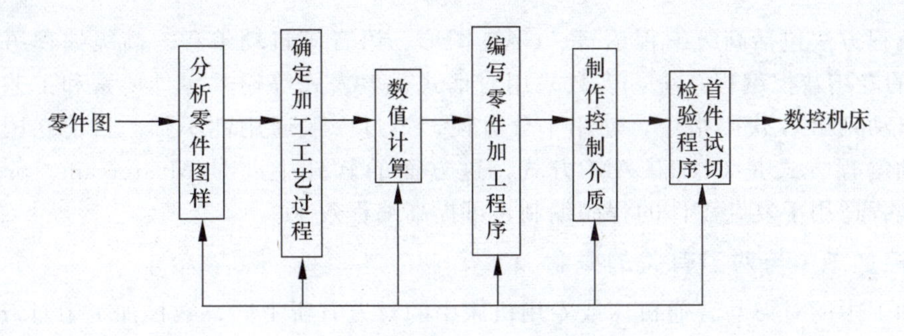

图 2-1　数控编程的步骤

3）数值计算。根据零件图的几何尺寸确定工艺路线及设定坐标系，计算零件粗、精加工运动的轨迹，得到刀位数据。对于由圆弧和直线组成的简单零件，只要求计算零件轮廓上各几何元素的交点或切点的坐标，得出各几何元素的起点、终点以及圆弧圆心的坐标值。如果数控系统无刀具补偿功能，还应该计算刀具中心的运动轨迹。对于由非圆曲线组成的复杂零件，由于数控机床通常只具有直线和平面圆弧插补功能，因而只能采用直线段或圆弧段逼近的方法进行加工，这时就要计算逼近线段和被加工曲线的交点（即节点）的坐标值。这种数值计算一般要用计算机来完成。对于简单的平面运动轨迹，各几何元素坐标值的计算通常由人工完成。

4）编写程序单。根据计算出的运动轨迹坐标值和已确定的加工顺序、刀具号、切削参数以及辅助动作等，按照规定的指令代码及程序格式，逐段编写加工程序单。

5）制作控介质。将程序单的内容记录在控制介质上，再输入至数控装置。简单程序可以直接用键盘输入至数控装置，但在保存和使用之前，必须经过检验、调试和试切。

6）程序检验与首件试切。检查由于计算和编写程序单造成的错误等。程序校验结束后，必须在机床上试切。如果加工出来的零件不合格，需修改程序再试，直到加工出满足图样要求的零件为止。程序检验方法有：

① 空运行。机床上不装夹工件，空运行程序，通过检查工件和刀具的轨迹、坐标显示值的变化来检验程序；也可把机床锁住，只观察坐标显示值的变化来检验。在数控铣床上加工平面零件时，还可用笔代替刀具，用坐标纸代替工件，进行空运行画图来检验。

② 图形模拟。在具有图形模拟功能的数控机床上，可通过显示进给轨迹或模拟刀具对工件的切削过程，对程序进行检查。

2. 数控编程的方法

数控编程一般分为手工编程和自动编程两种。

（1）手工编制

手工编程是指从分析零件图、确定加工工艺过程、进行数值计算、编写零件加工程序单、制备控制介质到程序校验都是由人工完成的。对于加工形状简单、计算量小、程序不多的零件，采用手工编程较容易，而且经济、及时。因此，在点位加工或由直线与圆弧组成的轮廓加工中，手工编程仍广泛应用。手工编程是数控编程的基础，是数控操作人员必备的知识，我们讲授的内容以手工编程为主。

（2）自动编制

即计算机自动编程，对于形状复杂的零件，特别是具有非圆曲线、列表曲线及曲面组成的零件，用手工编程就有一定困难，出错的概率增大，有时甚至无法编出程序，必须用自动编程的方法编制程序。除拟订工艺方案主要依靠人工完成外，其他工作均由计算机自动完成。自动编程方法包括高级编程语言、CAD图形、语音等自动编程。高级编程语言主要是APT形式的专用数控编程系统，多数采用对话式、填表式等输入零件要素和工艺参数，由编程系统自动列出G代码指令，使用十分方便，不过一般通用性不强。目前在国内，比较流行的自动编程方式是CAD/CAM方式，这方面的软件主要是Mastercam、pro/E、UG等。自动编程适用于复杂零件的程序编制，可提高编程效率。

3. 数控加工中与对刀有关的概念

数控加工中的对刀与普通机床或专用机床中的对刀有所不同，数控加工中对刀的本质是建立工件坐标系，确定工件坐标系在机床坐标系的相对位置，使刀具运动轨迹有一个参考依据。所以关于数控加工中与对刀的有关概念必须掌握。

(1) 刀位点

代表刀具的基准点，也是对刀时的注视点，一般是刀具上的一点。

(2) 起刀点

是刀具相对零件运动的起点，即零件加工程序开始时刀位点的起始位置，而且往往是程序运行的终点。有时也指一段循环程序的起点。

(3) 对刀点与对刀

对刀点是用来确定刀具与工件的相对位置关系的点，是确定工件坐标系与机床坐标系的关系的点。对刀就是将刀具的刀位点对准某一基准点，以便建立工件坐标系。

2.2 数控机床的坐标系

我国机械工业部于1982年颁布了JB3051—1982《数字控机床的坐标和运动方向的命名》标准，该标准与ISO841等效。其命名原则和规定如下。

(1) 刀具相对静止工件而运动的原则

不论机床的具体结构是工件静止、刀具运动，或是工件运动、刀具静止，在确定坐标系时，一律看做是刀具相对静止的工件运动。

(2) 机床坐标的规定

基本坐标轴 X、Y、Z 关系及其正方向用右手直角笛卡儿定则。如图2-2示，在图中，大拇指的方向为 X 轴的正方向，食指的方向为 Y 轴的正方向，中指的方向为 Z 轴的正方向。

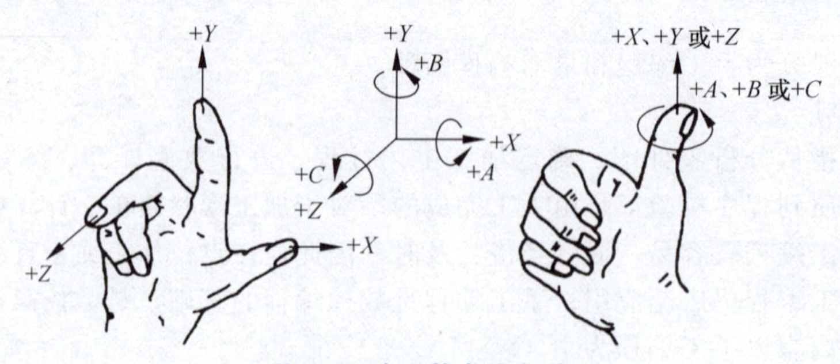

图 2-2 右手笛卡儿定则

(3) 运动方向的规定

增大刀具与工件之间距离的方向为坐标正方向。

2.2.1　数控机床的坐标轴

坐标轴判定的方法和步骤：

1. 先确定 Z 轴

① 主轴或与主轴平行的轴为 Z 轴。

② 有多个主轴时，垂直于工件装夹平面的为主要主轴，平行于该轴的方向为 Z 轴。

③ 无主轴时，垂直于工件装夹平面的方向为 Z 轴。

④ 刀具远离工件的方向为 Z 轴正方向。

2. 再确定 X 轴

① 主轴（Z 轴）带工件旋转的机床，如车床，X 轴分布在径向，平行于横向滑座，刀具远离主轴中心线的方向为正向。

② 主轴（Z 轴）带刀具旋转的机床，如铣、钻、镗床，X 轴是水平的，或平行于工件的装夹平面。

③ 立式机床，主轴垂直布置，由主轴向立柱看，X 轴的正方向指向右。

④ 卧式机床，主轴水平布置，由主轴向工件看，X 轴的正方向指向右。

3. 最后按右手定则确定 Y 轴

Y 轴垂直于 X、Z 坐标轴。Y 轴的正方向根据 X 和 Z 坐标轴正方向按照右手直角笛卡儿定则来判断。如图 2-2 所示。

4. 旋转运动 A、B 和 C

A、B 和 C 表示其轴线分别平行于 X、Y 和 Z 坐标的旋转运动。A、B 和 C 的正方向可右手螺旋定则确定。

5. 附加坐标轴的定义

如果在 X、Y、Z 坐标以外，还有平行于它们的坐标，可分别指定为 U、V、W。若还有第三组运动，则分别指定为 P、Q、R。

几类常见机床的坐标轴表示方法如图 2-3 所示。

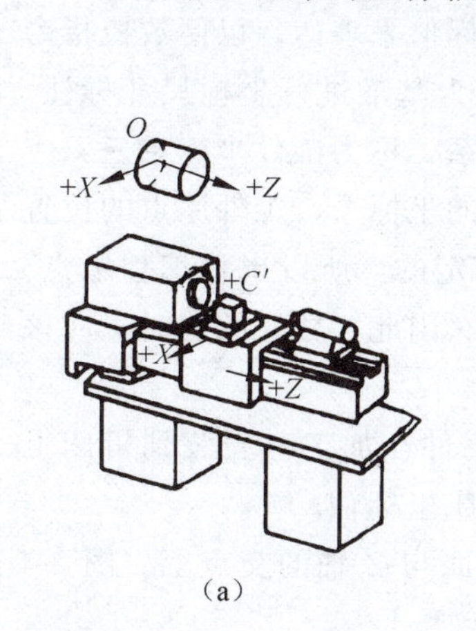

(a)

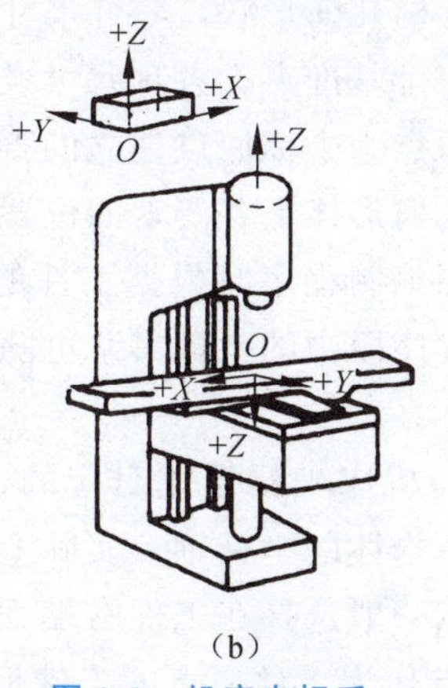

(b)

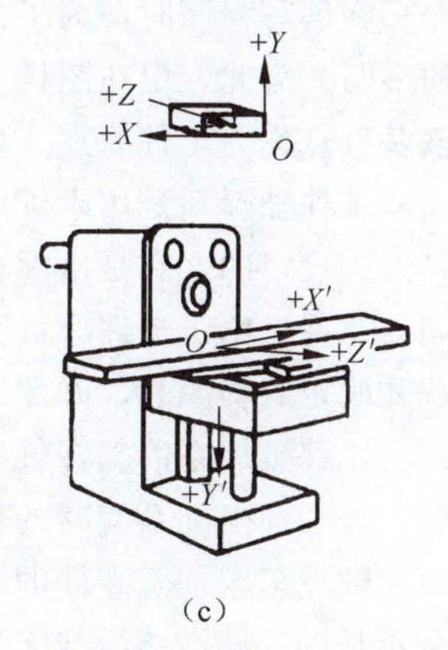

(c)

图 2-3　机床坐标系

(a) 数控车床；(b) 数控立式铣床；(c) 数控卧式铣床

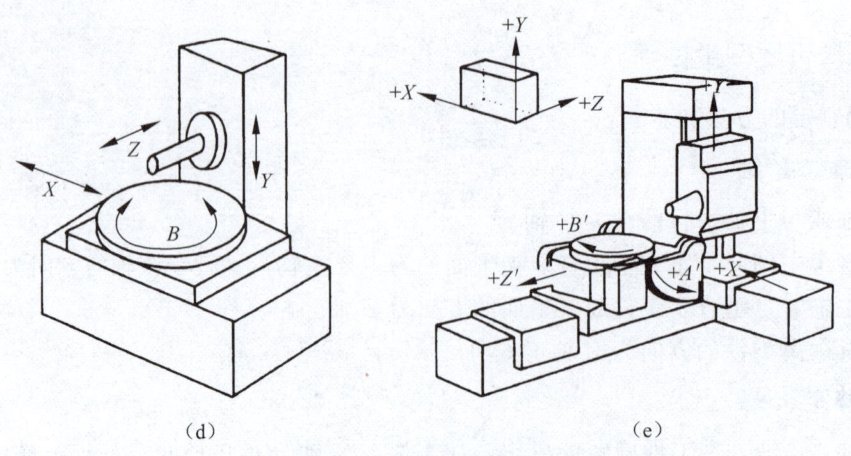

图 2-3　机床坐标系（续）

(d) 4 轴联动数控机床；(e) 5 轴联动加工中心

2.2.2　机床坐标系与工件坐标系

1. 机床坐标系

以机床原点为坐标原点建立起来的 X、Y、Z 轴直角坐标系，称为机床坐标系。机床原点是机床上的一个固定点，也称为机床零点，是数控机床设计制造的参考点。

机床零点是通过机床参考点间接确定的，机床参考点也是机床上的一个固定点，其与机床零点间有一确定的相对位置，一般设置在刀具运动的 X、Y、Z 正向最大极限位置。在机床每次通电之后，工作之前，必须进行回机床零点操作，使刀具运动到机床参考点，其位置由机械行程挡块初定位，然后通过电机零位脉冲精确确定。这样，通过机床回零操作，确定了机床零点，从而准确地建立起机床坐标系，即在数控系统内部建立一个以机床零点为坐标原点的机床坐标系。机床坐标系是机床固有的坐标系，一般情况下，机床坐标系在机床出厂前已经调整好，不允许用户随意变动。

2. 工件坐标系

编程人员在编程时设定的坐标系，称为编程坐标系。

在编写程序时，为了描述零件的几何形状，零件尺寸要用坐标值来表达，以便数控指令的书写。为此，应在图样上设计一个基准点，各项尺寸均以此点为基准进行坐标尺寸标注。该基准点称为工件原点。以工件原点为坐标原点建立的直角坐标系，称为工件坐标系。

工件坐标系是用来确定工件几何形体上各要素的位置而设置的坐标系，工件原点的位置是人为设定的，它是由编程人员在编制程序时根据工件的特点选定的，所以也称编程原点。同一工件，由于工件原点变了，程序段中的坐标尺寸也随之改变。因此，数控编程时，应该首先确定编程原点，确定工件坐标系。

工件坐标系的坐标轴应该是与机床坐标系相对应的，因为工件在加工时安装到机床上后，按工件坐标系编写的程序中所描述的坐标轴，实际上是指机床坐标轴。

数控车床加工零件的工件原点一般选择在工件右端面、左端面与 Z 轴的交点上。图 2-4 所示是以工件右端面与 Z 轴的交点作为工件原点的工件坐标系。

数控铣床加工零件的工件原点选择时应该注意：工件原点应选在零件图的尺寸基准上，

对于对称零件，工件原点应设在对称中心上；对于一般零件，工件原点设在工件外轮廓的某一角上，这样便于坐标值的计算。对于 Z 轴方向的原点，一般设在工件上表面，并尽量选在精度较高的工件表面上。

编程原点在数控机床上的确定，是在工件装夹完毕后，通过对刀操作来实现的。工件坐标系与机床坐标系的关系如图 2-5 所示。

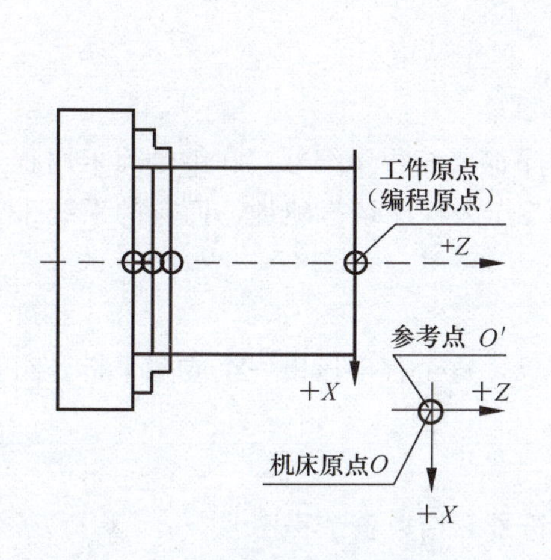

图 2-4　工件原点与机床原点的关系

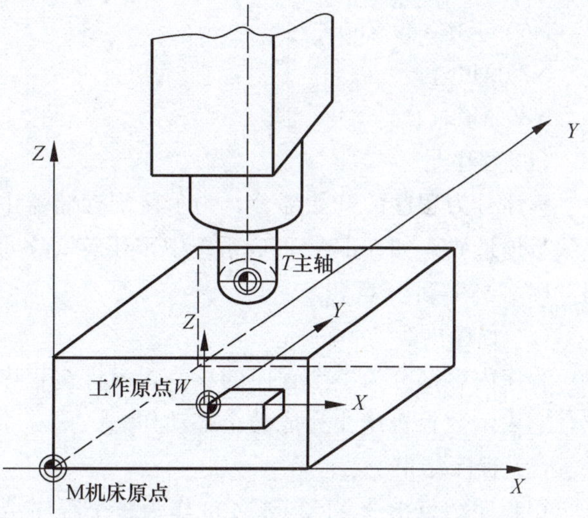

图 2-5　工件坐标系与机床坐标系的关系

3. 绝对坐标与相对坐标

① 绝对坐标：是刀具（或工作台）运动轨迹的坐标值，是相对于某一固定的编程坐标原点 O 计算的坐标系。

② 相对坐标：是刀具（或工作台）运动轨迹的坐标值，是以前一运动位置为零点进行相对位移量计算的坐标系。

2.3　编程格式

数控加工程序是由一系列机床数控装置能辨识的指令有序结合而构成的，可分为程序号、程序段和程序结束等几个部分。

2.3.1　程序的结构与格式

1. 程序的结构

一个完整的程序由程序号、程序内容和程序结束三部分组成。

例如：

```
O0001;                                程序号
N10 G92 X60 Z50;
N20 M03 S600;
N30 T01;
N40 G00 X40 Z0;                       程序内容
N50 G01 Z-20 F50;
N60 G00 X60 Z50;
N70 M05;
N80 M02;                              程序结束
```

（1）程序号

程序号为程序的开始部分，为了区别存储器中的程序都要有程序编号，在编号前采用程序编号地址码。如在 FANUC 系统中采用英文字母“O”作为程序编号地址，而有的系统采用“P”“%”“:”等。

（2）程序内容

程序内容部分为整个程序的核心，由许多程序段组成，每个程序段由一个或多个指令组成，它表示数控机床要完成的全部动作。

（3）程序结束

用程序结束指令 M02 或 M03 作为整个程序结束的符号，结束整个程序。

2. 程序段格式

程序段格式是指程序段中字、字符和数据的安排形式。它是由表示地址的英文字母、特殊文字和数字集合而成。具体格式见表 2-1。

表 2-1　程序段格式

N_	G_	X_ Y_ Z_	…	F_	S_	T_	M_	LF_
行号	准备功能	位置代码	其他坐标	进给速度	主轴转速	刀具号	辅助功能	行结束

3. 程序功能字

功能字是数控加工程序基本组成单元，功能字是描述机床具体动作或表示零件某一结构特征或机床某种工作状态的。功能字的定义见表 2-2。在数控编程中，26 个英文字母都有定义。在现在的数控系统中，一般不区分大小写字母。其中表示坐标值的功能字称为尺寸字，其他的功能字称为非尺寸字。X、Y、Z、U、V、W、P、Q、R、I、J、K、A、B、C 是尺寸字，其他是非尺寸字。

表 2-2　地址字中英文字母的含义

英文字母	意　义	字结构	举　例
O、P	程序号、子程序号	O（P）＋四位数字	O1234
N	程序段号	N＋2～4 位数字	N05，N100
X、Y、Z	第一坐标系坐标值	X（Y、Z）＋坐标值	X15，Y50
U、V、W	第二坐标系坐标值	同上	U23，W50
P、Q、R	第三坐标系坐标值	同上	P100，Q20
A、B、C	绕 X、Y、Z 坐标的转动坐标值	同上	A90，B45
I、J、K	圆弧中心坐标	同上	I30，J10，K5
D、H	补偿号指定，附加旋转坐标	同上	D001，H10
G	准备功能字	G＋两位数字	G01，G02
M	辅助功能字	M＋两位数字	M02，M30

续表

英文字母	意　义	字结构	举　例
F	进给速度字	F+进给速度值	F300
S	主轴转速字	S+主轴转速	S1000
T	刀具功能字	T+两位数或四位数字	T0101
L	子程序调用次数	L+子程序调用次数	L5

功能字也叫功能指令。功能指令分为模态指令和非模态指令两种。模态指令是指功能指令在数控程序中一直起作用，直到被同一组其他指令所取代才失去作用，这样的指令叫模态指令。只在指令程序段中起作用的功能指令叫非模态指令。

(1) G 准备功能字

G 准备功能字是数控系统的主要功能字，它是描述数控机床插补动作的，是数控加工程序中最复杂的功能字。ISO 标准规定，G 功能由字母 G 与两个十进制阿拉伯数字组成，从 G00～G99 共 100 条。但有些系统并没有遵守这一规定，因此，G 功能指令具体功能要参阅系统编程说明书。表 2-3 是 FANUC 0i 系统常用的 G 功能代码。

表 2-3　FANUC 0i 系统常用 G 功能代码

G代码			组	功　能	代　码			组	功能
A	B	C			A	B	C		
G00	G00	G00	01	★快速定位	G70	G70	G72	00	精加工循环
G01	G01	G01		直线插补（切削进给）	G71	G71	G73		外径/内径粗车复合循环
G02	G02	G02		圆弧插补（顺时针）	G72	G72	G74		端面粗车复合循环
G03	G03	G03		圆弧插补（逆时针）	G73	G73	G75		轮廓粗车复合循环
G04	G04	G04	00	暂停	G74	G74	G76		排屑钻端面孔（沟槽加工）
G10	G10	G10		可编程数据输入	G75	G75	G77		外径/内径钻孔
G11	G11	G11		可编程数据输入方式取消	G76	G76	G78		多头螺纹复合循环
G20	G20	G70	06	英制输入	G80	G80	G80	10	固定钻循环取消
G21	G21	G71		★米制输入	G83	G83	G83		钻孔循环
G27	G27	G27	00	返回参考点检查	G84	G84	G84		攻丝循环
G28	G28	G28		返回参考位置	G85	G85	G85		正面镗循环
G32	G33	G33	01	螺纹切削	G87	G87	G87		侧钻循环
G34	G34	G34		变螺距螺纹切削	G88	G88	G88		侧攻丝循环
G36	G36	G36	00	自动刀具补偿 X	G89	G89	G89		侧镗循环
G37	G37	G37		自动刀具补偿 Z	G90	G77	G20	01	外径/内径自动车削循环
G40	G40	G40	07	★取消刀尖半径补偿	G92	G78	G21		螺纹自动车削循环
G41	G41	G41		刀尖半径左补偿	G94	G79	G24		端面自动车削循环
G42	G42	G42	00	刀尖半径右补偿	G96	G96	G96	02	恒表面切削速度循环
G50	G92	G92		坐标系、主轴最大速度设定	G97	G97	G97		恒表面切削速度控制取消
G52	G52	G52	00	局部坐标系设定	G98	G94	G94	05	每分钟进给
G53	G53	G53		机床坐标系设定	G99	G95	G95		★每转进给
G54～G59			14	选择工件坐标系 1～6		G90	G90	03	绝对值编程
G65	G65	G65	00	调用宏程序		G91	G91		增量值编程

注：

① FANUC 0i 控制器的 G 功能有 A、B、C 三种类型，一般 CNC 车床大多设定成 A 型，而数控铣床或加工中心设定成 B 型或 C 型。所以这里只介绍 A 型的 G 功能。

② G 功能以组别可区分为两大类。属于“00”组别者，为非模态代码或非续效指令，意即该指令的功能只在该程序段执行时发生效用，其功能不会延续到下面的程序段。属于“非 00”组别者，为模态代码或续效指令，意即该指令的功能除在该程序段执行时发生效用外，若下一程序段仍要使用相同功能，则不需再指令一次，其功能会延续到下一程序段，直到被同一组别的指令取代为止。

③ 不同组别的 G 功能可以在同一程序段中使用。但若是同一组别的 G 功能，在同一程序段中出现两个或两个以上时，则以最后面的 G 功能有效。

④ 上列 G 功能表中有“★”记号的 G 代码，是表示数控机床一经开机后或按了 RESET 键后，即处于此功能状态。这些预设的功能状态，是由数控系统内部的参数设定的，一般都设定成表 2-3 所示状态。

（2）M 辅助功能字

M 辅助功能字是数控系统中描述机床主轴动作、切削液开关、夹具动作等其他辅助动作的功能字，是数控系统中又一种复杂的功能字。ISO 标准规定，M 功能由字母 M 与两个十进制阿拉伯数字组成，从 M00～M99 共 100 条。表 2-4 为常用辅助功能的 M 代码、含义及用途。

表 2-4 常用辅助功能的 M 代码、含义及用途

功 能	含 义	用 途
M00	程序停止	程序暂停，执行此指令后，主轴的转动、进给、切削停止，但模态信息全部被保存，以便进行某一手动操作，如换刀、测量等。按下循环启动，机床重新启动，继续执行后面的程序
M01	选择停止	功能与 M00 相似，不同的是，M01 只有在预先按下控制面板上“选择停止开关”按钮的情况下，程序才会停止
M02	程序结束	表示程序全部结束。此时主轴停止、进给停止、切削液关闭，机床处于复位状态，光标停留在程序结束位置
M03	主轴正转	从主轴向 Z 轴正方向看，主轴顺时针转动
M04	主轴反转	主轴逆时针转动
M05	主轴停止转动	主轴停止转动
M06	换刀	用于加工中心自动换刀。当执行 M06 时，进给停止，但主轴、切削液不停
M07	冷却液开	表示 2 号冷却液或雾状冷却液开
M08	冷却液开	表示 1 号冷却液或液状冷却液开
M09	冷却液关	关闭冷却液
M30	程序结束	与 M02 基本相同，但 M03 能自动返回程序起始位置
M98	子程序调用	用于子程序调用
M99	子程序返回	用于子程序结束及返回主程序

（3）F 进给功能字

表示刀具插补运动时刀位点的速度。它由字母 F＋若干位数组成。这个数的单位取决于进给速度的指定方式。进给方式主要有每分钟进多少毫米（mm/min）和每转进多少毫米（mm/r）两种方式，它由 G 功能字来区分。螺纹加工时 F 后面的数字为螺纹导程。

如：G94 … F100 表示进给速度为 100 mm/min；G95 … F0.8，表示进给速度为 0.8 mm/r。还有一些有级调速的系统，采用代码来表示进给速度，如 F11，表示进给速度为第 11 级，具体数值要与机床使用说明书对照。在本书中今后如没有指明是哪一种进给方式，就默认为每种进给方式，多数数控系统也是这样规定的。

（4）S 主轴功能字

表示机床主轴的转速。由字母 S＋若干位数组成，有如下两种表达方式。

① G96 S300 G50 S2000，表示主轴恒线速度切削，转速为 300 m/min，限定主轴最高转速为 2 000 r/min。

② G97 S1500，表示主轴为恒转速切削，转速为 1 500 r/min。

（5）T 刀具功能字

表示机床当前刀具的刀位号，或者表示当前刀具刀位号和刀补号，如果只表示刀位号，则用 T＋两位数表示，如 T03，表示当前调用刀具是 03 号刀；如果表示刀位号和刀补号，则用四位数表示。如 T0202，前面的两位数 02 表示当前调用 02 号刀，后面的两位数表示调用存储单元的刀具补偿号是 02 号。

2.3.2 程序编制中的数值计算

根据零件图样，按照已确定的加工路线和允许的编程误差，计算编程时所需要的有关各

点的坐标值，称为数值计算。对于一些由圆弧、直线组成的简单的平面零件，能够通过数学方法（三角函数、解析几何等）手工计算出有关各点的坐标值；对于复杂零件能借助于计算机完成数值计算或直接采用计算机自动编程。

1. 基点

一个零件的轮廓曲线可能由许多不同的几何元素所组成。如直线、圆弧、二次曲线等。各几何元素之间的连接点称为基点。例如两直线的交点、直线与圆弧的交点或切点、圆弧与二次曲线的交点或切点等。基点坐标是编程的重要数据。如图 2-6 所示，图中的 A、B、C、D、E 即为基点。

2. 节点

数控机床通常只有直线和圆弧插补功能，如要加工圆、双曲线、抛物线等曲线时，只能用直线或圆弧去逼近被加工曲线。逼近线段与被加工曲线的交点称为节点。如图 2-7 所示，图中的 A、B、C、D、E 等即为节点。在编程时，要计算出节点的坐标，并按节点划分程序段。

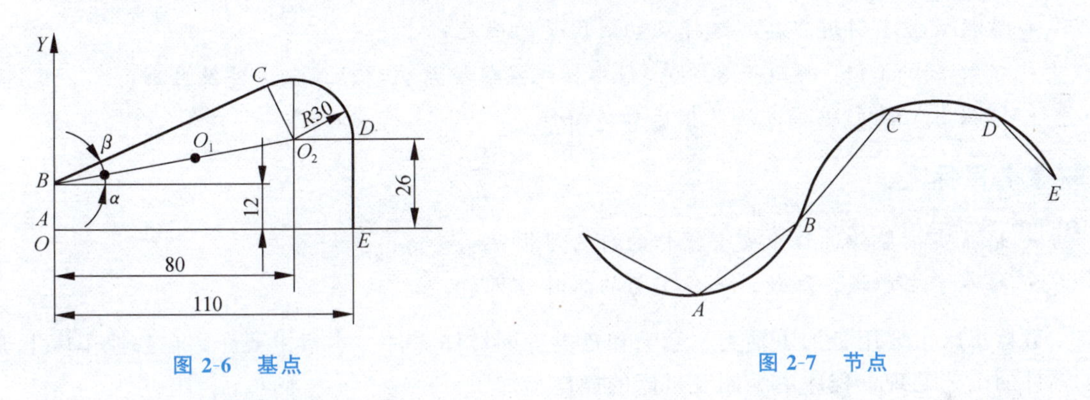

图 2-6　基点　　图 2-7　节点

3. 刀具中心轨迹的计算

在编程过程中，有时编程轨迹和零件轮廓并不完全重合。对于没有刀具半径补偿功能的机床，当零件轮廓节点数据算出以后，还要计算刀具中心轨迹的数据，将此数据输入数控系统，便可控制机床刀具中心轨迹运动，由刀具外圆加工出零件形状。对于有刀具半径补偿功能的机床，只要程序中加入有关的补偿指令，就会在加工中进行自动偏置补偿。

思考与练习

1. 数控编程的方法有哪些？
2. 简述数控编程的一般步骤。
3. 什么叫刀位点？什么叫起刀点？
4. 简述机床坐标系命名原则和规定。
5. 机床坐标系与工件坐标系的区别是什么？
6. 如何选择合理的编程原点？
7. 简述机床原点、机床参考点、关键坐标系原点的概念。
8. 什么叫基点？什么叫节点？

第 3 章

数控车床的编程与加工

素养小贴士

学习目标

- 了解数控车削的加工对象
- 熟悉数控车削加工工艺
- 掌握数控车削用刀具的选择及切削用量的确定
- 了解 FANUC、西门子 802D、华中世纪星数控系统程序编制方法及区别
- 掌握 FANUC 编程方法及机床加工操作

素养目标

- 培养实训操作过程中安全操作的行为习惯；
- 培养学生严谨、细致、一丝不苟的工作作风。

数控车床主要用于加工轴类、套类和盘类等回转体零件。本章主要介绍在数控车床上加工零件的工艺处理、程序的编制及机床的操作与加工。

3.1 数控车床简介

3.1.1 数控车床的分类

1. 按数控系统的功能水平分类

(1) 经济型数控车床（图 3-1）

经济型数控车床又称简易型数控车床，一般以卧式车床的机械结构为基础，经改进设计或改造而成。一般采用由步进电动机驱动的开环伺服系统，其控制部分采用单板机或单片机实现。此类车床结构简单、价格低，但缺少一些刀尖圆弧半径自动补偿和恒表面线速度切削等功能，加工精度不高。多用于对加工精度要求不太高的大批量或中等批量零件的车削加工。

(2) 标准型数控车床（图 3-2）

通常所说的“数控车床”指的就是标准型数控车床，又称为全功能型数控车床。它的控制系统是标准型的，具有高分辨率的 CRT 显示器，具有各种显示、图形仿真、刀具补偿等功能，带有通信或网络接口，采用闭环或半闭环控制的伺服系统，可以进行多个坐标轴的控制，具有高刚度、高精度和高效率等特点。

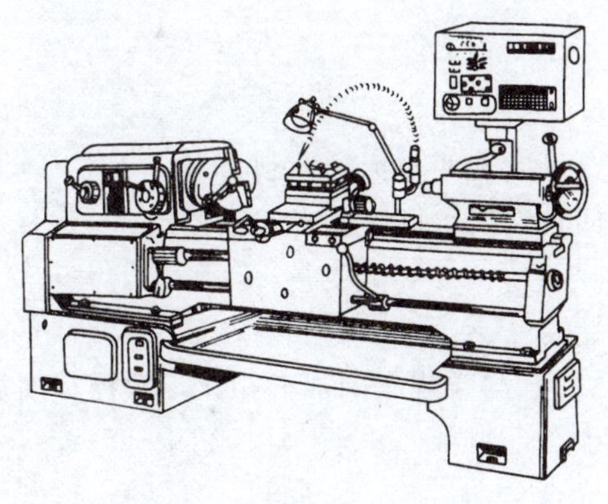

图 3-1　经济型数控车床

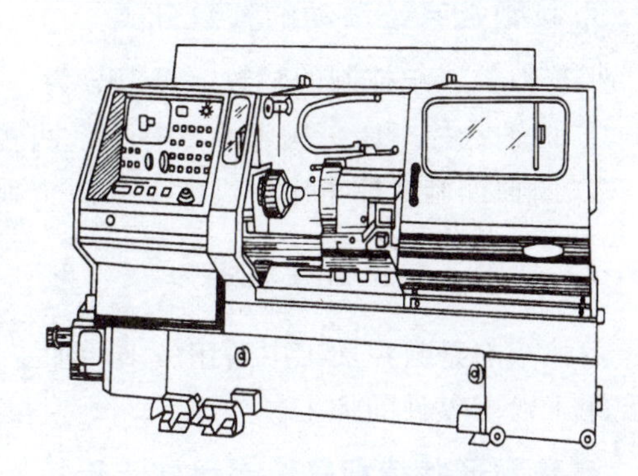

图 3-2　标准型数控车床

（3）车削中心

车削中心是以标准型数控车床为主体，配备刀库、自动换刀器、分度装置、铣削动力头和机械手等部件，实现多工序复合加工的车床。在车削中心上，工件在一次装夹后，可以完成回转类零件的车、铣、钻、铰、螺纹加工等多种加工工序的加工。车削中心的加工功能全面，加工质量和速度都很高，但价格比较高。

（4）FMC 车床（图 3-3）

FMC 车床是由数控车床、机器人等构成的系统，实现工件搬运、装卸自动化和加工调整准备的自动化操作。

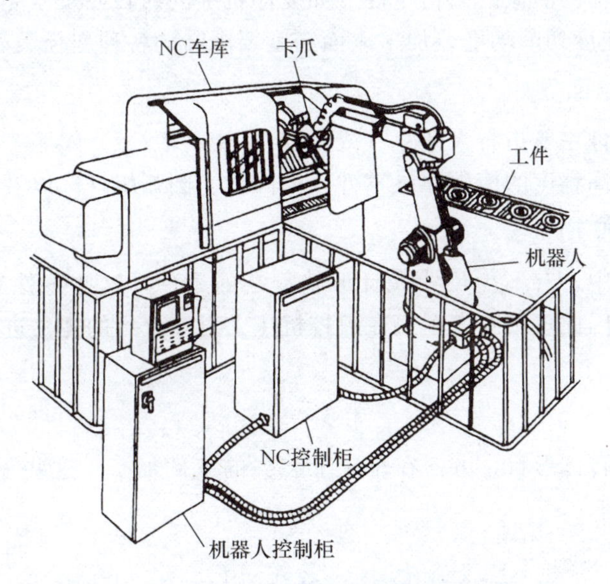

图 3-3　FMC 柔性车加工单元

2. 按主轴的配置形式分类

① 卧式数控车床：机床主轴轴线为水平布置。

② 立式数控车床：机床主轴轴线为垂直布置。

具有两根主轴的车床，称为双轴卧式数控车床或双轴立式数控车床。

3. 按数控系统联动的轴数分类

根据数控系统控制的轴数，可以分为

① 两轴数控车床：机床上只有一个回转刀架，可实现两坐标轴控制。

② 四轴控制数控车床：机床上有两个独立的回转刀架，可以实现四轴控制。

3.1.2 数控车削的加工对象

数控车削是数控加工中运用较多的加工方法之一。与常规车削加工相比，数控车削加工主要用于以下零件的加工。

1. 轮廓形状特别复杂或尺寸难于控制的回转体零件

因为数控车床具有直线插补、圆弧插补功能，部分机床还有非圆曲线插补功能，故能车削由任意平面曲线轮廓所组成的回转体零件，包括通过拟合计算后的、不能用方程描述的列表曲线类零件。

2. 加工质量要求高的零件

零件的加工质量主要指精度和表面粗糙度，精度要求高主要是尺寸精度、形状精度和位置精度要求高，表面粗糙度值低。例如，尺寸公差为0.005 mm的零件；圆柱度要求高的圆柱体零件；素线直线度、圆度和倾斜度要求高的圆锥体零件；线轮廓要求高的零件（其轮廓形状精度可超过数控线切割加工的样板精度）；在特种精密数控加工车床上，可以加工出轮廓精度极高、表面粗糙度值低的高精零件（如复印机中的回转鼓及激光打印机的多面反射体等），以及通过恒线速度切削功能，加工表面精度要求高的各种变径表面类零件等。

3. 特殊的螺旋表面零件

特殊螺旋表面零件主要指特大螺距（或导程）、变（增/减）螺距、等螺距与变螺距作平滑过渡的螺旋零件、高精度的模数螺旋零件（如圆柱、圆弧蜗杆）以及端面螺旋零件等。

4. 淬硬工件的加工

在大型模具加工中，有不少尺寸大且形状复杂的零件，这些零件热处理后的变形量较大，磨削加工困难，因此可用陶瓷车刀在数控机床上对淬火后的零件进行车削加工、以车代磨，提高加工效率。

5. 异形轴的加工

零件呈轴对称回转体形状，方便在车床上装夹的工件加工。这些零件一般称为异形轴，如十字轴、曲轴等。

3.2 数控车削加工工艺分析

3.2.1 数控车削加工工艺的主要内容

① 选择适合在数控车床上加工的零件，确定工序内容。

② 分析加工零件的图纸，明确加工内容及技术要求，确定加工方案，制订数控加工路线，如工序的划分、加工顺序的安排、非数控加工工序的衔接等。

③ 设计数控加工工序，如工序的划分、刀具的选择、夹具的定位与安装、切削用量的确定、走刀路线的确定等。

④ 调整数控加工工序的程序。如对刀点、换刀点的选择、刀具的补偿。

⑤ 分配数控加工中的允差。

⑥ 处理数控机床上部分工艺指令。

3.2.2　数控车削的工艺性分析

数控车削加工工艺性分析是数控车削编程前的重要工艺准备工作之一，根据加工实践，数控车削加工工艺分析所要解决的主要问题大致可归纳为以下几个方面。

1. 选择并确定数控车削加工部位及工序内容

在选择数控车削加工内容时，应充分发挥数控车床的优势和关键作用。主要选择的加工内容有：

① 端面和外圆表面的加工。

② 螺纹与沟槽的加工。

③ 内孔的加工。

④ 能在一次安装中顺带车削出来的简单表面或形状。

⑤ 用数控车削方式加工后，能成倍提高生产率，大大减轻劳动强度的一般加工内容。

2. 零件图工艺分析

分析零件图样是进行工艺分析的前提，它将直接影响零件加工程序的编制与加工。分析零件图样主要考虑以下几方面。

(1) 构成零件轮廓的几何条件

由于设计等多方面的原因，可能在零件图样上出现构成零件加工轮廓的数据不充分、尺寸模糊不清等缺陷，这样会增加编程的难度，有时甚至无法编程。

① 零件图上漏掉某尺寸，使其几何条件不充分，影响到零件轮廓的构成。

② 零件图上的图线位置模糊或尺寸标注不清，使编程无法下手。

③ 零件图上给定的几何条件不合理，造成数学处理困难。

(2) 尺寸精度要求

分析零件图样尺寸精度的要求，以判断能否利用车削工艺达到，并确定控制尺寸精度的工艺方法。

在该项分析过程中，还可以同时进行一些尺寸的换算，如增量尺寸与绝对尺寸及尺寸链计算等。在利用数控车床车削零件时，常常对零件要求的尺寸取最大和最小极限尺寸的平均值作为编程的尺寸依据。

(3) 形状和位置精度要求

零件图样上给定的形状和位置公差是保证零件精度的重要依据。加工时，要按照其要求确定零件的定位基准和测量基准，还可以根据机床的特殊需要进行一些技术性处理，以便有效地控制零件的形状和位置精度。

(4) 表面粗糙度要求

表面粗糙度是保证零件表面微观精度的重要要求，也是合理选择机床、刀具及确定切削用量的依据。

(5) 材料与热处理要求

零件图样上给定的材料与热处理要求，是选择刀具、机床型号、确定切削用量的依据。

3. 毛坯的确定

在确定毛坯种类及制造方法时，考虑现有的生产条件后主要应考虑下列因素。

(1) 零件材料及其力学性能

零件的材料大致确定了毛坯的种类。例如，材料为铸铁和青铜的零件应选择铸件毛坯；钢质零件当形状不复杂、力学性能要求不太高时可选型材；重要的钢质零件，为保证其力学性能，应选择锻件毛坯。

(2) 零件的结构形状与外形尺寸

形状复杂的毛坯，一般用铸造方法制造。薄壁零件不宜用砂型铸造；中小型零件可考虑用先进的铸造方法；大型零件可用砂型铸造。一般用途的阶梯轴，如各台阶直径相差不大，可用圆棒料；如各台阶直径相差较大，为减少材料消耗和机械加工的劳动量，则宜选择锻件毛坯。尺寸大的零件一般选择自由锻造；中小型零件可选择模锻件。

(3) 生产类型

大量生产的零件应选择精度和生产率都比较高的毛坯制造方法，如铸件采用金属模机器造型或精密铸造；锻件采用模锻、精锻；采用冷轧和冷拉型材。零件产量较小时应选择精度和生产率较低的毛坯制造方法。

随着机械制造技术的发展，毛坯制造方面的新工艺、新技术和新材料的应用也发展很快，如精铸、精锻、冷挤压、粉末冶金和工程塑料等在机械中的应用日益增加。采用这些方法可大大减少机械加量，其经济效果非常显著。

4. 数控加工工艺路线的确定

(1) 制订工艺路线的原则

在数控车床加工过程中，由于加工对象复杂多样，特别是轮廓曲线的形状及位置千变万化，加上材料、批量不同等多方面因素的影响，在对具体零件制订工艺路线时，应该考虑以下原则。

① 先粗后精。粗加工主要有 3 种不同的加工路线，如图 3-4 所示。加工时应考虑被加工工件的刚性及进给的工艺要求。

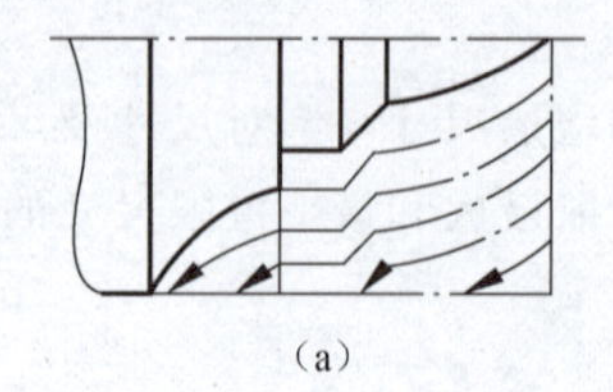

(a)

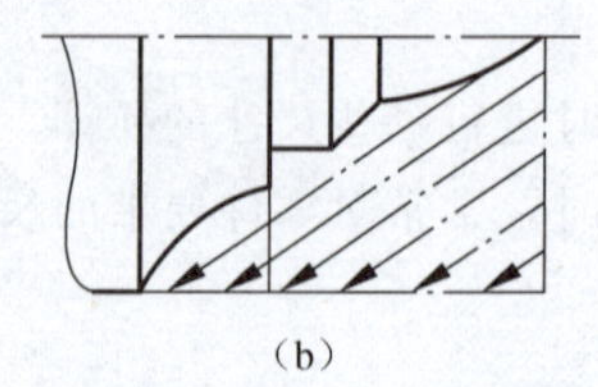

(b)

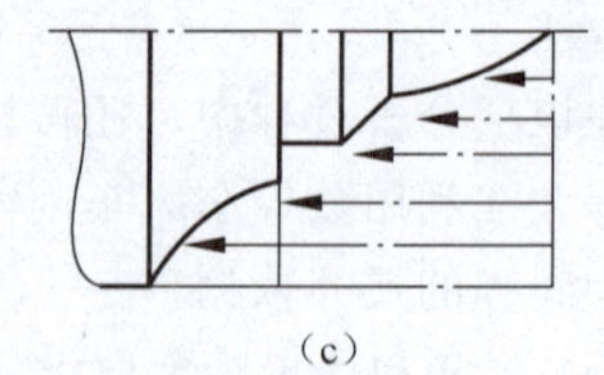

(c)

图 3-4 粗加工进给路线

(a) 沿工件轮廓进给；(b)“三角形”进给；(c) 矩形循环进给

精加工时，零件的轮廓应由最后一刀连续加工而成。这时，加工刀具的进、退刀位置要考虑妥当，尽量沿轮廓的切线方向切入和切出，以免因切削力突然变化而造成弹性变形，致使光滑连接轮廓上产生表面划伤、形状突变或滞留刀痕等影响加工精度。

② 先近后远。通常在粗加工时，离对刀点近的部位先加工，离对刀点远的部位后加工，以便缩短刀具移动距离，减少空行程时间。对于车削加工，先近后远还有利于保持坯件或半成品件的刚性，改善其切削条件。

③ 先内后外。对既有内表面（内型、腔），又有外表面的零件，在制定其加工方案时，通常应安排先加工内型和内腔，后加工外形表面。这是因为控制内表面的尺寸和形状较困难，刀具刚性相应较差，刀尖（刃）的耐用度易受切削热而降低，以及在加工中清除切屑较困难等。

④ 刀具集中。即用一把刀加工完相应各部位，再换另一把刀，加工相应的其他部位，以减少空行程和换刀时间。

（2）确定走刀路线

确定走刀路线的重点在于确定粗加工及空行程的走刀路线。走刀路线包括切削加工的路径及刀具引入、切出等非切削空行程。

① 刀具引入、切出。在数控车床上进行加工时，要安排好刀具的引入、切出路线，尽量使刀具沿轮廓的切线方向引入、切出。尤其是车螺纹时，必须设置升速段 l_1 和降速段 l_2，这样可避免因车刀升降速而影响螺距的稳定，如图 3-5 所示。

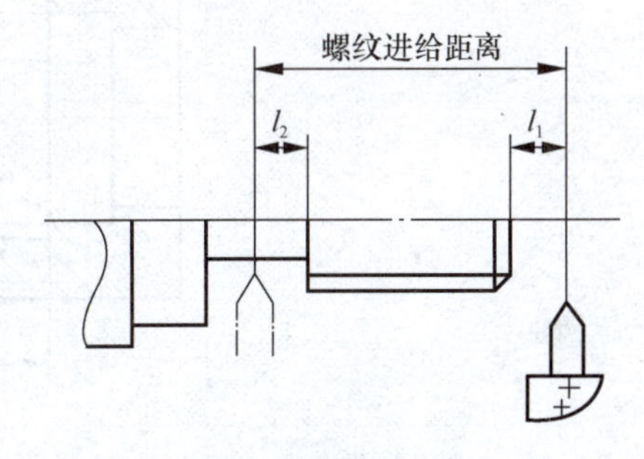

图 3-5　螺纹加工时刀具的引入、切出

② 确定最短的空行程路线。确定最短的走刀路线，可以将换刀点设在安全位置，且随加工位置的改变而改变。切削过程中起刀点靠近工件加工位置。除了依靠大量的实践经验外，还应善于分析，必要时可辅以一些简单计算。如图 3-6 中（b）比（a）走刀路线短。

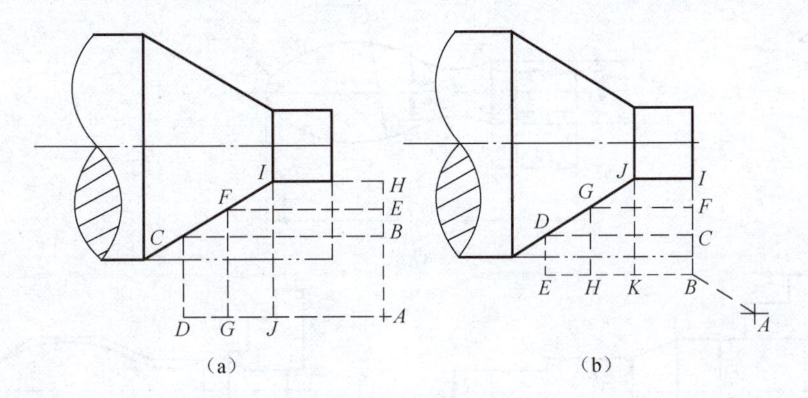

图 3-6　巧用对刀点

③ 确定最短的切削进给路线。切削进给路线短，可有效地提高生产效率，降低刀具的损耗等。在安排粗加工或半精加工的切削进给路线时，应同时兼顾到被加工零件的刚性及加工的工艺性等要求，不要顾此失彼。

图 3-4 中，三种切削进给路线，经分析和判断后可知矩形循环进给路线的走刀长度总和为最短。因此，在同等条件下，其切削所需时间（不含空行程）为最短，刀具的损耗小。另外，矩形循环加工的程序段格式较简单，所以这种进给路线在制订加工方案时应用较多。

（3）特殊处理

① 先精后粗。在特殊情况下，其加工顺序可不按“先近后远”“先粗后精”的原则考

虑。如加工图 3-7 所示套筒零件时，若按一般情况安排，则加工各孔的走刀路线为 ϕ80 mm→ϕ60 mm→ϕ52 mm。这时，加工基准将由所车第一个台阶孔（ϕ80 mm）来体现，对刀时也以其为参考。由于该零件上的 ϕ52 mm 孔要求与滚动轴承形成过渡配合，其尺寸公差较严（IT7）。另外，该孔的位置较深，因此，车床纵向长丝杠在该加工段区域可能产生误差，车刀的刀尖在切削过程中也可能产生磨损等，使其尺寸精度难以保证。对此，在安排工艺路线时，宜将 ϕ52 mm孔作为加工（兼对刀）的基准，并按 ϕ52 mm→ϕ80 mm→ϕ60 mm 的顺序车各孔，就能较好地保证其尺寸公差要求。

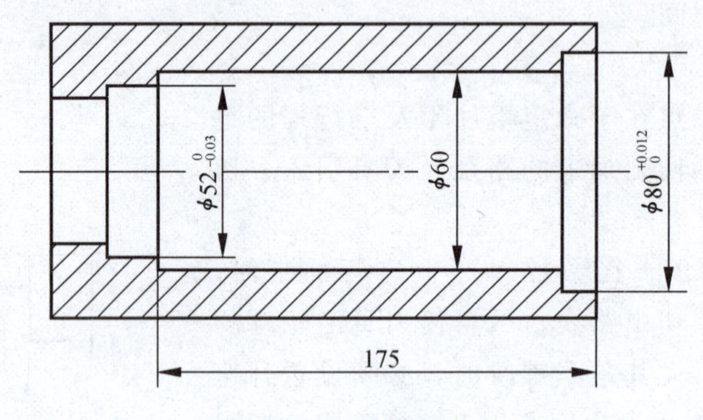

图 3-7 套筒零件

② 分序加工。对于车削图 3-8（a）所示手柄零件，需要经过分序加工的特殊安排，整个手柄的形状才便于加工。

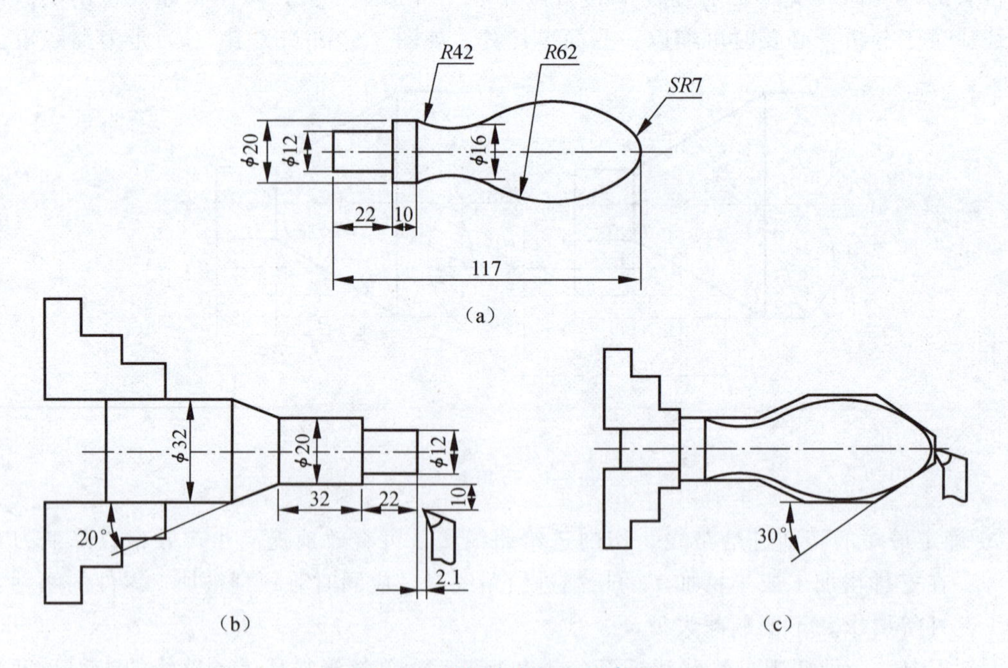

图 3-8 手柄分序加工示意图

设批量加工该手柄时，所用坯料为 ϕ32 mm 棒材，制订其加工方案则宜采用两次装夹、三个程序进行安排。

第一次装夹（棒材）及第一个程序段安排加工图 3-8（b）所示部分：先车削 ϕ12 mm 和

ϕ20 mm 两圆柱面及 ϕ20 mm 圆锥面（粗车掉 R42 mm 圆弧的部分余量），换刀后按总长要求留加工余量切断。

第二次装夹（调头）及第二个程序段安排粗加工，即包络 SR7 mm 球面的 30°圆锥面，然后对全部圆弧表面半精车（留较少精车余量），如图 3-8（c）所示。

换精车刀后，保持第二次装夹状态，按第三个程序安排即可将全部圆弧表面一刀精车成形。

虽然按上述过程制订其加工方案比较烦琐，但因第一、第二次加工程序都很简单，可采用作图法或直接编制，而第二、第三次加工程序可合并为一个加工程序连续执行，故该方案在车削实践中常常采用。

③ 巧用切断（槽）刀。图 3-9（a）可巧用切断刀同时完成车倒角和切断。图 3-9（b）表示用切断刀先车槽，后倒角，减小了刀具切断较大直径坯件时的长时间摩擦，有利于切断时的排屑。图 3-9（c)表示倒角时，切断刀刀位点的起、止位置。图 3-9（d）表示切断时，切断刀的起、止位置。

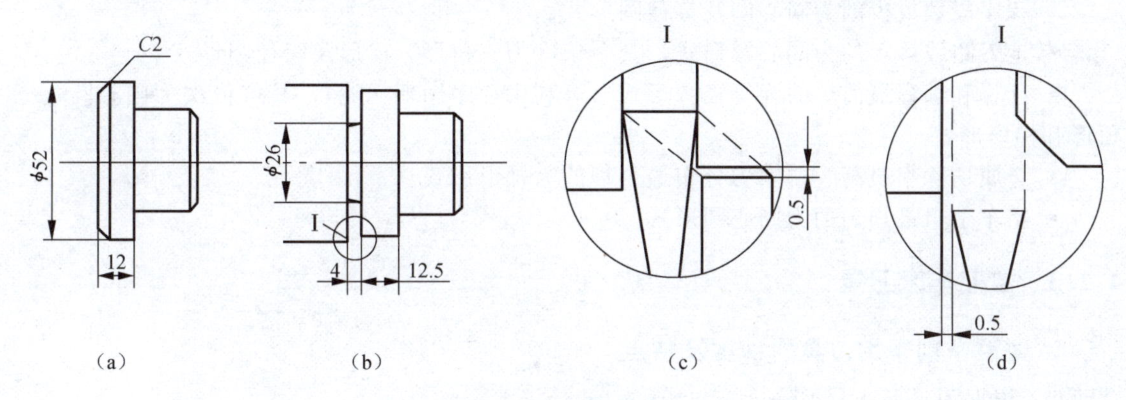

图 3-9　巧用切断刀

④ 断屑处理。在数控机床加工中，除了采取改变刀具切削部分的几何角度和增加断屑器等措施外，还可通过编程技巧制订其相应的加工方案，以满足加工中的断屑要求，如使切屑形成比较理想的“C”形。

a. 连续进行间隔式暂停　根据粗加工切削的需要，可对一连续运动轨迹进行分段加工安排，每相邻加工段中间用 G04（延时暂停）指令功能将其隔开。

b. 进、退刀交替安排　在钻削深孔等加工时，为了便于及时排出切屑，可通过加工程序使钻头钻入材料内一段并经短暂延时后，快速退离坯件，然后再钻进一段，并以此循环进行下去，就能满足其断屑（兼排屑）要求。

c. 进给方向的特殊安排　在数控车削加工中，一般情况，Z 坐标轴方向的进给运动都是沿着负方向走刀的，但有时按其常规的负方向安排走刀路线并不合理，甚至可能车坏工件。

例如，当采用尖形车刀加工大圆弧内表面零件时，图 3-10（a）为沿 Z 负向走刀，图 3-10（b)为沿 Z 正向走刀。(b）图走刀比（a）图好。

d. 灵活选用不同形式的切削路线　图 3-11 为切削半圆弧凹表面时，几种常见切削路线的形式。

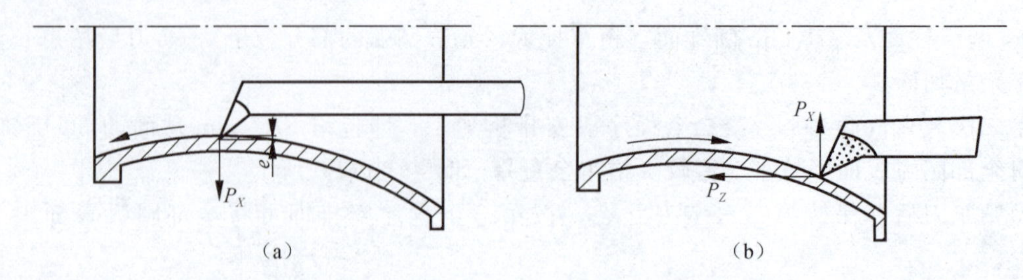

图 3-10　进刀方案

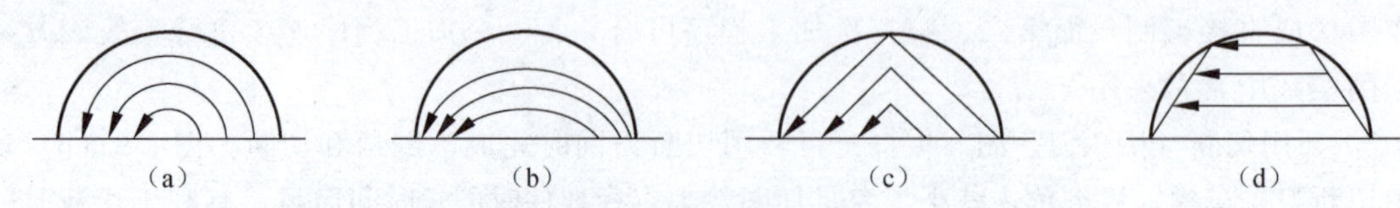

图 3-11　切削路线的形式

(a) 同心圆；(b) 等径圆弧（不同圆心）；(c) 三角形；(d) 梯形

- 程序段数最少的为同心圆及等径圆形式。
- 走刀路线最短的为同心圆形式，其余依次为三角形、梯形及等径圆形式。
- 计算和编程最简单的为等径圆形式（可利用程序循环功能），其余依次为同心圆、三角形和梯形形式。
- 金属切除率最高、切削力分布最合理的为梯形形式。
- 精车余量最均匀的为同心圆形式。

4.2.3　数控车床刀具

1. 数控车削常用刀具的种类及特点

（1）根据刀具形状分类

根据刀具形状不同，数控车削用的车刀一般分为三类：尖形车刀、圆弧形车刀和成形车刀。

① 尖形车刀。尖形车刀的切削刃主要是直线形状，车刀的刀尖（同时也为其刀位点）由主、副两条直线形的切削刃相交构成。如90°内、外圆车刀，左、右端面车刀，切槽（断）车刀及刀尖倒棱很小的各种外圆和内孔车刀，如图 3-12 所示。尖形车刀的刀尖有很小的倒棱，可以增强车刀的刚度，提高刀具的耐用度。

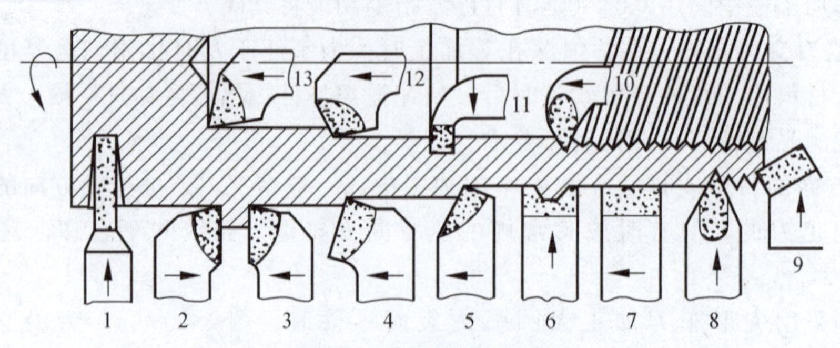

图 3-12　焊接式车刀

1—切断刀；2—90°左偏刀；3—90°右偏刀；4—弯头车刀；5—直头车刀；6—成型车刀；7—宽刃精车刀；8—外螺纹车刀；9—端面车刀；10—内螺纹车刀；11—内槽车刀；12—通孔车刀；13—盲孔车刀

用这类车刀加工零件时，其零件的轮廓形状主要由一个独立的刀尖或一条直线形主切削刃位移后形成旋转工件的母线得到，它与另两类车刀加工时所得到零件轮廓形状的原理是截然不同的。

② 圆弧形车刀。圆弧形车刀是较为特殊的数控加工用车刀，如图 3-13 所示。其特征是：构成主切削刃的刀刃形状为一圆度误差或线轮廓误差很小的圆弧，该圆弧刃每一点都是圆弧形车刀的刀尖，因此，刀位点不在圆弧上，而在该圆弧的圆心上，车刀圆弧半径理论上与被加工零件的形状无关，选刀时，车刀圆弧半径应小于被加工回转体母线的曲率半径。

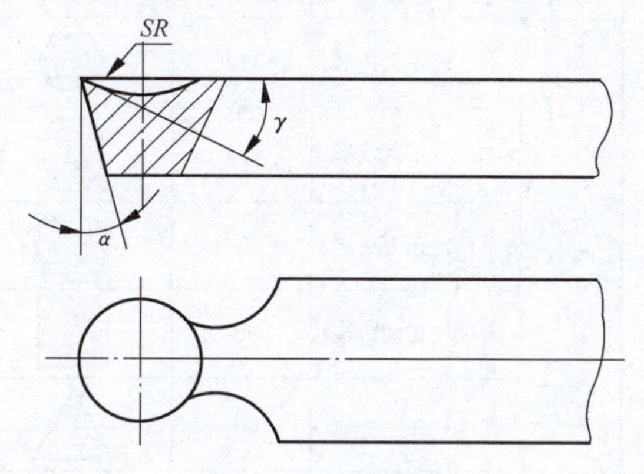

图 3-13　圆弧形车刀

圆弧形车刀可以用于车削内、外表面，特别是适宜于车削各种光滑连接（凹形）的成形面。圆弧形车刀具有宽刃切削（修光）功能，能使精车余量相当均匀从而改善切削性能。

③ 成形车刀。成形车刀俗称样板车刀，其加工零件的轮廓形状完全由车刀刀刃的形状和尺寸决定。

在数控车削加工中，常见的成形车刀有小半径圆弧车刀、非矩形车槽刀和螺纹车刀等。在数控加工中，应尽量少用或不用成形车刀，当确有必要选用时，则应在工艺准备的文件或加工程序单上进行详细说明。

(2) 根据刀片与刀体连接固定方式分类

根据刀片与刀体连接固定方式的不同，车刀又可分为焊接式与机械夹固式两大类。

① 焊接式车刀的种类如图 3-12 所示。其结构简单、制造方便、刚性较好。缺点是由于存在焊接应力，刀具材料在使用时易产生裂纹。另外，刀杆不能重复使用，刀片不能回收利用，造成刀具材料浪费。

② 机械夹固式可转位车刀。为了减少换刀时间和方便换刀，实现机械加工的标准化，数控车削加工时，应尽量采用机夹刀和机夹刀片。机械夹固式可转位车刀，由刀杆、刀片、刀垫及夹紧元件组成。刀片每边都有切削刃，可以更换使用。图 3-14 为常见可转位车刀刀片形状，表 3-1 为常见可转位车刀刀片角度，选用时参照表 3-2 进行。

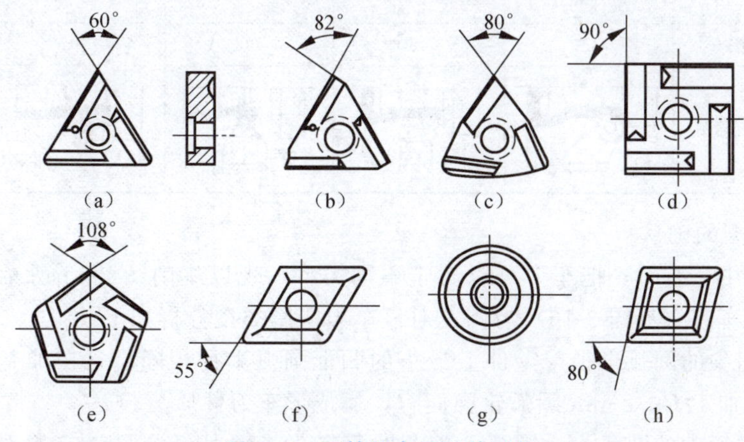

图 3-14　可转位车刀刀片形状

T 形；(b) F 形；(c) W 形；(d) S 形；(e) P 形；(f) D 形；(g) R 形；(h) C 形

表 3-1　可转位车刀刀片角度

形状	代号	说明	刀尖角/(°)	示意图	形状	代号	说明	刀尖角/(°)	示意图
等边等角	H	正六边形	120		等边不等角	C	菱形	60	
	O	正八边形	135			D		55	
	P	正五边形	108			E		75	
	S	正四边形	90			M		85	
	T	正三边形	60			V		35	
不等边不等角	P	不等边不等角六边形	82			W	等边不等角六边形	80	
	A	平行四边形	85		等角不等边	L	矩形	90	
	B		82		圆形	R	圆形		
	K		55						

表 3-2　被加工表面形状及适用的刀片形状

车削外圆	主偏角/(°)	45	45	60	75	95
	加工示意图	45°	45°	60°	75°	95°
车削端面	主偏角/(°)	75	90	90	90	
	加工示意图	75°	90°	90°	90°	
车削成型面	主偏角/(°)	15	45	60	90	
	加工示意图	15°	45°	60°	90°	

（3）车刀类型的确认

在数控车削中，有时一把车刀可以属于不同类型。现以车削图 3-15 所示成形孔工件时所用的特殊内孔车刀（见图 3-16）为例，对该车刀所属类型分析如下。

① 当车刀刀尖的圆弧半径与零件上最小的凹形圆弧半径相同，且在加工程序中无此圆弧程序段时，对加工 $R0.2$ mm 圆弧轮廓而言，属成形车刀性质。

② 如果车刀刀尖的圆弧为一圆弧，编程时又考虑了对其经测量认定的刀具圆弧半径进行半径补偿，则该车刀属圆弧形车刀性质。

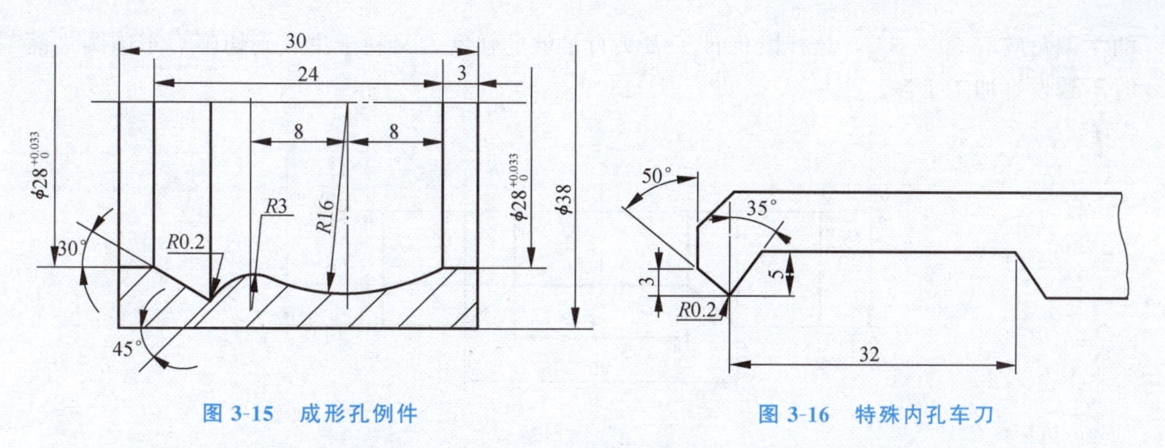

图 3-15　成形孔例件　　　　图 3-16　特殊内孔车刀

③ 当车刀刀尖上标注的圆弧尺寸为倒棱性质时，该车刀属尖形车刀。

通过以上分析可以看出，确认数控车削用车刀的类型，必须考虑到车刀切削部分的形状及零件轮廓的形成原理（包括编程因素）这两个方面。

（4）数控车削加工用工具系统

数控车削加工时，应尽量选择标准刀具系统。图 3-17 是一般结构体系图。

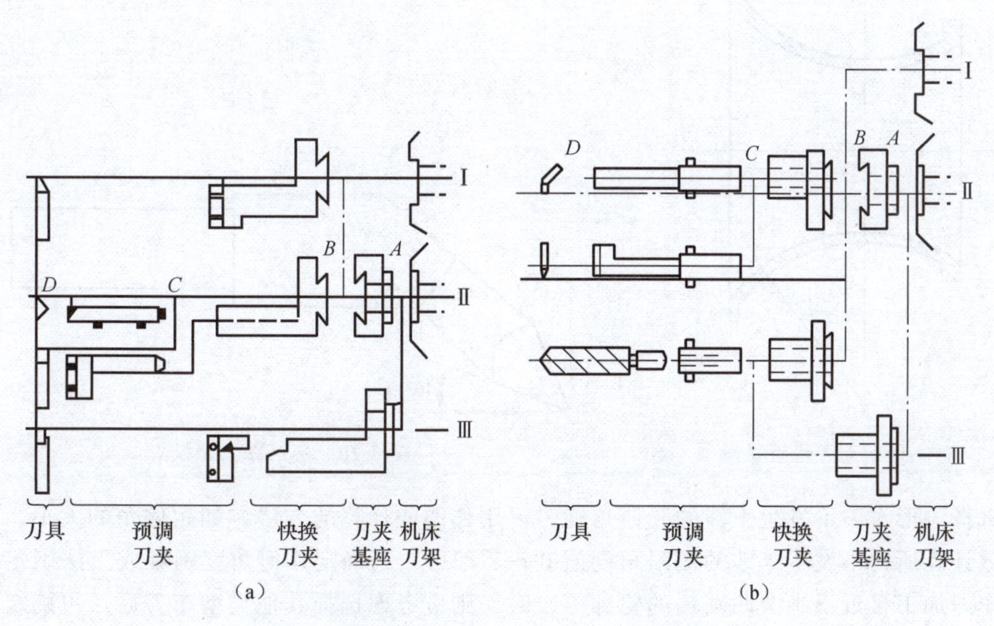

图 3-17　数控车削加工用工具系统的一般结构体系

（a）车外圆刀夹的结构；（b）车内孔刀夹的结构

2. 常用车刀的几何参数

刀具切削部分的几何参数对零件的表面质量及切削性能影响极大，应根据零件的形状、刀具的安装位置以及加工方法等，正确选择刀具的几何形状及有关参数。

（1）尖形车刀的几何参数

尖形车刀的几何参数主要指车刀的几何角度。选择方法与使用普通车削时基本相同，但应结合数控加工的特点如走刀路线及加工干涉等进行全面考虑。

例如在加工图 3-18 所示的轴时，要使其左右两个 45°锥面由一把车刀加工出来，则车刀的主偏角应取 50°～55°，这样既保证了刀头有足够的强度，又利于主、副切削刃车削圆锥面时不致发生加工干涉。

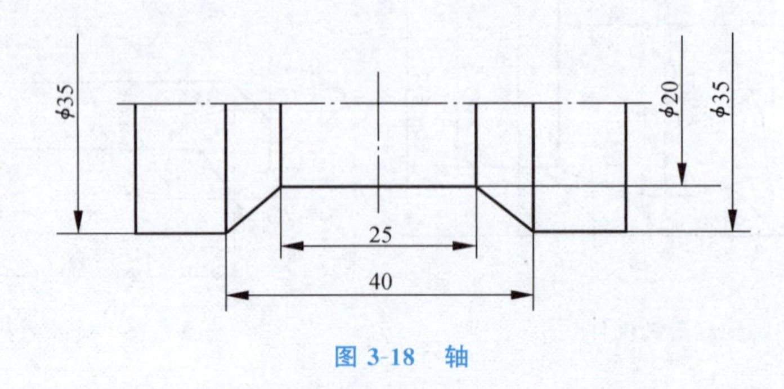

图 3-18 轴

又如，车削图 3-19 所示大圆弧内表面零件时，所选择尖形内孔车刀的形状及主要几何角度如图 3-20 所示（前角为 0°），这样刀具可将内圆弧面和右端端面一刀车出，而避免了用两把车刀进行加工。

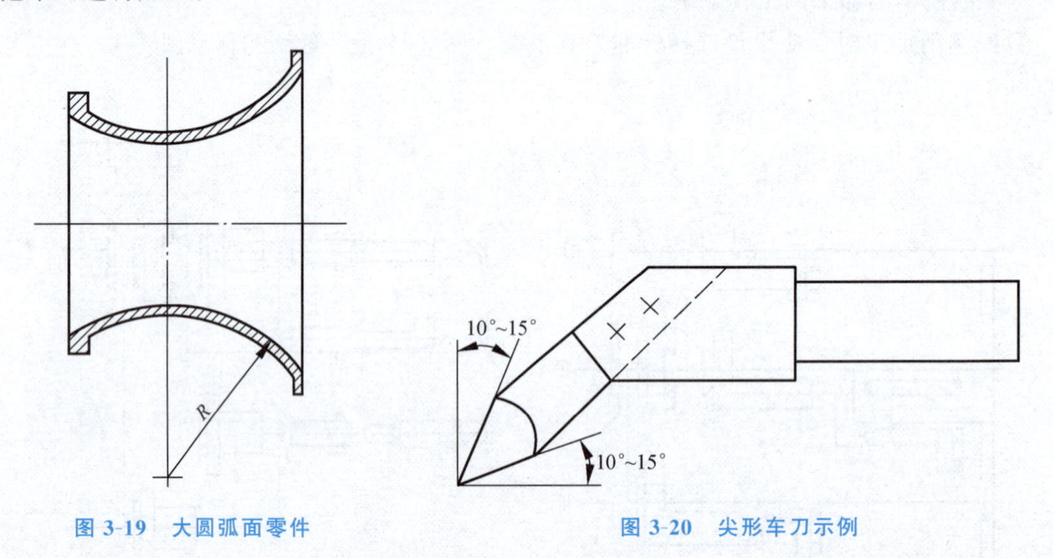

图 3-19 大圆弧面零件　　图 3-20 尖形车刀示例

选择尖形车刀不发生干涉的几何角度，可用作图或计算的方法。如副偏角的大小，大于作图或计算所得不发生干涉的极限角度值 6°～8°即可。当确定几何角度困难或无法确定（如尖形车刀加工接近于半个凹圆弧的轮廓等）时，则应考虑选择其他类型车刀后，再确定其几何角度。

（2）圆弧形车刀的几何参数

① 圆弧形车刀的选用。

圆弧形车刀具有宽刃切削（修光）性质；能使精车余量相当均匀从而改善切削性能；还能一刀车出跨多个象限的圆弧面。对于某些精度要求较高的凹曲面车削（见图 3-21）或大外圆弧面（见图 3-22）的车削，以及尖形车刀所不能完成的加工，宜选用圆弧形车刀进行。

例如，当图 3-21 所示零件的曲面精度要求不高时，可以选择用尖形车刀进行加工；当曲面形状精度和表面粗糙度均有要求时，选择尖形车刀加工就不合适了，因为车刀主切削刃

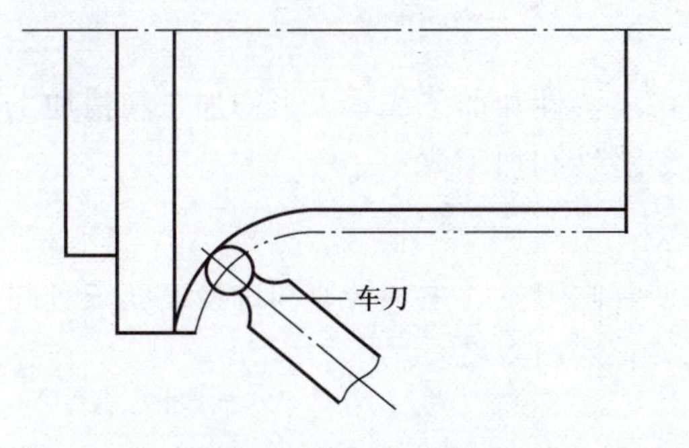

图 3-21　曲面车削示例

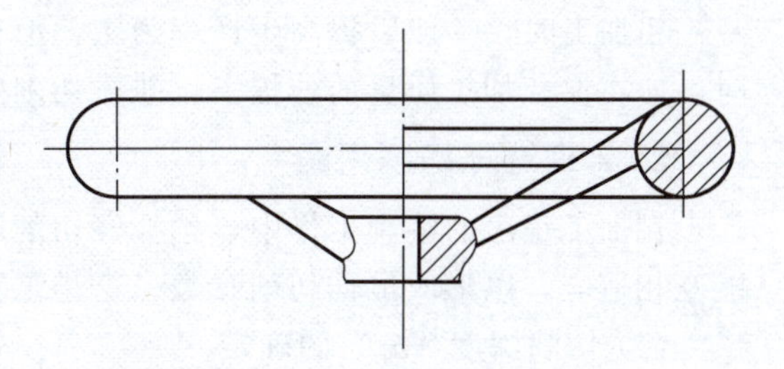

图 3-22　大手轮

的实际吃力刀深度在圆弧轮廓段总是不均匀的，如图 3-23所示。当车刀主切削刃靠近其圆弧终点时，该位置上的背吃刀量（a_{p1}）将大大超过其圆弧起点位置上的背吃刀量（a_p），致使切削阻力增大，则可能产生较大的线轮廓度误差，并增大其表面粗糙度数值。

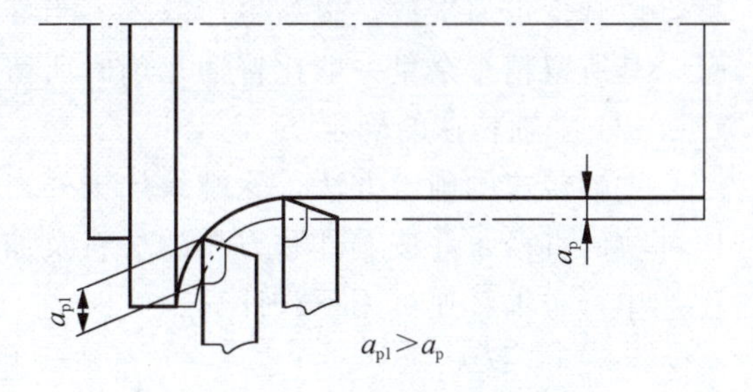

图 3-23　切削不均匀性示例

对于加工图 3-22 所示同时跨四个象限的外圆弧轮廓，无论采用何种形状及角度的尖形车刀，也不可能由一条圆弧加工程序一刀车出，而采用圆弧形车刀就能十分简便地完成。

② 圆弧形车刀的几何参数。圆弧形车刀的几何参数除了前角及后角外，主要几何参数为车刀圆弧切削刃的形状及半径。

选择车刀圆弧半径的大小时，应考虑两点：

① 车刀切削刃的圆弧半径应当小于或等于零件凹形轮廓上的最小曲率半径，以免发生加工干涉。

② 该半径不宜选择太小，否则既难于制造，还会因其刀头强度太弱或刀体散热能力差，使车刀容易受到损坏。

要满足车刀圆弧刃的半径处处等距，则必须保证该圆弧刃具有很小的圆度误差，即近似为一条理想圆弧，因此需要通过特殊的制造工艺（如光学曲线磨削等），才能将其圆弧刃做得准确。

至于圆弧形车刀前、后角的选择，原则上与普通车刀相同，只不过形成其前角（大于 0°时）的前刀面一般都为凹球面，形成其后角的后刀面一般为圆锥面。圆弧形成其后角的后刀面一般为圆锥面。圆弧形车刀前、后刀面的特殊形状，是为满足在刀刃的每一个切削点上，都具有恒定的前角和后角，以保证切削过程的稳定性及加工精度。为了制造车刀的方便，在精车时，其前角多选择为 0°（无凹球面）。

3.2.4　加工过程中切削用量的确定

1. 数控车床切削要素

数控机床加工中的切削用量是表示机床主体的主运动和进给运动速度大小的重要参数，包括背吃刀量、主轴转速和进给速度。在确定每道工序的切削用量时，应根据工件的材料、刀具的耐用度、切削用量手册和机床说明书中的规定去选择，也可以结合实际经验用类比法确定切削用量。

粗加工时，一般以提高生产率为主，但也应考虑经济性和加工成本；半精加工和精加工时，应在保证加工质量的前提下，兼顾切削效率、经济性和加工成本。

2. 合理选择切削用量

在加工程序的编制工作中，选择好切削用量，使背吃刀量、主轴转速和进给速度三者间能互相适应，以形成最佳切削参数，这是工艺处理的重要内容之一。

（1）切削深度（a_p）的确定

在车床主体—夹具—刀具—零件这一系统刚性允许的条件下，尽可能选取较大的切削深度，以减少走刀次数，提高生产效率。当零件的精度要求较高时，则应考虑适当留出精车余量，其所留精车余量一般比普通车削时所留余量小，常取0.1～0.5 mm。

（2）主轴转速的确定

主轴转速的确定方法，除螺纹加工外，其他与普通车削加工时一样，应根据零件上被加工部位的直径，并按零件和刀具的材料及加工性质等条件所允许的切削速度来确定。在实际生产中，主轴转速可用下式计算：

$$n = 1\,000v/(\pi d)$$

式中，n 是主轴转速（r/min）；v 是切削速度（m/min）；d 是零件待加工表面的直径（mm）。

在确定主轴转速时，需要首先确定其切削速度，而切削速度又与背吃刀量和进给量有关。

① 进给量（f）。进给量是指工件每转一周，车刀沿进给方向移动的距离（mm/r），它与背吃刀具有较密切的关系。粗车时一般取为0.3～0.8 mm/r，精车时常取0.1～0.3 mm/r，切断时宜取0.05～0.2 mm/r，具体选择时，可参考表3-3进行。

表3-3　切削速度参考表

零件材料	刀具材料	a_p/mm			
		0.38～0.13	2.40～0.38	4.70～2.40	9.50～4.70
		$f/(\mathrm{mm \cdot r^{-1}})$			
		0.13～0.05	0.38～0.13	0.76～0.38	1.30～0.76
		$v/(\mathrm{m \cdot min^{-1}})$			
低碳钢	高速钢硬质合金	— 215～365	70～90 165～215	45～60 120～165	20～40 90～120
中碳钢	高速钢硬质合金	— 130～165	45～60 100～130	30～40 75～100	15～20 55～75
灰铸铁	高速钢硬质合金	— 135～185	35～45 105～135	25～35 75～105	20～25 60～75
黄铜青铜	高速钢硬质合金	— 215～245	85～105 185～215	70～85 150～185	45～70 120～150
铝合金	高速钢硬质合金	105～150 215～300	70～105 135～215	45～70 90～135	40～45 60～90

② 切削速度（v）。切削速度是指切削时，车刀切削刃上某一点相对于待加工表面在主运动方向上的瞬时速度（v），又称为线速度。

如何确定加工时的切削速度，除了可参考表 3-3 列出的数值外，主要根据实践经验进行确定。

③ 车螺纹时的主轴转速　在车削螺纹时，车床的主轴转速将受到螺纹的螺距（或导程）大小、驱动电动机的升降频特性及螺纹插补运算速度等多种因素影响，故对于不同的数控系统，推荐有不同的主轴转速选择范围。如大多数经济型车床数控系统推荐车螺纹时的主轴转速如下：

$$n \leqslant \frac{1\,200}{P} - K$$

式中，P 是工件螺纹的螺距或导程（mm），英制螺纹为相应换算后的毫米值；K 是保险系数，一般取为 80。

（3）进给速度的确定

进给速度主要是指在单位时间里，刀具沿进给方向移动的距离（如 mm/min）。有些数控机床规定可以选用以进给量（mm/r）表示的进给速度。

确定进给速度的原则如下：

① 当工件的质量要求能够得到保证时，为提高生产效率，可选择较高（20 mm/min 以下）的进给速度。

② 切断、车削深孔或用高速钢刀具车削时，宜选择较低的进给速度。

③ 刀具空行程，特别是远距离“回零”时，可以设定尽量高的进给速度。

④ 进给速度应与主轴转速和背吃刀量相适应。

3.2.5　装夹方案的确定

1. 工件的装夹

在数控车床上加工零件，应按工序集中的原则划分工序，尽可能一次装夹下完成大部分甚至全部表面的加工。根据零件的结构形状不同，装夹上有变化。装夹方式主要有：卡盘装夹、心轴装夹、顶尖装夹，或这些装夹方式的组合。车削工件装夹时，应力求设计基准、工艺基准和编程基准统一。

（1）常用的夹具类型

在数控加工中，为了充分发挥数控机床的高速度、高精度、高效率等特点，数控车床夹具除大量使用通用夹具进行快速定位外，还使用自动控制的液压、电动及气动夹紧装置进行快速夹紧。主要有自动定心夹具和调整旋转中心夹具两大类，如通用的三爪自定心卡盘、四爪卡盘、花盘等。自动定心夹具主要两种，即用于轴类（外圆）工件的夹具和用于盘类（内孔）工件的夹具，如图 3-24 所示。

① 用于轴类零件的夹具。

数控车床加工轴类零件时，毛坯装在主轴顶尖和尾座顶尖之间，由主轴上的拨动卡盘或拨齿顶尖带动旋转。这类夹具在粗车时可以传送足够大的转矩，以适应主轴高速旋转车削。

顶尖分为前顶尖和后顶尖。前顶尖有两种，一种直接插入主轴锥孔内（图 3-24（a）），另一种装夹在卡盘上（图 3-24（b）），顶尖随同主轴一起旋转。后顶尖有固定后顶尖

(图 3-24（c））、回转后顶尖（图 3-24（d）），均插入尾座套同内。（e）图表示用双顶尖定位，用鸡芯夹头带动工件回转，（f）图表示用双顶尖定位加工偏心轴。（g）图是在花盘上装夹双孔连杆。（h）图为角铁式夹具安装在过度盘上，使过度盘与主轴相连。

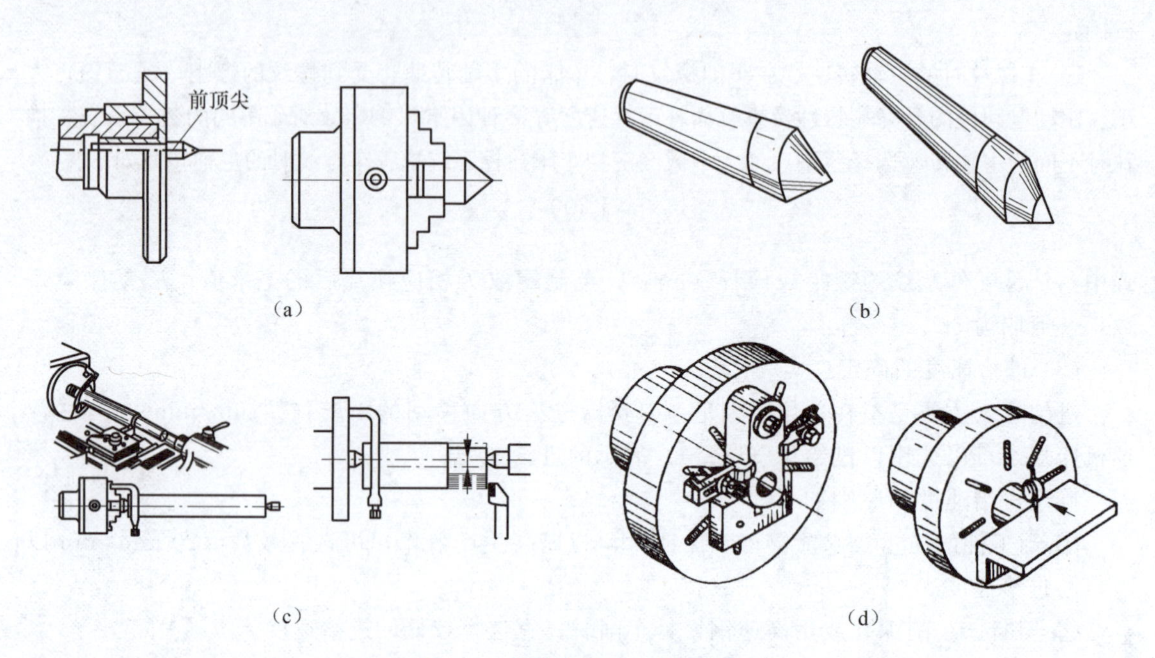

图 3-24　各种夹具及工件的装夹

② 用于盘类零件的夹具。

这类夹具适用于无尾座的卡盘式数控车床。用于盘类零件的夹具主要有可调卡爪卡盘和快速可调卡盘。

（2）常用的定位方法

对于轴类零件，通常以零件自身的外圆柱面作定位基准来定位，一般用三爪卡盘来装夹。对于长轴零件，采用轴心线作定位基准，用顶尖来装夹，或顶尖与三爪卡盘组合使用。

对于套类零件，也可以以内孔为定位基准。内孔定位方法按定位元件不同有以下几种：

① 圆柱心轴上定位加工套类零件时，常用工件的孔在圆柱心轴上定位，孔与心轴常用 H7/h6 或 H7/g6 配合。

② 小锥度心轴定位。将圆柱心轴改成锥度很小的锥体（$C=1/1\,000\sim1/5\,000$）时，就成了小锥度心轴。工件在小锥度心轴定位，消除了径向间隙，提高了心轴的定心精度。定位时工件楔紧在心轴上，靠楔紧产生的摩擦力带动工件，不需要再夹紧，且定心精度高。缺点是工件在轴向不能定位。这种方法适用于工件的定位孔精度较高的精加工。

③ 圆锥心轴定位。当工件的内孔为锥孔时，可用与工件内孔锥度相同的锥度心轴定位。为了便于卸下工件，可在芯轴小端配上一段螺纹，用开口压板夹紧。

④ 当工件内孔是螺孔时，可用螺纹心轴定位。

2. 对刀点和换刀点

数控车削加工一个零件时，往往需要几把不同的刀具，而每把刀具在安装时是根据数控

车床装刀要求安放的，当它们转至切削位置时，其刀尖所处的位置各不相同。但是数控系统要求在加工一个零件时，无论使用哪一把刀具，其刀尖位置在切削前均应处于同一点，否则，零件加工程序就缺少一个共同的基准点。为使零件加工程序不受刀具安装位置给切削带来的影响，必须在加工程序执行前，调整每把刀的刀尖位置，使刀架转位后，每把刀的刀尖位置都重合在同一点，这一过程称为数控车床的对刀。

（1）刀位点

刀位点是刀具的基准点，一般是刀具上的一点，也是对刀和加工的基准点。各类车刀的刀位点如图 3-25 所示。尖形车刀的刀位点为假想刀尖点，圆形车刀的刀位点为圆弧中心，数控系统控制刀具的运动轨迹，就是控制刀位点的运动轨迹。刀具的轨迹是由一系列有序的刀位点位置和连接这些位置点的直线或圆弧组成的。

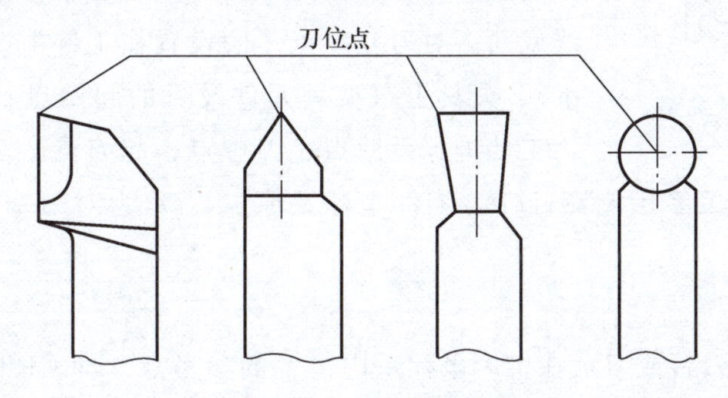

图 3-25　车刀的刀位点

（2）起刀点

起刀点为加工程序开始时刀尖点的起始位置，经常也将它作为加工程序运行的终点。

（3）对刀点与对刀

对刀点是用来确定刀具与工件的相对位置关系的点，是确定工件坐标系与机床坐标系的关系的点。对刀就是将刀具的刀位点置于对刀点上，以建立工件坐标系。

确定对刀点应注意以下原则：

① 尽量与零件的设计基准或工艺基准一致。

② 便于用常规量具在车床上进行找正。

③ 该点的对刀误差应较小，或可能引起的加工误差为最小。

④ 尽量使加工程序中的引入或返回路线短，并便于换刀。

对刀一般分为手动对刀和自动对刀两大类。目前，绝大多数的数控车床采用手动对刀，其基本方法有：

① 定位对刀法。其实质是按接触式设定基准重合原理而进行的一种粗定位对刀方法，它的定位基准由预设的对刀基准点来体现。对刀时，只要将各号刀的刀位点调整至与对刀基准点重合即可。此方法简便、易行、应用广泛。但其对刀精度受到操作者技术熟练程度的影响，故精度不太高，还需在加工中或试切中进行修正。

② 光学对刀法。其实质是按非接触式设定基准重合原理而进行的一种定位对刀方法，它的定位基准通常由光学显微镜（或投影放大镜）上的十字基准刻线交点来体现。此方法比定位对刀法的对刀精度高，并且不会损坏刀尖。

③ ATC 对刀法。ATC 对刀法是通过一套将光学对刀镜与 CNC 组合在一起，从而具有自动刀位计算功能的对刀装置，也称为半自动对刀法。采用此方法对刀时，需要将由显微镜十字刻线交点体现的对刀基准点调整到机床的固定原点位置上，以便于 CNC 进行计算和处理。

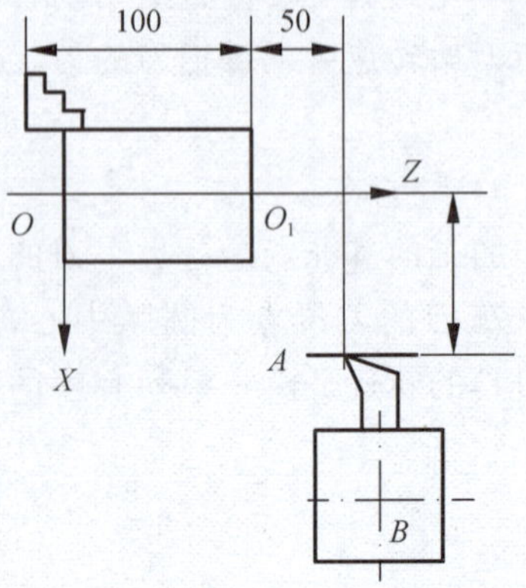

④ 试切对刀法。在以上三种手动对刀方法中，均因可能受到手动和目测等多种误差的影响，其对刀精度十分有限，往往需要通过试切对刀，以得到更加准确和可靠的结果。

图 3-26　有关对刀点的关系

（4）对刀基准点

对刀时，为确定对刀点的位置所依据的基准可以是点、线或面。对刀基准点一般设置在工件上（定位基准或测量基准）、夹具上（夹具元件设置的起始点）或机床上。图 3-26 为工件坐标系原点、刀位点、起刀点、对刀点、对刀基准点与对刀参考点之间的关系示意图。O 为工件坐标系原点，O_1 为对刀基准点，A 为对刀点，也是起刀点和终刀点。

（5）对刀参考点

它是代表刀架、刀台或刀盘在机床坐标系内位置的参考点，即 CRT 显示的机床坐标中坐标值的点，也叫做刀架中心或刀具参考点，参见图 3-26 中的 B 点。可以利用此坐标值进行对刀操作。数控加工中回参考点时应该使刀架中心与机床参考点重合。

（6）换刀点

换刀点是数控加工程序中指定用于换刀的位置点。在数控加工中，需要经常换刀，所以在加工程序中要设置换刀点。换刀点的位置应该避免与工件、夹具和机床发生干涉。普通数控车床的换刀点由编程指定，通常将其与对刀点重合。车削中心的换刀点一般为一个固定点。不能将换刀点与对刀点混为一谈。

3.2.6　数控车削加工工艺文件

数控加工工艺文件既是数控加工和产品验收的依据，也是操作者必须遵守和执行的规程。不同的数控机床和加工要求，工艺文件的内容和格式有所不同，目前尚无统一的国家标准。下面介绍数控铣削加工常用的工艺文件。

1. 数控加工工序卡

数控加工工序卡与普通机械加工工序卡有较大的区别。数控加工一般采用工序集中，每一加工工序可划分为多个工步，工序卡不仅包含每一工序的加工内容，还应包含其程序号、所用刀具类型、刀具号和切削用量等内容。它不仅是编程人员编制程序时必须遵循的基本工艺文件，同时也是指导操作人员进行数控机床操作和加工的主要资料。表 3-4 所示为数控车削加工工序卡的基本形式。

表 3-4　数控加工工序卡

单位名称		产品名称		零件名称		零件图号		材料
				轴				45 钢
工序号	程序号	夹具名称		夹具编号		使用设备		编号
1		三爪卡盘						
工步号	加工内容	刀具号	刀具名称	刀具规格	主轴转速 $(r \cdot min^{-1})$	背吃刀量 /mm	进给速度 $/(mm \cdot min^{-1})$	加工余量 /mm
1	钻中心孔		中心钻	A3	600		60	
2	钻 ϕ14 孔		麻花钻	ϕ14	500		60	
3	车外径	T01	外径车刀		800	1.5	120	0.5
4	车退刀槽	T02	外径槽刀	5 mm	500		50	0.1
5	车外螺纹	T03	外径螺纹刀		500			
6	镗 ϕ18 孔	T04	内径镗刀		800	1	100	0.5

2. 数控加工刀具卡

数控加工刀具卡主要反映使用刀具的名称、编号、规格、长度和半径补偿值等内容，它是调刀人员准备和调整刀具、机床操作人员输入刀补参数的主要依据。表 3-5 所示为数控加工刀具卡的基本形式。

表 3-5　数控加工刀具卡

数控加工刀具卡片		工序号	程序编号	产品名称	零件名称	材　料		零件图号
		30	O1001			45 钢		
序号	刀具号	刀具名称	刀具规格/mm	补偿值/mm		刀补号		备注
				半径	长度	半径	长度	
1	T01	外圆车刀	20×20					硬质合金
2	T02	切断刀	20×20					硬质合金
3	T03	螺纹刀	20×20					硬质合金

3. 数控加工程序单

由编程人员根据前面的工艺分析情况，经过数值计算，按照数控机床的程序格式和指令代码编制的，即工艺过程代码化。编程前一定要注意所使用机床的数控系统，要按照机床说明书规定的代码来编写程序。

3.3　数控车床基本编程指令

3.3.1　数控车床的编程特点

① 数控车床上工件的毛坯大多为圆棒料，加工余量较大，一个表面往往需要进行多次反复的加工。如果对每个加工循环都编写若干个程序段，就会增加编程的工作量。为了简化加工程序，一般情况，数控车床的数控系统中都有车外圆、车端面和车螺纹等不同形式的循环功能。

② 数控车床的数控系统中都有刀具补偿功能。刀具补偿功能为编程提供方便，编程人

员可以按工件的实际轮廓编写加工程序。在加工过程中，对刀具具位置的变化、刀具几何形状的变化及刀尖的圆弧半径的变化，都无须更改加工程序，只要将变化的尺寸或圆弧半径输入到存储器中，刀具便能自动进行补偿。

③ 数控车床的编程有直径、半径两种方法。所谓直径编程是指以 *X* 轴上的有关尺寸为直径值，半径编程是指以 *X* 轴上的有关尺寸为半径值。CK0630 数控车床中的编程采用直径编程。

④ 为了提高机床径向尺寸的加工精度，数控系统在 *X* 方向的脉冲当量应取 *X* 方向的脉冲当量的一半。例如，在经济型数控车床中，*Z* 轴的脉冲当量为 0.01 mm/P，*X* 轴的脉冲当量取 0.005 mm/P。

3.3.2 基本编程指令

1. 有关单位的设定

(1) 尺寸单位指令（G21、G20）

功能：G21 为米制（也称公制）尺寸单位设定指令，G20 为英制尺寸单位设定指令。

说明：

① G20、G21 必须在设定坐标系之前，并在程序的开头以单独程序段指定。在程序段执行期间，均不能切换米、英制尺寸输入指令。

② 进给速度值、位置量、偏置量、手摇脉冲发生器的刻度单位、步进进给的移动单位、其他有关参数可能随 G20、G21 指令而发生变化。

③ G20、G21 均为模态有效指令。G21 设定为参数缺省状态。

(2) 进给速度单位设定指令（G94、G95）

① 每分钟进给模式 G94。

指令格式：G94 F _ ；

功能：该指令指定进给速度单位为每分钟进给量（mm/min），G94 为模态指令。

② 每转进给模式 G95。

指令格式：G95 F _ ；

功能：该指令指定进给速度单位为每转进给量（mm/r），G95 为模态指令。

例如　G94 G01 X10 F200；表示进给速度为 200 mm/min。

　　　G95 G01 X10 F0.2；表示进给速度为 0.2 mm/r。

2. 数控车床编程坐标系的建立

如图 3-27 所示（图中位置为仰视），*XOZ* 为机床坐标系，*Z* 轴与车床导轨平行（取卡盘中心线），正方向是离开卡盘的方向，*X* 轴与 *Z* 轴垂直，正方向是刀架离开主轴轴线的方向。坐标原点取在卡盘后端面与中心线交点处。

图中 O' 点是机械零点（亦称机床原点），它一般设在刀架或移动工作台的最大行程处，处在机床坐标系的正方向，其定位精度很高，是机床调试和加工时十分重要的基准点。该点在机床坐标系中的坐标值为 *X*=400 mm（直径），*Z*=500 mm。当刀架回到机械零点时，刀架上的对刀参考点与机械零点重合，实际是拖板上的触头碰到了机械零点行程开关。在手动状态控制下，屏幕上显示的是机床坐标系内刀具当前点的坐标值。

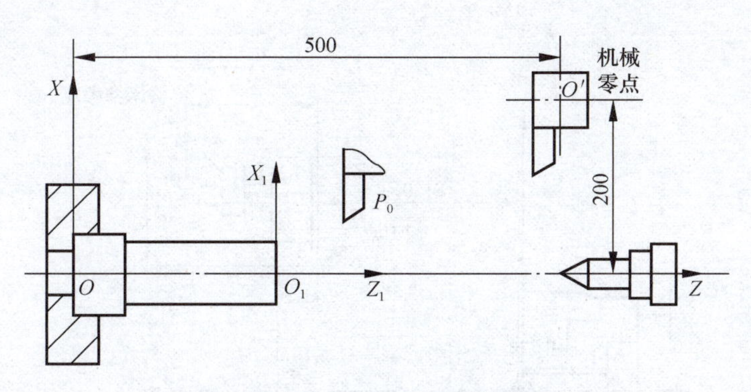

图 3-27　车床坐标系与工件坐标系

$X_1O_1Z_1$ 为编程坐标系（亦称工件坐标系），它是以工件原点为坐标原点建立的 X、Z 轴直角坐标系。Z_1 轴与机床坐标系一般用 G50 来确定。

P_0 点（程序原点）是开始加工时刀尖的起始点及加工过程中的换刀点，程序原点位置由编程确定，一般应为正值。考虑到对刀的方便以及避免换刀时产生碰刀现象，程序原点应选在工件外合适的位置。进入自动加工状态时，屏幕上显示的是加工刀具刀尖在编程坐标系中的绝对坐标值。

(1) G50 工件坐标系建立指令

指令格式：

G50 X _　Z _；

式中，为当前刀位点在新建工件坐标系中的初始位置。

说明：

① 一旦执行 G50 指令建立坐标系，后续的绝对值指令坐标位置都是此工件坐标系中的坐标值。

② G50 指令必须跟坐标地址字，须由单独一个程序段指定，且一般写在程序开始。

③ 在执行指令之前必须先进行对刀，通过调整机床，将刀尖放在程序所要求的起刀点位置上。

④ 执行此指令刀具并不会产生机械位移，只建立一个工件坐标系。

⑤ 用 G50 指令设定工件坐标系时，程序起点和终点必须一致，这样才能保证重复加工不乱刀。

⑥ 采用 G50 设定的工件坐标系，不具有记忆功能，当机床关机后，设定的坐标系立即失效。

如图 3-28 所示，工件坐标系的设定指令为：G50 X200.0 Z150.0；

(2) 工件坐标系选择指令（G54～G59）

指令格式：G54～G59 G90 G00（G01）X _ Y _（F _）；

式中，G54～G59 为工件坐标系选择指令，可任选一个。

指令说明：

① G54～G59 是系统预置的六个坐标系，可根据需要选用。建立的工件坐标原点是相对于机床原点而言的，在程序运行前已设定好，在程序运行中是无法重置的。

② G54～G59 预置建立的工件坐标原点在机床坐标系中的坐标值可用 MDI 方式输入，

系统自动记忆。

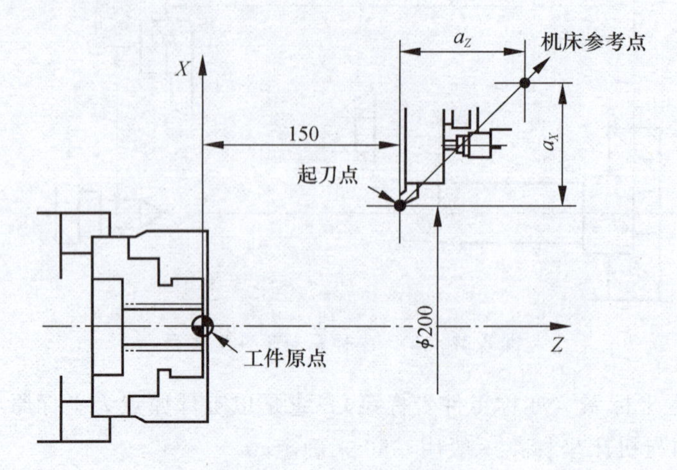

图 3-28　工件坐标系设定

③ 通过 CRT/MDI 面板，将工件坐标系原点在机床坐标系中的坐标输入到选定的工件坐标系中（G54～G59 中任一个），即可建立工件坐标系。

④ G54～G59 使用该组指令前，必须先回参考点。

⑤ G54～G59 为模态指令，可相互注销。

目前人们用 G54～G59 零点偏置指令代替 G50 指令，即使开始执行程序时刀具不在起始位置，也不会产生坐标混乱的现象。

3. 绝对值方式及增量值方式编程

编写程序时，可以用绝对值方式 G90 编程，也可以用增量值方式 G91 编程，或者二者混合编程。

说明：

① 实际编程时采用哪种坐标方式由数控车床当时的状态设定，FANUC 系统绝对坐标方式为（*X*，*Z*），增量坐标方式为（*U*，*W*），不需要用指令 G90、G91 指定。而有的系统（如华中世纪星系统）常用 G90、G91 设定。

② 当用绝对坐标编程时，其数值为工件坐标系中点的坐标（*X*，*Z*）。当用增量坐标编程时，其数值为刀具当前点与目标点的坐标增量（*U*，*W*）。

③ *X*、*U* 坐标为直径方式输入，且有正负号；*Z*、*W* 坐标值为实际位移量。

④ G90、G91 为模态功能，可相互注销，G90 为缺省值。

4. 回程序原点

程序原点是程序的起点，也是开始加工时刀尖的起始点，FANUC-12T 系统用 G28、G29 两个指令来实现自动返回程序原点和从原点自动返回加工处的刀具运动。

G28 指令可以使刀具从任何位置以快速点定位方式经过中间点返回程序原点。

程序格式：

G28 X_Z_；其中，*X*、*Z* 为返回路径中间点的坐标值。

G29 指令可以使刀具从程序原点以快速点定位方式经过 G28 指定的中间点自动返回加工处。

程序格式：

G29 X _ Z _；其中，X、Z 为返回点的坐标值。

说明：

① G28 和 G29 这两个指令常成对使用；

② 执行 G28 指令前，应取消刀具补偿功能。

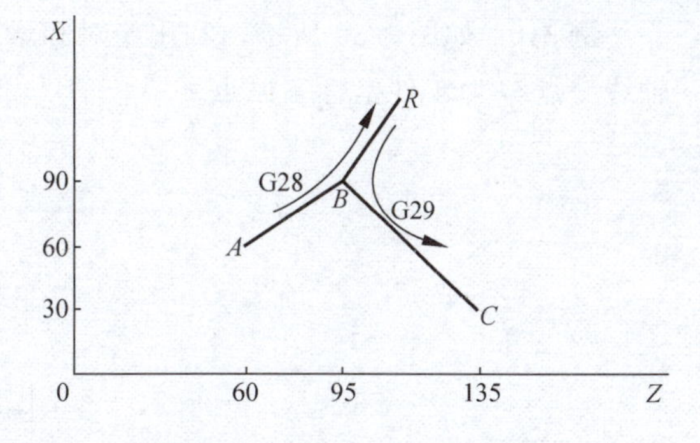

图 3-29　G28、G29 应用实例

例如，图 3-29 中，G28 X180.0 Z95.0 T0300 程序段表示由点 A 快速移动到点 B，再移到点 R 换 3＃刀；G29 X60.0 Z135.0 程序段表示由点 R 先返回至点 B，再到执行点 C。

5. 快速点位运动指令 G00

程序格式：

G00 X（U） _ Z（W） _；

式中，X（U）、Z（W）为绝对编程时目标点在工件坐标系中的坐标；增量编程时刀具移动的距离。

G00 是指令刀具以点定位控制方式从刀具所在点快速运动到下一个目标点位置。

说明：

① G00 一般用于加工前快速定位或加工后快速退刀。操作时，快移速度可由面板上的快速修调旋钮修正，进行适当的控制。移动速度不需在程序中设定，其速度已由生产厂家预先调定。

② G00 为模态指令。

③ 初学者要注意，在执行 G00 指令时，由于各轴以各自速度移动，不能保证各轴同时到达终点，因而联动直线轴的合成轨迹不一定是直线，通常为折线。为避免刀具与工件发生碰撞，通常是先单动 X 轴，将 X 轴移动到安全位置后，再执行 G00 指令。

6. 直线插补指令 G01

程序格式：

G01 X（U） _ Z（W） _ F _；

式中，X（U）、Z（W）为目标点坐标，F 为进给速度。

直线插补也称直线切削，它的特点是，刀具以直线插补运算联运方式同某坐标点移动到另一坐标点，移动速度由进给功能指令 F 来设定。机床执行 G01 指令时，在该程序段中必须含有 F 指令。

说明：

① G01 指令使刀具从当前点出发，在两坐标间以插补联动方式按指定的进给速度直线移动到目标点。G01 指令是模态指令。

② G01 指令后面的坐标值取绝对尺寸还是取增量尺寸，由尺寸地址决定。

③ 进给速度由模态指令 F 指定。如果在 G01 程序段之前的程序段没有 F 指令，而现在的 G01 程序段中也没有 F 指令，则机床不运动。因此，G01 程序中必须含有 F 指令。它可以用 G00 指令取消。

例 3-1 如图 3-30 所示，利用绝对和增量、G00、G01 编写零件加工程序。选右端面与轴线交点 O 为工件坐标系原点。

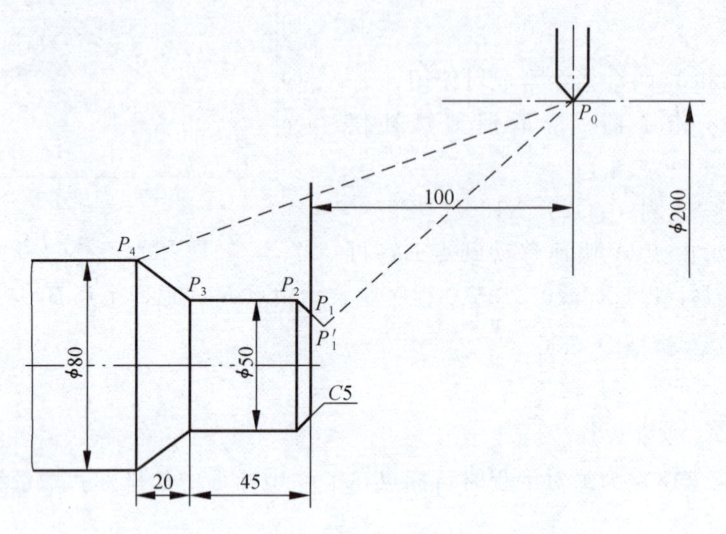

图 3-30 G90、G91、G00、G01 的应用

绝对值编程：

N01 G50 X200.0 Z100.0；	设定工件坐标系
N02 G00 X30.0 Z5.0 S800 T01 M03；	快速点定位 $P_0 \rightarrow P_1'$ 点
N03 G01 X50.0 Z−5.0 F80.0	刀尖从 P_1' 点按 F 值直线运动到 P_2 点
N04 Z−45.0；	$P_2 \rightarrow P_3$ 点
N05 X80.0 Z−65.0；	$P_3 \rightarrow P_4$ 点
N06 G00 X200.0 Z100.0	快速点定位 $P_4 \rightarrow P_0$ 点
N07 M05；	主轴停
N08 M02；	程序结束

增量值编程：

N01 G00 U−170.0 W−95.0	
S800 T01 M03；	$P_0 \rightarrow P_1'$ 点
N02 G01 U20.0 W−10.0 F80.0；	刀尖从 P_1' 点按 F 值运动到 P_2 点
N03 W−40.0	$P_2 \rightarrow P_3$ 点
N04 U30.0 W−20.0；	$P_3 \rightarrow P_4$ 点
N05 G00 U120.0 W165.0；	$P_4 \rightarrow P_0$ 点
N06 M05；	主轴停
N07 M02；	程序结束

例 3-2 如图 3-31 所示，刀尖从 A 点直线移动到 B 点，完成车外圆、车槽、车倒角编程。

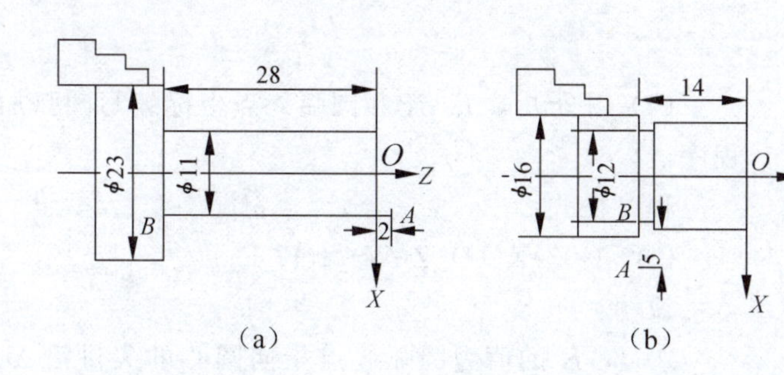

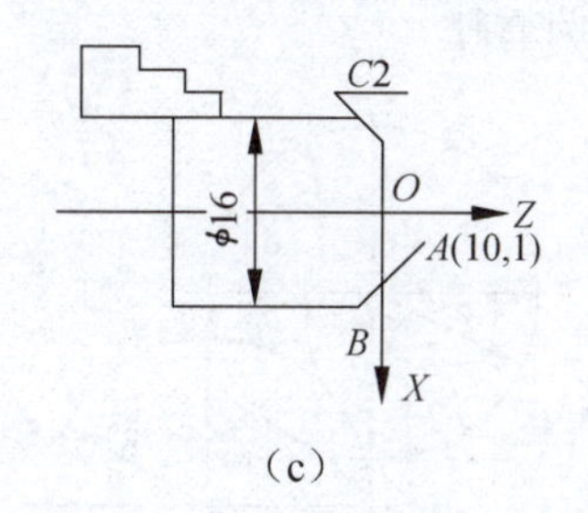

图 3-31　G01 功能指令应用

(a) 车外圆；(b) 车槽；(c) 车倒角

程序编制如下：

编程坐标原点 O 设在工件右端面

	G00 X11. Z2.；	刀具快速移至 A 点	车外圆 图 3-31（a）
绝对值编程：	G90 G01 Z－28. F0. 2；	车削 ϕ11 外圆至 B 点	
增量值编程：	G01 U0 W－30. F0. 2；	车削 ϕ11 外圆至 B 点	
或	G91 G01 Z－30. F0. 2；		
	G00 X22. Z－14.；	刀具快速移至 A 点	
绝对值编程：	G01 X12. F0. 1；	切槽至 B 点	车槽 图 3-31（b）
增量值编程：	G01 U－10. W0 F0. 1；	切槽至 B 点	
	G00 X10. Z1.；	刀具快速移至 A 点	
绝对值编程：	G01 X16. Z－2. F0. 2；	车倒角	车倒角 图 3-31（c）
增量值编程：	G01 U6. W－3. F0. 2；	车倒角	

7. 圆弧插补指令 G02/G03

圆弧插补指令是使刀具在指定平面内按给定的进给速度做圆弧插补运动，切削出圆弧曲线。逆着第三轴（垂直于圆弧所在的平面）看，如果圆弧是顺时针方向移动，用 G02，称为顺时针圆弧插补，如果圆弧是逆时针方向移动，用 G03，称为逆时针圆弧插补。

加工圆弧时，经常采用两种编程方法，现介绍如下。

(1) 用圆弧终点坐标和半径 R 编写圆弧加工程序

程序格式：

G02（G03）X（U）_ Z（W）_ R _ F _；

说明：

① 首先分清圆弧的加工方向，确定是顺时针圆弧，还是逆时针圆弧；顺时针圆弧用 G02 加工，逆时针圆弧用 G03 加工，圆弧加工方向如图 3-32 所示。

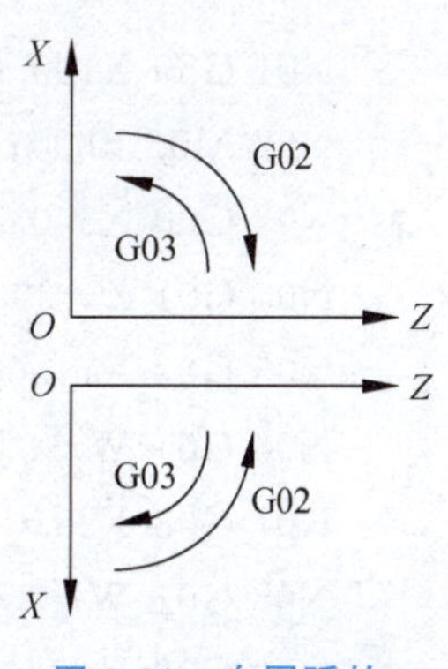

图 3-32　车圆弧的顺、逆方向

② X、Z 后跟绝对尺寸，表示圆弧终点的坐标值；U、W 后跟增量尺寸，表示圆弧终点 A 到终点 B 有两个圆弧的可能性，为区分两者，规定圆心角小于等于 180°时，用“＋R”表示，如图 3-33 中的圆弧 1；反之，用“－R”表示，如图 3-33 中的圆弧 2。不能用 R 进

行整圆插补。

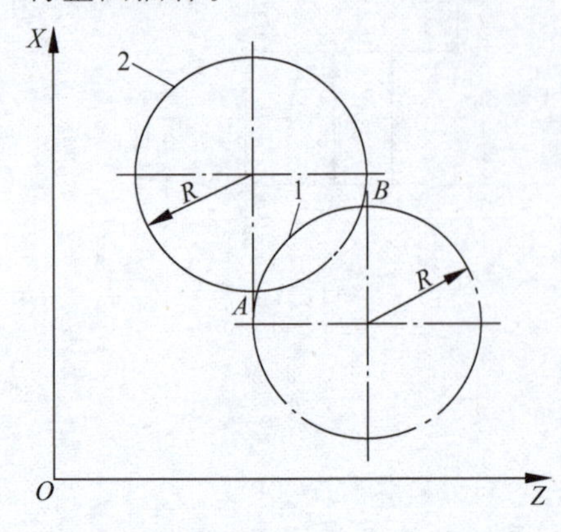

图 3-33 圆弧插补时圆弧的两种处理

(2) 用分矢量 I、K 和圆弧终点坐标编写圆弧加工程序

程序格式：

G02(G03)X(U)_Z(W)_I_K_F_;

说明：

① I，K 的值为圆弧起点指向圆心的矢量沿 X 轴和 Z 轴上的矢量投影，与坐标轴的方向一致时取正号，反之为负号。用 I，K 可以指定整圆，在 G90/G91 时都是以增量方式指定。

② X(U)_Z(W)_与前一种方法定义相同，X 轴上的分矢量 I 也用直径值编程；不能与 R 同时使用。

(3) 编程举例

例 3-3 加工如图 3-34 所示零件，试编制加工程序。对圆弧插补，分别用两种方法加工。

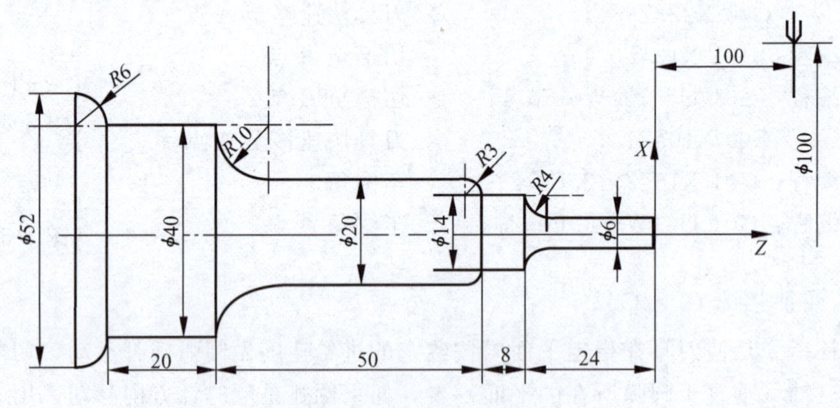

图 3-34 圆弧插补应用图例

方法一：用分矢量和圆弧终点坐标来加工圆弧。

O001;

N01 G50 X100.0 Z100.0;	设定坐标系
N02 M03 S800;	主轴转速 800 r/min，正转
N03 G00 X6.0 Z2.0;	引入点
N04 G01 Z−20.0 F80;	切 ϕ6 外圆
N05 G02 X14.0 Z−24.0 I8.0 K0 F60;	车 R4 圆弧
N06 G01 W−8.0 F80;	切 ϕ6 外圆
N07 G03 X20.0 W−3.0 I0 K−3.0 F60;	车 R3 圆弧
N08 G01 W−37.0 F80;	切 ϕ20 外圆
N09 G02 U20.0 W−10.0 I20.0 K0 F60;	车 R10 圆弧
N10 G01 W−20.0 F80;	切 ϕ40 外圆

N11 G03 X52.0 W−6.0 I0 K−6.0 F60；　　车 R10 圆弧
N12 G00 U2.0；　　退刀
N13 X100.0 Z100.0；　　回编程起始点
N14 M05；　　主轴停
N15 M02；　　程序结束

方法二：用圆弧半径 R 和终点坐标来加工圆弧。

```
O002;
N01 G50 X100.0 Z100.0;
N02 M03 S800;
N03 G00 X6.0 Z2.0;
N04 G01 Z-20.0 F80;
N05 G02 X14.0 Z-24.0 R4.0 F60;
N06 G01 W-8.0 F80;
N07 G03 X20.0 W-3.0 R3.0 F60;
N08 G01 W-37.0 F80;
N09 G02 U20.0 W-10.0 R10.0 F60;
N10 G01 W-20.0 F80;
N11 G03 X52.0 W-6.0 R6.0 F60;
N12 G00 U2;
N13 S100.0 Z100.0;
N14 M05;
N15 M02;
```

8. 暂停指令 G04

指令格式：

G04 X_；或者 G04 P_；

该指令可使刀具作进给上的停顿，实现无进给光整加工，一般适用于镗平面、锪孔、车槽等场合。暂停时间一般不长，为几秒或几十毫秒。

说明：X 指定时间，后面可用带小数点的数，单位为：秒（s）；P 指定时间，不允许用小数点，单位为毫秒（ms）。

应用场合：

① 车削沟槽或钻孔时，为使槽底或孔底得到准确的尺寸精度及光滑的加工表面，在加工到槽底或孔底时，作无进给光整加工。

② 使用 G96 恒线速度切削轮廓，改成 G97 后，加工螺纹时，可暂停适当时间，使主轴转速稳定后再执行车螺纹，以保证螺距加工精度要求。

例　若要暂停 1 s，可写成如下格式：G04 X1.0；或 G04 P1000；

9. 圆锥的切削

(1) 切削原理

圆锥分为正锥和倒锥，在数控车床上车外圆锥时，有两种加工路线。图 3-35 所示为车正锥的两种加工路线示意图，当按图 3-35（a）所示的加工路线车正锥时，需要计算终刀距 L'。假设锥的大端直径为 D，小端直径为 d，吃刀深度为 L，锥长为 A，则由相似三角形可得

$$(D-d)/(2A)=L/L'$$

即

$$L'=2AL/(D-d)$$

当按图 3-35（b）所示的走刀路线车正锥时，则不需要计算。但必须确定背吃刀量 L。由图可见，只要确定了背吃刀量 L，就确定了下一个目标点的值，即可车出圆锥轮廓。但在每次切削中，背吃刀量 L 是变化的，而切入目标点始终是固定的。这种加工方法由于只确定一个目标点，所以编程比较简单。

图 3-36 所示为车倒锥的两种加工路线，车锥原理与车正锥的相同，此处不再赘述。

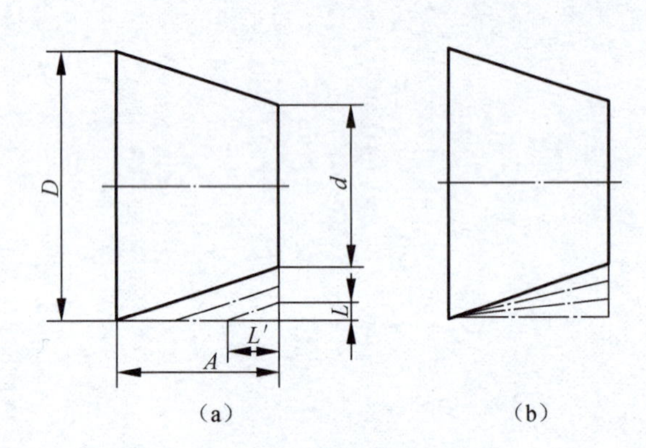

图 3-35　车正锥加工路线

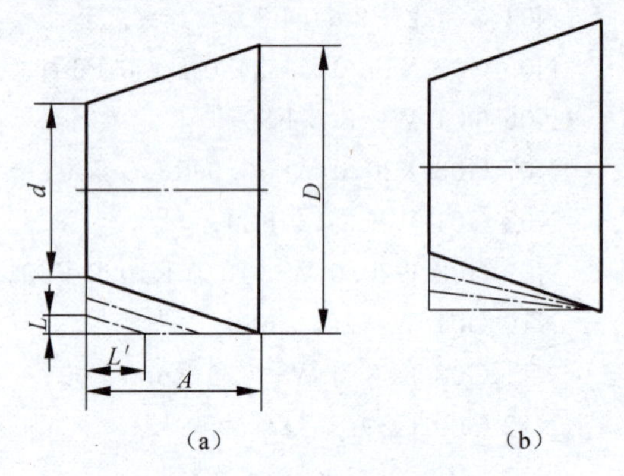

图 3-36　车倒锥加工路线

（2）车锥编程实例

例 3-4　已知毛坯棒料尺寸为 ϕ30 mm，加工如图 3-37 所示零件，试编写车削正锥加工程序。

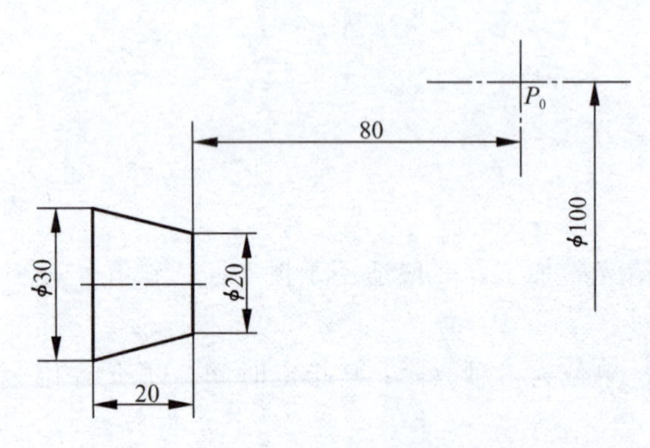

图 3-37　车锥编程实例

解　选用外圆车刀，分三次走刀进行加工。$L'=2AL/(D-d)$，$A=20$，$D=30$，$d=20$，前两次背吃刀量 $L=2$ mm，最后一次背吃刀量 $L=1$ mm。

按第一种车锥路线进行加工，终刀距：

$$L'_1=2AL/(D-d)=8\ \text{mm}$$
$$L'_2=2AL/(D-d)=16\ \text{mm}$$

程序编制如下：

```
O003;                              设定坐标系
N01 G50 X100.0 Z80.0;
N02 M03 S800;                      主轴以 800 r/min 的转速正转
N03 G00 X32.0 Z0;
N04 G01 Z0 F80;                    车端面
N05 Z4.0;
```

```
N06 G00 X26.0;
N07 G01 Z0 F120;
N08 X30.0 Z-8.0;
N09 G00 Z0;
N10 G01 Z22.0 F120;
N11 X30.0 Z-16.0;
N12 G00 Z0;
N13 G01 X20.0 F120;
N14 X30.0 Z-20.0;
N15 G00 X100.0 Z80.0;              回起始点
N16 M05;                           主轴停
N17 M30;                           程序结束
```

按第二种车锥路线进行加工，就不需要计算了。前两次背吃刀量 $L=2$ mm，最后一次背吃刀量 $L=1$ mm。具体程序如下：

```
O004;
N01 G50 X100.0 Z80.0;
N02 M03 S800;
N03 G00 X32.0 Z0;
N04 G01 Z0 F80;
N05 Z4.0;                          退刀
N06 G00 X26.0;
N07 G01 Z0 F120;                   定位
N08 X30.0 Z—20.0;                  第一次车锥
N09 G00 Z0;
N10 G01 Z22.0 F120;
N11 X30.0 Z—20.0;                  第二次车锥
N12 G00 Z0;
N13 G01 X20.0 F120;
N14 X30.0 Z—20.0;                  第三次车锥
N15 G00 X100.0 Z80.0;
N16 M05;
N17 M30;
```

3.4　固定循环和复合循环加工

前面所介绍的 G 指令，如 G00、G01、G02、G03 等，都是基本切削指令，即一个指令只使刀具产生一个动作，但一个循环切削指令可使刀具产生四个动作，即可将刀具“切入—切削—退刀—返回”，用一个循环指令完成。因此，使用循环指令可简化编程。

3.4.1 简单固定循环指令

1. 外径/内径车削循环指令 G90

该指令可实现车削圆柱面和圆锥面的自动固定循环。程序格式为：

圆柱面切削循环 G90 X(U)_ Z(W)_ F_；

圆锥面切削循环 G90 X(U)_ Z(W)_ I_ F_；

圆柱面切削循环过程如图 3-38 所示，图中虚线表示按快进速度 R 运动，实线表示按工作进给速度 F 运动。X、Z 为圆柱面切削终点坐标值；U、W 为圆柱面切削终点相对循环起点的增量值。加工顺序按 1、2、3、4 进行。

注意：使用循环切削指令，刀具必须先定位至循环起点，再执行循环切削指令，且完成一个循环切削后，刀具仍回到此循环起点。循环切削指令为模态指令。

圆锥面切削循环过程如图 3-39 所示。

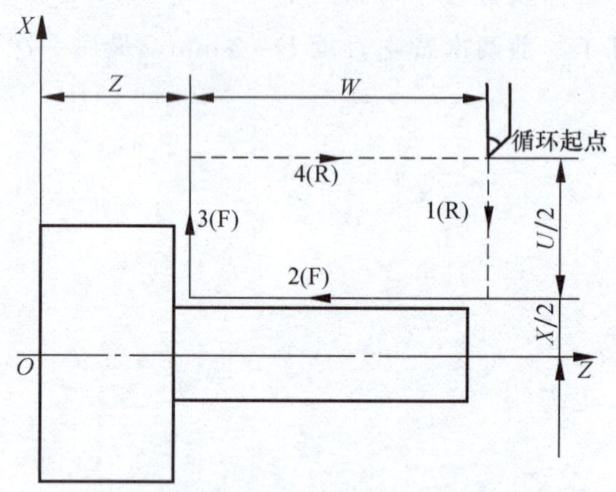

图 3-38 车削圆柱表面固定循环

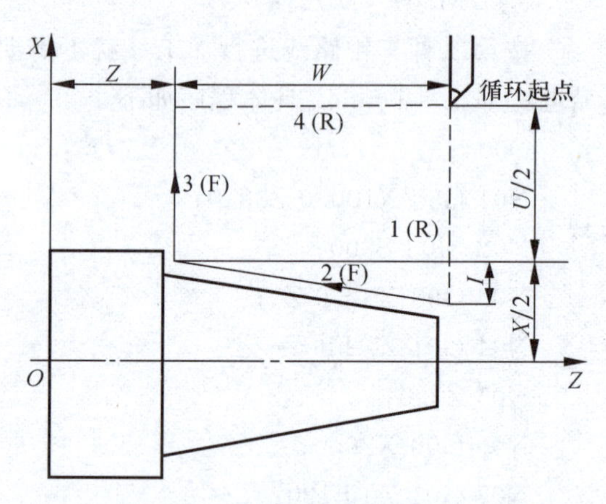

图 3-39 车削圆锥表面固定循环

图中的 I 为锥体大端和小端的半径差。若工件锥面起点坐标大于终点坐标，I 后的数值符号取正，反之取负。例如加工图 3-40（a）所示的工件，其相关程序为：

G90 X36.0 Z−30.0 F60.0；

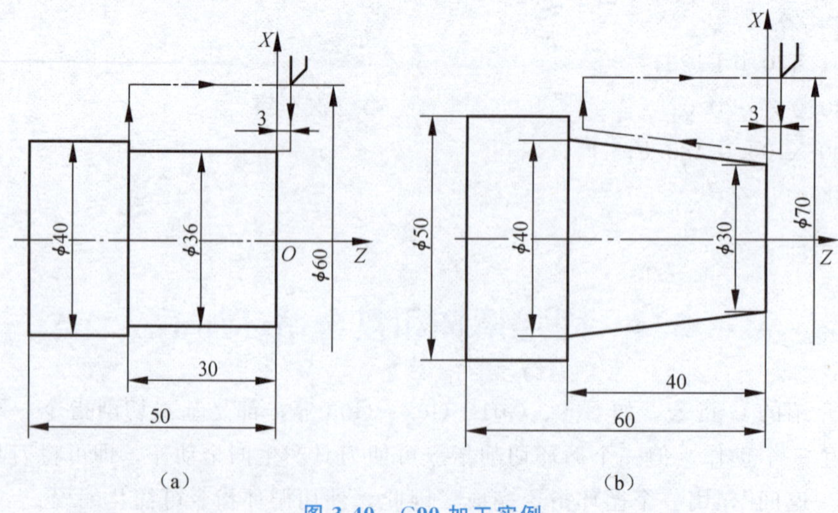

图 3-40 G90 加工实例

加工图 3-40（b）所示的工件，其相关程序为：

G90 X40.0 Z－40.0 I－5.0 F40.0；

2. 端面切削循环指令 G94

直端面车削循环指令格式：

G94 X(U)_Z(W)_F_；

G94 端面切削循环过程如图 3-41 所示，可用于直端面或锥端面车削循环。图中虚线表示按快进速度 R 运动，实线表示按工件进给速度 F 运动。G94 程序中的地址含义与 G90 的相同，加工顺序按 1、2、3、4 进行。

例 3-5　使用 1 号车刀，车削如图 3-42 所示工件的端面，试用 G94 指令编程。

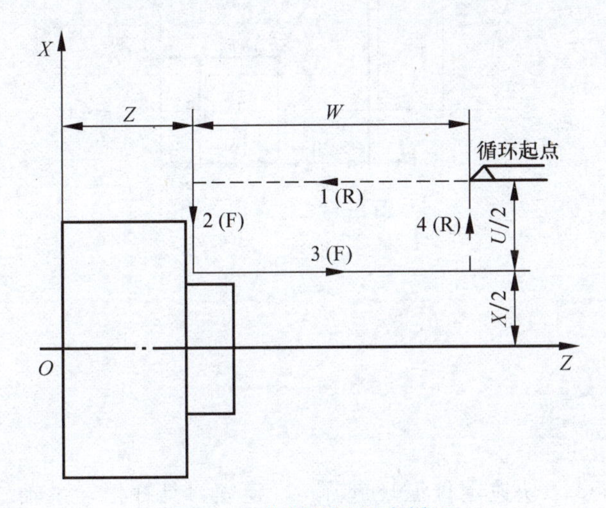

图 3-41　车削端面固定循环

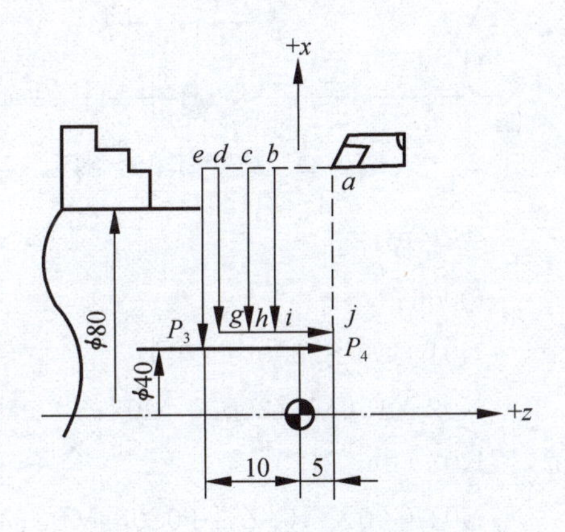

图 3-42　车削端面循环图

参考程序：

O005；

N01 G50 S3500 T0100；

N02 X150.0 Z200.0 M08；

N03 G96 S120；

N04 G00 X85.0 Z5.0 T0404 M03；　　快速定位循环起点 a，建立刀具补偿，主轴正转

N05 G94 X40.5 Z－3.0 F0.2；　　由 $a \to b \to i \to j \to a$ 循环粗车

N06 Z－6.5；　　由 $a \to c \to h \to j \to a$ 循环粗车

N07 Z9.9；　　由 $a \to d \to g \to j \to a$ 循环粗车

N08 X40.0 Z－10.0 S150 F0.07；　　由 $a \to e \to P_3 \to P_4 \to a$ 循环精车

N09 G00 X150.0 Z200.0 T0000；

N10 M30；

锥端面指令格式：

G94 X（U）_ Z（W）_R_F_；

各地址代码的含义与 G90 的相同。其刀具路径如图 3-43 所示，由 $P_1 \to P_2 \to P_3 \to P_4 \to P_1$ 完成一个循环。

例 3-6 使用 2 号车刀，车削如图 3-44 所示工件的端面，试用 G94 指令编程。其中，a(119，5)为循环起点；f(119，－32)；g(20，－10)；h(20，－9.5)；i(20，－6.5)；j(20，－3.5)；k(20，0)；l(20，5)。R=[(－10)－(－32)]=－22.0。

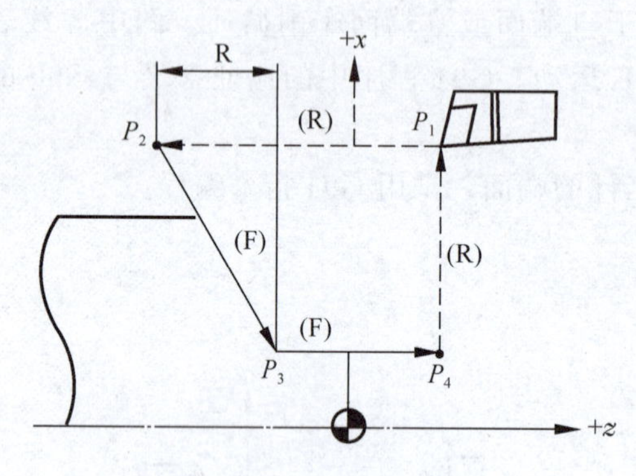

图 3-43 锥端面车削循环

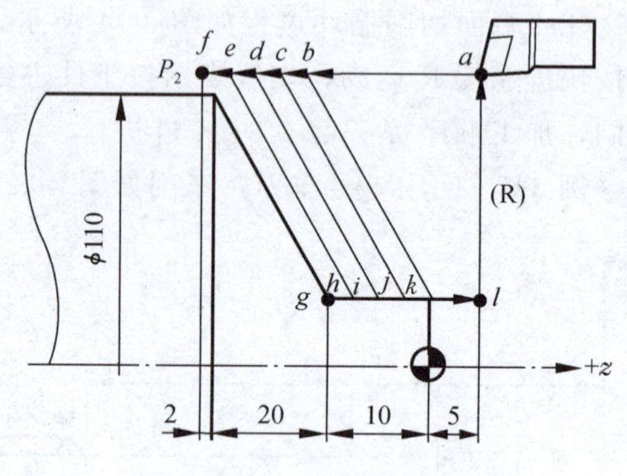

图 3-44 锥端面车削

参考程序：

O006；

N01 G50 S3500 T0200；

N02 X150.0 Z200.0 M08；

N03 G96 S120；

N04 G00X119.Z5.T0303 M03； 快速定位循环起点 a，建立刀具补偿，主轴正转

N05 G94 X X20.Z0 R－22.F0.2； 由 $a \to b \to k \to l \to a$ 循环粗车

N06 Z－3.5； 由 $a \to c \to j \to l \to a$ 循环粗车

N07 Z－6.5； 由 $a \to d \to i \to l \to a$ 循环粗车

N08 Z9.； 由 $a \to e \to h \to l \to a$ 循环粗车

N09 Z－10.S150 F0.07； 由 $a \to f \to g \to l \to a$ 循环精车

N10 G00 X150.0 Z200.0 T0000；

N11 M30；

3.4.2 复合固定循环指令

当工件的形状较复杂，如有台阶、锥度、圆弧等，若使用基本切削指令或循环切削指令，粗车时为了考虑精车余量，在计算粗车的坐标点时，可能会很繁杂。如果使用复合固定循环指令，只需依指令格式设定粗车时每次的切削深度、精车余量、进给量等参数，在接下来的程序段中给出精车时的加工路径，则 CNC 控制器即可自动计算出粗车的刀具路径，自动进行粗加工，因此在编制程序时可节省很多时间。

使用粗加工固定循环 G71、G72、G73 指令后，必须使用 G70 指令进行精车，使工件达到所要求的尺寸精度和表面粗糙度。

1. 粗车循环指令 G71、G72

G71：该指令适用于圆柱棒料粗车阶梯轴的外圆或内孔需切除较多余量时的情况。

G72：该指令用于当直径方向的切除量比轴向余量大时。

格式：G71/G72 U（Δd）R（e）;

G71/G72 P（n_s）Q（n_f）U（Δu）W（Δw）F（Δf）S（Δs）T（t）;

N（n_s）…;

…S（s）F（f）;

…

N（n_f）…;

说明：

Δd：每次切削背吃刀量，即 X 轴向的进刀，深度以半径值表示，一定为正值；

e：每次切削结束的退刀量；

n_s：精车开始程序段的顺序号；

n_f：精车结束程序段的顺序号；

Δu：X 轴方向精加工余量，以直径值表示；车外圆时为正值，车内孔时为负值；

Δw：Z 轴方向精加工余量，为正值；

Δf：粗车时的进给量；

Δs：粗车时的主轴功能（一般在 G71/G72 之前即已指令，故大都省略）；

t：粗车时所用的刀具（一般在 G71/G72 之前即已指令，故大都省略）；

s：精车时的主轴功能；

f：精车时的进给量。

G71 指令的刀具循环路径如图 3-45 所示，G72 指令的刀具循环路径如图 3-46 所示，在 G71/G72 指令的下一程序段给予精车加工指令，描述 $A \to B$ 间的工件轮廓，并在 G71/G72 指令中指定精加工工件的程序的顺序号，给出精车余量 Δu、Δw 及粗加工每次背吃刀量、F 功能、S 功能、T 功能等，CNC 装置即会自动计算粗车的加工路径控制刀具完成粗车，且最后会沿粗车轮廓 $A' \to B'$ 车削一刀，留 X、Z 方向精车余量，再退回至循环起点 C 完成粗车循环。

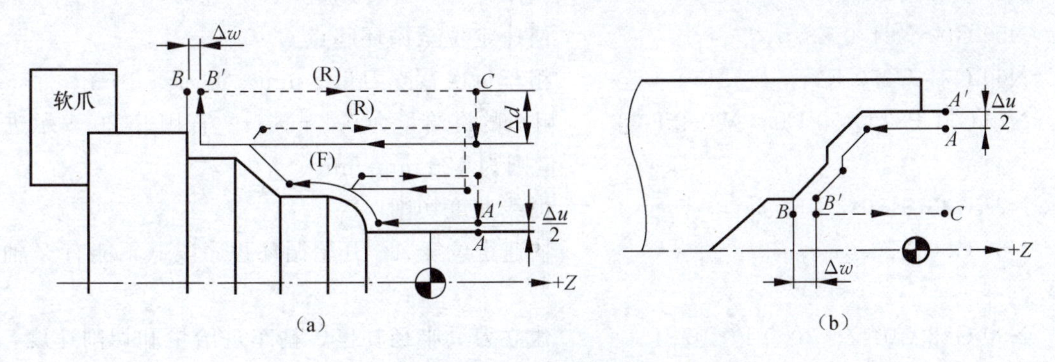

图 3-45　G71 粗车循环

(a) G71 轴粗车复合循环；(b) G71 指令车内孔

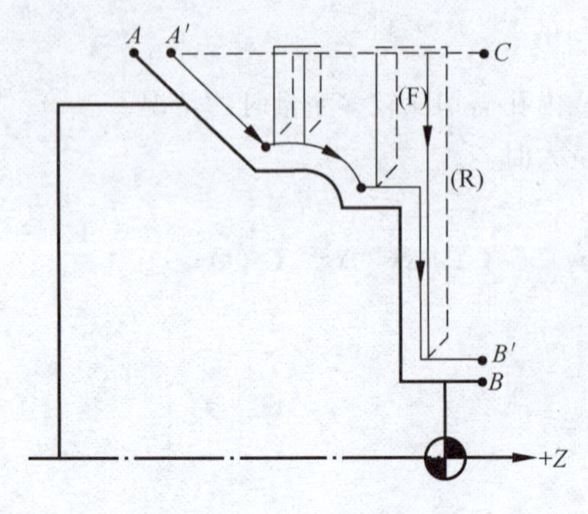

图 3-46　G72 粗车循环

图 3-45 和图 3-46 中（F）表示以粗车进给速度切削；（R）表示以快速定位退刀；C 点为循环起点。

F、S、T 仅在粗车循环程序中有效。

例 3-7　用 FANUC 0i 系统的 CNC 车床车削如图 3-47 所示工件。粗车刀 1 号，精车刀 2 号。刀尖半径为 0.4 mm。精车余量 X 轴为 0.2 mm，Z 轴为 0.2 mm。粗车的切削速度为 120 m/min，精车为 180 m/min。粗车的进给量为 0.2 mm/r，精车为 0.07 mm/r。粗车时每次背吃刀量为 3 mm。（图中虚线为快速定位路径，实线为切削路径，C 点为循环起点）

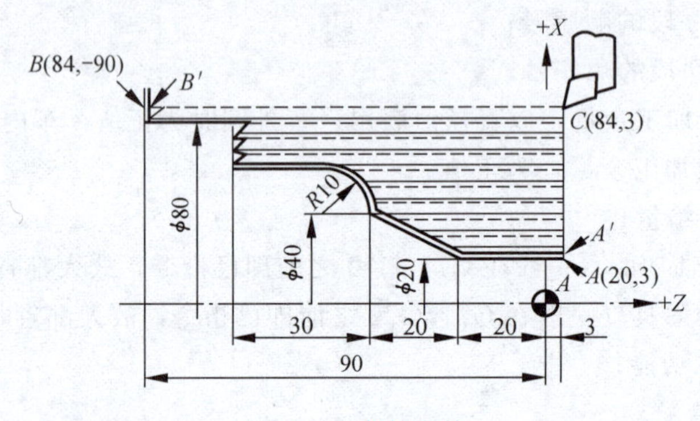

图 3-47　车削工件

参考程序：

O007；	程序名
N10 G00 X150.0 Z200 T0100；	快速移到起刀点
N20 G50 S2000；	限制最高转速
N30 M03 S450；	粗车时的切削速度 450 r/min
N40 T0101 M08；	调用刀补，开冷却液
N50 G00 X84.0 Z3.0；	快速定位至循环起点 C
N60 G71 U3.0 R1；	粗车每次背吃刀量 3 mm，退刀量 1 mm
N70 G71 P80 Q150 U0.4 W0.2 F0.2；	粗车的进给量为 0.2 mm/r。若用 F120 表示进给量则为 120 mm/min
N75 G96 S180；	恒线速度切削
N80 G00 X20.0；	快速定位至 A，开始循环程序段（不能有 Z 轴移动）
N90 G42 G01 Z−20.0 F0.07；	建立刀具半径补偿，精车进给量和切削速度
N100 X40.0 W−20.0；	
N110 G03 X60.0 W−10.0 R10.0；	

N120 G01 W－20.0；

N130 X80.0；

N140 Z－90.0；

N150 G40 X84.0；　　循环程序段结束

N160 G00 X150.0 Z200.0；　　快速退至安全点

N165 T0100；　　取消刀补

N170 T0202；　　换 2 号精车刀，建立刀具补偿

N180 X84.0 Z3.0；　　快速定位至循环起点 C

N190 G70 P75 Q150；　　精车循环

N200 G00 X150.0 Z200.0；　　快速移到加工起始点

N205 T0200 M09；　　取消刀补 关冷却液

N210 M05；　　主轴停止转动

N220 M30；　　程序结束

程序说明：

① 精车开始程序段必须由循环起点 C 到 A 点，且没有 Z 轴方向移动指令。

② 必须用 G40 指令在 N150 程序段取消刀尖半径补偿，否则会发生补偿错误信息。而且此程序段的 X 坐标值（84）减去上个程序段的 X 坐标值（80）的值，必须大于两倍精车刀刀尖的半径，否则会发生补偿错误信息。

③ G70 P10 Q20 为精车循环指令，其用法和含义见后面内容。

④ 执行此程序前，必须在刀具补偿参数页面的 2 号补偿内输入刀尖半径补偿值 0.4 及假想刀尖号码 3 号。

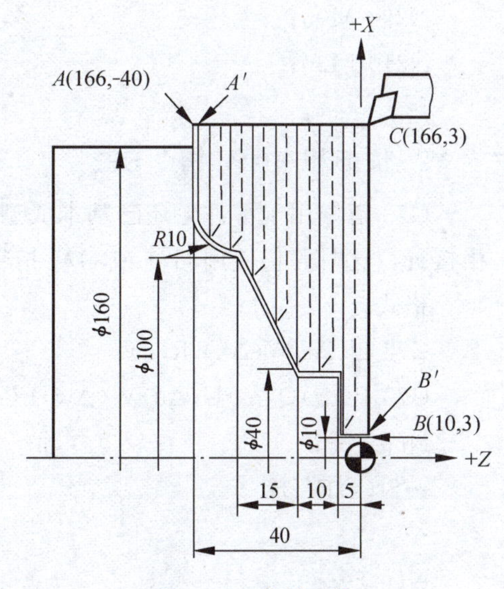

图 3-48　车削工件

例 3-8　用 FANUC 0i 系统 CNC 车床加工如图 3-48所示工件，工件材料为 45 钢，毛坯直径为 ϕ160。1 号为粗车刀，每次背吃刀量为 3 mm，进给量0.2 mm/r，切削速度 150 m/min；2 号为精车刀，刀尖半径 0.6 mm，进给量 0.07 mm/r，切削速度 180 m/min，X 轴方向精车余量为 0.2 mm，Z 轴方向为 0.05 mm。

参考程序：

O008；　　程序名

N10 G00 X150.0 Z200.0 T0100；　　快速定位到指定位置

N20 G50 S3000；　　限定最高转速

N30 G96 M03 S150；　　恒线速 150 m/min 切削

N40 T0101 M08；　　调用 1 号刀补，开启切削液

N50 G00 X166.0 Z3.0；　　快速定位至循环起点 C

N60 G72 W3 R1.0；　　每次背吃刀量为 3 mm，退刀量 1 mm

```
N70 G72 P80 Q140 U0.2 W0.05 F0.2;        粗车的进给量为 0.07 mm/r
N80 G00 Z-40.0;                          由 C 快速定位至 A，开始循环程序段
N90 G41 G01 X120.0 F0.07 S180;           建立刀补，设定精车进给量和切削速度
N100 G03 X100.0 W10.0 R10.0;
N110 G01 X40.0 W15.0;
N120 W10.0;
N130 X10.0;
N140 G40 Z3.0;                           取消刀补，完成精车程序段
N150 G00X 150.0 Z200.0                   快速退至安全点
N155 T0100;                              取消刀补准备换 2 号精车刀
N160 T0202;                              换 2 号精车刀，建立刀具补偿
N170 X166.0 Z3.0;                        快速定位至循环起点 C
N180 G70 P80 Q140;                       精车循环
N190 G00 X150.0 Z200.0;                  刀具移至安全位置
N195 T0200;                              取消刀补
N200 M05;                                主轴停止转动
N210 M30;                                程序结束
%                                        结束符
```

2. 仿形粗车循环指令 G73

G73 指令用于零件毛坯已基本成型的铸件或锻件的加工。铸件或锻件的形状与零件轮廓相接近，这时若仍使用 G71 或 G72 指令，则会产生许多无效切削而浪费加工时间。

格式：

G73 U(Δi)W(Δk) R(d)；

G73 P(n_s)Q(n_f)U(Δu)W(Δw)F(Δf)S(Δs)T(t)；

N(n_s)…；

…S (s)F(f)；

…

N(n_f)…；

说明：

Δi：X 轴方向退刀距离和方向，以半径值表示，当向＋X 轴方向退刀时，该值为正，反之为负；

Δk：Z 轴退刀距离和方向，当向＋Z 轴方向退刀时，该值为正，反之为负；

d：粗切削次数；

其余各项含义与 G71/G72 的相同。图 3-49 所示为 G73 的刀具轨迹。

Δi 和 Δk 为第一次车削时退离工件轮廓的距离及方向，确定该值时应参考毛坯的粗加工余量大小，以使第一次走刀车削时就有合理的切削深度，计算方法如下：

Δi（X 轴退刀距离）＝（X 轴粗加工余量）－（每一次切削深度）

Δk（Z 轴退刀距离）＝（Z 轴粗加工余量）－（每一次切削深度）

如 X 轴方向粗加工余量为 6 mm，分三次走刀，每一次切削深度 2 mm，则：

$$\Delta i = 6 - 2 = 4, d = 3$$

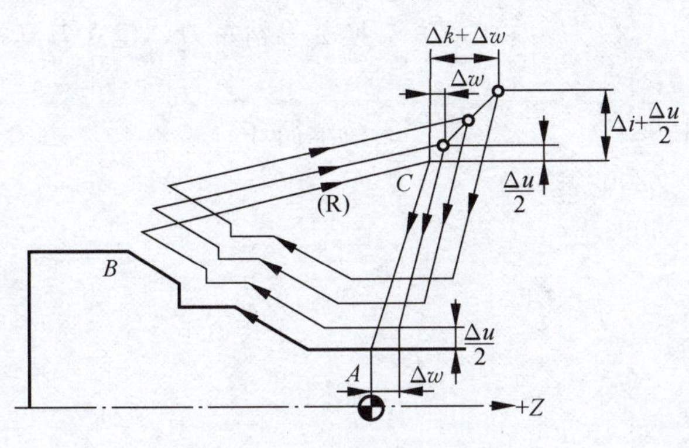

图 3-49　G73 循环

例 3-9　用 FANUC-0i 系统 CNC 车床车削图 3-50 所示工件。X 轴方向加工余量为 6 mm（半径值），Z 轴方向为 6 mm，粗加工次数为三次。1 号为粗车刀，2 号为精车刀，刀尖半径 0.6 mm，X 轴方向精车余量为 0.2 mm，Z 轴方向为 0.1 mm。

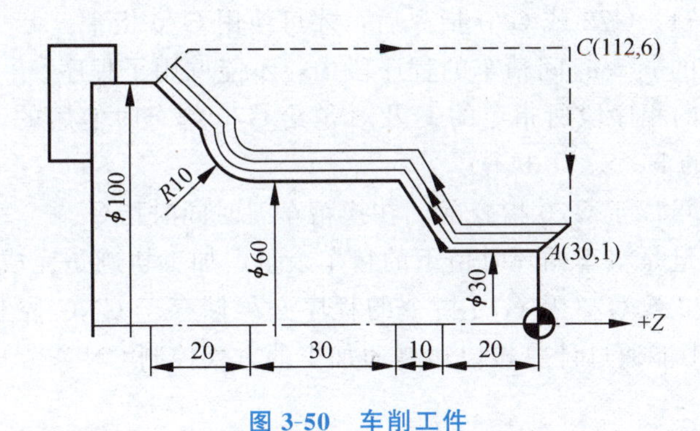

图 3-50　车削工件

参考程序：

O009；	程序名
N10 G00 X150.0 Z200.0 T0100；	刀具快速移至安全位置
N20 G96 S120 M03；	主轴正转，恒线速度 120 m/min 切削
N30 T0101 M08；	调用 01 号刀补，打开冷却液
N40 G00 X112.0 Z6.0；	快速定位至循环起点 C
N50 G73 U4.0 W4.0 R3.0；	$\Delta i = \Delta k = 4$ mm，$d = 3$
N60 G73 P70 Q130 U0.4 W0.1 F0.2；	粗车的进给量为 0.2 mm/r
N70 G00 X30.0 Z1.0；	快速定位至 A 点，开始循环程序段，可有 Z 轴移动
N80 G42 G01 Z−20.0 F0.07；	建立刀补，设置精车进给量
N90 X60.0 W−10.0；	
N100 W−30.0；	
N110 G02 X80.0 W−10.0 R10.0；	
N120 G01 X100.0 W−10.0；	

N130 G40 X106.0；　　完成精车程序段
N140 G00 X150.0 Z200.0；　　快速退至安全点，准备换2号精车刀
N150 T0202；　　换2号精车刀，建立刀具补偿
N160 X112.0 Z6.0；
N170 G70 P70 Q130；　　精车循环
N180 G00 X150.0 Z200.0；
N190 M05 T0200 M09；
N200 M30；

3. 精车循环指令 G70

程序格式：

G70 P(n_s) Q(n_f)；

说明：

n_s：开始精车程序段号；

n_f：完成精车程序段号。

使用G70时应注意下列事项：

① 必须先使用G71、G72或G73指令后，才可使用G70指令。

② G70指令指定的n_s～n_f间精车的程序段中，不能调用子程序。

③ n_s～n_f间精车的程序段所指令的F及S是给G70精车时使用的。若不指定，则按粗车循环程序段中指定的F、S、T执行。

④ 精车时的S也可以于G70指令前，在换精车刀时同时指令。

⑤ 精车时的加工量是粗车循环时留下的精车余量，加工轨迹是完成工件的轮廓线。

⑥ 使用G71、G72或G73及G70指令的程序必须储存于CNC控制器的内存内，即有复合循环指令的程序不能通过计算机以边传边加工的方式控制CN。

3.4.3　螺纹加工

1. 螺纹加工特点

① 螺纹加工具有四个基本动作：起刀点定位，吃刀，车牙型，退刀到起刀点，如图3-51所示。由于螺纹不可能一刀加工成形，要经过多次走刀，走刀次数参看表3-6。为保证车削过程中不“乱扣”，造成乱牙，每一次螺纹加工起刀点要相同。同时，为保证在螺纹车削过程中严格遵循主轴转一圈，刀具进给一个导程的规定，在螺纹有效段前后要有适当的升速段δ_1和减速段δ_2。δ_1、δ_2按公式计算：$\delta_1=n\times P/400$，$\delta_2=n\times P/1800$。式中n为主轴

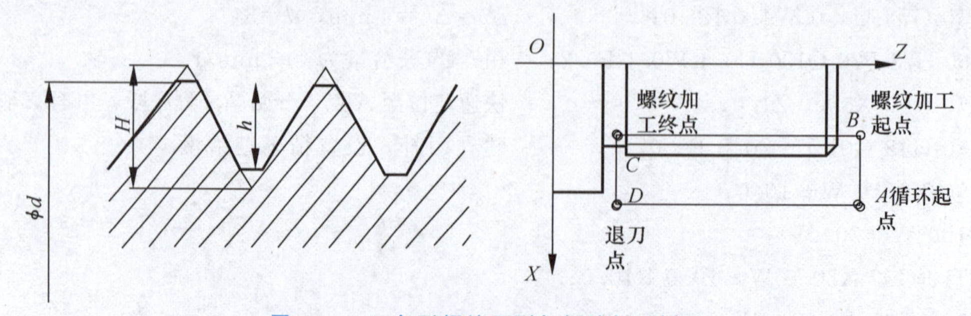

图3-51　三角形螺纹牙型与螺纹加工循环

转速，P 为螺纹导程。一般情况下可取 δ_1 为 2～5 mm，对于大螺距和高精度的螺纹取大值，δ_2 取 δ_1 的 1/4 左右。若螺纹的收尾处没有退刀槽，一般按 45°退刀收尾。

② 螺纹加工中，径向起点（编程大径）的确定决定于螺纹公称尺寸，螺纹公称尺寸由内、外圆车削来保证。径向终点（编程小径）的确定决定于螺纹底径，因为编程顶径确定后，螺纹总切深是由编程底径（螺纹底径）来控制的。根据普通螺纹的国家标准规定，普通螺纹的牙型理论高度 $H=0.866P$，实际由于螺纹车刀刀尖半径的影响，通常取螺纹的实际牙型高度为：

$$h = H - 2(H/8) = 0.6495P$$

式中，H 为螺纹原始三角形高度；P 为螺纹螺距。

③ 螺纹加工为成型车削，其切削量较大，一般要求分数次进给，进刀次数可由经验可得，或查表 3-6。表 3-6 为常用螺纹切削进给次数与吃刀量。主轴转速要低，一般低于 200～500 r/min，以免进给速度太大。

表 3-6　常用螺纹切削进给次数与吃刀量

米制螺纹								
螺距/mm		1.0	1.5	2.0	2.5	3.0	3.5	4.0
牙深/mm		0.649	0.974	1.299	1.624	1.949	2.273	2.598
背吃刀量及切削次数	1 次	0.7	0.8	0.9	1.0	1.2	1.5	1.5
	2 次	0.4	0.6	0.6	0.7	0.7	0.7	0.8
	3 次	0.2	0.4	0.6	0.6	0.6	0.6	0.6
	4 次		0.16	0.4	0.4	0.4	0.6	0.6
	5 次			0.1	0.4	0.4	0.4	0.4
	6 次				0.15	0.4	0.4	0.4
	7 次					0.2	0.2	0.4
	8 次						0.15	0.3
	9 次							0.2
英制螺纹								
牙/in①		24 牙	18 牙	16 牙	14 牙	12 牙	10 牙	8 牙
牙深/mm		0.678	0.904	1.016	1.162	1.355	1.626	2.033
背吃刀量及切削次数	1 次	0.8	0.8	0.8	0.8	0.9	1.0	1.2
	2 次	0.4	0.6	0.6	0.6	0.6	0.7	0.7
	3 次	0.16	0.3	0.5	0.5	0.6	0.6	0.6
	4 次		0.11	0.14	0.3	0.4	0.4	0.5
	5 次				0.13	0.21	0.4	0.5
	6 次						0.16	0.4
	7 次							0.17
	8 次							

注：1. 从螺纹粗加工到精加工，主轴的转速必须保持一致；
2. 螺纹加工中，不能使用恒定线速度控制功能。

① 1 in=2.54 cm。

2. 基本螺纹车削指令 G32

格式：G32 X(U)_ Z(W)_ F_；

说明：

① G32 指令可以执行单行程螺纹切削，包括锥螺纹切削。

② 格式中 F 为螺纹导程。

③ 车刀进给运动严格根据输入的螺纹导程进行。但是，车刀的切入、切出、返回均需要编入程序；

④ 锥螺纹其斜角 α 在 45°以下时，螺纹导程以 Z 方向指定，α 在 45°以上至 90°时，以 X 轴方向指定。该指令一般很少使用。

使用螺纹切削指令的注意事项：

① 主轴恒转速（G97 指令）切削螺纹，为能加工到螺纹小径，车削时 X 轴的直径值逐次减少，若使用 G96 恒线速度控制指令，则工件旋转时，其转速会随切削点直径减少而逐次减少，这会使 F（单位：mm/r）导程指定的值产生变动（因为 F 会随转速变化），从而发生乱牙现象。

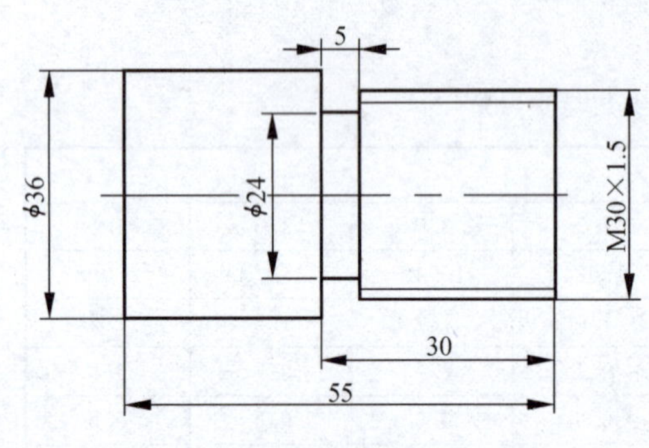

图 3-52　螺纹加工

② 螺纹加工中的走刀次数和进刀量（切削深度）会直接影响螺纹的加工质量，车削螺纹的切削深度和切削次数可参考表 3-6。

例 3-10　加工如图 3-52 所示的零件。由表 3-6可知，该螺纹车四刀可成。以工件左端面中心点为工件原点，其加工程序如下。

参考程序：工件坐标系建立在工件的左端面中心。

O009；	程序名
N10 G50 X50 Z120；	建立工件坐标系，程序启动时，车刀应在距工件左端 120 mm，中心线 25 mm 处
N20 M03 S300；	主轴正转，转速 300 r/min
N30 G90 G00 X29. 2 Z60；	确定车螺纹的起点
N40 G32 Z27. 5 F1. 5；	退刀点选在退刀槽的中间
N50 G00 X40；	退刀
N60 Z60；	返回到螺纹车削起点
N70 X28. 6；	确定车第二刀的起点位置
N80 G32 Z27. 5 F1. 5；	车第二刀
N90 G00 X40；	
N100 Z60；	
N110 X28. 2；	
N120 G32 Z27. 5 F1. 5；	车第三刀
N130 G00 X45；	
N140 Z60；	

N150 X28.04；
N160 G32 Z27.5 F1.5；　　　　　车第四刀
N170 G00 X40；
N180 X50 Z120；
N190 M02；
N200 M30；

3. 螺纹车削的简单固定循环指令 G92

格式：G92 X(U)_Z(W)_I_F_；

说明：

① 螺纹切削循环 G92 为简单螺纹循环，该指令可切削锥螺纹和圆柱螺纹，其循环路线与前面的单一形状固定循环基本相同，也是由四个过程组成：下刀—切削—退刀—返回循环起点。只是 F 后边的进给量改为导程值即可。如图 3-53 所示。

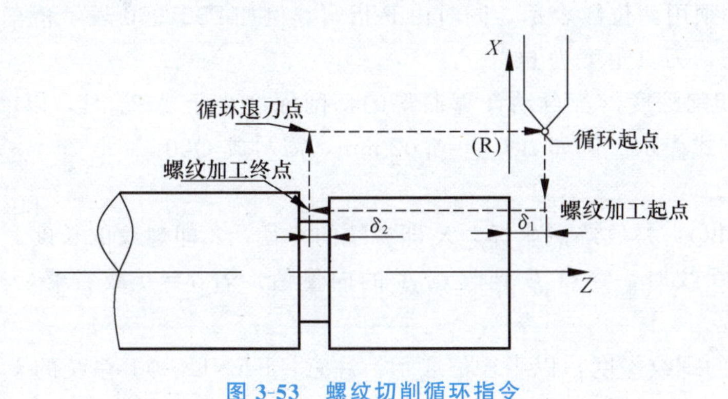

图 3-53　螺纹切削循环指令

② X、Z：螺纹终点的绝对坐标值；U、W：螺纹终点坐标相对于螺纹起点的增量坐标；I 为锥螺纹起点和终点的半径差。加工圆柱螺纹时，I 为零，可省略。

图 3-52 螺纹部分的切削程序就可以改为如下（工件坐标系建立在工件的右端面中心。外圆已车削）。

O009；　　　　　　　　　　　程序名
N10 G54 G00 X80 Z100；　　　调用 G54 建立的工件坐标系，刀具快速移动到安全位置
N20 M03 S300；　　　　　　　主轴正转，转速 300 r/min
N30 G00 X34 Z2；　　　　　　确定车螺纹的起点
N40 G92 X29.2Z−26 F1.5；　　螺纹车削循环第一次进给，螺距 1.5 mm
N50 X28.6；　　　　　　　　　第二次进给
N60 X28.2；　　　　　　　　　第三次进给
N70 X28.04；　　　　　　　　第四次进给
N80 G00 X100 Z100；
N90 M02；
N100 M30；

将 G92 与 G32 相比较，可以看出，应用 G92 编写螺纹加工程序要简单得多。

4. 螺纹复合循环车削指令 G76

已介绍过 G32 和 G92 两个车削螺纹指令。G32 指令需要 4 个程序段才能完成一次螺纹切削循环；G92 指令一个程序段可完成一次螺纹切削循环，程序长度比 G32 的短，但仍需多次进刀方可完成螺纹切削。若使用 G76 指令，则一个指令即可完成多次螺纹切削循环。

格式：G76 P(m)(r)(α)Q(Δd_{min})R(d)；

G76 X(U)__Z(W)__R(i)P(k) Q(Δd) F(l)；

说明：

m：精车削次数，必须用两位数表示，范围从 01～99。

r：螺纹末端倒角量，必须用两位数表示，范围从 00～99，例如 *r*=10，则倒角量=10×0.1×导程=导程。

α：刀具角度，有 80°、60°、55°、30°、29°、0°等几种。

m、*r*、*α* 都必须用两位数表示，同时由 P 指定。例如 P021060 表示精车削两次，末端倒角量为一个螺距长，刀具角度为 60°。

Δd_{min}：最小切削深度，若自动计算而得的切削深度小于 Δd_{min} 时，以 Δd_{min} 为准，此数值不可用小数点方式表示。例如 Δd_{min}=0.02 mm，需写成 Q20。

d：精车余量。

X（*U*）、*Z*（*W*）：螺纹终点坐标。*X* 即螺纹的小径，*Z* 即螺纹的长度。

i：车削锥度螺纹时，终点 *B* 到起点 *A* 的向量值。若 *I*=0 或省略，则表示车削圆柱螺纹；

k：*X* 轴方向的螺纹深度，以半径值表示。注意：FANUC-0T 系统的 *k* 不可用小数点方式表示数值。

Δ*d*：第一刀切削深度，以半径值表示，该值不能用小数点方式表示，例如 Δ*d*=0.6 mm，需写成 Q600。

l：螺纹的螺距。

G76 的刀具轨迹如图 3-54 所示。

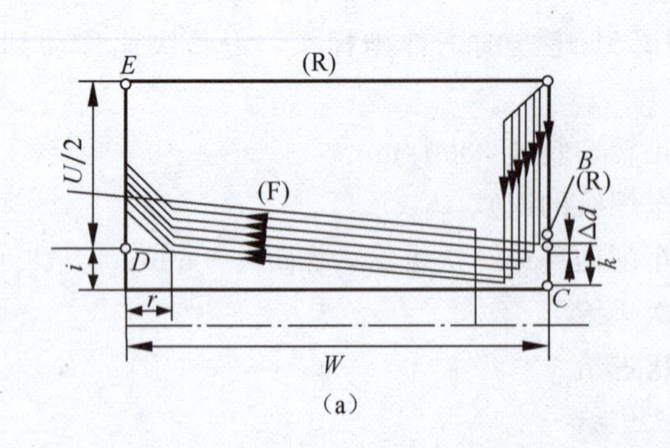

(a)

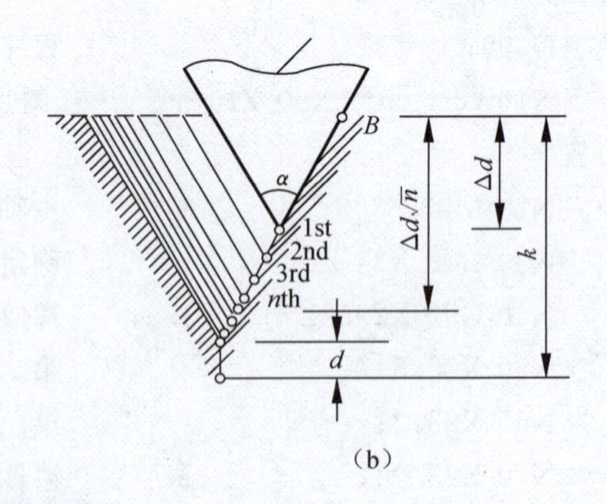

(b)

图 3-54　G76 螺纹循环

(a) 切削轨迹；(b) 参数定义

例 3-11　图 3-55 所示为圆柱螺纹加工实例，外圆已加工。螺距为 2 mm，车削螺纹前工件直径为 ϕ48 mm，分三次车削，第一次切削量 0.5 mm，第二次切削量为 0.4 mm，第三次切削量为 0.2 mm，分别用 G32、G92、G76 对 2-57 图进行编程。采用绝对值编程。

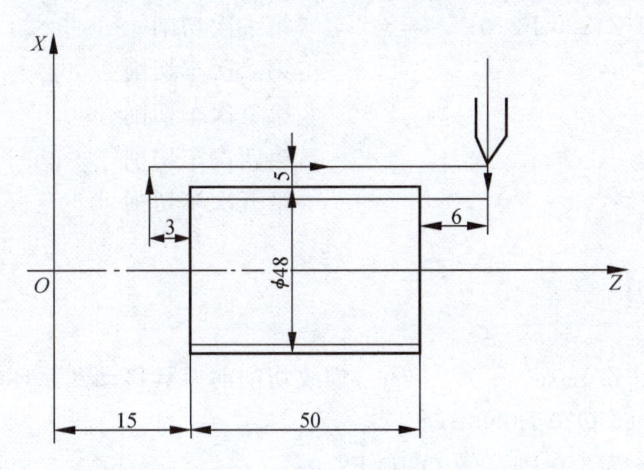

图 3-55　G32、G92、G76 螺纹加工比较

G32 编程参考程序：

O010；

N020 G00 X58.0 Z71.0；

N021 X47.1；　　刀具移动到第一次切削起点（查表 3-4）

N022 G32 Z12.0 F2.0；

N023 G00 X58.0；

N024 Z71.0；　　第一次切削完

N025 X46.5；　　48－0.9－0.6＝46.5

N026 G32 Z12.0 F2.0；

N027 G00 X58.0；

N028 Z71.0；　　第二次切削完

N029 X45.9；　　48－0.9－0.6－0.6＝45.9

N030 G32 Z12.0 F2.0；

N031 G00 X58.0；

N032 Z71.0；　　第三次切削完

N033 X45.5；　　48－0.9－0.6－0.6－0.4＝45.5

N034 G32 Z12.0 F2.0；

N035 G00 X58.0；

N036 Z71.0；　　第四次切削完

N037 X45.4；　　48－0.9－0.6－0.6－0.4－0.1＝45.4

N038 G32 Z12.0 F2.0；

N039 G00 X58.0；

N040 Z71.0；　　第五次切削完

N041 M02；

G92 编程参考程序：

```
O010;
N020 G00 X58.0 Z71.0;               螺纹切削前刀具移动到循环起始点
N021 G92 X47.1 Z12.0 F2.0;          第一次切削
N022 X46.5;                         第二次车切削
N023 X45.9;                         第三次车切削
N023 X45.5;                         第四次车切削
N023 X45.4;                         第五次车切削
N033 M02;
```

G76 编程参考程序：

```
O010;
N020 G00 X58.0 Z71.0;               螺纹切削前刀具移动到循环起始点
N021 G76 P031060 Q20 R0.02;
N022 G76 X45.4 Z12.0 P1.299 Q900 F2.0;
N023 M02;
```

3.4.4 孔加工指令

在车床上加工孔，与在钻床上加工孔不同，车削零件的孔轴线位置必须在主轴轴心线上，孔加工用的钻花、铰刀等定尺寸刀具，装夹在尾座上，车孔镗刀装夹在回转刀座上。加工孔多采用直线插补指令来完成加工，所以在车床上加工孔，主要是处理好工艺问题。

在 FANUC-0i 系统，在车床上钻深孔，有一些循环指令，其中常用的有 G74。

指令格式为：

G74　R(e)；

G74　Z(w) Q(Δk)；

其中：

e：退刀量；

Z（w）：钻削深度；

Δ*k*：每次钻削长度（不加符号）。钻削循环过程如图 3-56 所示，其中 *k* 为每次钻削深度，*L* 为退刀量，由系统参数设定。

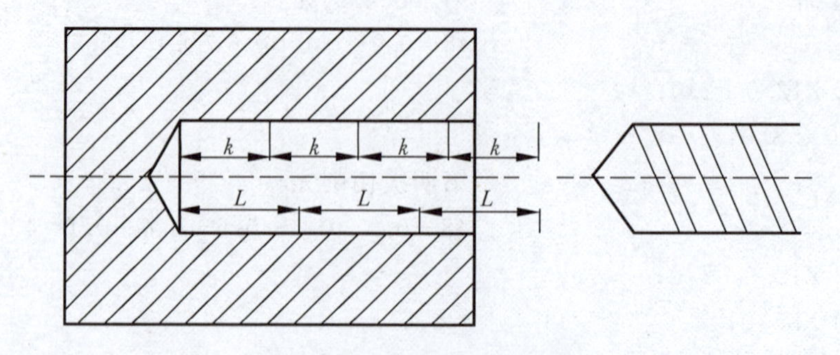

图 3-56　G74 指令原理图

本文主要介绍用 G01 指令来加工孔。

例 3-12　如图 3-57 所示，设 1＃刀为 ϕ3 mm 钻头，2＃刀为 ϕ16 mm 钻头，3＃刀为镗刀。选取工件轴线与工件右端面的交点 O 为坐标原点，换刀点坐标为 $X=150.0$，$Z=200.0$。先钻中心孔，再采用分级进给方法加工孔，最后进行镗削加工。

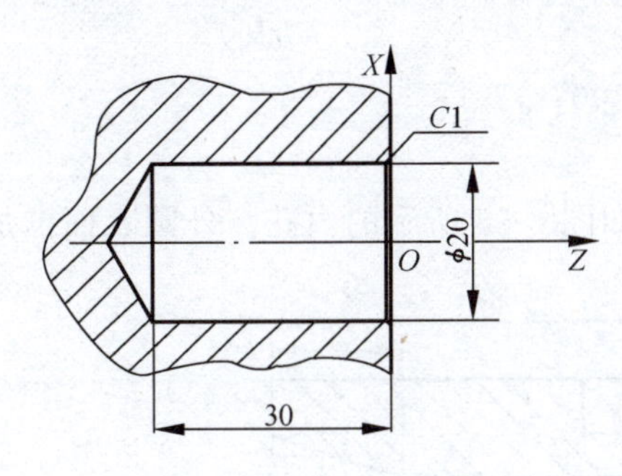

图 3-57　G01 加工孔

参考程序：

```
O011;
N11 M03 S1500 T0101;                    调 1＃刀具，主轴正转
N12 G00 X0 Z2.0;
N13 G01 Z－4.0 F60;                     钻中心孔
N14 G00 Z2.0;                           退刀
N15 X150.0 Z200.0 50100;
N16 M03 S500 T0202 M08;                 换 2＃刀具
N17 G00 X0 Z2.0;
N18 G01 W－15.0 F60;
N19 G00 W5.0;
N20 G01 W－15.0 F60;                    开始分组进给钻孔
N21 G00 W5.0;
N22 G01 W－15.0 F60;
N23 G00 W5.0;
N24 G01 W－10.0 F60;
N25 G00 W40.0;                          钻孔加工完成
N26 M09;
N27 G00 X150.0 Z200.0 T0200;
N28 X18.0 Z2.0 T0303 M08;               换 3＃镗刀
N29 G01 Z－30.0 S1000 F40;              镗孔加工
N30 G00 X16.0;
N31 Z2.0;
N32 X20.0;
N33 G01 Z—30.0 F40;                     内孔加工完成
N34 G00 X18.0;
```

N35 Z2.0；

N36 X22.0；

N37 G01 Z0 F100；

N38 X20.0 Z−1.0；　　　　　　　　加工倒角

N39 G00 Z2.0；　　　　　　　　　　退刀

N40 X150.0 Z200.0 T0300；

⋮

例 3-13　在车床上加工如图 3-58 所示的内孔。外圆表面已加工完成。

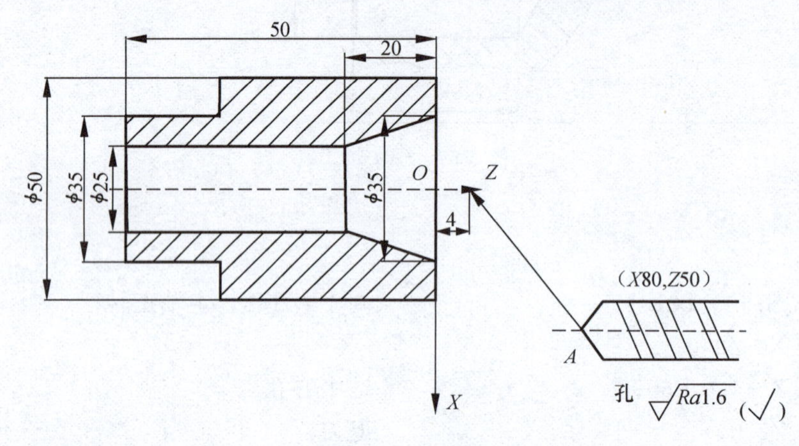

图 3-58　孔加工

（1）分析零件图样

该零件要求粗精加工通孔及锥孔，工艺路线为钻孔—粗镗圆锥孔—粗镗圆柱孔—精镗圆锥孔—精镗圆柱孔。

数控加工工艺卡见表 3-7。

表 3-7　数控加工工艺卡

单位名称				产品名称		零件名称		零件图号	材料	
									45 钢	
工序号	工步号	程序编号		夹具名称		夹具编号		使用设备	编号	
				三爪卡盘				CAK6136		
		加工内容	刀具号	刀具名称	刀具规格/mm	主轴转速/(r·min⁻¹)	背吃刀量/mm	进给速度/(mm·r⁻¹)	加工余量/mm	备注
1	1	钻通孔	T01	麻花钻	ϕ20	500		0.2		
	2	粗镗孔	T03	镗刀		400		0.15		
	3	精镗孔	T03	镗刀		800		0.1		

（2）设置编程原点及换刀点

建立工件坐标系，如图 3-58 所示，*A* 点为换刀点，也是编程起点。

（3）参考程序

O012；

N010 G50 X80 Z50；　　　　　　　　设置编程原点

N020 M03 S500 T0101；　　主轴正转，转速 500 r/min，换 T01 刀
N030 G95 G00 X0 Z4；　　刀具快速定位，设定为每转进给
N040 G01 Z−55 F0.2；　　钻通孔，进给量为 0.2 mm/r
N050 G00 Z4；　　轴向退刀
N060 G00 X80 Z50；　　返回换刀点
N070 M03 S400 T0303；　　主轴正转，转速 400 r/min，换 T03 镗刀
N080 G00 X30 Z2；　　快速定位
N090 G01 X23 Z−20 F0.15；　　粗镗圆锥孔，进给量为 0.15 mm/r
N100 Z−51；　　粗镗圆柱孔
N110 G00 X20；　　径向退刀
N120 Z2；　　轴向退刀
N130 X35；　　径向进刀
N140 G01 Z0；　　到达车锥孔的起点
N145 M03 S800；　　调整转速至 800 r/min
N150 X25 Z−20 F0.1；　　精镗圆锥孔
N160 Z−51；　　精镗圆柱孔
N170 G00 X20；　　径向退刀
N180 Z2；　　轴向退刀
N190 G00 X80 Z50 M05；　　返回换刀点，主轴停止转动
N200 M02；　　程序结束

例 3-14　加工如图 3-59 所示内孔。外圆表面不加工，材料 45 钢。

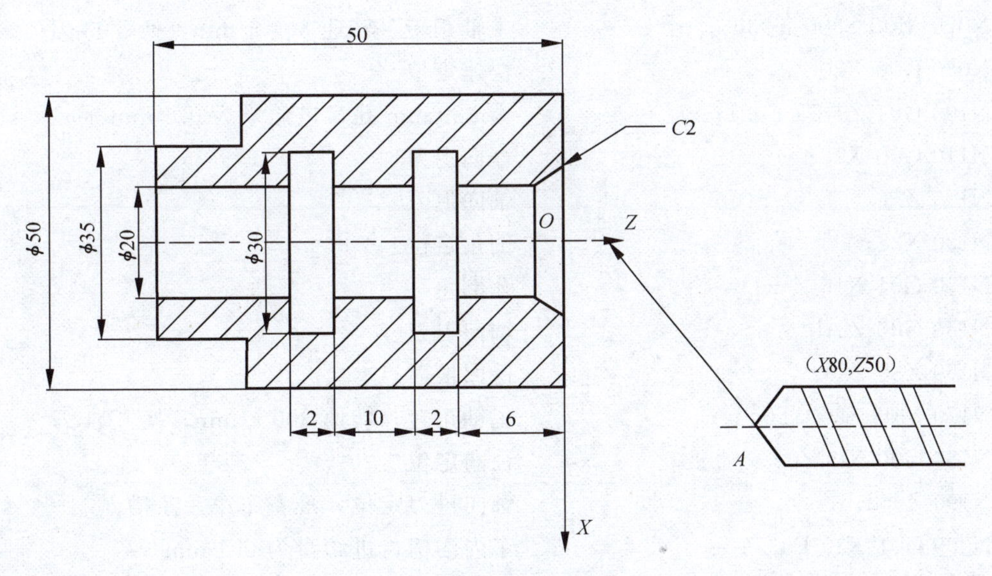

图 3-59　孔加工图

(1) 分析零件图样

该零件要求加工通孔及车内沟槽，加工精度没做要求，采用钻孔—镗圆柱孔—倒角—车

内沟槽的工艺路线。

数控加工工艺卡见表 3-8。

表 3-8　数控加工工艺卡

单位名称				产品名称		零件名称		零件图号	材料	
									45 钢	
工序号	工步号	程序编号		夹具名称		夹具编号		使用设备	编号	
				三爪卡盘				CAK6136		
		加工内容	刀具号	刀具名称	刀具规格/mm	主轴转速/(r·min^{-1})	背吃刀量/mm	进给速度/(mm·r^{-1})	加工余量/mm	备注
1	1	钻通孔	T01	麻花钻	ϕ18	500		0.2		
	2	镗孔、倒角	T03	镗刀		800		0.1		
	3	车内槽 b=2 mm	T04	内孔槽刀		300		0.1		

（2）设置编程原点及换刀点

建立工件坐标系，如图 3-59 所示，A 点为换刀点，也是编程起点。

（3）参考程序

```
O013;
N010 G50 X80 Z50;          设置编程原点
N020 M03 S500 T0101        主轴正转，转速 500 r/min，换 T01 刀
N030 G00 X0 Z4;            刀具快速定位
N040 G01 Z−55 F0.2;        钻例 φ18 mm 通孔，进给量为 0.2 mm/r
N050 G00 Z4;               轴向退刀
N060 G00 X80 Z50;          返回换刀点
N070 M03 S800 T0303;       主轴正转，转速 800 r/min，换 T03 刀
N080 G00 X20 Z2;           快速定位
N100 G01 Z−55 F0.1;        镗 φ20 mm 孔，进给量为 0.1 mm/r
N110 G00 X18;              径向退刀
N120 Z2;                   轴向退刀
N130 X28;                  倒角定位
N140 G01 X16 Z−4;          孔倒角
N150 G00 Z2;               轴向退刀
N160 X80 Z30;              返回换刀点
N170 M03 S300 T0404;       主轴正转，转速 300 r/min，换 T04 刀
N180 G00 Xl8 Z0;           径向定位
N190 Z−8;                  轴向进刀定位，准备车第一条槽
N200 G01 X30 F0.1;         车内沟槽，进给量为 0.1 mm/r
N210 G04 X2.0;             停留 2 s
N220 G00 X18;              径向退刀
N230 W−12;                 轴向进刀定位，准备车第二条槽
N240 G01 X30;              车内沟槽，进给量为 0.1 mm/r
```

```
N250 G04 X2.0;               停留 2 s
N260 G00 X18;                径向退刀
N270 Z2;                     轴向退刀
N280 X80 Z30 M05;            返回换刀点，主轴停止转动
N290 M02;                    程序结束
```

3.5 子　程　序

在编制加工程序时，有时会遇到一组程序段在一个程序中多次出现，或者在几个程序中都要使用的情况，这个典型的加工程序可以做成固定程序，并单独加以命名。这组程序段就称为子程序。使用子程序，可以简化编程。

1. 子程序调用格式

在程序中，调用子程序的指令是一个程序段，其格式随具体的数控系统而定，FANUC 0i 系统子程序调用格式为：

M98 P□□□□ L□□□□；

说明：

① M98：子程序调用字。

② P 后面的 4 位数是子程序号；L 后面 4 位数是重复调用次数，省略时为调用一次。

③ M98 只能出现在主程序中。

子程序返回主程序用指令 M99，它表示子程序运行结束，请返回到主程序。

子程序调用下一级子程序称为嵌套，上一级子程序与下一级子程序的关系，与主程序与第一层子程序的关系相同。不但主程序可以调用子程序，一个子程序也可以调用下一级的子程序，其作用相当于一个固定循环。子程序可以嵌套多少层由具体的数控系统决定。在 FANUC 0i 系统中，只能有两次嵌套。

2. 子程序的应用

子程序不但可以用于有结构相同的零件轮廓加工程序中，也可以用子程序来去除余量，简化编程。为了能够在子程序循环中不断地吃刀，子程序应采用增量编程。编写子程序时，要注意以下两个方面：

① 要根据主程序调用子程序前一个程序段刀具所在的 X 位置（用 $X_{主}$ 表示），确定子程序第一个程序段 X 的值（用 $X_{子}$ 表示），以协调子程序的起刀位置。这个过程称为确定子程序的起刀点设置。可用下列公式确定子程序起刀点位置：

$$X_{子} = X_{主} - [2a_p \times (N-1)]$$

式中，a_p 为每次切削深度；N 为调用子程序的次数。

② 在子程序运行结束时，子程序中要有如下关系式：$\sum X = -2a_p$，$\sum Z = 0$。这样使子程序每一次走刀能够在 Z 方向不移动，X 方向能吃刀，达到去除余量的目的。为了实现这个关系式，在子程序结束时，应增加 X 和 Z 向移动指令，到达指定的子程序结束位置，为下一次循环做准备，把这个子程序结束时的位置称为子程序的循环终点。

例 3-15　加工零件如图 3-60 所示，已知：毛坯直径 ϕ32 mm，长度为 50 mm，1 号刀为

外圆车刀，2 号刀为切断刀，其宽度为 2 mm。

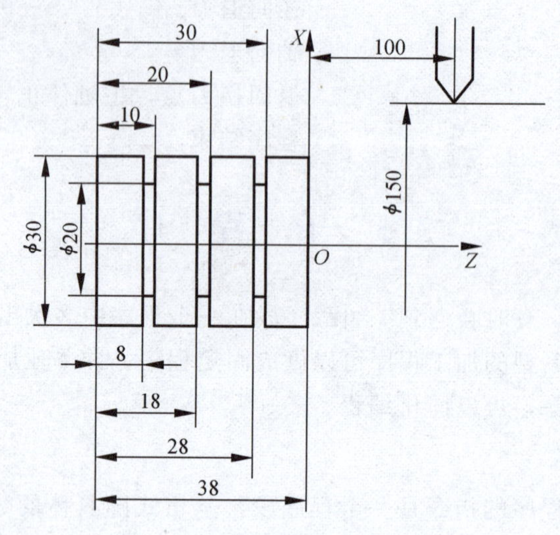

图 3-60　子程序应用

参考程序：

主程序

O014；	程序名称
N010 G00X150.0 Z100.0T0100；	快速定位到指定位置
N020 T0101；	使用 01 号刀
N030 M03 M08 S500；	主轴正转，打开冷却液
N050 G00 X35.0 Z0；	快速移到切端面的位置
N060 G98 G01 X0 F100；	车右端面
N070 G00 Z2.0；	快速退刀
N080 X30.0；	移至 X30 处
N090 G01 Z−40.0 F100；	车外圆
N100 G00 X150.0 Z100.0；	刀具移出
N110 T0100；	取消 1 号刀补
N120 T0202；	换 02 号刀，使用 2 号刀补
N125 X32.0 Z0；	刀具移至起刀点的位置
N130 M98 P31000；	调用子程序（切三槽）
N140 G01 W−10；	
N150 G01 X2 F50；	切断
N160 G04 X2.0；	暂停 2 s
N170 G01 X32；	刀具退出工件
N175 G00X150.0 Z100.0 M09；	快速移至换刀点，关闭冷却液
N180 T0200；	取消刀补
N190 M05；	主轴停止
N200 M30；	程序结束

子程序

```
O1000;                      子程序名
N300 G01 W-10.0;            刀具移出
N310 G01U-12.0 F60;         切槽
N320 G04 X1.0;              暂停 1 s
N330 G00 U12.0;             退出
N340 M99;                   子程序结束
```

例 3-16　在数控车床上加工如图 3-61 所示的零件。

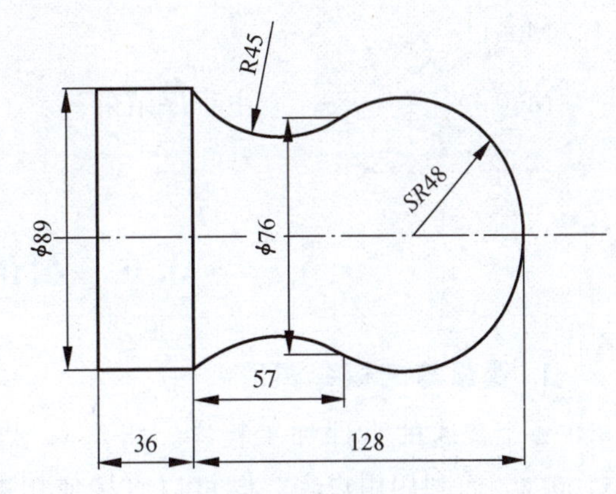

图 3-61　子程序加工

(1) 分析零件图

确定毛坯尺寸：根据零件图，其最大外径是 ϕ96 mm，长度是 164 mm，故可以下料为 $\phi100\times200$ 的圆棒料，采用夹一头的方式装夹。

(2) 选用刀具

为了加工零件的圆弧，应选用如图 3-62 所示的外圆车刀，主偏角为 90°，副偏角为 54°，副偏角的确定要考虑到在切削过程中不发生干涉。

(3) 确定走刀路径及走刀次数

为了去除毛坯余量，需要确定去除余量的方法。显然，刀具从工件外面偏离轮廓线一定距离，平行轮廓线开始切削，并逐步吃刀，很方便地得到工件轮廓。用轮廓线走刀路线编写子程序，通过控制调用子程序的次数，就很容易地实现上述刀具的加工动作。本例中凹圆处与球柄头部余量最多，考虑球柄头部 Z 方向余量比较少，故以凹圆处余量计算走刀次数。如果除第一刀外，后面每次吃刀 a_p＝3 mm，则至少要走 6 刀。如图 3-62 所示。

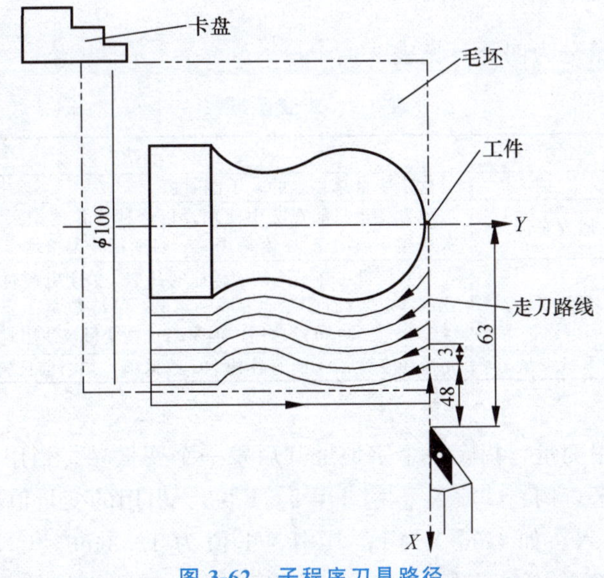

图 3-62　子程序刀具路径

(4) 参考程序

主程序		子程序	
O015；	主程序	O1001；	子程序
T0101；		G01 U－96 Z0 F60；	确定 $X_子$
G98 M03 S800；		G03 U76 W－71 R48；	
G00 X126 Z0；	确定 $X_主$	G02 U13 W－57 R45；	
M98 P1001 L6；	调用子程序 6 次	G01 U0 W－36；	
G00 X126 Z60；	返回起刀点	U40；	
M05；		G00 W164；	使 $\sum Z=0$
M30；	主程序结束	G01 U－39；	$\sum X=-2a_p$
		M99；	子程序结束

3.6 宏指令及宏程序

1. 变量与宏指令调用

一个普通的零件加工程序，指定 G 代码并直接用数字值表示移动的距离，例：G00 X100.0。而利用用户宏，既可以直接使用数字值，也可以使用变量号。当使用变量号时，变量值既可以由程序改变，也可以用 MDI 面板改变。如：

＃1＝＃2＋100；

G01 X＃1 F300；

(1) 变量

当指定一个变量时，用＃与数字表示，如＃50，就指定了一个变量＃50；也可以用表达式指定变量号，这时表达式要用方括号括起来，如＃［＃1＋＃2-12］。变量的值可以在 0 和在下述范围内变动：$-10^{47}\sim-10^{-19}$；$10^{-29}\sim10^{47}$，如果计算结果无效，发出 111 号报警。

(2) 变量分类

根据变量号将变量分为四类，见表 3-9：

表 3-9 宏变量类型

变量号	变量类型	功 能
＃0	“空”	这个变量总是空的，不能赋值
＃1～＃33	地方变量	地方变量只能在宏中使用，以保持操作的结果，关闭电源时，地方变量被初始化成“空”。宏调用时，自变量分配给地方变量
＃100～＃149（＃199） ＃500～＃531（＃999）	公共变量	公共变量可在不同的宏程序间共享。关闭电源时变量＃100～＃149 被初始化成“空”，而变量＃500～＃531 保持数据。公共变量＃150～＃199 和＃532～＃999 可以选用，但是当这些变量被使用时，纸带长度减少了 8.5 m
＃1000～	系统变量	系统变量用于读写各种 NC 数据项，如当前位置、刀具补偿值

(3) 引用变量

为了在程序中引用变量，指定一个字地址其后跟一个变量号。当用表达式指定一个变量时，须用方括号括起来。例：G01 X［＃1＋＃2］F＃3。引用的变量值根据地址的最小输入增量自动进行四舍五入。如 G00 X＃1；其中＃1 值为 12.3456，CNC 最小输入增量 1/1 000 mm，则实际命令为 G00 X12.346。为了将引用的变量值的符号取反，在＃号前加

“—”号。例：G00 X－＃1；当引用一个未定义的变量时，忽略变量及引用变量的地址。如＃1=0，＃2= “空”，则 G00 X＃1 Y＃2；的执行结果是 G00 X0；

注意：程序号、顺序号、任选段跳跃号不能使用变量。

（4）系统变量

系统变量能用来读写内部 NC 数据，如刀具补偿值和当前位置数据。然而，有些系统变量是只读变量。对于扩展自动化操作和一般的程序，系统变量是必须的。

（5）刀具补偿值

使用这类系统变量可以读写刀具补偿值。可用的变量数取决于能使用的补偿对数，当补偿对数不大于 200 时，可以用变量＃2001～＃2400。

（6）算术和逻辑操作

表 3-10 中列出的操作可以用变量进行。操作符右边的表达式，可以含有常数和由一个功能块或操作符组成的变量。表达式中的变量＃J 和＃K 可以用常数替换。左边的变量也可以用表达式替换。

表 3-10　变量的算术和逻辑操作

功　能	格　式	注　释
赋值	＃i=＃j	
加	＃i=＃j+＃k	
减	＃i=＃j－＃k	
乘	＃i=＃j*＃k	
除	＃i=＃j/＃k	角度以度为单位，如：90 度 30 分，表示成 90. 5 度，在 ATANT 之后的两个变量用“/”分开，结果为 0°～360° 例：当＃1=ATANT [1] /－1 时，＃1=135.0
正弦	＃i=SIN [＃j]	
余弦	＃i=COS [＃j]	
正切	＃i=TAN [＃j]	
反正切	＃i=ATAN [＃j]	
平方根	＃i=SQRT [＃j]	
绝对值	＃i=ABS [＃j]	
进位	＃i=ROUND [＃j]	
下进位	＃i=FIX [＃j]	
上进位	＃i=FUP [＃j]	
OR（或）	＃i=＃jOR＃k	用二进制数按位进行逻辑操作
XOR（异或）	＃i=＃jXOR＃k	
AND（与）	＃i=＃jAND＃k	
将 BCD 码转换成 BIN 码	＃i=BIN [＃j]	用于与 PMC 间信号的交换
将 BIN 码转换成 BCD 码	＃i=BCD [＃j]	
注意：①方括号用于改变操作的顺序。最多可用五层，超出五层，出现 118 号报警。 ②方括号用于封闭表达式，圆括号用于注释。		

2. 分支和循环语句

在一个程序中，控制流程可以用 GOTO、IF 语句改变。有如下三种分支循环语句。

（1）无条件分支（GOTO 语句）

功能：转向程序的第 n 句。当指定的顺序号大于 9999 时，出现 128 号报警，顺序号可以用表达式。

格式：GOTO n；n 是顺序号（1～9999）

（2）条件分支（IF 语句）

功能：在 IF 后面指定一个条件表达式，如果条件满足，转向第 n 句，否则执行下一段。

格式：IF［条件表达式］GOTO n；

其中：条件表达式，一个条件表达式一定要有一个操作符，这个操作符插在两个变量或一个变量和一个常数之间，并且要用方括号括起来，即［表达式 操作符 表达式］。操作符见表 3-11。

表 3-11 操作符

操作符	EQ	NE	GT	GE	LT	LE
意义	=	≠	>	≥	<	≤

（3）循环（WHILE 语句）

功能：在 WHILE 后指定一个条件表达式，条件满足时，执行 DO 到 END 之间的语句，否则执行 END 后的语句。

格式：WHILE［条件表达式］DO m；（m=1，2，3）

…

…

END m；

m 只能在 1、2、3 中取值，否则出现 126 号报警。

注意：

无限循环：指定了 DO m 而没有 WHILE 语句，循环将在 DO 和 END 之间无限期执行下去。

执行时间：程序执行 GOTO 分支语句时，要进行顺序号的搜索，所以反向执行的时间比正向执行的时间长。可以用 WHILE 语句减少处理时间。

未定义的变量：在使用 EQ 或 NE 的条件表达式中，空值和零的使用结果不同。而含其他操作符的条件表达式将空值看做零。

3. 宏程序调用

可以用表 3-12 中的方式调用宏程序：

表 3-12 宏调用和子程序调用

简单调用 G65
模调用 G66、G67
G 码宏调用
M 码宏调用
G 码子程序调用
M 码子程序调用

宏调用和子程序调用之间的区别：

① 用 G65，可以指定一个自变量（传递给宏的数据），而 M98 没有这个功能。

② 当 M98 段含有另一个 NC 语句时（如：G01 X100.0 M98Pp），则执行命令之后调用子程序，而 G65 无条件调用一个宏。

③ 当 M98 段含有另一个 NC 语句时（如：G01 X100.0M98Pp），在单段方式下机床停止，而使用 G65 时机床不停止。

④ 用 G65 地方变量的级要改变，而 M98 不改变。

(1) 简单调用（G65）

简单调用（G65）执行过程如下：

O0001；

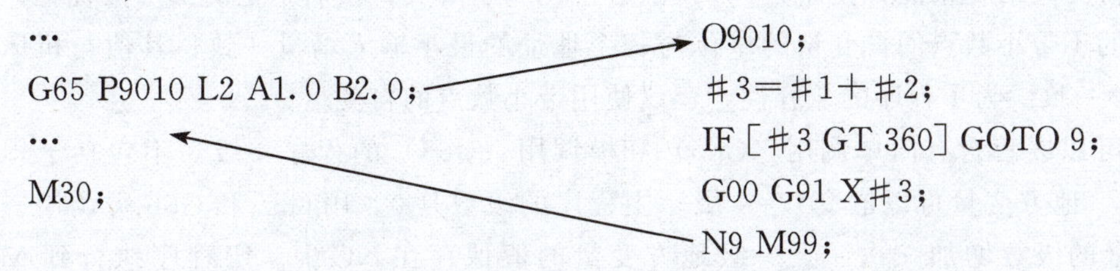

功能：G65 被指定时，地址 P 所指定的用户宏被调用，数据（自变量）能传递到用户宏程序中。

格式：G65 Pp L〈自变量表〉；

其中：*p* 为要调用的程序号；*L* 为重复的次数（缺省值为 1，取值范围为 1～9999）；自变量：传递给宏的数。通过使用自变量表，值被分配给相应的地方变量。

如下列中#1=1.0，#2=2.0，调用过程见表 3-13。

表 3-13　自变量使用的类别一

地址	变量号	地址	变量号	地址	变量号
A	#1	I	#4	T	#20
C	#3	K	#6	V	#22
D	#7	M	#13	W	#23
E	#8	Q	#17	X	#24
F	#9	R	#18	Y	#25
H	#11	S	#19	Z	#26

自变量分为两类。第一类可以使用除 G、L、O、N、P 之外的字母并且只能使用一次，见表 3-13。第二类可以使用 A、B、C（一次），也可以使用 I、J、K（最多 10 次），见表 3-14。自变量使用的类别根据使用的字母自动确定。见表 3-13。

表 3-14　自变量使用的类别二

地址	变量号	地址	变量号	地址	变量号
A	#1	K3	#12	J7	#23
B	#2	I4	#13	K7	#24
C	#3	J4	#14	I8	#25
I1	#4	K4	#15	J8	#26
J1	#5	I5	#16	K8	#27
K1	#6	J5	#17	I9	#28
I2	#7	K5	#18	J9	#29
J2	#8	I6	#19	K9	#30
K2	#9	J6	#20	I10	#31
I3	#10	K6	#21	J10	#32
J3	#11	I7	#22	K10	#33

① 地址 G、L、N、O、P 不能当做自变量使用。

② 不需要的地址可以省略，与省略的地址相应的地方变量被置成空。

在实际的程序中，I、J、K 的下标不用写出来。

注意：

① 在自变量之前一定要指定 G65。

② 如果将两类自变量混合使用，NC 自己会辨别属于哪类，最后指定的那一类优先。

③ 传递的不带小数点的自变量的单位与每个地址的最小输入增量一致，其值与机床的系统结构非常一致。为了程序的兼容性，建议使用带小数点的自变量。

④ 最多可以嵌套含有简单调用（G65）和模调用（G66）的程序 4 级。不包括子程序调用（M98）。地方变量可以嵌套 0～4 级。主程序的级数是 0。用 G65 和 G66 每调用一次宏，地方变量的级数增加一次。上一级地方变量的值保存在 NC 中。宏程序执行到 M99 时，控制返回到调用的程序。这时地方变量的级数减 1，恢复宏调用时存储的地方变量值。

（2）模调用（G66、G67）

功能：一旦指定了 G66，那么在以后的含有轴移动命令的段执行之后，地址 P 所指定的宏被调用，直到发出 G67 命令，该方式被取消。

格式：G66 Pp L〈自变量表〉；

其中：p 为要调用的程序号；L 为重复的次数（缺省值为 1，取值范围 1～9999）；自变量：传递给宏的数。与 G65 调用一样，通过使用自变量表，值被分配给相应的地方变量。模调用（G66、G67）过程如下：

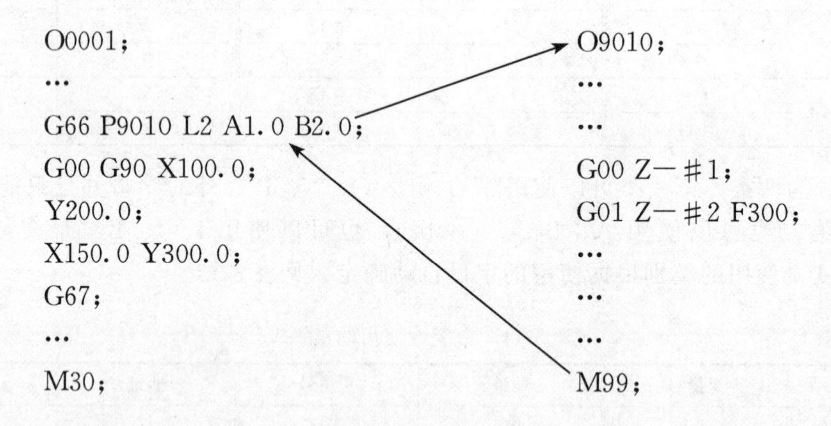

注意：

① 最多可以嵌套含有简单调用（G65）和模调用（G66）的程序 4 级。不包括子程序调用（M98）。模调用期间可重复嵌套 G66。

② 在 G66 段，不能调用宏。

③ 在自变量前一定要指定 G66。

④ 在含有像 M 码这样与轴移动无关的段中不能调用宏。

⑤ 地方变量（自变量）只能在 G66 段设定，每次模调用执行时不能设定。

3.7　提高车削质量的方法

3.7.1　圆头车刀的半径补偿

1. 假想刀尖

用圆头车刀车工件时，总是以刀具“假想刀尖”点来对刀，若机床不具备刀具半径自动补偿功能时，由于刀尖圆弧的影响，则要进行复杂的刀位坐标计算，即计算假想刀尖的轨迹。所谓“假想刀尖”如图 3-63 所示，图 3-63（b）为圆头车刀，*P* 点为其假想刀尖，相当于图 3-63（a）中尖头刀的刀尖点 *Q*。

通常情况下，CNC 车床皆使用粉末冶金制作的刀片，其刀尖是一圆弧形，刀尖半径 *R* 有 0.2 mm、0.4 mm、0.6 mm、0.8 mm、1.0 mm 等多种。在对刀时，刀尖的圆弧中心不易直接对准起刀位置或基准位置。

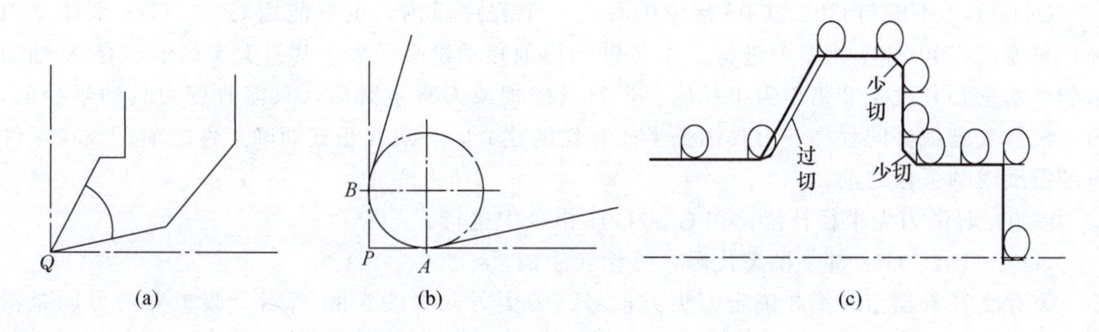

图 3-63　圆头车刀假想刀尖及圆角半径造成的过切或少切

如在车削外圆、内孔等与 *Z* 轴平行的表面时，对刀点就是刀位点，把车刀的刀尖看成是一个点，这是不会影响加工质量的。但是，当在加工不与 *X*、*Z* 轴平行的表面时，由于刀尖圆弧半径的存在，刀位点与切削刃上的实际切削点不一致，刀具切削点在刀尖圆弧上变动，实际切削点与刀位点之间出现位置偏差，造成过切或少切。如图 3-63（c）所示。可以看出，当刀尖圆弧半径足够小时，这种偏差也是很小的，可以控制到 0.01 mm 范围以内。但是当精度进一步提高时，这种偏差就不能忽视，必须找到实际切削的刀刃点，并在程序中设该点为刀位点，才能保证其加工精度。

为了在不改变程序的情况下，使刀具切削刃上实际切削点与刀位点重合，加工出尺寸正确的工件，数控系统采用刀尖圆弧半径补偿指令来实现。

刀尖圆弧半径补偿是通过 G41、G42 指令建立刀尖圆弧半径补偿，补偿值由假想刀尖方向代号和圆弧半径来决定。

刀尖圆弧半径补偿指令格式：

```
G41/G42 G01(G00)X(U)_Z(W)_;
…
G40 X(U)_Z(W)_;
```

说明：

G41：左刀补，工件轮廓在刀具前进方向左侧补偿，如图 3-64（a）所示。

G42：右刀补，工件轮廓在刀具前进方向右侧补偿，如图 3-64（b）所示。

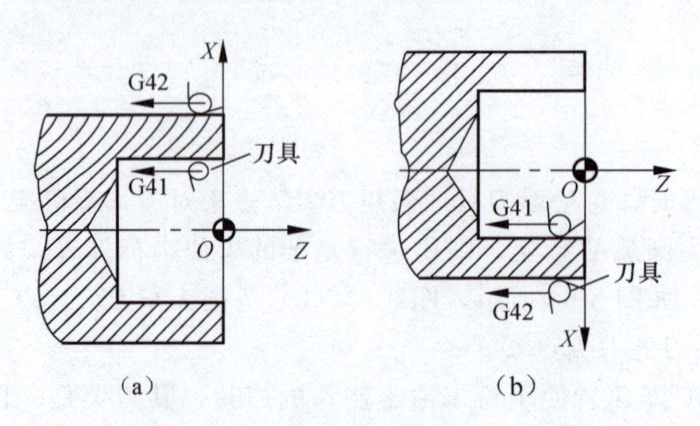

图 3-64　刀尖圆弧半径补偿方向的判断

(a) 后置刀架，+Y 轴向外；(b) 前置刀架，+Y 轴向内

G41/G42 不能与 G02、G03 指令编写在一个程序段内，也不能用 G02、G03 来建立刀补，只能在 G00/G01 指令中进行。在 Z 轴的切削移动量必须大于其刀尖半径值，在 X 轴的切削移动量必须大于 2 倍刀尖半径值。当刀具磨损或刀具重磨后，只需改变刀具的半径值，而不需修改已编好的程序。刀具圆弧半径补偿的建立，一般在正式切削工件之前，或在工件车削锥度或圆弧段之前。

G40：取消刀尖半径补偿；在 G00/G01 指令中进行。

G40、G41、G42 都是模态代码，可相互注销。

寄存半径补偿值时需要确定刀尖方位号。刀尖方向如图 3-65 所示。假想刀尖方向是指假想刀尖点与刀尖圆弧中心点的相对位置关系，用 0～9 共 10 个号码来表示。同时规定，刀尖取圆弧中心位置时，代码为 0 或 9，可以理解为没有圆弧补偿。车外圆及右端面、车槽刀尖方位号为 3，车内孔为 2。

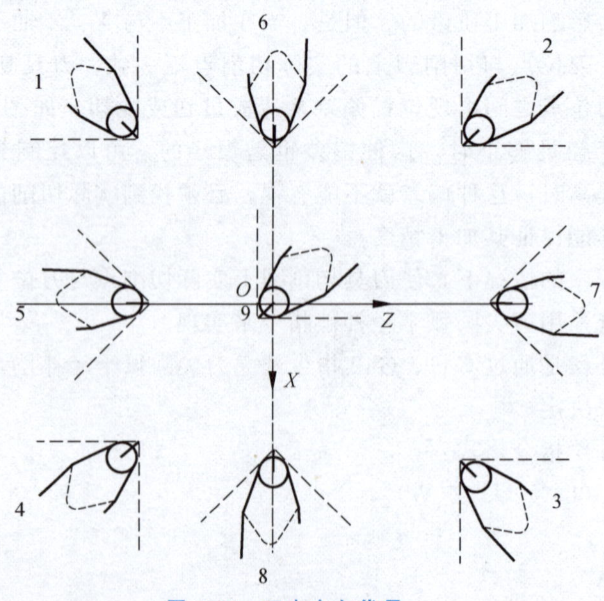

图 3-65　刀尖方向代号

例 3-17　加工图 3-66 所示零件轮廓，编写精加工程序。设刀具半径为 $R=0.02$ mm，加工外圆及端面，刀尖方向号为 3。

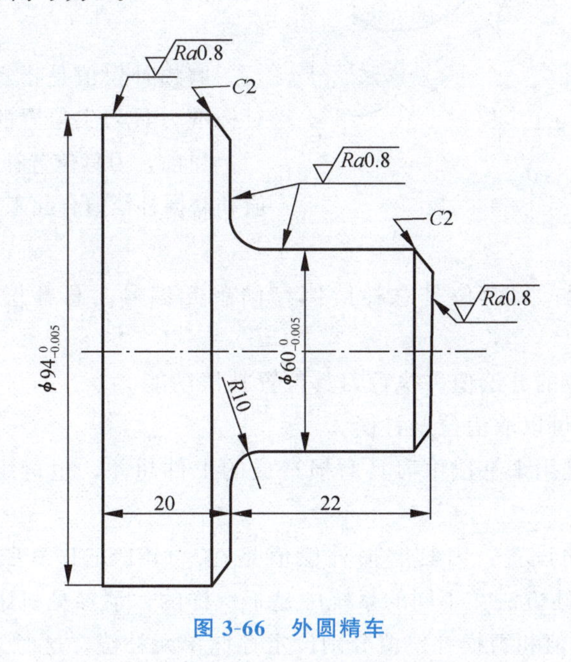

图 3-66　外圆精车

参考程序：

主程序

O016；

N010 G54 X150.0 Z200.0；　　建立工件坐标系，到达安全换刀点

N020 G96 S180 T0303 M03；　　恒线速度切削，调 3 号刀和刀补

N030 G00 G42 X52 Z2.0；　　建立刀具补偿，刀具下到倒角延长线上

N050 G01 X60.0 Z−2.0 F0.3；　　直接倒角到 $X=60$

N060 Z−12.0；

N070 G02 X80.0 Z−22.0 R10.0；

N080 G01 X90.0；

N090 U4.0 W−2.0；　　退刀

N100 G00 G40　　取消刀具补偿

N110 X150.0 Z200.0 T0000；　　回起刀点

N120 M30；

2. 按刀心轨迹编程

当机床不具备刀具半径自动补偿功能时，也可按刀心转变编程。刀心轨迹是和轮廓线相距一个刀具半径的等距线，此时，应先计算出刀心的轨迹，然后再按刀心轨迹进行编程。图 3-67 所示的轮廓轨迹，可按虚线所示的刀心轨迹线编写程序。用刀心轨迹编程比较直观，所以经常采用。

3. 刀具位置补偿

在加工的时候，若使用多把刀具，通常取刀架中心位置为编程原点，刀具实际移动轨迹由刀具位置补偿控制。刀具位置补偿包括刀具几何补偿值和磨损补偿值。

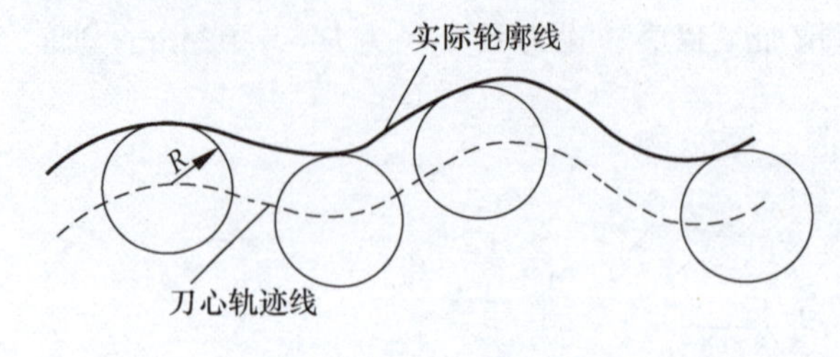

图 3-67　刀心轨迹编程

几何补偿值是指实际刀具在安装一把标准刀具时，标准刀具的刀尖相对刀架中心的偏移量。

磨损补偿值是指实际刀具刀尖的位置相对标准刀具刀尖位置的偏移量。

目前，刀具位置补偿主要使用将几何补偿值和磨损补偿值合起来补偿的方法，其格式：

T_ _ _ _

前两位是刀具编程，后两位是总补偿值存储单元编号。总补偿值存储单元编号有两个作用：

① 选择刀具号对应的补偿值，执行刀具位置补偿功能。

② 补偿号为 00 时可以取消位置补偿。

③ 刀具磨损补偿是用来补偿由刀具磨损造成的工件超差，也可用来补偿对刀不准引起的误差。

④ 刀具磨损补偿的设置：刀具磨损补偿值是在“OFFSET/WEAR（磨损）”画面下，用 U 和 W 输入的，具体方法在不同的系统中是不一样的，请参见机床说明书。

也可以将几何补偿值和磨损补偿值分别设定存储单元补偿。这时刀具前两位代码不仅是刀具编号，也是几何补偿值存储单元编号；刀具后两位代码是磨损补偿值存储单元编号。这种补偿法应用较少。

4. 圆弧半径补偿和位置补偿的关系

如果既要考虑车刀位置补偿，又要考虑刀具圆弧半径补偿，则可在刀具代码 T 中的补偿号对应的存储单元中存放一组数据：*X* 轴、*Z* 轴的位置补偿值，圆弧半径补偿值和假想刀尖方位（0～9）。操作时，将每一把刀具的四个数据分别设定到刀具补偿号对应的存储单元中，即可实现自动补偿。如图 3-68 所示。

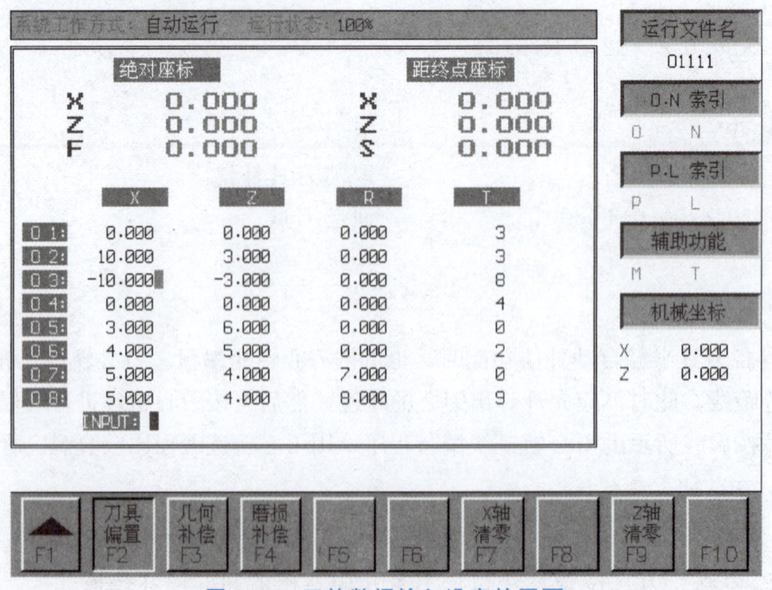

图 3-68　刀补数据输入设定的画面

3.7.2 恒线速度切削

在车削加工中，为了提高车削表面质量，需要在切削过程中保持恒定的切削用量，保证切削力基本恒定，减小振动所造成的表面粗糙。实现这一要求的基本方式是采用恒线速切削，使用恒线速切削指令 G96。

指令格式：G96 S_；

说明：

① G96 建立恒线速切削功能，*S* 指定切削点的线速度，单位为 m/min。

车削过程中，由于切削半径的变化，要保持恒线速线速度，数控系统需要自动调整主轴转速，才能实现这一目标，所以恒线速切削主轴的转速是变动的。当切削半径越小时，主轴的转速越高；当切削半径接近于零时，主轴转速接近无穷大，这是很危险的事情！为此，在进行恒线速切削设定时，一般需要对主轴转速最高值进行限制，以避免主轴转速过高。同样，当工件直径变化大时，在切削大直径部分时，为保证机床有足够的驱动力，主轴转速不能太小，因而也要限制其最低转速。FAUNC 系统用 G50 来实现这一功能。

② 指令格式：G50 S_　P_；*S* 设定最高转速，*P* 设定最低转速，单位为 r/min。

③ 恒线速度控制设定可用恒转速控制 G97 来取消。G97 的指令格式为：G97 S_；其中 *S* 表示主轴的转速，单位为 r/min。

④ 恒线速度的大小要根据刀具材料、工件材料等实际工艺情况而定，切削速度可查工艺手册。表 3-15 是车削碳钢及合金钢的切削速度推荐值。

表 3-15　切削速度推荐值

加工材料	硬度/HBS	切削速度/（$m \cdot min^{-1}$）	
		高速钢车刀	硬质合金车刀
碳钢	125～175	36	120
	175～225	30	107
	225～275	21	90
	275～325	18	75
	325～375	15	60
	375～425	12	53
合金钢	175～225	27	100
合金钢	225～275	21	83
	275～325	18	70
	325～375	15	60
	375～425	12	45

例 3-18　用毛坯直径为 ϕ35 mm 的 45 钢，车削如图 3-69 所示的零件。

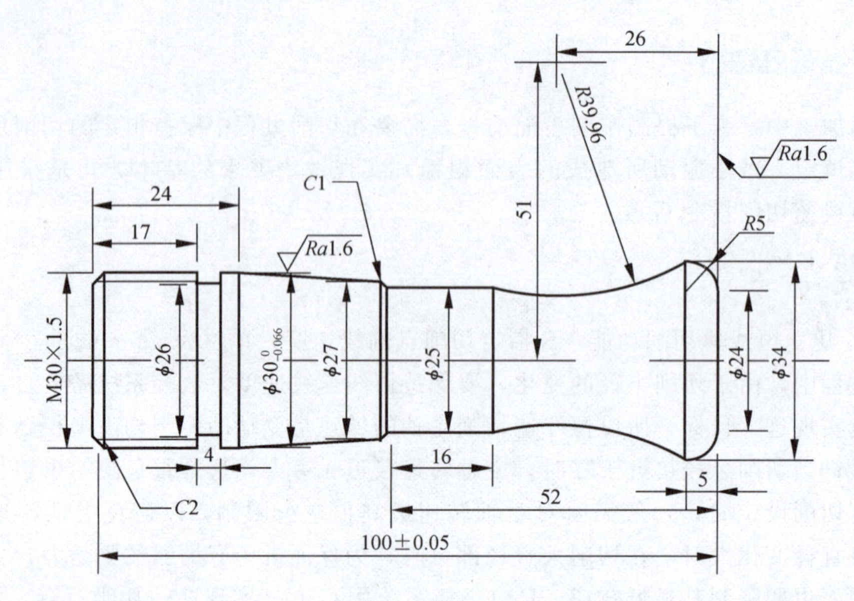

图 3-69　车削加工

(1) 分析零件图样

零件的加工面较多且尺寸有较大变化，因此采用复合循环指令来加工零件的外轮廓，这样会使零件编程简单。加工路线是：车右端面-用粗、精复合循环指令分别加工零件外轮廓-车退刀槽-车螺纹-最后切断。

数控加工工艺卡见表 3-16。

表 3-16　数控加工工艺卡

单位名称				产品名称		零件名称		零件图号	材料	
									45 钢	
工序号	工步号	程序编号		夹具名称		夹具编号		使用设备	编号	
				三爪卡盘				CAK6136		
		加工内容	刀具号	刀具名称	刀具规格/mm	主轴转速/(r·min^{-1})	背吃刀量/mm	进给速度/(mm·r^{-1})	加工余量/mm	备注
1	1	车端面	T01	90°车刀	20×20	600		0.2		硬质合金
		粗车外圆				60 m/min		0.25		
	2	精车外圆	T01	90°车刀	20×20	100 m/min		0.1	X=0.4，Z=0.3	
	3	车槽	T02	切槽刀	b=4	250		0.1		
	4	车螺纹	T03	螺纹车刀	20×20	300				
	5	切断	T02	切槽刀	20×20	250				

(2) 设置编程原点及换刀点

选定工件前端面轴心线处为工件原点，用 G50 设置编程原点，MDI 方式设定并对刀。

(3) 参考程序

O017;

N020 M03 S600 T0101;	主轴正转，转速 600 r/min，换 T01 刀
N030 G00 X40 Z0;	刀具快速定位
N040 G01 X0 F0.2;	车端面，进给量为 0.2 mm/r
N050 G00 Z2;	轴向退出端面
N060 X40 Z5 G96 S60;	快速定位到 G71 循环起点，设恒线速度 60 m/min
N070 G71 Ul R0.5;	粗车循环开始
N060 G71 P70 Q140 U0.4 W 0.3 F0.25;	粗车进给量 0.25 mm/r
N070 G00 X24 G96 S100;	设精车恒线速度 100 m/min
N080 G01 Z0;	进入车圆弧的起点
N090 G03 X34 Z−5 R5 F0.1;	车 $R5$ 圆弧，精车进给量 0.1 mm/r
N100 G02 X25 Z−37 R39.96;	车 $R39.96$ 圆弧
N110 G01 Z−53;	车 $\phi25$ 圆柱
N120 G01 U2 W−1;	倒角
N130 X30 Z−76;	车圆锥
N140 Z−105;	车 $\phi30$ 圆柱
N150 G70 P70 Q140;	精车循环开始执行;
N160 G00 X80;	径向退刀
N170 Z80 T0100;	轴间退刀，返回换刀点
N180 G97 S250 T0202;	设定恒转速为 250 r/min，取消恒线速度，换 T02 刀
N185 G00 Z−83;	快速定位到螺纹右边退刀槽
N190 X40;	
N200 G01 X26 F0.1;	切槽
N210 G04 X2.0;	停留 2 s
N220 G00 X40;	径向退刀
N230 Z−104;	快速定位到螺纹左边退刀槽
N240 G01 X26;	车槽
N250 G04 X2.0;	停留 2 s
N260 G00 X40;	径向退刀
N270 G00 X80;	
N275 Z80 T0200;	返回换刀点，退刀
N280 S300 M03 T0303;	主轴正转，换螺纹车刀 T03，转速 300 r/min
N290 G00 X35 Z−81;	轴向进刀
N300 X30;	

N310 G76 P020060 Q50 R100； N320 G76 X28.05 Z−102 R0 P944 Q700 F1.5；	螺纹循环加工开始，精加工2次，精加工余量0.1 mm，每次0.05 mm，螺纹小径ϕ28.05mm，第一次切削深度0.7mm，牙型高度0.944 mm，螺距1.5 mm
N330 G00 X40；	径向退刀
N340 X80 Z80 T0300；	返回换刀点
N350 M03 S250 T0202；	主轴正转，转速250 r/min，换T02刀
N360 G00 X40 Z−104；	快速定位到切断点
N370 G01 X0.5 F0.1；	车断，进给量0.1 mm
N390 G00 X80 Z80 M05；	返回换刀点，主轴停止转动
N400 M02；	程序结束

3.8 数控车削加工实训

3.8.1 轴类零件加工

例 3-19 在FANUC 0i系统数控车床上加工图3-70所示的轴，毛坯为45号钢棒料，两端面已加工车平。

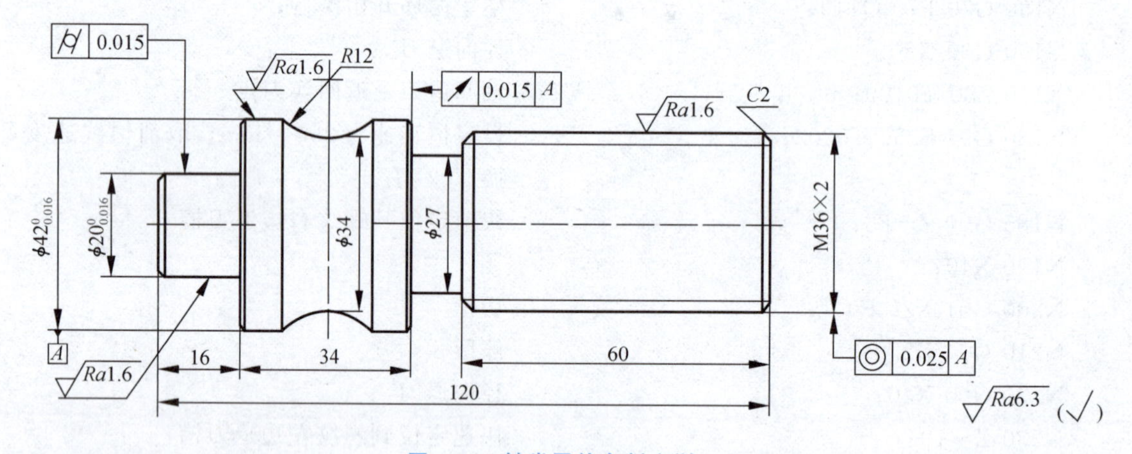

图 3-70 轴类零件车削实训一

(1) 分析零件图样

此零件属于轴类零件的加工，为保证其精度的要求，须安排两道工序进行加工。

工序1：以棒料毛坯外圆作定位基准，用三爪自定心卡盘夹紧，加工零件ϕ20 mm外圆、ϕ42 mm、R12 mm圆弧及倒角。

工序2：以零件ϕ42 mm外圆作定位基准，用三爪自定心卡盘夹紧，加工零件ϕ42 mm外圆右侧部分。

所选刀具除切槽精车刀和螺纹车刀以外，其余刀具的刀片均为涂层硬质合金刀片。

数控加工工艺卡见表3-17。

表 3-17　数控加工工艺卡

单位名称				产品名称		零件名称		零件图号	材料	
									45 钢	
工序号	工步号	程序编号		夹具名称		夹具编号		使用设备	编号	
				三爪卡盘				CAK6136		
		加工内容	刀具号	刀具名称	刀具规格 /mm	主轴转速 /(r·min⁻¹)	背吃刀量 /mm	进给速度 /(mm·r⁻¹)	加工余量 /mm	备注
1	1	平端面粗车外径	T02	左偏粗车刀	20×20	600		0.15		
	2	平端面精车外径	T04	左偏精车刀	20×20	1000		0.08		
2	1	平端面粗车外径	T02	左偏粗车刀	20×20	600		0.15		
	2	平端面精车外径	T04	左偏精车刀	20×20	1000		0.08		
	3	粗切槽	T06	$b=4$ 粗切槽刀		300		0.05		
	4	精切槽	T08	$b=3.5$ 精切槽刀		350		0.03		
	5	车螺纹	T12	螺纹车刀	400					

(2) 建立工件坐标系，并进行有关计算

每道工序都以装夹后的尾端与主轴交点为原点建立坐标，坐标计算略（见程序中）。

(3) 参考程序

左端加工程序：

```
  O018;
  T0202 M04 S600 M08;                 调 T02 外圆车刀
  G00 X48 Z2;                         刀具快速移动到粗车循环起始点
  G71 U2 R0.5;                        外圆粗车循环
  G71 P70 Q160 U0.5 W0.25 F0.15;      精车余量 X=0.5 mm，Z=0.25 mm
N70 G00 G42 X18;
  Z0;
  G01 X20 Z-1 F0.08;                  倒角 C1
  Z-16;
  X40;
  X42 W-1;
  W-7.056;
  G02 W-17.88 R12;                    车 R12 mm 圆弧
  G01 W-8.056;
N160 X44;
```

```
G00 G40 X100 Z150;
T0404 S1000;                          调 T04 外圆精车刀
G00 X46 Z2;
G70 P70 Q160;                         精车循环
G00 X100 Z150M05;
M09;
M30;
```

右端加工程序：

```
O019;
T0202 M04 S800 M08;                   调 T02 外圆粗车刀
G00 X48 Z2;                           刀具快速移动到粗车循环起始点
G71 U2 R0.5;                          外圆粗车循环
G71 P70 Q120 U0.5 W0.25 F0.15;        精车参数
N70 G00 X32;
G01 Z0 F0.2;
X35.74 Z-2 F0.08;
Z-70;
X40;
N120 X44 Z-72;
G00 X100 Z150;                        T02 号刀返回换刀点
T0404 S1000;                          调 T04 外圆精车刀
G00 X46 Z2;
G70 P70 Q120;                         精车循环
G00 X100 Z150;
T0606 S300;                           调 T06 粗切槽刀
G00 Z-70;
X45;
G01 X27.1 F0.05;                      粗切槽第一次进刀
X45 F0.05;
W3;                                   沿 Z 方向移动刀具
X27.1 F0.05;                          粗切槽第二次进刀
X45 F0.5;
W3;
X27.1 F0.05;                          粗切槽第三次进刀
X45 F0.5;
G00 X100 Z150;
T0808 S350;                           调 T08 精切槽刀
G00 Z-70;
```

```
X45;
G01 X27 F0.03;                    精切槽第一次进刀
X45 F0.5;
Z-63.5                            沿 Z 方向移动刀具
X27 F0.03;                        精切槽第二次进刀
Z-70;                             槽底光刀
X45 F0.5;
G00 X100 Z150;
T0101 M03 S400;                   调 T10 螺纹刀
G00 X43 Z2;
G76 P010060 Q100 R20;             螺纹循环加工
G76 X33.835 Z-61 P1082 Q300 F2;
G00 X100 Z150 M05;
M09;
M30;
```

例 3-20　加工如图 3-71 所示的零件。

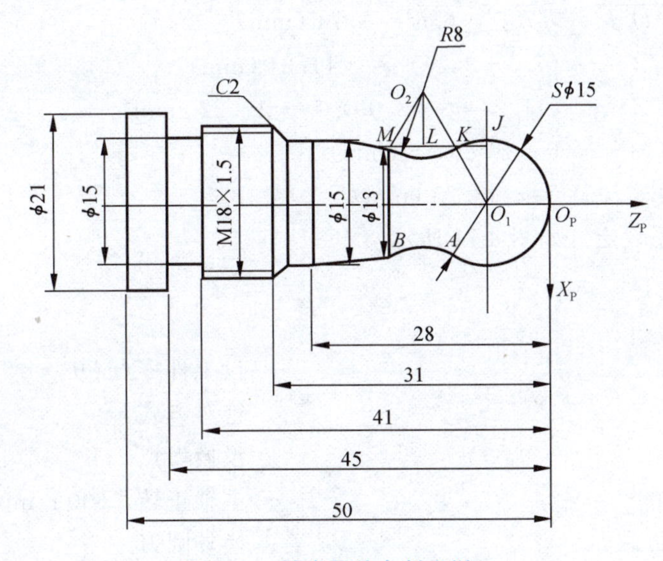

图 3-71　轴类零件车削实训二

(1) 分析零件图样

该零件包括圆柱、圆锥、凸圆弧、凹圆弧及螺纹等表面。材料为 LY12，毛坯尺寸为 ϕ22 mm×95 mm，无热处理和硬度要求。根据被加工零件的外形和材料等条件，选定 CK0630 型数控车床。采用三爪自动心卡盘自定心夹紧。

数控加工工艺卡见表 3-18。

表 3-18　数控加工工艺卡

单位名称				产品名称		零件名称		零件图号	材　料	
				道路清洗机		连接轴		A4	45 钢	
工序号	工步号	程序编号		夹具名称		夹具编号		使用设备	编号	
				三爪卡盘				CAK6136		
		加工内容	刀具号	刀具名称	刀具规格 /mm	主轴转速 /(r·min⁻¹)	背吃刀量 /mm	进给速度 /(mm·r⁻¹)	加工余量 /mm	备注
1	1	平端面粗车外径	T01	外径车刀	20×20	粗车 600	2	100		
	2	精车	T01	外径车刀		精车 1500	0.5	80		
	3	车槽 4 mm 宽	T03	车槽刀	20×20	600		50		
	4	车螺纹	T05	外螺纹刀	20×20	300				
	5	切断保证总长	T03	车槽刀	20×20	400		40		

（2）进行数值计算

此题需计算 $R8$ 凹圆弧的起点 A、终点 B 圆心坐标。

在 $\triangle O_1JK$ 和 $\triangle O_2JK$ 中，$\dfrac{O_1K}{O_2K}=\dfrac{O_1J}{O_2L}$，即 $O_2L=\dfrac{13\times 8}{15}=6.93$ (mm)

$LK=\sqrt{O_2K^2-O_2L^2}=\sqrt{8^2-6.93^2}=3.99$ (mm)

$JK=\sqrt{O_1K^2-O_1J^2}=\sqrt{7.5^2-6.5^2}=3.74$ (mm)

A 点：$X=13$，$Z=-(7.5+3.74)=-11.24$ (mm)

B 点：$X=13$，$Z=-(11.24+2\times 3.99)=-19.22$ (mm)

AB 圆心：$X=13+2\times 6.93=26.86$ (mm)

$Z=-(11.24+3.99)=-15.23$ (mm)

（3）工件坐标系设定（如图 3-71 所示）。

（4）参考程序

```
O020;
G59 X0 Z89;                 设工件零点 OP
G90;                        绝对方式
G92 X40 Z20;                设换刀点
M03 S600;                   主轴正转，600 r/min
M06 T1;                     换外圆刀
G00 X24 Z0;                 快速进刀，准备车端面
G01 X0 Z0 F100;             车端面至 OP 点
G00 Z1;                     Z 向退刀
G00 X24.5;                  进刀至循环起点
G91;                        增量方式
G81 P6;                     循环开始，重复 6 次
G00 X-4;                    从左至右粗加工各面
G01 Z-1 F100;
```

```
G03 X13 Z-11.24 I0 K-7.5;
G02 X0 Z-7.98 I13.86 K-3.99;
G01 X2 Z-8.78;
Z-3;
X1;
X2 Z-1;
Z-13;
X1;
X2 Z-1;
Z-13;
X3;
Z-5;
X1;
G00 Z51;
X-22;
G80;
G90;
G00 X0;                              进刀至端面
G01 Z0 F80;                          进刀至 OP 点，准备精车
G03 X13 Z-11.24 I0 K-7.5;            精车球头
G02 X13 Z-19.22 I26.86 K-15.23;      车 R8 凹圆弧
G01 X15 Z-28;                        车锥面
Z-31;                                车 φ15 mm 外圆
X15.85;                              车平面
X17.85 Z-32;                         倒角
Z-45;                                车螺纹顶径 φ17.85 mm 外圆
X21;                                 车平面
Z-54;                                车螺纹顶径 φ21 mm 外圆
X23;                                 退刀
G28;                                 回换刀点
G29;
M03 S400;                            主轴降速
M06 T3;                              换切槽刀（4 mm 宽）
G00 X23 Z-45;                        进刀，准备切槽
G01 X15 F50;                         切槽
X23;                                 退出
G28;
                                     回换刀点
G29;
M06 T5;                              换螺纹刀
```

```
M03 S300;                              换速
G00 X17.85 Z-29;                       进刀
G91;                                   增量方式
G76 P031060 Q16 R0.02;                 车螺纹
G76 X16.04 Z-43 P0.974 Q800 F1.5;
G90;                                   绝对方式
G28;                                   回换刀点
G29;
M06 T3;                                换切槽刀（4 mm 宽）
M03 S400;                              换速
G00 X23 Z-54;                          进刀，准备切断
G01 X0.5;                              切断
X23;                                   退出
G28;                                   回换刀点
G29;
M05;                                   主轴停转
M02;                                   程序结束
```

例 3-21 加工图 3-72 所示零件，零件毛坯尺寸为 $\phi40\times100$，毛坯材料为 45＃调质钢，25～32HRC。

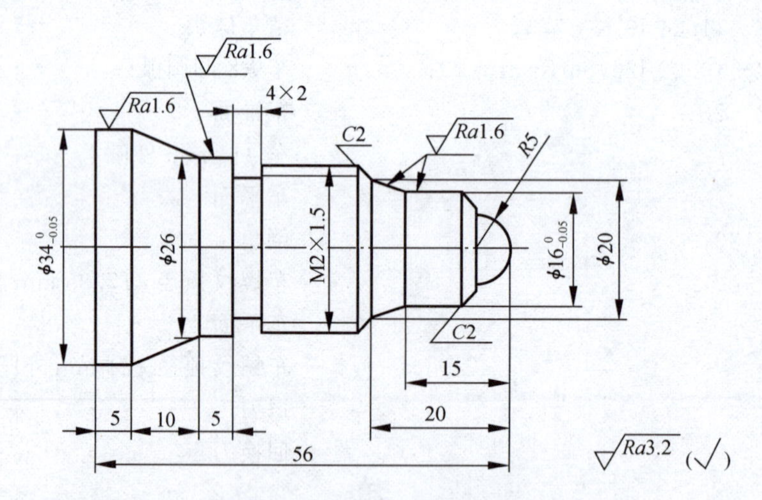

图 3-72 轴类零件车削实训三

(1) 分析零件图样

由于零件材料为 45＃调质钢，材料易加工，选择合理的参数及刀具就可得到表面粗糙度要求。该零件有外圆、圆弧面、外窄槽、外螺纹、外倒角等加工表面，外圆表面的粗糙度要求较高，应分粗精加工。

(2) 选择刀具

① 选硬质合金 90 偏刀加工外圆、端面、倒角、刀尖半径 $R=0.4$ mm，刀尖方位 T=3，置于 T01 刀位。

② 选硬质合金外圆切刀（刀宽 4 mm）切外槽，以左刀尖为刀位点，置于 T02 到位。

③ 选硬质合金外螺纹刀加工螺纹 M24×1.5，置于 T03 刀位。

(3) 装夹方式

采用三爪自定心卡盘装夹，零件伸出卡盘 65 mm 左右，一次性装夹加工零件外轮廓、切槽、倒角、切螺纹至尺寸要求，设置编程原点在右端面的轴线上。

(4) 确定加工工序顺序

平端面车右端外径→车外槽→车螺纹→切断保证总长，数控加工工艺卡见表 3-19。

表 3-19　数控加工工艺卡

<table>
<tr><td colspan="4" rowspan="2">单位名称</td><td colspan="2">产品名称</td><td colspan="2">零件名称</td><td>零件图号</td><td colspan="2">材料</td></tr>
<tr><td colspan="2">道路清洗机</td><td colspan="2">连接轴</td><td>A4</td><td colspan="2">45 钢</td></tr>
<tr><td rowspan="3">工序号</td><td rowspan="3">工步号</td><td colspan="2">程序编号</td><td colspan="2">夹具名称</td><td colspan="2">夹具编号</td><td>使用设备</td><td colspan="2">编号</td></tr>
<tr><td colspan="2"></td><td colspan="2">三爪卡盘</td><td colspan="2"></td><td>CAK6136</td><td colspan="2"></td></tr>
<tr><td>加工内容</td><td>刀具号</td><td>刀具名称</td><td>刀具规格/mm</td><td>主轴转速/(r·min^{-1})</td><td>背吃刀量/mm</td><td>进给速度/(mm·r^{-1})</td><td>加工余量/mm</td><td>备注</td></tr>
<tr><td rowspan="4">1</td><td>1</td><td>平端面车外径</td><td>T01</td><td>外径车刀</td><td>20×20</td><td>粗车 600
精车 1 500</td><td>1.5</td><td>150</td><td>0.4</td><td></td></tr>
<tr><td>2</td><td>车外槽</td><td>T02</td><td>车槽刀</td><td>20×20</td><td>600</td><td></td><td>60</td><td>0.2</td><td></td></tr>
<tr><td>3</td><td>车螺纹</td><td>T03</td><td>外螺纹刀</td><td>20×20</td><td>600</td><td></td><td></td><td>0.1</td><td></td></tr>
<tr><td>4</td><td>切断保证总长</td><td>T02</td><td>车槽刀</td><td>20×20</td><td>300</td><td></td><td>40</td><td></td><td></td></tr>
</table>

(5) 参考程序

① FANUC 系统编程。

右端加工程序：

```
O021;
    T0101 M08.;                      换 1 号刀调 1 号刀刀补，冷却液开
    M08 S600;                        主轴正转
    G00 X42. Z2.;                    快速定位循环起点
    G71 U1.5 R0.5 F150.;             粗车复合循环
    G71 P06 Q18 X0.5 Z0.02;
N06 G42 G00 X0;                      精加工轮廓开始并建立刀补
    G01 Z0;
    G03 X10. Z-5. R5;
    X16. C2.;
    Z-15.;
    X20. Z-20.;
    X24. C2.;
    Z-36.;
    X26. C0.5;
    Z-41.;
```

```
N16 X34. Z－51. ;
    Z－56. ;
    G40 G01 X41. ;                     精加工轮廓结束并取消刀补
    G00 X100. ;
    Z100. ;
    T0101 M03 S1500. F100. ;           换1号刀调1号刀刀补，转速1 500 r/min
    G00 X42. Z2. ;                     快速定位到循环起点
    G70 P06 Q18;                       精车循环
    G00 X100. ;
    Z100. ;
    T0202 M03 S600. ;                  换2号刀调2号刀刀补，转速600 r/min
    G00 X28. Z－36. ;
    G01 X20. F50. ;                    切槽4×2
    G04 P2. ;                          暂停2 s
    G01 X28. F200. ;
    G00 X100. ;
    Z100. ;
    T0303;                             换3号刀调3号刀刀补
    G00 X26. Z－17. ;                  快速定位到螺纹循环起点
    G92 X23.5 Z－33.5. F1.5;           螺纹切削循环第一刀，切深0.5 mm
    X23. ;                             第二刀，切深0.5 mm
    X22.6;                             第三刀，切深0.4 mm
    X22.2;                             第四刀，切深0.4 mm
    X22.05;                            第五刀，切深0.15 mm
    G00 X100. Z100. ;
    M09;                               冷却液关
    M05;                               主轴停
    M30;                               程序结束
```

② 华中系统编程。

右端加工程序：

```
O022;                                  文件名
%0005;                                 程序名
    T0101 M08;                         换1号刀调1号刀刀补冷却液开
    M03 S600;                          主轴正转
    G00 X42 Z2;                        循环开始点
    G71 U1.5 R0.5 P05 Q17 X0.5 Z0.02 F150;  粗精车复合循环
N05 G42 G00 X0 S1500;                  精加工轮廓开始并建立刀补
    G01 Z0 F100;
    G03 X10 Z－5 R5;
```

```
    X16 C2;                         倒直角 C2
    Z-15;
    X20 Z-20;
    X24 C2;                         倒直角 C2
    Z-36;
    X26 C0.5;
    Z-41;
    X34 Z-51;
    Z-56;
N17 X41;                            精加工轮廓结束
    G40 G00 X100;                   退刀并取消刀补
    Z100;
    T0202 M03 S600;                 换 2 号刀调 2 号刀刀补
    G00 X28 Z-36;                   快速定位
    G01 X20 F40;                    切槽 4×2
    G04 P2;                         暂停 2 s
    G01 X28 F200;                   退刀
    G00 X100;
    Z100;
    T0303;                          换 3 号刀调 3 号刀刀补
    G00 X26 Z-17;                   快速定位到螺纹循环起点
    G82 X23.5 Z-33.5 F1.5;          螺纹切削循环第一刀，切深 0.5 mm
    X23;                            第二刀，切深 0.5 mm
    X22.6;                          第三刀，切深 0.4 mm
    X22.2;                          第四刀，切深 0.4 mm
    X22.05;                         第五刀，切深 0.15 mm
    X22.05;                         刀具继续空运行，无切深
    G00 X100 Z100;
    M09;                            冷却液关
    M05;                            主轴停止
    M30;                            程序结束并返回起点
```

3.8.2　轴套类零件加工

例 3-22　在 FANUC 系统数控车床上加工图 3-73 所示零件。零件毛坯为铸铝。

(1) 分析零件图样

此零件属于套类零件，套类零件与轴类零件相比，其加工相对较复杂，轴类零件主要是外表面的加工，而套类零件主要是内表面的加工。此零件的外圆不需要加工。主要是加工内孔，加工时可以以工件外圆作定位基准，用三爪自定心卡盘夹紧，粗镗内孔各表面、切槽，精镗内孔各表面及倒角。加工内表面时，一般是依据工件的内径由小到大依次加工，即由最

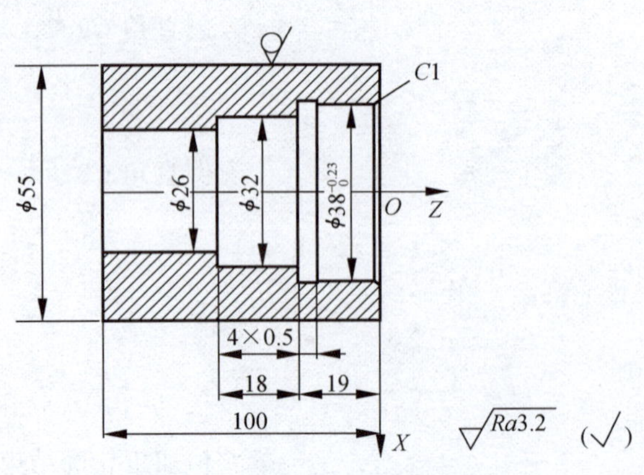

图 3-73　轴套类零件车削实训一

小孔径开始车削，依次往大孔径加工。内环槽的加工一般安排在粗车以后，精车以前进行。

（2）选择刀具及确定切削参数（见表 3-20 所示数控加工工艺卡）

表 3-20　数控加工工艺卡

<table>
<tr><td colspan="3" rowspan="2">单位名称</td><td colspan="2">产品名称</td><td colspan="2">零件名称</td><td>零件图号</td><td colspan="2">材料</td></tr>
<tr><td colspan="2"></td><td colspan="2">套筒零件</td><td></td><td colspan="2">铸铝</td></tr>
<tr><td rowspan="3">工序号</td><td rowspan="3">工步号</td><td>程序编号</td><td colspan="2">夹具名称</td><td colspan="2">夹具编号</td><td>使用设备</td><td colspan="2">编号</td></tr>
<tr><td></td><td colspan="2">三爪卡盘</td><td colspan="2"></td><td>CAK6136</td><td colspan="2"></td></tr>
<tr><td>加工内容</td><td>刀具号</td><td>刀具名称</td><td>刀具规格/mm</td><td>主轴转速/(r·min⁻¹)</td><td>背吃刀量/mm</td><td>进给速度/(mm·r⁻¹)</td><td>加工余量/mm</td><td>备注</td></tr>
<tr><td rowspan="4">1</td><td>1</td><td>粗镗内孔</td><td>T01</td><td>90°内孔粗、精镗刀</td><td>20×20</td><td>800</td><td></td><td>0.3</td><td></td><td></td></tr>
<tr><td>2</td><td>切沟槽</td><td>T02</td><td>内孔沟槽刀</td><td>20×20</td><td>200</td><td></td><td>0.1</td><td></td><td></td></tr>
<tr><td>3</td><td>倒角</td><td>T03</td><td>75°外圆车刀</td><td>20×20</td><td>200</td><td></td><td>0.2</td><td></td><td></td></tr>
<tr><td>4</td><td>精镗内孔</td><td>T01</td><td>90°内孔粗、精镗刀</td><td>20×20</td><td>1200</td><td></td><td>0.08</td><td></td><td></td></tr>
</table>

（3）建立坐标并进行有关计算（略）

（4）参考程序

```
O023;
G50 X0 Z120;            设定坐标系
T0101 S800 M03;
G00 X25 Z4;             准备粗镗 ϕ26 mm 内孔
G01 Z-102 F0.3;         粗镗 ϕ26 mm 内孔（留 1 mm 精加工余量）
G00 U-2 Z4;
X27;                    准备粗镗 ϕ32 mm 内孔
G01 Z-36 F0.3;          粗镗 ϕ32 mm 内孔（第一次进刀）
```

```
G00 U－2 Z4；
X29；
G01 Z－36；                     粗镗 φ32 mm 内孔（第二次进刀）
G00 U－2 Z4；
X31；
G01 Z－36；                     粗镗 φ32 mm 内孔（第三次进刀，留 1 mm 精加工余量）
G00 U－2 Z4；
X33；
G01 Z－18；                     粗镗 φ38 mm 内孔（第一次进刀）
G00 U－2 Z4；
X35；
G01 Z－18；                     粗镗 φ38 mm 内孔（第二次进刀）
G00 U－2 Z4
X37；
G01 Z－18；                     粗镗 φ38 mm 内孔（第三次进刀，留 1 mm 精加工余量）
G00 U－2 Z4；
X0 Z120；
T0202 S200 M03；                调 T02 号切槽刀
G00 X30 Z4；
G01 Z－18 F0.1；
X39；                           切 4×0.5 内沟槽
G00 X30；
X0 Z120；
T0303 S600 M03；                调 T03 号刀准备倒角 C1
G01 X40.01 Z0 F0.2；
X38.01 W－1；                   倒角 C1
G00 U－2 Z4；
X0 Z120；
T0101 S600；                    调 T01 号刀，准备精镗各内孔
G00 X38.01 Z4；
G01 Z－18 F0.2；
X32；
Z－36；
X26；
Z－102；
G00 U－2 Z4；
X0 Z120；
M30；
```

例 3-23　加工如图 3-74 所示零件，零件毛坯尺寸为 $\phi50\times80$ mm，毛坯材料为 45＃调质

钢，25～32HRC。

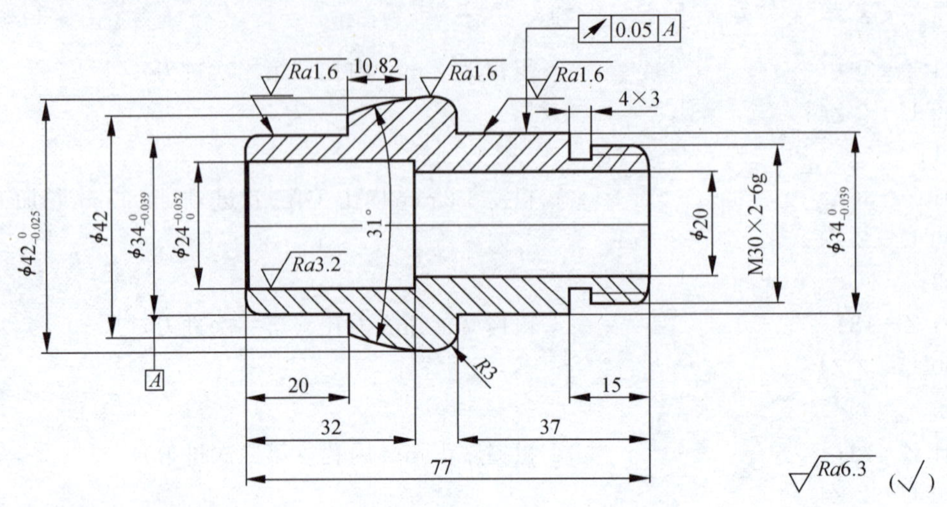

图 3-74　轴套类零件车削实训二

（1）分析零件图样

由于零件材料为 45＃调质钢，材料易加工，选择合理的参数及刀具就可得到表面粗糙度要求。该零件有外圆、孔、外窄槽、外螺纹、内外倒角等加工表面，外圆表面的粗糙度要求较高，应分粗精加工。因最小孔尺寸为 $\phi20$，且 $\phi24$ 内孔尺寸精度要求较高，可用孔-粗镗孔-精镗孔的加工方式加工。

（2）选择刀具

① 中心钻；

② $\phi12$ 钻花；

③ $\phi20$ 钻头；

④ 选硬质合金 90 偏刀加工外圆、端面、倒角，刀尖半径 $R=0.4$ mm，刀尖方位 $T=3$，置于 T01 刀位；

⑤ 选硬质合金内孔镗刀镗孔、孔底、内倒角，刀尖半径 $R=0.4$ mm，刀尖方位 $T=2$，置于 T04 刀位；

⑥ 选硬质合金外圆切刀（刀宽 4 mm）切外槽，以左刀尖为刀位点，置于 T02 到位；

⑦ 选硬质合金外螺纹刀加工螺纹 M30×2，置于 T03 刀位。

（3）装夹方式

① 采用三爪自定心卡盘装夹，零件伸出卡盘 45 mm 左右，加工零件右部分外轮廓、切槽、倒角、切螺纹至尺寸要求，设置编程原点在右端面的轴线上。程序名为％0001。

② 零件调头，夹 $\phi34$ 外圆车右端面至总长要求，加工零件左部分外轮廓、镗孔、内外倒角至尺寸要求。设置编程原点在左端的轴线上。程序名为％0002。

（4）确定加工工序顺序

钻中心孔（手动）→钻 $\phi12$ 孔（手动）→扩 $\phi20$ 孔（手动）→平端面车右端外径→车外槽→车螺纹→调头平端面车左端外径→镗孔，数控加工工艺卡见表 3-21。

表 3-21　数控加工工艺卡

<table>
<tr><td colspan="4" rowspan="2">单位名称</td><td colspan="2">产品名称</td><td colspan="2">零件名称</td><td>零件图号</td><td colspan="2">材料</td></tr>
<tr><td colspan="2">道路清洗机</td><td colspan="2">连接轴</td><td>A4</td><td colspan="2">45 钢</td></tr>
<tr><td rowspan="3">工序号</td><td rowspan="3">工步号</td><td colspan="2">程序编号</td><td colspan="2">夹具名称</td><td colspan="2">夹具编号</td><td>使用设备</td><td colspan="2">编号</td></tr>
<tr><td colspan="2"></td><td colspan="2">三爪卡盘</td><td colspan="2"></td><td>CAK6136</td><td colspan="2"></td></tr>
<tr><td>加工内容</td><td>刀具号</td><td>刀具名称</td><td>刀具规格/mm</td><td>主轴转速/(r·min⁻¹)</td><td>背吃刀量/mm</td><td>进给速度/(mm·r⁻¹)</td><td>加工余量/mm</td><td>备注</td></tr>
<tr><td rowspan="6">1</td><td>1</td><td>钻中心孔</td><td></td><td>中心钻</td><td>3A</td><td>800</td><td></td><td>60</td><td></td><td>手动</td></tr>
<tr><td>2</td><td>钻 $\phi12$ 孔</td><td></td><td>麻花钻</td><td>$\phi12$</td><td>600</td><td></td><td>60</td><td></td><td>手动</td></tr>
<tr><td>3</td><td>扩 $\phi20$ 孔</td><td></td><td>麻花钻</td><td>$\phi20$</td><td>450</td><td></td><td>60</td><td></td><td>手动</td></tr>
<tr><td>4</td><td>平端面车外径</td><td>T01</td><td>外径车刀</td><td>20×20</td><td>600</td><td>1.5</td><td>150</td><td>0.4</td><td></td></tr>
<tr><td>5</td><td>车外槽</td><td>T02</td><td>外切槽刀</td><td>20×20</td><td>600</td><td></td><td>50</td><td>0.2</td><td></td></tr>
<tr><td>6</td><td>车螺纹</td><td>T03</td><td>外螺纹刀</td><td>20×20</td><td>600</td><td></td><td></td><td>0.1</td><td></td></tr>
<tr><td rowspan="2">2</td><td>7</td><td>调头平端面车外径</td><td>T01</td><td>外径车刀</td><td>20×20</td><td>600</td><td>1.5</td><td>150</td><td>0.4</td><td></td></tr>
<tr><td>8</td><td>镗孔</td><td>T04</td><td>内孔镗刀</td><td>16×16</td><td>600</td><td>1.5</td><td>150</td><td>0.4</td><td></td></tr>
</table>

（5）参考程序

① FANUC 系统编程。

右端加工程序：

```
O024；
    T0101 M08.；                    换 1 号刀调 1 号刀刀补，冷却液开
    M08 S600；                      主轴正转
    G00 X52. Z2.；                  快速定位循环起点
    G71 U1.5 R0.5 F150.；           粗车复合循环
    G71 P06 Q13 X0.5 Z0.02；
N06 G42 G00 X25.8；                 精加工轮廓开始并建立刀补
    G01 Z0；
    X29.8 C2.；
    Z－15.；
    X34. C1.；
    Z－37.；
    X48. R3.；
N13 X51.；                          精加工轮廓结束
    G40 G00 X100.；                 退刀并取消刀补
    Z100.；
    T0101 S1500. M03 F100.；        换 1 号刀调 1 号刀刀补，转速 1 500 r/min
    G00 X52. Z2.；                  快速定位到循环起点
    G70 P06 Q13；                   精车循环
    G00 X100.；
    Z100.；
```

```
    T0202 M03 S600.;              换2号刀调2号刀刀补，转速600 r/min
    G00 X36.Z-15.;
    G01 X24.F50.;                 切槽4×3
    G04 P2.;                      暂停2 s
    G01 X34.F200.;
    G00 X100.;
    Z100.;
    T0303;                        换3号刀调3号刀刀补
    G00 X32.Z3.;                  快速定位到螺纹循环起点
    G92 X29.1 Z-12.F2.;           螺纹切削循环第一刀，切深0.9 mm
    X28.5.;                       第二刀，切深0.6 mm
    X27.9;                        第三刀，切深0.6 mm
    X27.5;                        第四刀，切深0.4 mm
    X27.4;                        第五刀，切深0.1 mm
    G00 X100.Z100.;
    M09;                          切削液关
    M05;                          主轴停止
    M30;                          程序结束
```

左端加工程序：

```
O025;                         程序名
    T0101 F100.M08;           换1号刀调1号刀刀补，冷却液开
    M03 S600.;                主轴正转
    G00 X52.Z2.;              快速定位循环起点
    G71  U1.5 R0.5;           粗车复合循环
    G71  P06 Q13 X0.5 Z0.02;
N06 G42 G00 X30.;             精加工轮廓开始并建立刀补
    G01 Z0;
    X34.C2.;
    Z-20.;
    X42.;
    X48.Z-30.82;
    Z-41.;
N13 X51.;                     精加工轮廓结束
    G40 G00 X100.;            退刀并取消刀补
    Z100.;
    T0101 M03 S1500.F100.;    换1号刀调1号刀刀补，转速1 500 r/min
    G00 X52.Z2.;              快速定位到循环起点
    G70 P06 Q13;              精车循环
```

```
    G00 X100.;
    Z100.;
    T0404 M08;                                   换 4 号刀调 4 号刀刀补，冷却液开
    M03 S600.;                                   主轴正转
    G00 X19. Z2.;                                快速定位循环起点
    G71 U1.2 R0.2 F150.;                         粗车复合循环
    G71 P25 Q29 U-0.5 W0.02;
N25 G41 G00 X28.;                                精加工轮廓开始并建立刀补
    G01 Z0.;
    X24. Z-2.;
    Z-32.;
N29 X20.;                                        精加工轮廓结束
    G40 G00 Z2.;                                 退刀并取消刀补
    X100. Z100.;                                 快速退刀到换刀点
    T0202 M03 S1500. F100.;                      换 2 号刀调 2 号刀刀补，转速 1 500 r/min
    G00 X19. Z2.;                                快速进刀至循环起点
    G70 P25 Q29;                                 精车循环
    G00 X100. Z100.;
    M09;                                         切削液关
    M05;                                         主轴停止
    M30;                                         程序结束
```

② 华中系统编程。

右端加工程序：

```
O026;                                            文件名
%0005;                                           程序名
    T0101 M08;                                   换 1 号刀调 1 号刀刀补，冷却液开
    M03 S600;                                    主轴正转
    G00 X52 Z2;                                  循环开始点
    G71 U1.5 R0.5 P05 Q12 X0.5 Z0.02 F150;       粗精车复合循环
N05 G42 G00 X25.8 S1500 F100;                    精加工轮廓开始并建立刀补
    G01 Z0 F100;
    X29.8 C2;                                    倒直角 C2
    Z-15;
    X34 C1;
    Z-37;
    X48 R3;                                      倒 R3 圆弧角
N12 X51;                                         精加工轮廓结束
    G40 G00 X100;                                退刀并取消刀补
```

```
    Z100；
    T0202 M03 S600；                         换 2 号刀调 2 号刀刀补
    G00 X36 Z−15；                           快速定位
    G01 X24 F40；                            切槽 4×3
    G04 P2；                                 暂停 2 s
    G01 X34 F200；                           退刀
    G00 X100；
    Z100；
    T0303；                                  换 3 号刀调 3 号刀刀补
    G00 X32 Z3；                             快速定位到螺纹循环起点
    G82 X29.1 Z−12 F2；                      螺纹切削循环第一刀，切深 0.9 mm
    X28.5；                                  第二刀，切深 0.6 mm
    X27.9；                                  第三刀，切深 0.6 mm
    X27.5；                                  第四刀，切深 0.4 mm
    X27.4；                                  第五刀，切深 0.1 mm
    G00 X100 Z100；
    M09；                                    冷却液关
    M05；                                    主轴停
    M30；                                    程序结束
```

左端加工程序：

```
O027；                                       文件名
%0006（左端）；                               程序名
    T0101 M03 S600；                         换 1 号刀调 1 号刀刀补，主轴正转
    G00 X52 Z2 M08；                         快速定位到循环开始点，冷却液开
    G71 U1.5 R0.5 P04 Q11 X0.5 Z0.02 F150；  粗精车复合循环
N04 G42 G00 X30 S1500；                      精加工轮廓开始并建立刀补
    G01 Z0 F100；
    X34 C2；
    Z−20；
    X42；
    X48 Z−30.82；
    Z−41；
N11 X51；                                    精加工轮廓结束
    G40 G00 X100；                           退刀并取消刀补
    Z100；
    T0404；                                  换 4 号刀调 4 号刀刀补
    M03 S600；                               主轴正转
    G00 X19 Z2；                             循环开始点
```

```
    G71 U1.2 R0.2 P18 Q22 X-0.5 Z0.02 F120;  粗精车复合循环
N18 G41 G00 X28 S1500;                       精加工轮廓开始并建立刀补
    G01 Z0 F100;
    X24 Z-2;
    Z-32;
N22 X20;
    G00 Z2;                                  精加工轮廓结束
    G40 G00 X100 Z100;                       退刀并取消刀补
    M09;                                     切削液关
    M05;                                     主轴停
    M30;                                     程序结束
```

3.8.3 盘类零件加工

例 3-24 在 FANUC 0i 系统数控车床（前置刀架）上加工图 3-75 所示的蜗轮透盖，毛坯为铝合金铸件（ZL201）。零件的 6-ϕ9 mm 和 2-M8-7H 螺纹孔安排在立式加工中心上加工。

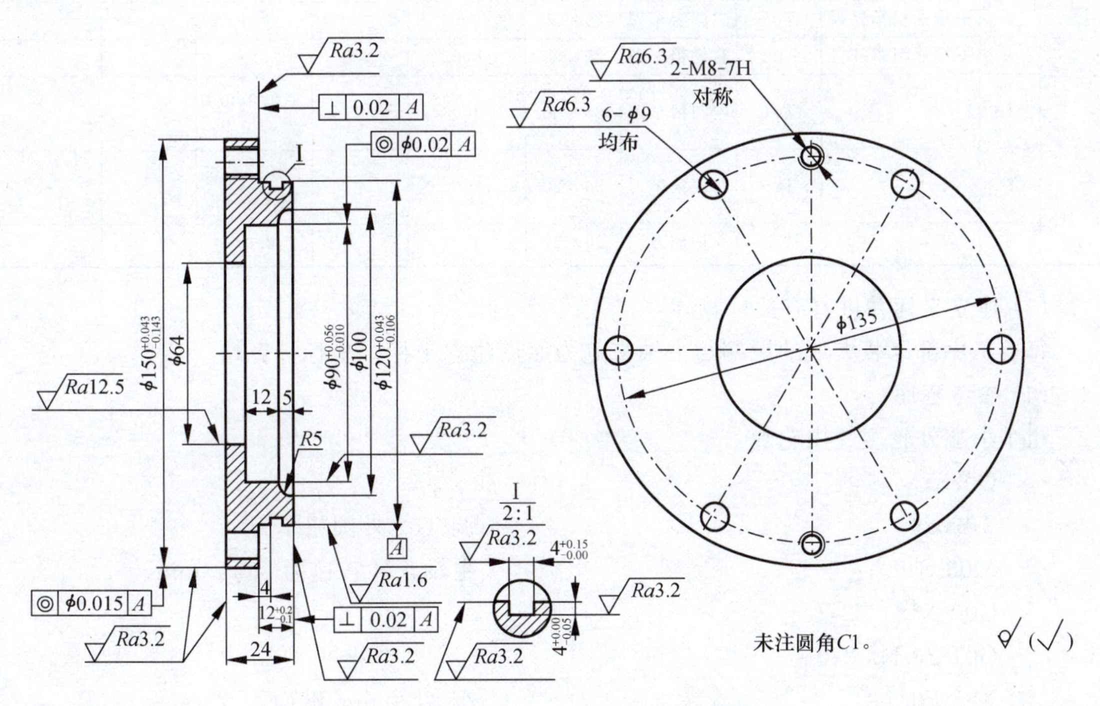

图 3-75 盘类零件（蜗轮透盖）车削实训

（1）分析零件图样

此蜗轮透盖属盘类零件，其加工包括内、外轮廓的加工，为保证其加工精度，须安排三道工序进行加工。

工序 1：以毛坯的 ϕ150 mm 外圆作定位基准，用三爪自定心卡盘夹紧，粗车小端外轮廓和零件内轮廓。

工序 2：以零件 ϕ90 mm 内孔作定位基准，用三爪自定心卡盘反夹，车削大端外圆及端面至尺寸要求。

工序 3：以零件 ϕ150 mm 外圆作定位基准，用三爪自定心卡盘夹紧，精车小端外轮廓，切密封槽，精车零件内轮廓。

（2）选择刀具及确定切削参数

所选刀具的刀片均为涂层硬质合金刀片。由于第三道工序是以精加工后的 ϕ150 mm 外圆作定位基准，零件安装时，采用较小的夹紧力，故粗、精加工选用了相同的主轴转速。数控加工工艺卡见表 3-22。

表 3-22　数控加工工艺卡

<table>
<tr><td colspan="4" rowspan="2">单位名称</td><td colspan="2">产品名称</td><td colspan="2">零件名称</td><td>零件图号</td><td colspan="2">材料</td></tr>
<tr><td colspan="2"></td><td colspan="2">连接轴</td><td></td><td colspan="2">45 钢</td></tr>
<tr><td rowspan="3">工序号</td><td rowspan="3">工步号</td><td colspan="2">程序编号</td><td colspan="2">夹具名称</td><td colspan="2">夹具编号</td><td>使用设备</td><td colspan="2">编号</td></tr>
<tr><td colspan="2"></td><td colspan="2">三爪卡盘</td><td colspan="2"></td><td>CAK6136</td><td colspan="2"></td></tr>
<tr><td>加工内容</td><td>刀具号</td><td>刀具名称</td><td>刀具规格/mm</td><td>主轴转速/($r \cdot min^{-1}$)</td><td>背吃刀量/mm</td><td>进给速度/($mm \cdot r^{-1}$)</td><td>加工余量/mm</td><td>备注</td></tr>
<tr><td rowspan="2">1</td><td>1</td><td>平端面粗车外径</td><td>T02</td><td>右偏粗车刀</td><td>20×20</td><td>800</td><td></td><td>0.1</td><td></td><td></td></tr>
<tr><td>2</td><td>平端面精车外径</td><td>T04</td><td>内圆粗车刀</td><td>20×20</td><td>600</td><td></td><td>0.1</td><td></td><td></td></tr>
<tr><td>2</td><td>1</td><td>平端面粗车外径</td><td>T02</td><td>右偏粗车刀</td><td>20×20</td><td>800</td><td></td><td>0.1</td><td></td><td></td></tr>
<tr><td rowspan="3">3</td><td>1</td><td></td><td>T01</td><td>内圆精车刀</td><td>20×20</td><td>600</td><td></td><td>半精车 0.1
精车 0.05</td><td></td><td></td></tr>
<tr><td>2</td><td></td><td>T06</td><td>右偏精车刀</td><td>20×20</td><td>800</td><td></td><td>半精车 0.05
精车 0.08</td><td></td><td></td></tr>
<tr><td>3</td><td></td><td>T03</td><td>切槽刀</td><td>20×20</td><td>350</td><td></td><td>0.03</td><td></td><td></td></tr>
</table>

（3）建立坐标并进行有关计算

每道工序都以装夹后的尾端与主轴交点为原点建立坐标，坐标计算略。

（4）参考程序

粗车小端外轮廓、内轮廓：

```
O028;
T0202;                         调 T02 外圆粗车刀
M03 S800;                      主轴正转转速为 800 r/min
G00 X124 Z2;
G01 Z0 F0.2;
X85 F0.1;                      车 φ120 mm 端面
G00 Z2;
X154;
G01 Z-12.15 F0.5;
X123.5 F0.1;                   车 φ150 mm 右端面
Z2 F0.5;
G90 X121.3 Z-12.15 F0.1;       车 φ120 mm 循环
```

```
    G00 X200 Z200;                    T02 号刀具返回换刀点
    T0404 S600;                       调 T04 内圆粗车刀
    G00 X58 Z2;
    G01 Z－16 F0.5;
    G90 X61 Z－26  F0.1;              粗车 φ64 mm 内孔循环
    X62.7;                            粗车内孔循环第二刀
    G01 Z－17 F0.3;
    X85.8 F0.1;                       粗车 φ90 mm 孔左端面
    X85;
    G00 Z2;
    G90 X88.3 Z－17 F0.1;             粗车 φ90 mm 内孔循环
    G00 X88;
    G71 U1.5 R1;                      粗车 R5 mm 圆弧循环
    G71 P1 Q2 U1.3 W0.05 F0.1;        精车余量 X 向为 1.3 mm，Z 向为 0.05 mm
N1 G00 G42 X100;
    G01 Z0 F0.2;
    G03 X90 Z－5  R5 F0.1;
N2 G01 G40 X88;
    G00 X150 Z200;                    T04 号刀具返回换刀点
    M30;
```

车削大端面外圆及端面：

```
O029;
T0202;
M03 S800;
G00 X154 Z2;
G90 X151.5 Z－14 F0.1;                粗车 φ150 mm 外圆循环
X150.5;                               精车外圆循环第二刀
G00 X200 Z150;                        T02 号刀具返回换刀点
M30;
```

精车小端外轮廓、切槽及精车零件内轮廓程序：

```
O030;
T0606;                                调 T06 外圆精车刀
M03 S800;
G00 X122 Z2;
G01 Z0 F0.2;
X96.5 F0.05;                          精车 φ120 mm 端面
G00 Z2;
X151;
G01 Z－12.1-F0.5;
```

```
X121.5 F0.1;                        半精车 φ150 mm 右端面
Z2 F0.5;
G90 X120 Z-12.1 F0.1;               车 φ120 mm 循环
G01 X119.94 F0.05;
Z-12.15;                            精车 φ120 mm 外圆
X151 F0.08;                         精车 φ150 mm 右端面
G00 X200 Z200;                      T06 号刀具返回换刀点
T0303 S350;                         调 T03 号切槽刀
G00 X121 Z2;
G01 Z-8.15 F0.5;
X115.2 F0.03;                       切槽
G04 X1;                             在槽底停 1 s
G01 X121 F0.2;
W0.51;
X115.2 F0.03;
G04 X1;
G01 X121 F0.2;
G00 X150 Z200;                      T03 号刀返回换刀点
T0101 S600;                         调 T01 内圆精车刀
G00 X62 Z2;
G01 Z-16 F0.8;
G90 X63.5 Z-25  F0.1;               半精车 φ64 mm 内孔循环
G01 Z-16.96 F0.5;
X88 F0.1;                           半精车 φ90 mm 孔左端面
Z-3 F0.5;
G90 X89.5 Z-16.96 F0.1;             半精车 φ90 mm 内孔循环
G00 Z2;
X99.5;
G01 Z0 F0.2;
G03 X89.5 Z-5 R5 F0.05;             精车 R5 mm 圆弧
G01 X89;
G00 Z2;
X100;
G01 Z0 F0.2;
G03 X93 Z-4.77 R5 F0.05;            精车 R5 mm 圆弧
G01 X90.03 W-1.5;                   倒角 C1
Z-17;                               精车 φ90 mm 内孔
X64;                                精车 φ90 mm 孔左端同
Z-25;                               精车 φ64 mm 内孔
```

```
G00 X62;
Z2;
G00 X150 Z200;                    T01 号刀返回换刀点
M30;
```

3.8.4 综合车削实例

例 3-25 加工如图 3-76 所示零件，零件毛坯尺寸为 ϕ40 mm×107 mm，毛坯材料为 45 调质钢，15～32HRC。

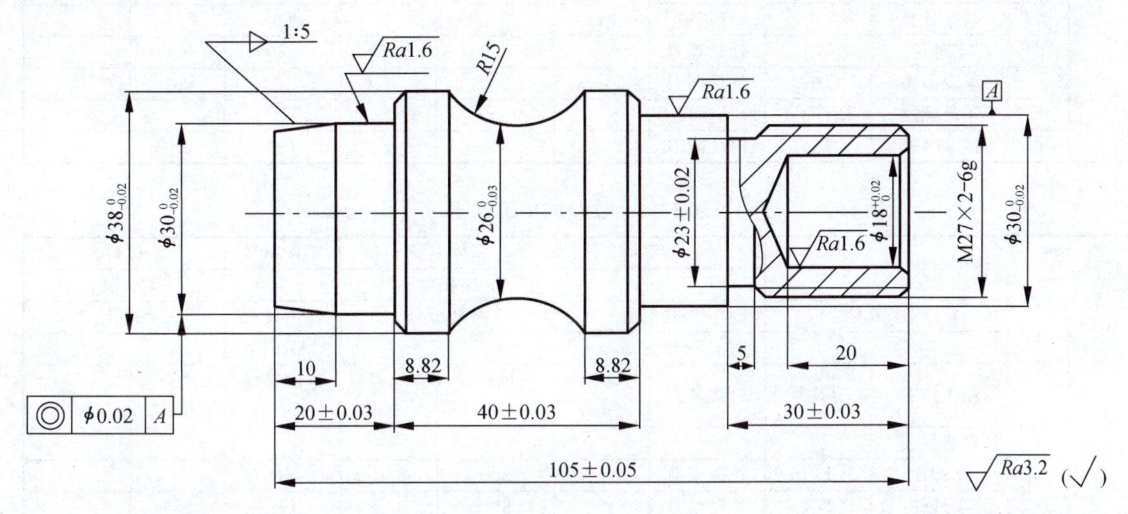

图 3-76　零件车削综合实训

(1) 分析零件图样

① 该零件属于轴类零件，在结构上主要由锥面、凹圆弧、螺纹等表面组成，零件的加工工艺性较好较简单。

② 零件的尺寸精度要求比较高，公差基本在 0.03 mm 以内。

③ 零件在加工中需要一次找正，找正精度应该在 0.02 mm 范围内，这样才能保证该零件的形位精度的要求，在图中调头加工找正外圆 ϕ38，打表控制在跳动范围内。

(2) 零件加工的难点和解决措施

① 当调头加工时，打表找正外圆 ϕ38，需要保证 105 mm 尺寸，采用试切法对刀，通过测量工件第一次加工末断面与试切对刀面长度，改刀补方法控制总长。

② 轮廓圆弧面和锥面的加工精度保证，在加工中需要设置刀具补偿来保证精度。刀具刀尖圆弧半径的制造精度较高，对加工轮廓精度影响较小，在加工中需要设置刀具补偿来保证精度。

③ 在装夹可靠的情况下，第一次切削右端时因伸出长度比较长，切削和走刀速度可以慢一些。

④ 对断面余量可以用手动方式来完成操作。

(3) 确定加工工步顺序

① 工序 1：钻中心孔→钻孔→车外轮廓→车退刀槽→车外螺纹→镗 ϕ14 孔，数控加工工

艺卡见表 3-23。

② 工序 2：打表→车端面控制总长（手动）→车外轮廓，数控加工工艺卡见表 3-24。

表 3-23　数控加工工艺卡

单位名称				产品名称		零件名称		零件图号	材料	
						连接轴			45＃钢	
工序号	工步号	程序编号		夹具名称		夹具编号		使用设备	编号	
				三爪卡盘				CAK6136		
		加工内容	刀具号	刀具名称	刀具规格 /mm	主轴转速 /(r·min⁻¹)	背吃刀量 /mm	进给速度 /(mm·r⁻¹)	加工余量 /mm	备注
1	1	钻中心孔		中心钻	A3	600		60		
	2	钻 ϕ14 孔		麻花钻	ϕ14	500		60		
	3	车外径	T01	外径车刀		800	1.5	120	0.5	
	4	车退刀槽	T02	外径槽刀	5 mm	500		50	0.1	
	5	车外螺纹	T03	外径螺纹刀		500				
	6	镗 ϕ18 孔	T04	内径镗刀		800	1	100	0.5	

表 3-24　数控加工工艺卡

单位名称				产品名称		零件名称		零件图号	材料	
						连接轴			45 钢	
工序号	工步号	程序编号		夹具名称		夹具编号		使用设备	编号	
				三爪卡盘				CAK6136		
		加工内容	刀具号	刀具名称	刀具规格 /mm	主轴转速 /(r·min⁻¹)	背吃刀量 /mm	进给速度 /(mm·r⁻¹)	加工余量 /mm	备注
2	1	打表找正								
	2	车端面	T01	外径车刀		800		60		
	3	车外径	T01	外径车刀		800	1.5	120	0.5	

(4) 零件对刀、编程

本部分将对 FANUC、华中世纪星、西门子三种不同的数控系统进行对刀和编程说明。

① FANUC（法兰克）系统对刀、编程。

A. 试切法对刀。

a. 对各轴（X，Z）作回零。

b. 安装所需要的刀具、工作。

c. 转动主轴，手动平工件端面，并沿 X 方向退刀。

d. 按主轴键停止转动。

e. 按补正功能键盘，显示形状补正画面。

f. 将光标移到 T0101 对应处，输入数据 Z0，按测量按钮。

g. 切削外圆，切削深度不超过 1 mm，沿 Z 轴负方向退出，停止主轴，测量切削外圆尺寸。

h. 按补正功能键盘，显示形状补正画面。

i. 将光标移到 T0101 对应处，输入数据 X（测量尺寸），按测量按钮。

j. 用相同的方法对其他刀具进行对刀补偿，与之不同的是，只需将刀尖碰触到已切削表面，输入测量数据即可。

B. 参考程序。

工序 1 加工零件的编程：

```
O031;                                           程序代码
G0 X150. Z150. ;                                到换刀点
T0101;                                          换 1 号外径车刀
M03 S800. ;                                     主轴正转 800 r/min
G0 X42. Z3. ;                                   到循环下刀点
G71 U2. R1. ;                                   外轮廓加工循环
G71 P10. Q20. X0. 5. Z0. 05. F120. ;
M03 S1800;                                      精车转速 1 800 r/min
N10 G42 G01. X25. Z1. F90. ;                    右端轮廓
X30. Z－1. 5. ;
Z－30. ;
X32. ;
W－15. ;
X38. C1. 5. ;
W－8. 82.
G02 X38. W－22. 36. R15. ;
G01 Z－85. ;
N20 X40. ;
G70 P10. Q20. ;                                 精车轮廓
G0 X150. Z150. ;                                到换刀点
T0202;                                          换 2 号外径槽刀
M03 S500. ;                                     主轴正转 800 r/min
G0 X35. Z－30. ;                                到切槽下刀点
G01 X23. 1. F50. ;                              粗车退刀槽
X35. ;                                          提刀
M03 S1000;                                      主轴正转 1 000 r/min
G01 X23. F50. ;                                 精车退刀槽
G04 X4. ;                                       槽底暂停 4 s
X35. ;
G0 X150. Z150. ;                                到换刀点
T0303;                                          换 3 号外径螺纹刀
G0 X30. Z3. ;                                   螺纹下刀点
G76 P010160 Q100 R0. 1;                         螺纹切削循环
G76 X24. 4 Z－27 R0 P1300 Q300 F2;
G0 X150. Z150. ;                                到换刀点
T0404;                                          换 4 号外径槽刀
G0 X13. Z3. ;
G71 U2. R1. ;                                   内轮廓加工循环
G71 P30. Q40. X－0. 5. Z0. 05. F120. ;
```

```
M03 S1800;                          精车转速 1 800 r/min
N30 G01 X21. F90. ;                 右端轮廓内径
X18. Z—1. 5. ;
Z—20. ;
N40 X14. ;
G70 P30 Q40;                        精车内径轮廓
G0 Z150. ;                          返回安全点
X150.
M05;                                主轴停止转动
M30;                                程序停止并返回程序起始段
```

工序 2 加工零件的编程：

```
O032;                               程序代码
G0 X150. Z150. ;                    到换刀点
T0101;                              换 1 号外径车刀
M03 S800. ;                         主轴正转 800 r/min
G0 X42. Z3. ;                       到循环下刀点
G71 U2 R1;                          外轮廓加工循环
G71 P10 Q20 X0. 5 Z0. 05 F120;
M03 S1800;                          精车转速 1 800 r/min
N10 G42 G01  X26. Z0. F90. ;        左端轮廓
X30. Z—10. ;
Z—20;
X38. C1. 5. ;
N20 X40. ;
G70 P10 Q20;                        精车外轮廓
G0 X150. Z150. ;                    返回安全点
M05;                                主轴停止转动
M30;                                程序停止并返回程序起始段
```

② 华中世纪星系统对刀、编程。

A. 试切法对刀。

把工作方式打到手动方式，先手动平工件端面，并沿 X 方向退刀，然后按“刀具补偿”键，再按“刀偏表”键，同时把光标移到对应刀具的试切长度栏，按 Enter 键后输入长度值“0”：再按 Enter 键确认，此时可以移动 Z 坐标了，同样试切工件外圆，并沿 Z 向退刀，X 向不要动，停主轴，用游标卡尺量出试切工件处直径值，按照同样方法输入到对应刀具的试切直径一栏，最后按 Enter 键确认，此时工件坐标系就已建立。

流程图：

Z 轴：F4 键→F1 刀偏表→试切长度（输入 0）→Enter 键

X 轴：F4 键→F1 刀偏表→试切直径（输入测量直径）→Enter 键

B. 参考程序。

工序 1 加工零件的编程：

```
O033;
G0 X150 Z150;                                   到换刀点
T0101;                                          换 1 号外径车刀
M03 S800;                                       主轴正转 800 r/min
G0 X42 Z3;                                      到循环下刀点
G71 U2 R1 P10 Q20 X0.5 Z0.05 F120;              外轮廓加工循环
M03 S1800;                                      精车转速 1 800 r/min
N10 G42 G01 X25 Z1 F90;                         右端轮廓
X30 Z-1.5;
Z-30;
X32;
W-15;
X38 C1.5;
W-8.82;
G02 X38 W-22.36 R15;
G01 Z-85;
N20 X40;
G0 X150 Z150;                                   到换刀点
T0202;                                          换 2 号外径槽刀
M03 S500;                                       主轴正转 800 r/min
G0 X35 Z-30;                                    到切槽下刀点
G01 X23.1 F50;                                  粗车退刀槽
X35;                                            提刀
M03 S1000;                                      主轴正转 1 000 r/min
G01 X23 F50;                                    精车退刀槽
G04 X4;                                         槽底暂停 4 s
X35;
G0 X150 Z150;                                   到换刀点
T0303;                                          换 3 号外径螺纹刀
G0 X30 Z3;                                      螺纹下刀点
G76 C2 A30 X25.4 Z-27 K1.3 U0.1 V0.1 Q0.3 P0 F2; 螺纹切削循环
G0 X150 Z150;                                   到换刀点
T0404;                                          换 4 号外径槽刀
G0 X13 Z3;
G71 U2 R1 P30 Q40 X-0.5 Z0.05 F120;             内轮廓加工循环
M03 S1800;                                      精车转速 1 800 r/min
N30 G01 X21 F90;                                右端轮廓内径
X18 Z-1.5;
```

Z－20；	
N40 X14；	
G0 Z150；	返回安全点
X150；	
M05；	主轴停止转动
M30；	程序停止并返回程序起始段

工序 2 加工零件的编程：

O034；	程序代码
G0 X150 Z150；	到换刀点
T0101；	换 1 号外径车刀
M03 S800；	主轴正转 800 r/min
G0 X42 Z3；	到循环下刀点
G71 U2 R1 P10 Q20 X0.5 Z0.05 F120；	外轮廓加工循环
M03 S1800；	精车转速 1 800 r/min
N10 G42G01 X26 Z0 F90；	左端轮廓
X30 Z－10；	
Z－20；	
X38 C1.5；	
N20 X40；	
G0 X150 Z150；	返回安全点
M05；	主轴停止转动
M30；	程序停止并返回程序起始段

③ 西门子 802D 数控系统对刀、编程。

A. 试切法对刀。

a. 各轴（*X*，*Z*）作回零。

b. 安装所需要的刀具、工件。

c. 转动主轴，手动平工件端面，并沿 *X* 方向退刀。

d. 按参数操作区，将光标移至 01 刀具编号区，按手动测量键，出现对刀窗口，在 *Z* 位置输入 0，按软键“设置长度 2”，所计算出的补偿值被存储。

e. 用刀具切削外圆，切削深度不超过 1 mm，沿着 *Z* 轴负方向退出，停止主轴，测量切削外圆尺寸。

f. 按参数操作区，将光标移至 01 刀具编号区，按手动测量键，出现对刀窗口，在 *Z* 位置输入测量直径，按软键“设置长度 1”，所计算出的补偿值被存储。

g. 用相同的方法对其他刀具进行对刀补偿，与之不同的是，只需将刀尖碰触到已切削表面，输入测量数据即可。

B. 参考程序。

工序 1 加工零件的编程：

O035；	程序代码
G0 X150 Z150；	到换刀点

```
T0101;                                          换 1 号外径车刀
M03 S800;                                       主轴正转 800 r/min
G0 X42 Z3;                                      到循环下刀点
CYCLE95 (zhbc-01, 1, 0, 0.5,,, 90, 9, 0.5)      外轮廓加工循环
M03 S1800;                                      精车转速 1 800 r/min
G42 G0 X40 Z3;
zhbc-01;                                        右端轮廓
G0 X150 Z150;                                   到换刀点
T0202;                                          换 2 号外径槽刀
M03 S500;                                       主轴正转 800 r/min
G0 X35 Z-30;                                    到切槽下刀点
G01 X23.1 F50;                                  粗车退刀槽
X35;                                            提刀
M03 S1000;                                      主轴正转 1 000 r/min
G01 X23 F50;                                    精车退刀槽
G04 X4;                                         槽底暂停 4 s
X35;
G0 X150 Z150;                                   到换刀点
T0303;                                          换 3 号外径螺纹刀
G0 X30 Z3;                                      螺纹下刀点
CYCLE96 (0, 27, 0, -25, 27, 27, 3, 2, 1.3,      螺纹切削循环
0.1, 30, 0, 5, 2, 3, 1)
G0 X150 Z150;                                   到换刀点
T0404;                                          换 4 号外径槽刀
G0 X13 Z3;
CYCLE95 (zhbc-02, 1, 0, 0.5,,, 90, 11, 0.5)     内轮廓加工循环
M03 S1500;                                      精车转速 1 800 r/min
G41 G0 X14 Z3;
zhbc-02;
G0 Z150;                                        返回安全点
X150;
M05;                                            主轴停止转动
M30;                                            程序停止并返回程序起始段
```

工序 1 加工零件的子程序（zhbc-01）：

```
zhbc-01;                                        程序代码
G01 X25 Z1 F90;                                 外圆轮廓
X30 Z-1.5;
Z-30;
X32;
```

```
W－15；
X38 C1.5；
W－8.82；
G02 X38 W－22.36 R15；
G01 Z－85；
X40；
M02；
```

工序 1 加工零件的子程序（zhbc-02）：

```
zhbc－02；                                         程序代码
G01 X21 F90；                                      内径轮廓
X18 Z－1.5；
Z－20；
X14；
M2；
```

工序 2 加工零件的编程：

```
O036；                                             程序代码
G0 X150 Z150；                                     到换刀点
T0101；                                            换 1 号外径车刀
M03 S800；                                         主轴正转 800 r/min
G0 X42 Z3；                                        到循环下刀点
CYCLE95（zhbc－03，1，0，0.5,,，90，9，0.5）      外轮廓加工循环
M03 S1800；
G42 G0 X43 Z3；
zhbc－03；
G0 X150 Z150；
N05；
M30；                                              程序停止并返回程序起始段
```

工序 2 加工零件的子程序（zhbc－03）：

```
zhbc－03；                                         程序代码
G01 X26 Z0；                                       左端轮廓
X30 Z－10；
X38 C1.5；
Z－20；
X40；
M02；
```

3.8.5 实际工程案例（华中数控系统）

任务描述：某企业在机器修配中需要加工 C001 轴类零件 10 件，毛坯为 Φ50×75，零件图如下：

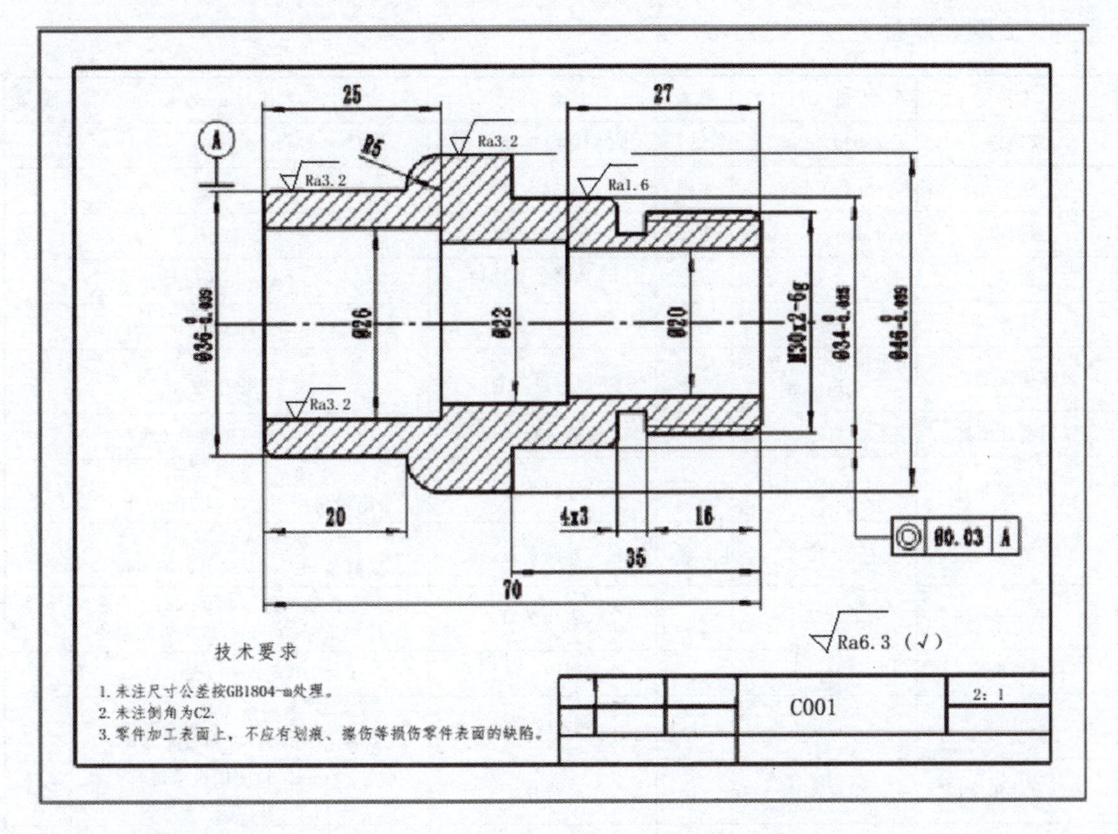

1. 毛坯确定

零件最大外径 Φ46、长度 70，材料 45 号钢。选用 45 号钢棒料，毛坯直径尺寸为 Φ50 mm，长度尺寸为 72 mm。

2. 零件分析

该零件由外圆（台阶、凸圆弧、槽、螺纹、倒角）及内孔（台阶）组成；其中外圆精度要求较高，尺寸精度以 $\Phi34^{0}_{-0.025}$ 为例，尺寸公差范围为 0.025 mm，容许最大直径尺寸 Φ34，最小直径尺寸 Φ33.975，其它未标注长度和内径公差按 GB01804－m，具体极限偏差见下表，右端 Φ34 外圆处与左端 A 处 Φ36 处同轴度要求为 Φ0.03。

表 3-25　GB01804－M　尺寸偏差数值表

公差等级	基本尺寸分段			
	0.5～3	＞3～6	＞6～30	＞30～120
中等 m	±0.1	±0.1	±0.2	±0.3

3. 螺纹底径计算

M30X2－6g：30 代表螺纹最大径；2 代表螺纹螺距，用 P 符号代替。

底径计算公式：底径＝大径－1.3XP

底径计算值：底径＝30－1.3X2＝27.4

4. 工量具准备

名 称	规 格（mm）	数量	名 称	规 格（mm）	数 量
紫铜棒	Φ30×150	1	螺纹环规	M36×2－6g	1
硬爪	与机床配套	1副	游标卡尺	0～150 mm（精度 0.02）	1
紫铜皮	0.1 mm，0.2 mm	若干	深度千分尺	0～25 mm	1
刷子	2寸	1	外径千分尺	0～25 mm	1
抹布	棉质	若干	外径千分尺	25～50 mm	1
机床操作工具	卡盘扳手，加力杆，刀架扳手	一套	内径百分表	18～35 mm	1
铁屑清理工具	自定	1	深度游标卡尺	0～150 mm（精度 0.02）	1
护目镜等	自定	1套	外圆车刀	主偏角：93°～95°；副偏角 3°～5°机夹刀配刀片	1
塞尺	自定	1套	外圆车刀	主偏角：93°～95°；副偏角 50°～55°机夹刀配刀片	1
百分表	0～6	1	内孔车刀	孔径范围≥Φ20 mm；刀杆伸长≤60 mm；机夹刀配刀片	1
杠杆百分表	0～1	1	外圆切槽（断）刀	刀刃宽 3～4 mm；	1
磁力表架	自定	1	外螺纹车刀	刀尖角 60°；螺距：2 mm；机夹刀配刀片	1
游标万能角度尺	精度2分	1	垫片	宽 20 mm，长度依机床定厚；0.1；0.3；0.5；1 mm	若干
螺纹环规	M30×2－6g	1			

5. 制定工艺路线

下料——热处理——检验——钻孔——车右端外圆——检验——车左端外圆及内孔——检验

6. 刀具选择与切削参数设置

1）刀具选择：刀具选择根据所要加工的特征选择刀具类型

外圆台阶、凸圆弧、倒角：选择主偏角 93°、副偏角 5°的外圆车刀；凹圆弧、凹台阶选择主偏角 93°、副偏角 50°的外圆车刀。槽刀刀宽小于图纸要求的宽度，螺纹刀刀尖角度为 60°。

内孔台阶先用麻花钻钻孔；后用主偏角 93°的内镗刀车削台阶孔。

2）切削参数的选择

刀具 / 参数	93°外圆车刀	槽刀	螺纹刀	镗刀
粗车转速	500 r/min	400 r/min	800 r/min	500 r/min
粗车进给速度	120 mm/min	30 mm/min		100 mm/min
粗车背吃刀量	1 mm			1 mm
精车转速	1 200 r/min			800 r/min
精车进给速度	120 mm/min			80 mm/min
精车背吃刀量	0.3 mm			0.3 mm

7. 参考程序

1）右端外圆车削

%0102	程序名
T0101	换 1 号刀具，调用 1 号刀补
M03 S600	主轴正转，转速 600 r/min
G0 X53 Z3	刀具来到外圆循环程序下刀点位置；
G71U1.5 R0.5 P1 Q2 X0.5 Z0.05 F120	外圆粗精车循环
N1 G0 X26 F100 S1000	刀具来到图纸轮廓起点处
Z0	
X29.8 Z−2	编写轮廓形状
Z−20	
X34 Z−22	
Z−35	
X46 C2	
N2 Z−47	
G0 X150	刀具到安全换刀点位置
Z150	
T0202	换 2 号刀具，调用 2 号刀补
G0 X37 Z−20	快速定位到槽上方
G01 X24 F30	切槽
G01 X37	刀具退出槽
G0 X150 Z150	快速定位到安全位置
T0303	换 3 号刀具，调用 3 号刀具补偿
M03 S400	主轴转速 400 r/min
G0 X33 Z3	快速定位到螺纹循环起点
G82 X29.5 Z−18 F2	根据表二每次切削深度加工螺纹
X29 Z−18	
X28.6 Z−18	
X28.2 Z−18	
X27.9 Z−18	
X27.6 Z−18	
X27.4 Z−18	
X27.4 Z−18	
G0 X150 Z150	快速定位到安全位置
M05	主轴停止
M30	程序停止并返回程序起始位置

2）左端外圆车削

%0103	程序名
T0101	换1号刀具，调用1号刀补
M03 S600	主轴正转，转速600 r/min
G0 X53 Z3	刀具来到外圆循环程序下刀点位置；
G71U1.5 R0.5 P1 Q2 X0.5 Z0.05 F120	外圆粗精车循环
N1 G0 X32 F100 S1000	刀具来到图纸轮廓起点处
Z0	
X36 Z−2	编写轮廓形状
Z−20	
G03 X46 Z−25 R5	
N2 G01 Z−40	
G0 X150	刀具到安全换刀点位置
Z150	
T0303	换3号刀具，调用3号刀补
M03 S500	主轴正转，转速500 r/min
G0 X18	刀具来到内圆循环程序下刀点位置；
Z3	
G71U1.5 R0.5 P3 Q4 X−0.5 Z0.05 F120	外圆粗精车循环
N3 G0 X20 F80 S800	刀具来到图纸轮廓起点处
Z−20	
X22	编写轮廓形状
Z−43	
N4 G01 X20	
G0 Z150	刀具到安全换刀点位置，镗孔退刀先移动Z轴，再移动X轴
X150	
M05	主轴停止
M30	程序停止，并返回程序起始位置

3）内孔车削参考程序

%0104	程序名
T0303	换3号刀具，调用3号刀具补偿
M03 S500	主轴正转，转速500 r/min
G0 X18	刀具来到内圆循环程序下刀点位置；
Z3	
G71U1.5 R0.5 P3 Q4 X−0.5 Z0.05 F120	外圆粗精车循环

续表

%0104	程序名
N3 G0 X30 F80 S800	刀具来到图纸轮廓起点处
Z0	编写轮廓形状
X26 Z−2	
Z−25	
X22	
Z−43	
N4 G01 X20	移动到 X 轴底孔位置
G0 Z150	刀具到安全换刀点位置，镗孔退刀先移动 Z 轴，再移动 X 轴
X150	
M05	主轴停止
M30	程序停止，并返回程序起始位置

3.8.6　数控车床基本操作

数控车床所提供的各种功能可通过操作面板上的键盘操作来实现。本节以 FANUC 0i-TA 系统为例进行叙述。该系统操作方式主要有手动操作方式、自动运转方式及程序编辑方式。其机床控制面板如图 3-77 所示。

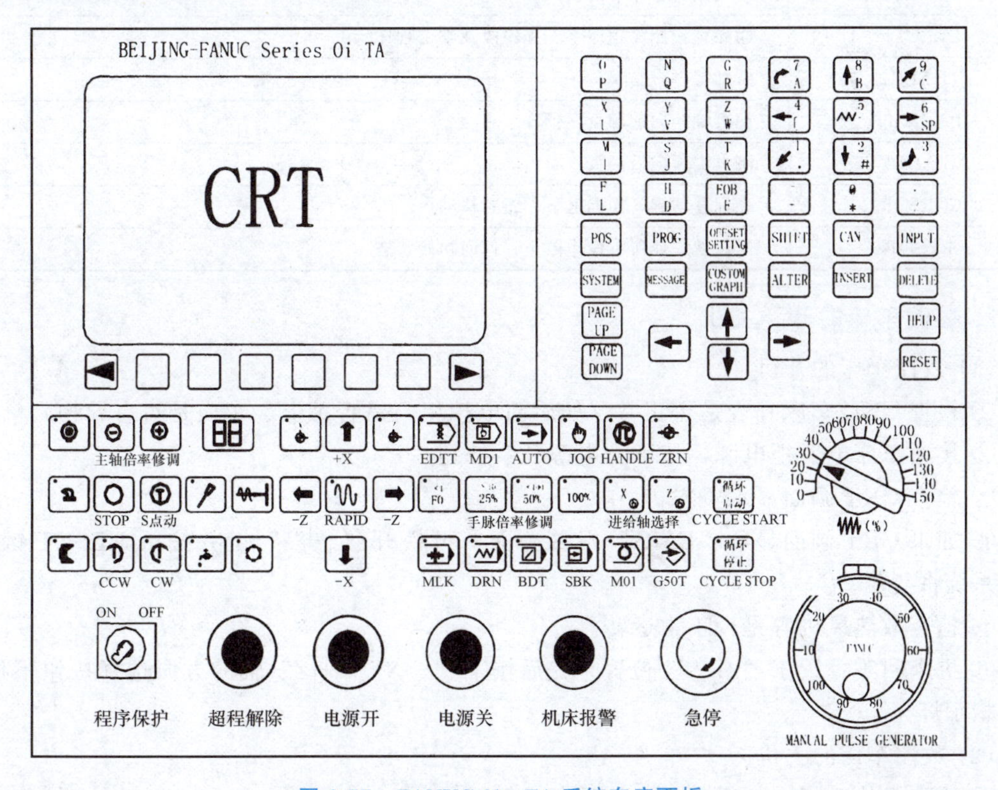

图 3-77　FANUC 0i—TA 系统车床面板

1. 操作面板

各 MDI 按键功能见表 3-25。

表 3-26　MDI 按键功能

按　键	功　能
数字键	数字的输入
运算键	数字运算键的输入
字母键	字母的输入
EOB	程序段结束符的输入
POS	显示刀具的坐标位置
PROG	在 EDIT 方式下，显示存储器里的程序；在 MDI 方式下输入及显示 MDI 数据；在 AUTO 方式下显示程序指令值
OFFSET SETIING	设定并显示刀具补偿值、工作坐标系、宏程序变量
SYSTEM	用于参数的设定、显示，自诊断功能数据的显示
MESSAGE	NC 报警信号显示，报警记录显示
COSTOM GRAPH	用于图形显示
SHIFT	上挡功能键
CAN	字符删除键，用于删除最后一个输入的字符或符号
INPUT	输入键，用于参数或补偿值的输入
ALTER	替代键，程序字的替代
INSERT	插入键，程序字的插入
DELETE	删除键，删除程序字、程序段及整个程序
HELP	帮助键
PAGE up	翻页键，向前翻页
PAGE DOWN	翻页键，向后翻页
CORSOR	光标移动键，光标上下、左右移动
RESET	复位键，使所有操作停止，返回初始状态

2. 数控车床的开、关机

(1) 数控车床的开机

① 检查 CNC 车床外表是否正常（如后面电控柜门是否关上、车内是否有异物）。

② 接通车床电器柜电源，按下“电源开”按钮。

③ 检查 CRT 画面显示资料。

④ 如果 CRT 画面显示“EMG”报警画面，可松开“急停”键并按下 RESET 键数秒后，系统将复位。

⑤ 检查散热风机等是否正常运转。

⑥ 机床回零：置于“ZRN”位置，先后按下“$+X$”“$+Z$”轴的方向选择按钮不松开，直到指示灯亮。

(2) 数控车床的关机

① 检查操作面板上的循环启动灯是否关闭。

② 检查 CNC 机床的移动部件是否都已经停止移动。

③ 如有外部输入/输出设备接到机床上，先关闭外部设备的电源。

④ 按下“急停”键后，按下“电源关”按钮，关闭机床总电源。

3. 程序的输入及编辑

选择“EDIT”模式按钮，按 PROG 键，可进入程序的输入、新建和调用、删除已有程序，也可以进入到程序编辑状态。

4. 对刀

（1）工件的装夹

根据加工要求，完成工件的正确装夹，并用百分表进行找正。

（2）刀具位置补偿量的设置

① 在 MDI 方式下，输入主轴功能指令：首先选择“MDI”模式按钮，按下 PROG 键；输入 $600 M03 程序；再按下机床面板上的“循环启动”键，按下 RESET 键。

② 在 MDI 方式下，将 1 号刀转到当前位置：先选择模式按钮 MDI，按下 PROG 键；输入 T01；再按下机床面板上的“循环启动”键，1 号刀转到当前加工位置。

③ 设置 X 向、Z 向的刀具位置补偿量（即通过对刀设定工作坐标系）：

a. 按下模式按钮“HANDLE”，选择相应的刀具。

b. 按下主轴正转转速按钮 CW，主轴将以前面设定的 $600 的转速正转；主轴转速可以通过主轴倍率修调进行调节。

c. 按下 POS 键，再按下软键［总合］，这时，机床 CRT 出现机床对刀操作画面。

d. 选择相应的坐标轴，摇动手摇脉冲发生器或直接采用 JOG 方式，试切工件端面，如图 3-78（a）所示，沿 X 向退刀，记录下 Z 向机械坐标值“Z”。

e. 按 MDI 键盘中的 tOFFSE-T/SET-lqNGI 键，按软键［补正］及［形状］后，显示出刀具偏置参数画面。移动光标键选择与刀具号相对应的刀补参数（如 1 号刀，则将光标移至“GOI”行），输入“Z0”，按软键［测量］，Z 向刀具偏移参数即自动存入（其值等于记录的 Z 值）。

f. 试切外圆后，刀具沿 Z 向退离工件，如图 3-78（b）所示，记录下 X 向机械坐标值“X-”；停机实测外圆直径（假设测量出直径为 ϕ50. 123 mm）。

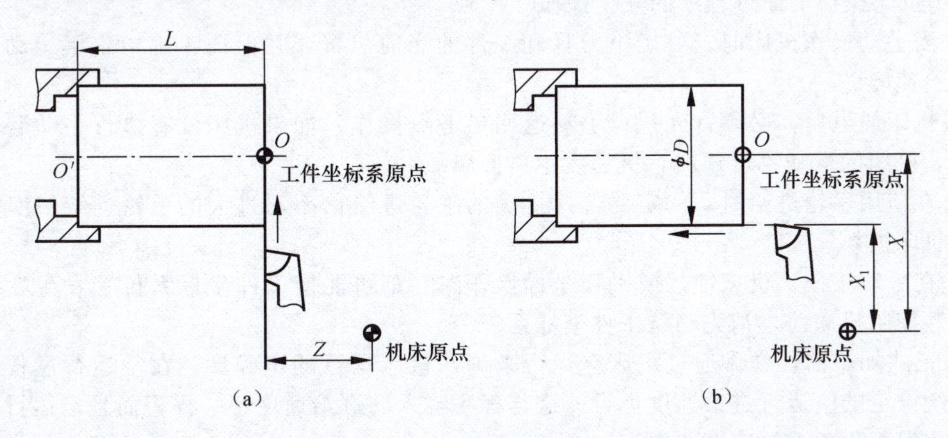

图 3-78　机床对刀操作

g. 在画面的“G01”行中输入“X50.123”后，按软键［测量］，X 向的刀具位置补偿参数即自动存入。1 号刀具偏置设定完成，其他刀具用同样方法设定。

注意：试切对刀时，当刀具远离工件时可以采用快速移动的方式，靠近工件表面时改用微调操作，让刀具端面慢慢接触到工件表面。

在设定刀具位置补偿量时，也可直接将 z 值及 x 值（$x=x_1-\phi$）输入到刀具偏移补偿存储器中。

如果刀具使用一段时间后，产生了磨耗，则可直接将磨耗值输入到对应的位置，对刀具进行磨耗补偿。

（3）刀具圆弧半径补偿量的设置

刀具圆弧半径值与车刀在刀架上的刀沿号同样在对刀操作画面中进行设定。例如，1 号刀为外圆车刀，刀具圆弧半径为 2 mm；2 号刀为普通外螺纹车刀，刀具圆弧半径为 0.5 mm，则其设定方法如下：

① 移动光标键选择与刀具号相对应的刀具半径参数。如 1 号刀，则将光标移至“G01”行的 R 参数，键入“2.0”后按下 INPUT 键。

② 移动光标键选择与刀具号相对应的刀沿号参数。如 1 号刀，则将光标移至“G01”行的 T 参数，键入刀沿号“3”后按下 INPUT 键。

③ 用同样的方法设定第二把刀具的刀具圆弧半径补偿参数，其刀具圆弧半径值为 0.5 mm,车刀在刀架上的刀沿号为“8”。

5. 数控车床的安全操作

（1）加工前的安全操作

① 零件加工前，首先检查机床及其运行状况。该项检查可以通过试车的办法进行。

② 在操作机床前，应仔细检查输入的数据，以免引起误操作。

③ 确保编程指定的进给速度与实际操作所需要的进给速度相适应。

④ 当使用刀具补偿时，应再次检查补偿方向与补偿量。

⑤ CNC 与 PMC 参数都是机床出厂时设置好的，通常不需要修改。如果必须修改，在修改前，应确保对参数有深入、全面的了解。

⑥ 机床通电后，CNC 装置尚未出现位置显示或报警画面前，不应触碰 MDI 面板上的任何键。因为 MDI 上的有些键是专门用于维护和特殊操作的，如在开机的同时按下这些键，可能产生机床数据丢失等错误。

（2）机床操作工作过程中的安全操作

① 当手动操作机床时，要确定刀具和工件的当前位置，并保证正确指定了运动轴、方向和进给速度。

② 机床通电后，必须首先执行手动返回参考点操作。如果机床没有执行手动返回参考点操作，机床的运动不可预料，极易发生碰撞事故。

③ 在使用手轮进给时，一定要选择正确的手轮进给倍率，过大的手轮进给倍率容易使刀具或机床损坏。

④ 在手动干预、机床锁住或平移坐标操作时，都可能使工件坐标系位置发生变化。用加工程序控制机床前，请先确认工件坐标系。

⑤ 正式加工前，常常通过机床空运行来确认机床运行的正确性。在空运行过程中，机床以系统设定的空运行进给速度运行，这与程序输入的进给速度不一样，而且空运行的进给速度要比编程用的进给速度快得多。

3. 与编程相关的安全注意事项

① 如果没有正确设置工件坐标系，尽管程序指令是正确的，机床仍不按其加工程序规定的位置运动。

② 在编程过程中，一定要注意公、英制的转换，使用的单位制式一定要与机床当前使用的单位制式相同。

③ 当编制恒线速度指令时，应注意回转轴的转速，特别是靠近回转轴轴线时的转速不能过高。因为，当工件安装不太牢时，会由于离心力过大而甩出工件，造成事故。

④ 在刀具补偿功能模式下，当发生基于机床坐标系的运动命令或参考点返回命令时，补偿就会暂时取消，这极有可能导致机床发生不可预想的事故。

思考与练习

3-1　在数控车床上加工零件，分析零件图样主要考虑哪些方面。

3-2　在数控车床上确定毛坯种类及制造方法时，应考虑哪些因素？

3-3　什么是刀位点？确定对刀点应注意哪些原则？

3-4　圆弧加工有几种方式？数控车加工圆弧应注意哪些问题？

3-5　使用 G00 编程时，应注意什么问题？

3-6　在数控车床上对轴类零件制订工艺路线时，应该考虑哪些原则？

3-7　在数控车床上加工零件时，确定进给速度的原则是什么？

3-8　数控车床的坐标系是怎样规定的？如何设定工件坐标系？

3-9　什么叫恒线速车削？采用恒线速车削时应特别注意什么？

3-10　试编写图 3-79～图 3-84 所示工件的加工程序。

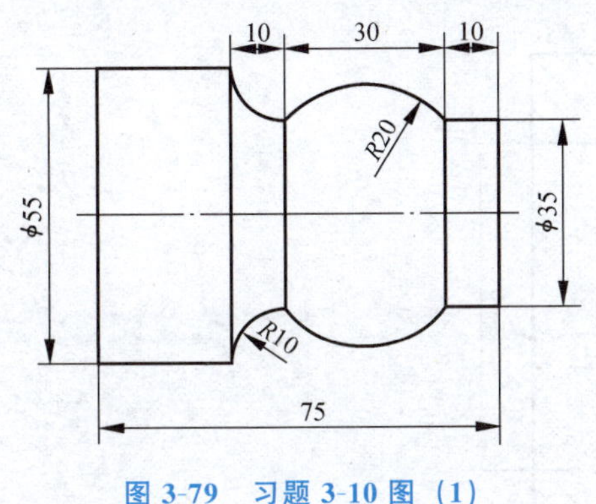

图 3-79　习题 3-10 图（1）

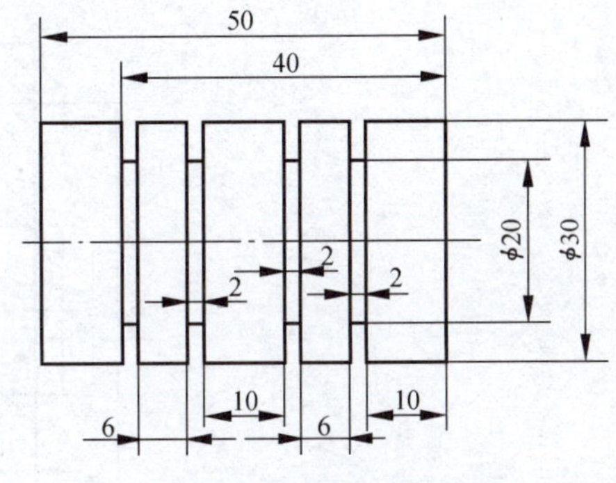

图 3-80　习题 3-10 图（2）

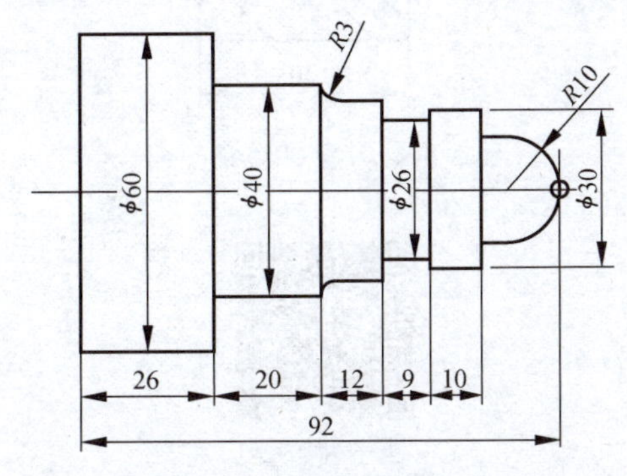

图 3-81　习题 3-10 图（3）

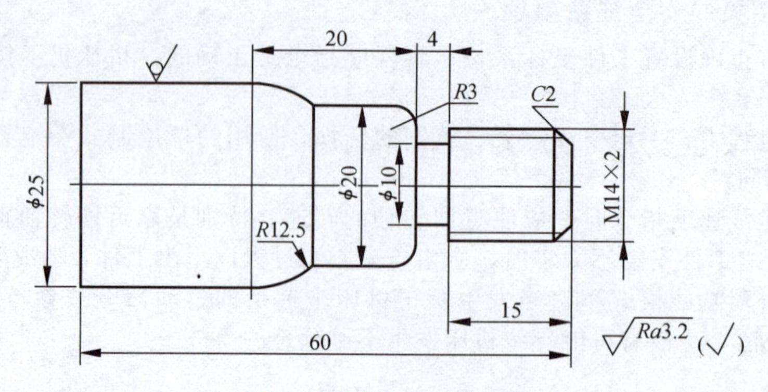

图 3-82　习题 3-10 图（4）

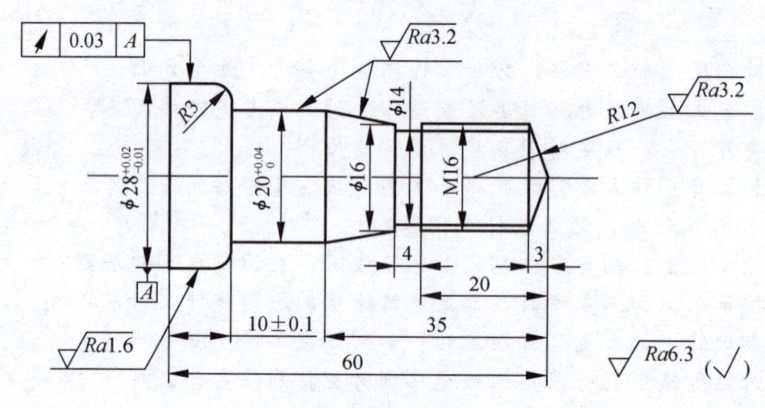

图 3-83　习题 3-10 图（5）

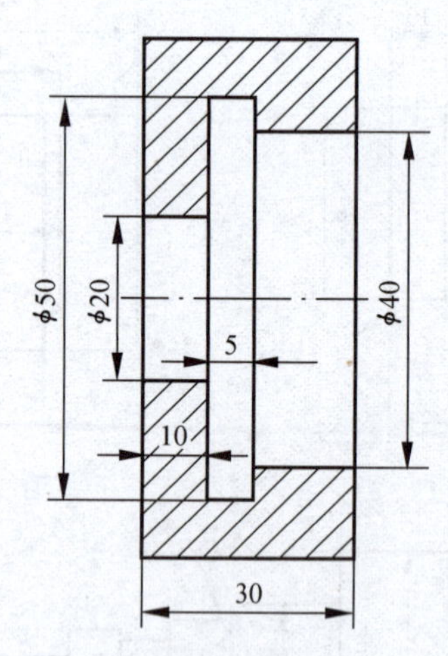

图 3-84　习题 3-10 图（6）

素养小贴士

数控铣床的编程与加工

素养小贴士

学习目标

- 了解数控铣削的加工对象
- 熟悉数控铣削加工工艺
- 掌握数控铣削用刀具的选择及切削用量的确定
- 能够用 FANUC 系统对加工零件进行程序编制和加工操作

素养目标

- 培养学生安全文明生产的意识；
- 培养学生查阅工艺手册的能力。

4.1　数控铣床简介

4.1.1　数控铣床的分类

1. 按机床主轴的布置形式及机床的布局特点分类

数控铣床可分为立式数控铣床、卧式数控铣床、龙门数控铣床和立卧两用数控铣床等。

（1）立式数控铣床

立式数控铣床的主轴轴线垂直于水平面，是数控铣床中最常见的一种布局方式，应用范围也最广，如图 4-1 所示。立式结构的铣床一般适应用于加工盘、套、板类零件，一次装夹后，可对上表面进行铣、钻、扩、镗、锪、攻螺纹等工序以及侧面的轮廓加工。

（2）卧式数控铣床

卧式数控铣床的主轴轴线平行于水平面，主要用于加工箱体类零件，如图 4-2 所示。为了扩大加工范围和扩充功能，通常采用增加数控转盘或万能数控转盘来实现 4～5 轴加工。一次装夹后可完成除安装面和顶面以外的其余四个面的各种加工工序，尤其是万能数控转盘可以把工件上各种不同角度的加工面摆成水平面来加工。

（3）龙门数控铣床

如图 4-3 所示，对于大尺寸的数控铣床，一般采用对称的双立柱结构，以保证机床的整体刚性和强度，即数控龙门铣床，有工作台移动和龙门架移动两种形式。它适用于加工飞机整体结构件零件、大型箱体零件和大型模具等。

（4）立卧两用数控铣床

如图 4-4 所示，也称万能式数控铣床，主轴可以旋转 90°或工作台带着工件旋转 90°，一次装夹后可以完成对工件五个表面的加工，即除了工件与转盘贴面的定位面外，其他表面都可以在一次安装中进行加工。其使用范围更广、功能更全，选择加工对象的余地更大，给用户带来了很多方便，特别是当生产批量小，品种较多，又需要进行立、卧两种方式加工时，用户只需要一台这样的机床就行了。

图 4-1　立式数控铣床

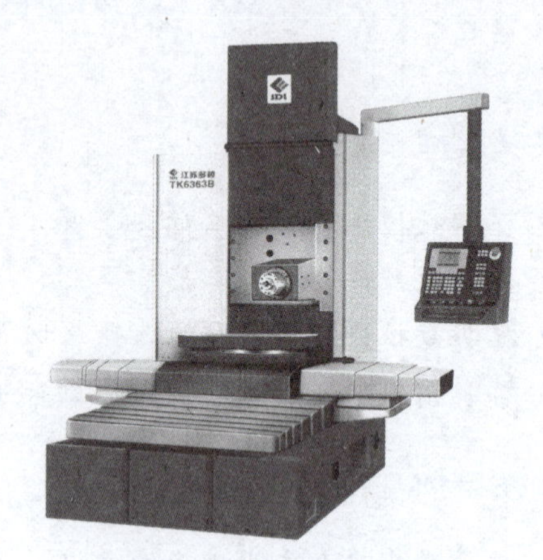

图 4-2　卧式数控铣床

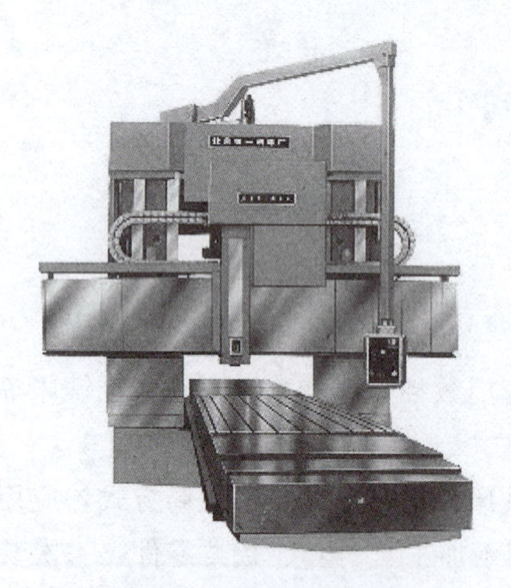

图 4-3　龙门数控铣床

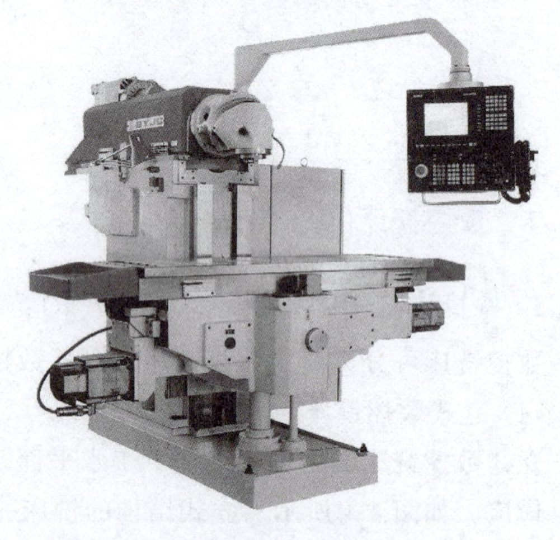

图 4-4　立卧两用数控铣床

2. 按数控系统的功能分类

数控铣床可为经济型数控铣床、全功能数控铣床和高速铣削数控铣床等。

（1）经济型数控铣床

一般采用经济型数控系统，采用开环控制，可以实现三坐标联动。

（2）全功能数控铣床

采用半闭环控制或闭环控制，数控系统功能丰富，一般可以实现四坐标以上联动，加工适应性强，应用最广泛。

（3）高速铣削数控铣床

高速铣削是数控加工的一个发展方向，技术已经比较成熟，已逐渐得到广泛的应用。

4.1.2　数控铣削的加工对象

与普通铣床相比，数控铣床具有加工精度高、加工零件的形状复杂、加工范围广等特点。它除了能铣削普通铣床能铣削的各种零件表面外，还能铣削需二至五坐标联动的各种平面轮廓和立体轮廓。就加工内容而言，数控铣床的加工内容与镗铣类加工中心的加工内容有许多相似之处，但从实际应用的效果来看，数控铣削加工更多地用于复杂曲面的加工，而加工中心更多地用于有多工序零件的加工。适合数控铣削的加工对象主要有：

1. 平面类零件

这类零件的加工面平行或垂直于水平面，或加工面与水平面的夹角为定角（见图 4-5）。其特点是各个加工面是平面，或可以展开成平面，目前在数控铣床上加工的大多数零件都是平面轮廓类零件。例如，图 4-5 中的曲线轮廓面 M 和正圆台面 N，展开后均为平面，P 为斜平面。

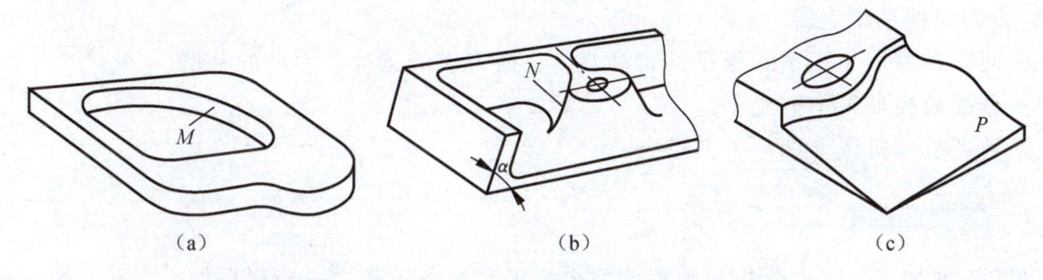

图 4-5　平面轮廓类零件

(a) 带平面轮廓的平面类零件；(b) 带正圆台和斜筋的平面类零件；(c) 带斜平面的平面类零件

平面类零件是数控铣削加工中最简单的一类零件，一般只需用三坐标数控铣床的两坐标联动（即两轴半坐标联动）就可以把它们加工出来。

2. 变斜角类零件

加工面与水平面的夹角呈连续变化的零件称为变斜角类零件（见图 4-6）。这类零件的特点是加工面不能展开为平面，而且在加工中，加工面与铣刀接触的瞬间为一条直线。此类零件一般采用四坐标或五坐标数控铣床摆角加工，也可采用三坐标铣床，通过两轴半联动用鼓形铣刀分层近似加工，但精度稍差。

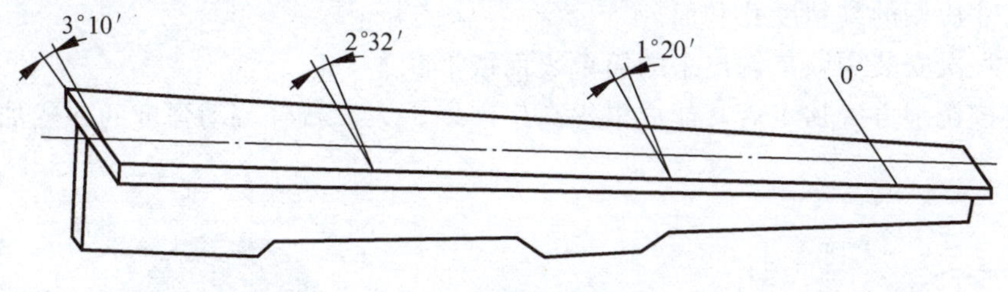

图 4-6　变斜角类零件

3. 曲面类零件

一般指具有三维空间曲面的零件，曲面通常由数学模型设计给出，因此往往要借用于计算机来编程，其加工面不能展开成平面，加工时，铣刀与加工面始终为点接触，一般用球头铣刀采用两轴半或三轴联动的三坐标数控铣床加工。当曲面较复杂、通道较狭窄，会伤及毗邻表面及需刀具摆动时，要采用四坐标或五坐标数控铣床加工，如模具类零件、叶片类零件、螺旋桨类零件等。

4.2 数控铣削加工工艺分析

4.2.1 数控铣削加工工艺的主要内容

① 选择适合在数控铣床上加工的零件，确定工序内容。

② 分析加工零件的图纸，明确加工内容及技术要求，确定加工方案，制订数控加工路线，如工序的划分、加工顺序的安排、非数控加工工序的衔接等。

③ 设计数控加工工序，如工序的划分、刀具的选择、夹具的定位与安装、切削用量的确定、走刀路线的确定等。

④ 调整数控加工工序的程序。如对刀点、换刀点的选择、刀具的补偿。

⑤ 分配数控加工中的允差。

⑥ 处理数控机床上部分工艺指令。

4.2.2 数控铣削的工艺性分析

数控铣削加工工艺性分析是编程前的重要工艺准备工作之一，根据加工实践，数控铣削加工工艺分析所要解决的主要问题大致可归纳为以下几个方面。

1. 选择并确定数控铣削加工部位及工序内容

在选择数控铣削加工内容时，应充分发挥数控铣床的优势和关键作用。主要选择的加工内容有：

① 工件上的曲线轮廓，特别是由数学表达式给出的非圆曲线与列表曲线等曲线轮廓，如图 4-7 所示的正弦曲线。

② 已给出数学模型的空间曲面，如图 4-8 所示的球面。

③ 形状复杂、尺寸繁多、划线与检测困难的部位。

④ 用通用铣床加工时难以观察、测量和控制进给的内外凹槽。

⑤ 以尺寸协调的高精度孔和面。

⑥ 能在一次安装中顺带铣出来的简单表面或形状。

⑦ 用数控铣削方式加工后，能成倍提高生产率，大大减轻劳动强度的一般加工内容。

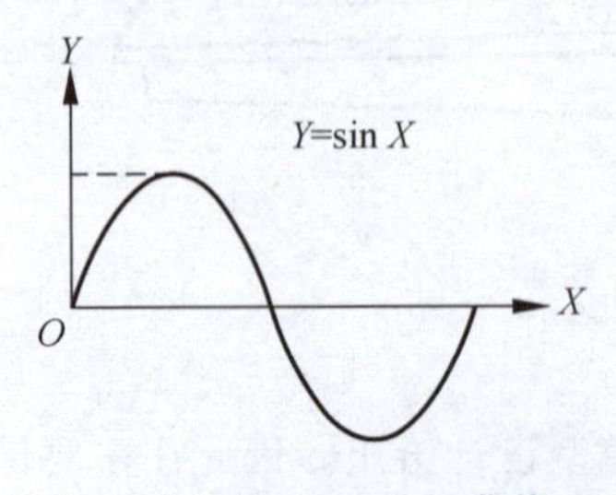

图 4-7 $Y=\sin(X)$ 曲线

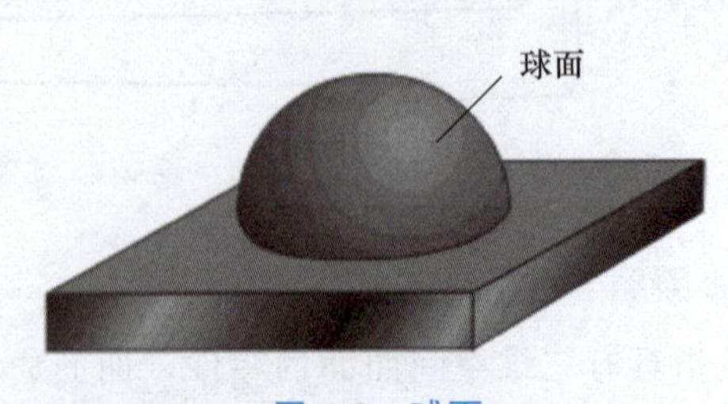

图 4-8 球面

2. 零件图样的工艺性分析

根据数控铣削加工的特点，对零件图样进行工艺性分析时，应主要考虑以下一些问题。

(1) 零件图样尺寸的正确标注

由于加工程序是以准确的坐标点来编制的，因此，各图形几何元素间的相互关系（如相切、相交、垂直和平行等）应明确，各种几何元素的条件要充分，应无引起矛盾的多余尺寸或者影响工序安排的封闭尺寸等。例如，零件在用同一把铣刀、同一个刀具半径补偿值编程加工时，由于零件轮廓各处尺寸公差带不同，如在图 4-9 中，就很难同时保证各处尺寸在尺寸公差范围内。这时一般采取的方法是：兼顾各处尺寸公差，在编程计算时，改变轮廓尺寸并移动公差带，改为对称公差，采用同一把铣刀和同一个刀具半径补偿值加工。图 4-9 中括号内的尺寸，其公差带均作了相应改变，计算与编程时用括号内尺寸来进行。

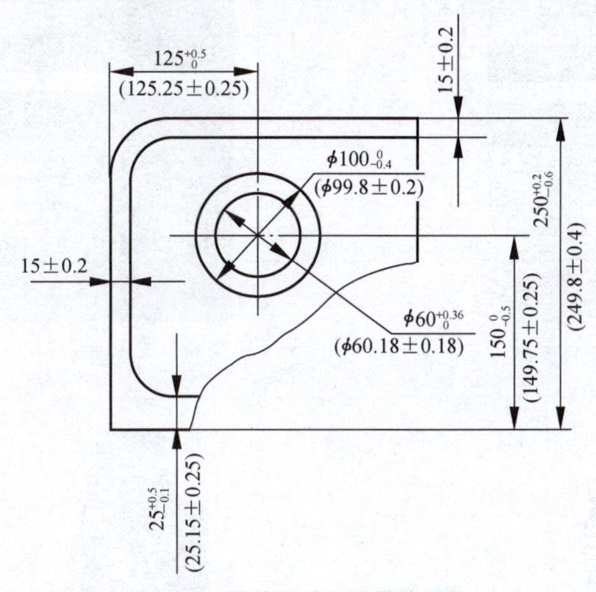

图 4-9　零件尺寸公差带的调整

(2) 统一内壁圆弧的尺寸

加工轮廓上内壁圆弧的尺寸往往限制刀具的尺寸。

① 内壁转接圆弧半径 R。

如图 4-10 所示，当工件的被加工轮廓高度 H 较小，内壁转接圆弧半径 R 较大时，则可采用刀具切削刃长度 L 较小，直径 D 较大的铣刀加工。这样，底面 A 的走刀次数较少，表面质量较好，因此，工艺性较好。反之，如图 4-11 所示，其铣削工艺性则较差。

通常，当 $R<0.2H$ 时，工艺性较差。

② 内壁与底面转接圆弧半径 r。

如图 4-12 所示，铣刀直径 D 一定时，工件的内壁与底面转接圆弧半径 r 越小，铣刀与铣削平面接触的最大直径 $d=D-2r$ 就越大；铣刀端刃铣削平面的面积越大，则加工平面的能力越强，因而，铣削工艺性越好。反之，工艺性越差。如图 4-13 所示。

当底面铣削面积大，转接圆弧半径 r 也较大时，只能先用一把 r 较小的铣刀加工，再用符合要求 r 的刀具加工，分两次完成切削。

总之，一个零件上内壁转接圆弧半径尺寸的大小和一致性，影响着加工能力、加工质量和换刀次数等。因此，转接圆弧半径尺寸大小要力求合理，半径尺寸尽可能一致，至少要使半径尺寸分组靠拢，以改善铣削工艺性。

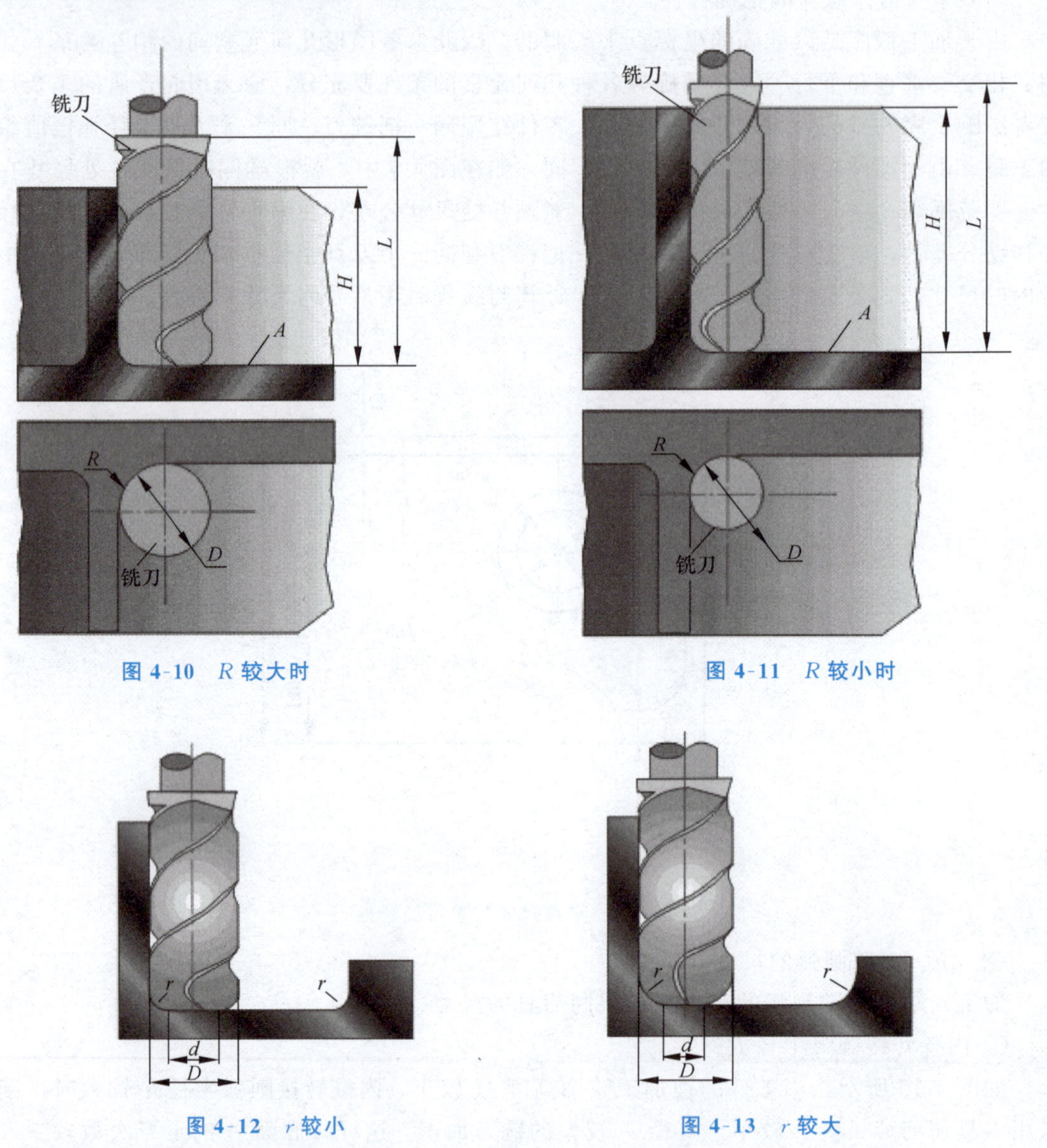

图 4-10　R 较大时

图 4-11　R 较小时

图 4-12　r 较小

图 4-13　r 较大

（3）保证基准统一的原则

有些工件需要在铣削完一面后，再重新安装铣削另一面，由于数控铣削时，不能使用通用铣床加工时常用的试切方法来接刀，因此，最好采用统一基准定位。

（4）分析零件的变形情况

铣削工件在加工时如发生变形，将影响加工质量。这时，可采用常规方法如粗、精加工分开及对称去余量法等，也可采用热处理的方法，如对钢件进行调质处理，对铸铝件进行退火处理等方法解决。加工薄板时，切削力及薄板的弹性退让极易使切削面发生振动，使薄板厚度尺寸公差和表面粗糙度难以保证，这时，应考虑合适的工件装夹方式。

总之，加工工艺取决于产品零件的结构形状、尺寸和技术要求等。

3. 数控加工工艺路线的确定

数控加工工艺路线设计与通用机床加工工艺路线设计的主要区别在于它往往不是指从毛坯到成品的整个工艺过程，而仅是几道数控加工工序工艺过程的具体描述。因此在工艺路线设计中一定要注意到，由于数控加工工序一般都穿插于零件加工的整个工艺过程中，因而要与其他加工工艺衔接好。常见工艺流程如图 4-14 所示。

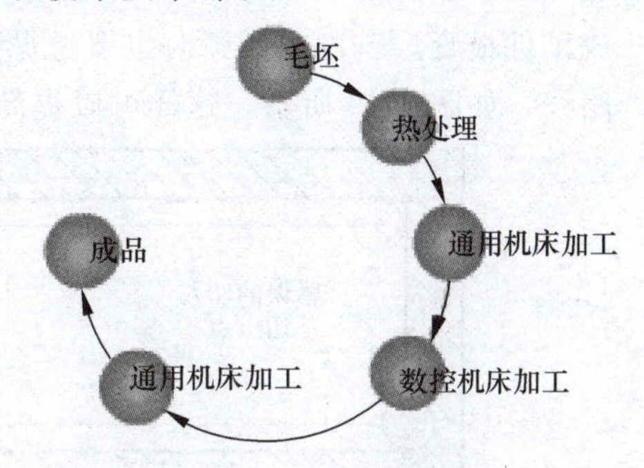

图 4-14　工艺流程

在数控加工中，刀具（严格说是刀位点）相对于工件的运动轨迹和方向称为加工路线。即刀具从对刀点开始运动起，直至结束加工程序所经过的路径，包括切削加工的路径及刀具引入、返回等非切削空行程。加工路线的确定首先必须保证被加工零件的尺寸精度和表面质量，其次考虑数值计算简单、走刀路线尽量短、效率较高等。

下面举例分析数控机床加工零件时常用的加工路线。

（1）轮廓铣削加工路线的分析

如图 4-15 所示，当铣削平面零件外轮廓时，一般采用立铣刀侧刃切削。刀具切入工件时，应避免沿零件外廓的法向切入，而应沿外廓曲线延长线的切向切入，以避免在切入处产生刀具的刻痕而影响表面质量，保证零件外廓曲线平滑过渡。同理，在切离工件时，也应避免在工件的轮廓处直接退刀，而应该沿零件轮廓延长线的切向逐渐切离工件。

铣削封闭的内轮廓表面时，若内轮廓曲线允许外延，则应沿切线方向切入切出。若内轮廓曲线不允许外延（图 4-16），刀具只能沿内轮廓曲线的法向切入切出，此时刀具的切入切出点应尽量选在内轮廓曲线两几何元素的交点处。当内部几何元素相切无交点时（图 4-17），为防止刀具在轮廓拐角处留下凹口（图 4-17（a）），刀具切入切出点应远离拐角（图 4-17（b））。

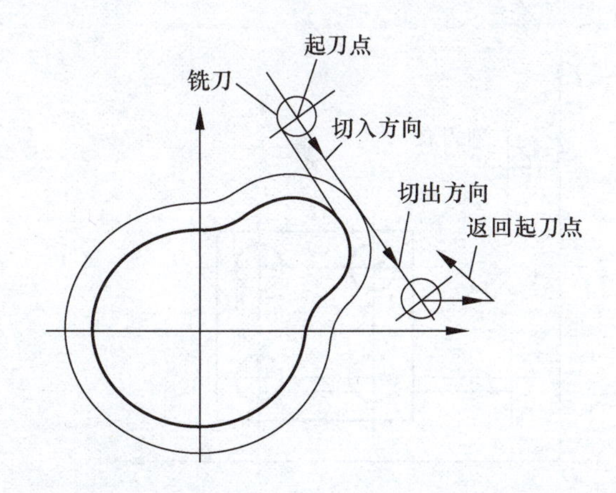

图 4-15　铣削外轮廓时刀具切入切出方式

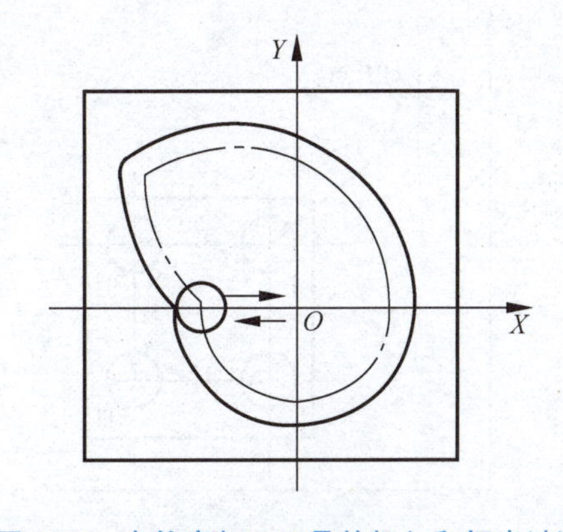

图 4-16　内轮廓加工刀具的切入和切出过渡

如图 4-18 所示，用圆弧插补方式铣削外整圆时，当整圆加工完毕，不要在切点处直接

退刀，而应让刀具沿切线方向多运动一段距离，以免取消刀补时，刀具与工件表面相碰，造成工件报废。铣削内圆弧时也要遵循从切向切入的原则，最好安排从圆弧过渡到圆弧的加工路线，如图 4-19 所示，这样可以提高内孔表面的加工精度和加工质量。

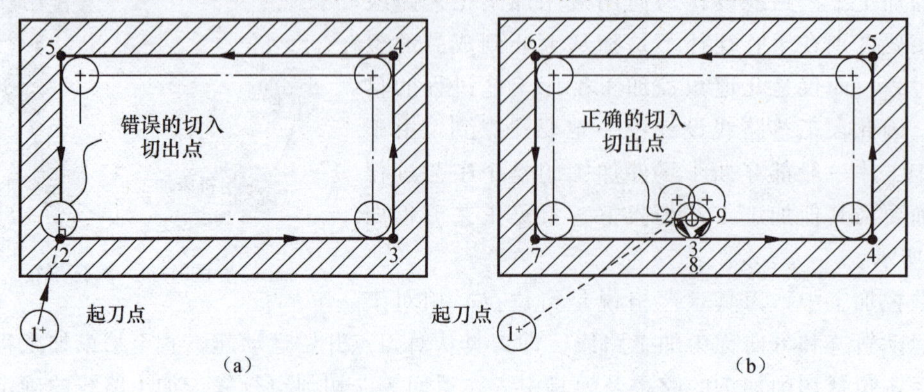

图 4-17　无交点内轮廓加工刀具的切入和切出

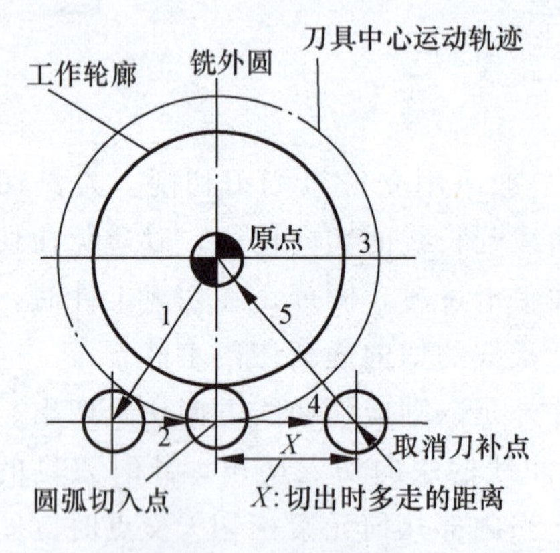

图 4-18　铣削外圆

注：走刀路线为 1-2-3-4-5

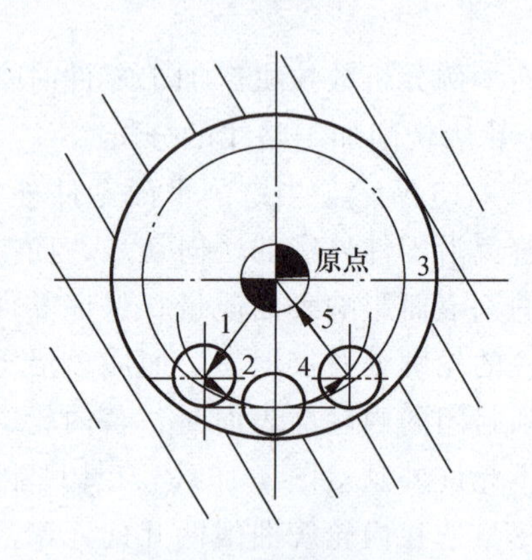

图 4-19　铣削内圆

注：走刀路线为 1-2-3-4-5

（2）平面孔系零件加工路线的分析

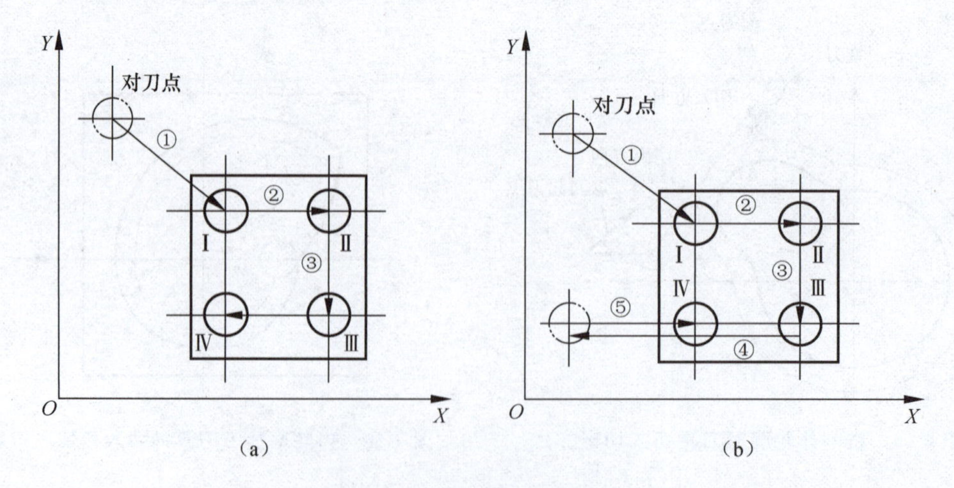

图 4-20　孔系加工路线方案比较

对于孔位置精度要求较高的零件，在精镗孔系时，走刀路线一定要注意各孔的定位方向一致，即采用单向趋近定位点的方法，以避免传动系统反向间隙误差或测量系统的误差对定位精度的影响。例如，图 4-20（a）所示的孔系加工路线，在加工孔Ⅳ时，X 方向的反向间隙将会影响Ⅳ、Ⅲ两孔的孔距精度；如果改为图 4-20（b）所示的加工路线，可使各孔的定位方向一致，从而提高了孔距精度。

(3) 铣削曲面的加工路线的分析

① 铣削曲面时，常用球头刀采用“行切法”进行加工。所谓行切法，是指刀具与零件轮廓的切点轨迹是一行一行的，而行间的距离是按零件加工精度的要求确定。对于边界敞开的曲面加工，可采用两种加工路线。如图 4-21 所示，对于发动机大叶片，当采用图 4-21（a）的加工方案时，每次沿直线加工，刀位点计算简单，程序少，加工过程符合直纹面的形成，可以准确保证母线的直线度。当采用图 4-21（b）的加工方案时，符合这类零件数据给出情况，便于加工后检验，叶形的准确度高，但程序较多。由于曲面零件的边界是敞开的，没有其他表面限制，所以曲面边界可以延伸，球头刀应由边界外开始加工。

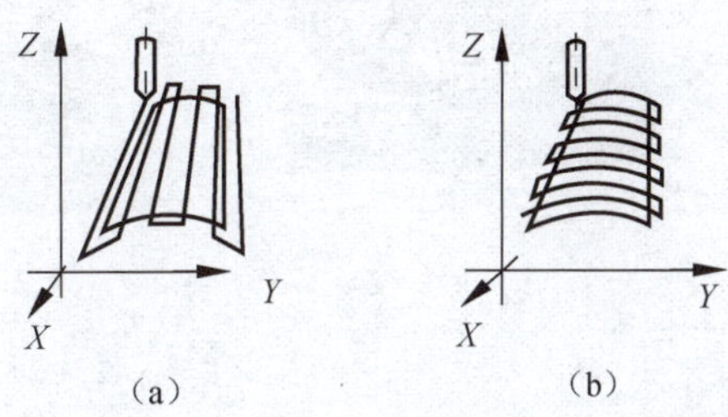

图 4-21　曲面加工的加工路线

② 考虑工件强度及表面质量：如图 4-22（b）所示，该形状的工件受力后，强度较图 4-22（a)的差，图 4-22（c）的表面质量最好。

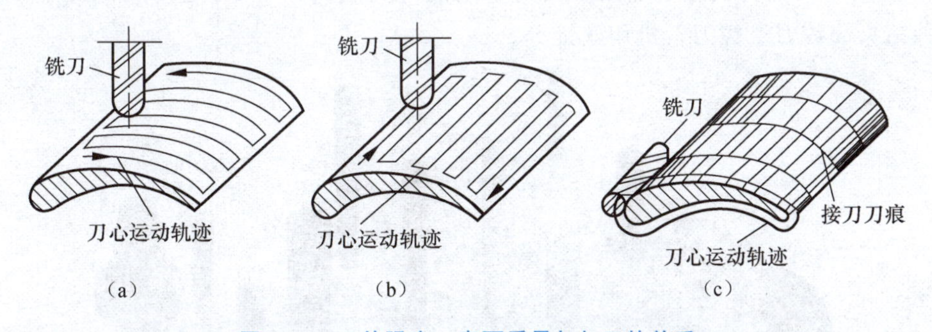

图 4-22　工件强度、表面质量与加工的关系

4. 顺铣和逆铣对加工的影响

在铣削加工中，采用顺铣还是逆铣方式是影响加工表面粗糙度的重要因素之一。逆铣时切削力 F 的水平分力 F_X 的方向与进给运动 v_f 的方向相反，顺铣时切削力 F 的水平分力 F_X 的方向与进给运动 v_f 的方向相同。铣削方式的选择应视零件图样的加工要求、工件材料的性质、特点以及机床、刀具等条件综合考虑。通常，由于数控机床传动采用滚珠丝杠结构，其进给传动间隙很小，顺铣的工艺性就优于逆铣的。

图 4-23（a）所示为采用顺铣切削方式精铣外轮廓，图 4-23（b）所示为采用逆铣切削方式精铣型腔轮廓，图 4-23（c）所示为顺、逆铣时的切削区域。

同时，为了降低表面粗糙度值，提高刀具耐用度，对于铝镁合金、钛合金和耐热合金等材料，尽量采用顺铣加工。但如果零件毛坯为黑色金属锻件或铸件，表皮硬而且余量一般较大，这时采用逆铣较为合理。

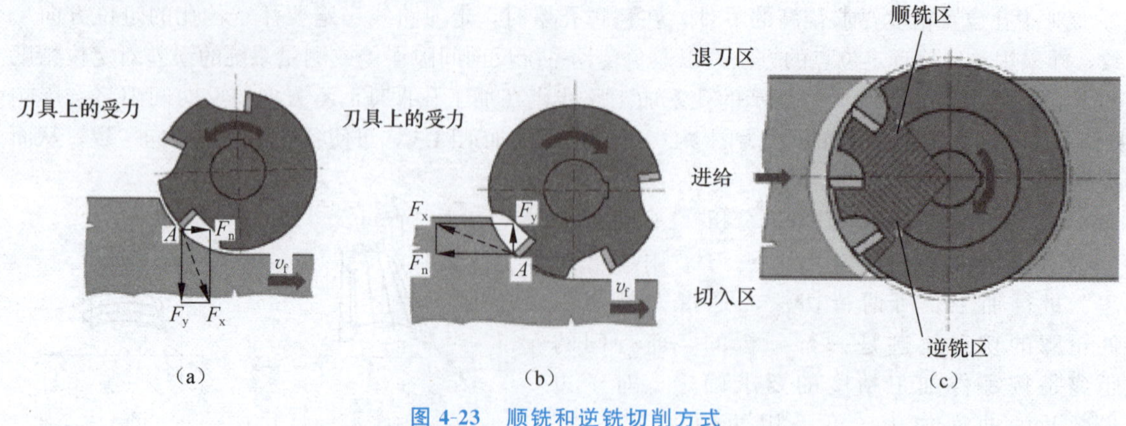

图 4-23 顺铣和逆铣切削方式

（a）顺铣；（b）逆铣；（c）切入和退刀区

4.2.3 数控铣床刀具

1. 数控铣削常用刀具的种类及特点

数控铣床与加工中心使用的刀具种类很多，主要分铣削刀具和孔加工刀具两大类，所用刀具正朝着标准化、通用化和模块化的方向发展，为满足高效和特殊的铣削要求，又发展了各种特殊用途的专用刀具。

图 4-24 所示为数控机床上加工模具时常用的刀具系列，对零件进行加工，常用的刀具还有各种钻头、铰刀、镗刀、机用丝锥等。

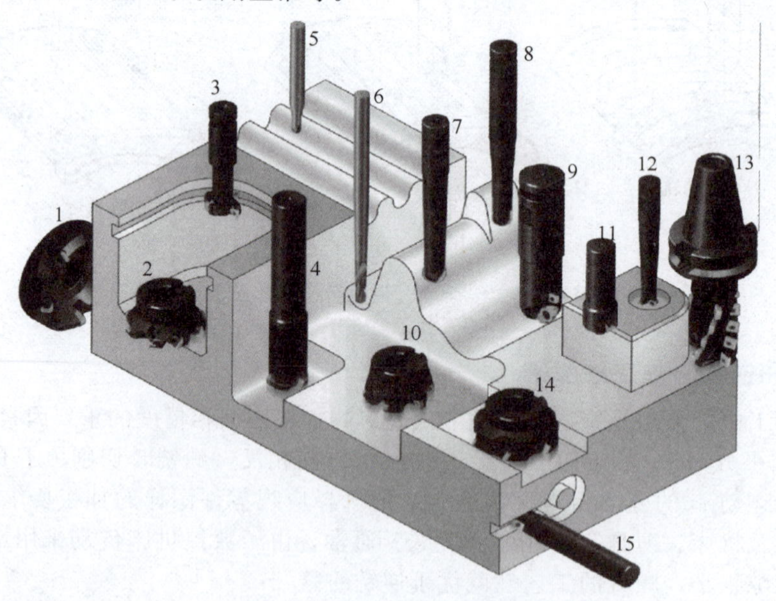

图 4-24 模具加工常用的刀具

1—平面铣刀（ϕ50～ϕ250）；2—粗加工用直角平面铣刀（ϕ80～ϕ200）；3—T 型槽铣刀（ϕ25～ϕ50）；4—加长柄圆刀片铣刀（ϕ50×200～ϕ50×300）；5—球头端铣刀（ϕ8～ϕ30）；6—超长整体硬质合金球头铣刀（ϕ4～ϕ25，L120～280）；7—机夹式球头端铣刀；8—精加工用机夹式球头铣刀；9—重切削用球头铣刀；10—制模曲/平面圆刀片铣刀（ϕ50～ϕ160）；11—机夹式倒角铣刀（ϕ12～ϕ28）；12—制模圆刀片端铣刀（ϕ12～ϕ40）；13—玉米铣刀（ϕ32～ϕ80）；14—直角平面铣刀（ϕ50～ϕ250）；15—迷你型玉米铣刀

数控加工刀具必须适应数控机床高速、高效和自动化程度高的特点，一般应包括通用刀具、通用连接刀柄及少量专用刀柄。刀柄要连接刀具并装在机床动力头上，因此已逐渐标准化和系列化。数控刀具的分类有多种方法。

根据刀具结构可分为：

① 整体式。

② 镶嵌式，采用焊接或机夹式连接，机夹式又可分为不转位和可转位两种。

③ 特殊形式，如复合式刀具、减震式刀具等。

根据制造刀具所用的材料可分为：

① 高速钢刀具。

② 硬质合金刀具。

③ 金刚石刀具。

④ 其他材料刀具，如立方氮化硼刀具、陶瓷刀具等。

为了适应数控机床对刀具耐用、稳定、易调、可换等要求，近几年机夹式可转位刀具得到广泛的应用，在数量上达到整个数控刀具的 30%～40%，金属切除量占总数的 80%～90%。

根据切削方式可分为：

(1) 孔加工刀具

① 中心钻：用于孔加工定位。

② 麻花钻：主要用于钻削孔。

③ 阶梯钻：是一种高效的复合刀具，用于钻削阶梯孔。

④ 铰刀：主要用于孔的精加工。

⑤ 镗刀：主要用于扩孔和孔的精加工。

(2) 铣削加工刀具

① 平面铣刀：这种铣刀主要有圆柱铣刀和端面铣刀两种形式。

② 沟槽铣刀：最常用的沟槽铣刀有立铣刀、三面刃盘铣刀、键槽铣刀和角度铣刀。

③ 模具铣刀：模具铣刀切削部分有球形、凸形、凹形和 T 形等各种形状。

④ 组合成型铣刀：将多把铣刀组合使用，同时加工一个或多个零件，不但可以提高生产率，还可以保证零件的加工质量。

2. 数控铣刀与工具系统

(1) 铣刀结构

铣刀的结构分为三部分：切削部分、导入部分和柄部，如图 4-25所示。铣刀的柄部为 7∶24 圆锥柄，这种圆锥柄不会自锁，换刀方便，具有较高的定位精度和较大的刚性。

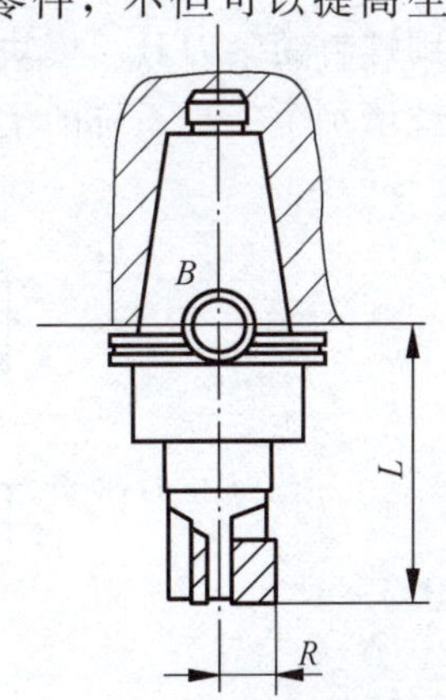

图 4-25　铣刀的结构

(2) 工具系统

工具系统是指连接数控机床与刀具的系列装夹工具，由刀柄、连杆、连接套和夹头等组成。数控机床工具系统能实现刀具的快速、自动装夹。随着数控工具系统的应用与日俱增，我国已经建立了标准化、系列化、模块式的数控工具系统。数控机床的工具系统分为整体式和模块式两种形式。

① 整体式工具系统 TSG。按连接杆的形式分为锥柄和直柄两种类型。锥柄连接杆的代码为 JT，如图 4-26 所示；直柄连接杆的代码为 JZ，如图 4-27 所示。该系统结构简单，使用方便，装夹灵活，更换迅速。由于工具的品种、规格繁多，给生产、使用和管理带来不便。

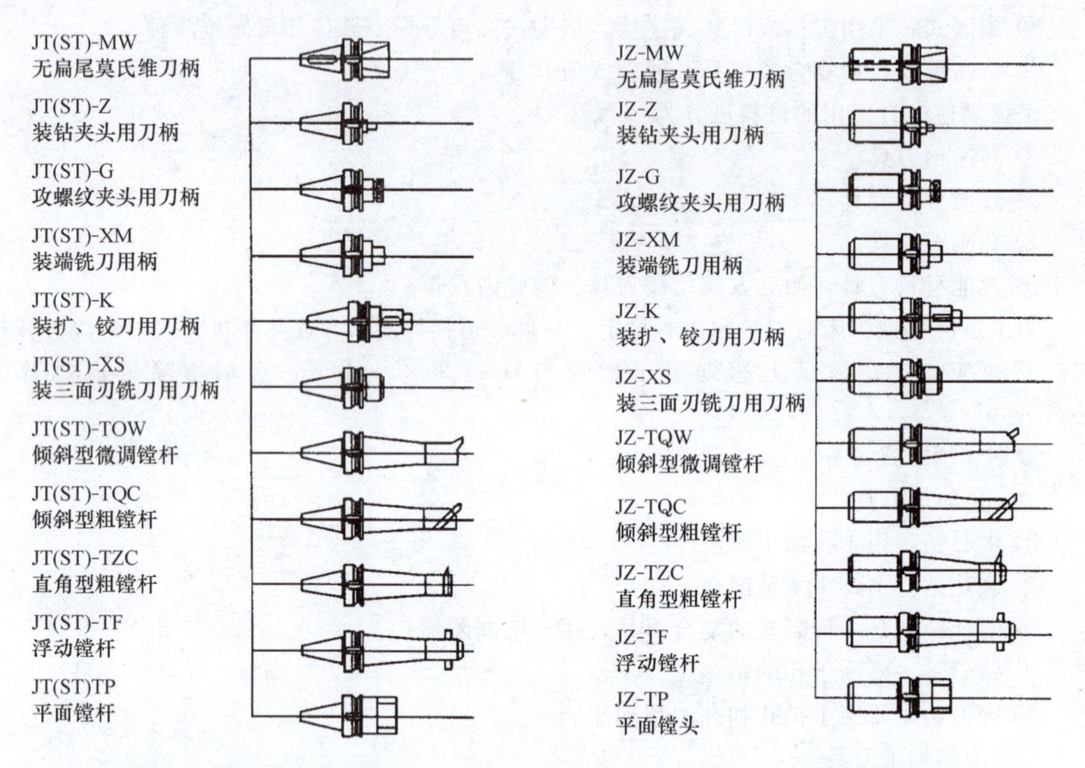

图 4-26　锥柄式工具系统　　图 4-27　直柄式工具系统

② 模块式工具系统 TMG。模块式工具系统 TMG 有下列三种结构形式：圆柱连接系列 TMG21，如图 4-28（a）所示，轴心用螺钉拉紧刀具；短圆锥定位系列 TMG 10，如图 4-28（b)所示，轴心用螺钉拉紧刀具；长圆锥定位系列 TMG14，如图 4-28（c）所示，用螺钉锁紧刀具。模块式工具系统以配置最少的工具来满足不同零件的加工需要，因此该系统增加了工具系统的柔性，是工具系统发展的高级阶段。

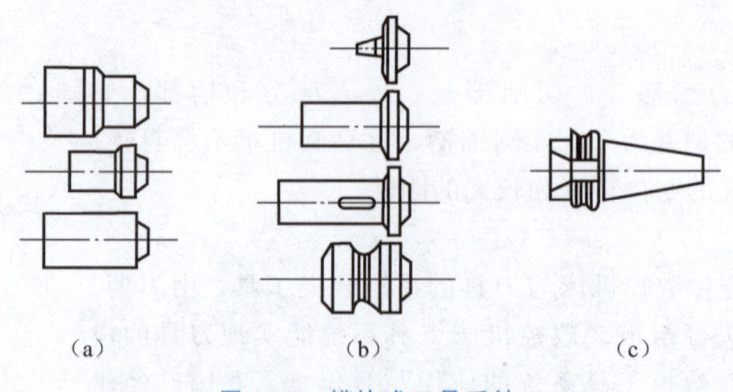

图 4-28　模块式工具系统

3. 数控铣床刀具的选择

刀具选择时应根据机床的加工能力、工件材料的性能、加工工序、切削用量以及其他相关因素正确选用刀具及刀柄。刀具选择总的原则是：安装调整方便、刚性好、耐用度和精度高。在满足加工要求的前提下，尽量选择较短的刀柄，以提高刀具加工的刚性。合理选用切削刀具也是数控加工工艺中的重要内容之一。

（1）孔加工刀具的选用

① 数控机床孔加工一般无钻模，由于钻头的刚性和切削条件差，选用钻头直径 D 应满足 $L/D \leqslant 5$（L 为钻孔深度）的条件。

② 钻孔前先用中心钻定位，保证孔加工的定位精度。

③ 精铰孔可选用浮动绞刀，铰孔前孔口要倒角。

④ 镗孔时应尽量选用对称的多刃刀头进行切削，以平衡径向力，减小切削振动。

⑤ 尽量选择较粗和较短的刀杆，以减小切削振动。

（2）铣削加工刀具选用

① 镶装不重磨可转位硬质合金刀片的铣刀主要用于铣削平面，粗铣时铣刀直径选小一些，精铣时铣刀直径选大一些，当加工余量大且余量不均匀时，刀具直径选小一些，否则会造成因接刀刀痕过深而影响工件的加工质量。

② 对立体曲面或变斜角轮廓外形工件加工时，常采用球头铣刀、环形铣刀、鼓形铣刀、锥形铣刀、盘形铣刀。

③ 高速钢立铣刀多用于加工凸台和凹槽。如果加工余量较小，表面粗糙度要求较高时，可选用镶立方氮化硼刀片或镶陶瓷刀片的端面铣刀。

④ 毛坯表面或孔的粗加工，可选用镶硬质合金的玉米铣刀进行强力切削。

⑤ 加工精度要求较高的凹槽，可选用直径比槽宽小的立铣刀，先铣槽的中间部分，然后利用刀具半径补偿功能铣削槽的两边。

⑥ 考虑机床的插补功能：加工飞机大梁直纹扭曲面时，若加工机床为三轴联动，只能用效率较低的球头铣刀；若机床为四轴联动，则可以选用效率较高的圆柱铣刀铣削（图4-29）。

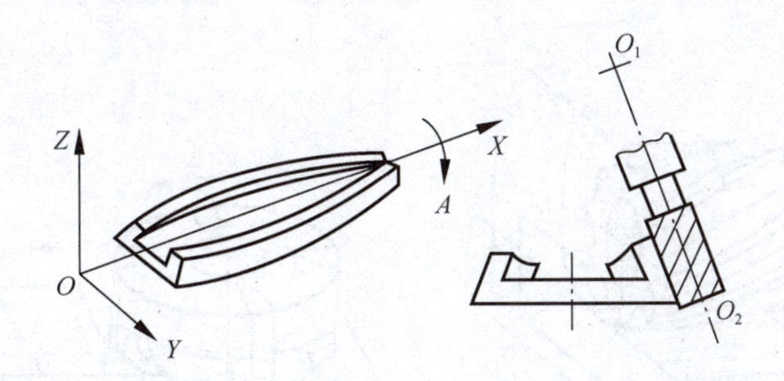

图 4-29　圆柱铣刀四轴联动铣削

在进行自由曲面（模具）加工时，由于球头刀具的端部切削速度为零，因此，为保证加工精度，切削行距一般采用顶端密距，故球头刀具常用于曲面的精加工。而平头刀具在表面加工质量和切削效率方面都优于球头刀，因此，只要在保证不过切的前提下，无论是曲面的粗加工还是精加工，都应优先选择平头刀。另外，刀具的耐用度和精度与刀具价格关系极大，必须引起注意的是，在大多数情况下，选择好的刀具虽然增加了刀具成本，但由此带来的加工质量和加工效率的提高，则可以使整个加工成本大大降低。

在经济型数控机床的加工过程中，由于刀具的刃磨、测量和更换多为人工手动进行，占用辅助时间较长，因此，必须合理安排刀具的排列顺序。一般应遵循以下原则：

① 尽量减少刀具数量；

② 一把刀具装夹后，应完成其所能进行的所有加工步骤；

③ 粗精加工的刀具应分开使用，即使是相同尺寸规格的刀具；

④ 先铣后钻；

⑤ 先进行曲面精加工，后进行二维轮廓精加工；

⑥ 在可能的情况下，应尽可能利用数控机床的自动换刀功能，以提高生产效率等。

4.2.4　加工过程中切削用量的确定

1. 数控铣床切削要素

对于高效率的金属切削机床加工来说，被加工材料、切削刀具、切削用量是三大要素。这些条件决定着加工时间、刀具寿命和加工质量。

在确定每道工序的切削用量时，应根据刀具的耐用度和机床说明书中的规定来选择。也可以结合实际经验用类比法确定切削用量。在选择切削用量时要充分保证刀具能加工完一个零件，或保证刀具耐用度不低于一个工作班，最少不低于半个工作班的工作时间。

总的原则是：粗加工时，一般以提高生产率为主，但也应考虑经济性和加工成本；半精加工和精加工时，应在保证加工质量的前提下，兼顾切削效率、经济性和加工成本。具体数值应根据机床说明书、切削用量手册，并结合经验而定。

2. 合理选择切削用量

如图 4-30 所示，数控铣床的切削用量包括切削速度、进给速度、背吃刀量和侧吃刀量。编程人员在确定切削用量时，要根据被加工工件材料、硬度、切削状态、背吃刀量、进给量、刀具耐用度，最后选择合适的切削速度。

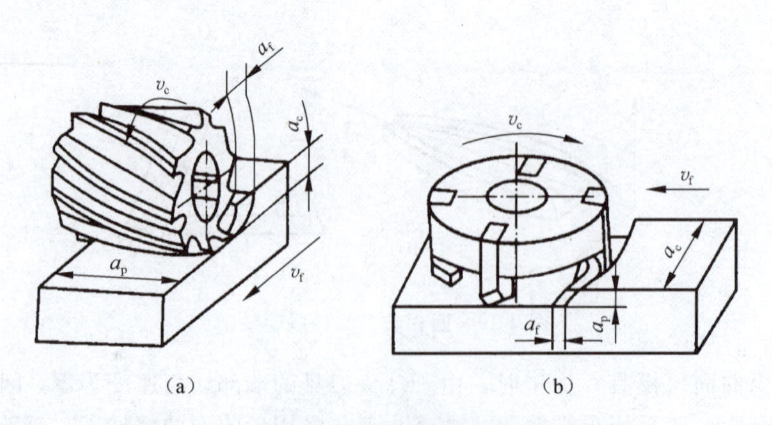

图 4-30　铣削切削用量

(a) 圆周铣；(b) 端铣

(1) 背吃刀量（端铣）或侧吃刀量（圆周铣）

背吃刀量（a_p）为平行于铣刀轴线测量的切削层尺寸。端铣时，背吃刀量为切削层的深度；而圆周铣削时，背吃刀量为被加工表面的宽度。

侧吃刀量（a_e）为垂直于铣刀轴线测量的切削层尺寸。端铣时，侧吃刀量为被加工表面的宽度；而圆周铣削时，侧吃刀量为切削层的深度。

背吃刀量或侧吃刀量的选取，主要由加工余量和对表面质量的要求决定。

在工件表面粗糙度 Ra 要求为 25～12.5 μm 时，如果圆周铣削的加工余量小于 5 mm，端铣的加工余量小于 6 mm，粗铣时一次进给就可以达到要求。但在余量较大，工艺系统刚性较差或机床动力不足时，可分两次进给完成。

在工件表面粗糙度 Ra 要求为 12.5～3.2 μm 时，可分粗铣和半精铣两步进行。粗铣时背吃刀量或侧吃刀量选取同前。粗铣后留 0.5～1.0 mm 余量，在半精铣时切除。

在工件表面粗糙度 Ra 要求为 3.2～0.8 μm 时，可分粗铣、半精铣、精铣三步进行。半精铣时背吃刀量或侧吃刀量取 1.5～2 mm；精铣时，圆周铣侧吃刀量取 0.3～0.5 mm，端铣背吃刀量取 0.5～1 mm。

背吃刀量主要受机床刚度的限制，在机床刚度允许的情况下，尽可能使背吃刀量等于工序的加工余量，这样可以减少走刀次数，提高加工效率。对于表面粗糙度和精度要求较高的零件，要留有足够的精加工余量，数控加工的精加工余量可比通用机床加工的余量小一些。

(2) 进给速度

进给速度（v_f）是单位时间内工件与铣刀沿进给方向的相对位移，它与铣刀转速（n）、铣刀齿数（Z）及每齿进给量（f_Z）的关系为

$$v_f = f_Z Z n$$

每齿进给量（f_Z）的选取主要取决于工件材料的力学性能、刀具材料、工件表面粗糙度等因素。工件材料的强度和硬度越高，每齿进给量越小；反之则越大。硬质合金铣刀的每齿进给量高于同类高速钢铣刀。工件表面粗糙度 Ra 值越小，每齿进给量就越小。每齿进给量的确定可参考表 4-1 选取。工件刚性差或刀具强度低时，应取小值。

表 4-1　铣刀每齿进给量参考表

工件材料	每齿进给量 f_Z（mm）			
	粗铣		精铣	
	高速钢铣刀	硬质合金铣刀	高速钢铣刀	硬质合金铣刀
钢	0.10～0.15	0.10～0.25	0.02～0.05	0.10～0.15
铸铁	0.12～0.20	0.15～0.30		

(3) 切削速度

铣削的切削速度计算公式为

$$v_c = \frac{C_v d^q}{T^m f_Z^{y_v} a_p^{x_v} a_e^{\rho_v} Z^{x_v} 60^{1-m}} K_v$$

式中的系数 C_v 和指数 m、y_v、x_v、ρ_v 及不同情况下的修正系数（K_v 是各个修正系数之积）

可参考相关的切削用量资料手册选用。

由计算公式可知，铣削的切削速度与刀具耐用度 T、每齿进给量 f_Z、背吃刀量 a_p、侧吃刀量 a_e 以及铣刀齿数 Z 成反比，而与铣刀直径 d 成正比。其原因是 f_Z、a_p、a_e 和 Z 增大时，刀刃负荷增加，工作齿数也增多，使切削热增加，刀具磨损加快，从而限制了切削速度的提高。同时，刀具耐用度的提高使允许使用的切削速度降低。但是加大铣刀直径 d 则可改善散热条件，因而可提高切削速度。

提高 v 也是提高生产率的一个措施，但 v 与刀具耐用度的关系比较密切。随着 v 的增大，刀具耐用度急剧下降，故 v 的选择主要取决于刀具耐用度。另外，切削速度与加工材料也有很大关系，例如用立铣刀铣削合金钢 30CrNi2MoVA 时，v 可采用 8 m/min 左右；而用同样的立铣刀铣削铝合金时，v 可选 200 m/min 以上。

此外，铣削的切削速度也可参考表 4-2 选取。

表 4-2　铣削时的切削速度参考表

工件材料	硬度/HBS	切削速度 v_c/(m·min^{-1})	
		高速钢铣刀	硬质合金铣刀
钢	＜225	18～42	66～150
	225～325	12～36	54～120
	325～425	6～21	36～75
铸铁	＜190	21～36	66～150
	190～260	9～18	45～90
	160～320	4.5～10	21～30

表 4-3 中列出了高速钢钻头加工钢件的切削用量，选择时供参考。

表 4-3　高速钢钻头加工钢件的切削用量

材料强度 / 钻头直径/mm	σ_b＝520～700 MPa (35、45 钢)		σ_b＝700～900 MPa (15Cr、20Cr)		σ_b＝1 000～1 100 MPa (合金钢)	
	v_c/(m·min^{-1})	f/(mm·r^{-1})	v_c/(m·min^{-1})	f/(mm·r^{-1})	v_c/(m·min^{-1})	f/(mm·r^{-1})
1～6	8～25	0.05～0.1	12～30	0.05～0.1	8～15	0.03～0.08
6～12	8～25	0.1～0.2	12～30	0.1～0.2	8～15	0.08～0.15
12～22	8～25	0.2～0.3	12～30	0.2～0.3	8～15	0.15～0.25
22～50	8～25	0.3～0.45	12～30	0.3～0.45	8～15	0.25～0.35

4.2.5　装夹方案的确定

在决定零件的装夹方式时，应力求使设计基准、工艺基准和编程计算基准统一，同时还应力求装夹次数最少。在选择夹具时，一般应注意以下几点：

① 尽量采用通用夹具、组合夹具，必要时才设计专用夹具。在生产类型为批量较小或单件试制时，若零件复杂，应采用组合夹具。如图 4-31 所示，它是由可重复使用的标准零件组成。若零件结构简单时，可采用通用夹具，如虎钳、压板等，如图 4-32 和图 4-33 所示。在生产类型为中批量或批量生产时，一般用专用夹具，其定位效率较高，且稳定可靠。

在生产批量较大时，可考虑采用多工位夹具、机动夹具，如液压、气压夹具。

② 工件的定位基准应与设计基准保持一致，注意防止过定位干涉现象，且便于工件的安装，决不允许出现欠定位的情况。

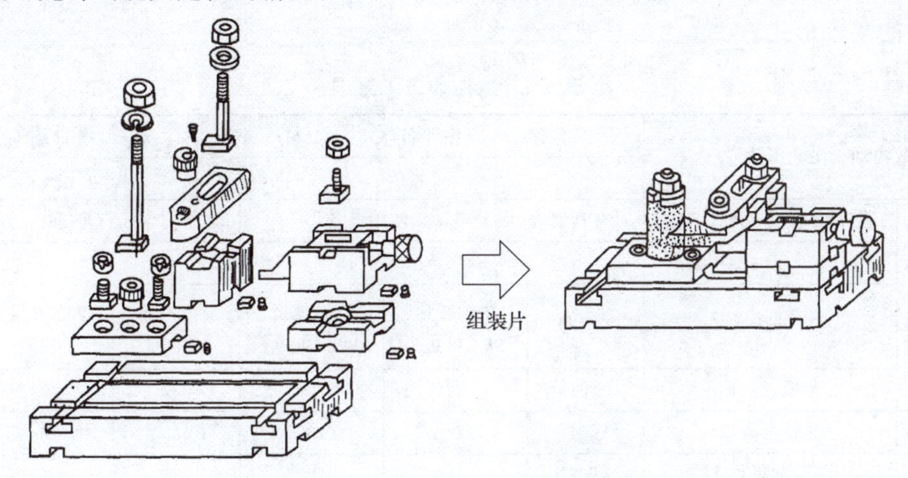

图 4-31　组合夹具的组装示意图

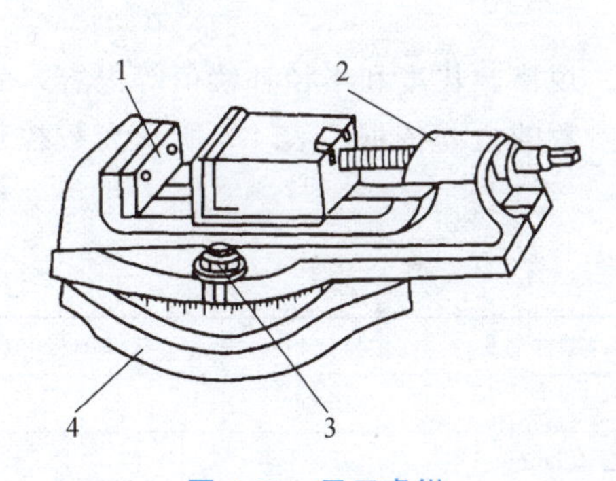

图 4-32　平口虎钳

1—钳口；2—上钳座；3—螺母；4—下钳座

图 4-33　用螺钉压板装夹零件

③ 由于在数控机床上通常一次装夹完成工件的多道工序，因此应防止工件夹紧引起的变形造成对工件加工的不良影响。

④ 夹具在夹紧工件时，要使工件上的加工部位开放，夹紧机构上的各部件不得妨碍走刀。

⑤ 尽量使夹具的定位、夹紧装置部位无切屑积留，清理方便。

4.2.6　数控铣削加工工艺文件

数控加工工艺文件既是数控加工和产品验收的依据，也是操作者必须遵守和执行的规程。不同的数控机床和加工要求，工艺文件的内容和格式有所不同，目前尚无统一的国家标准。下面介绍数控铣削加工常用的工艺文件。

1. 数控加工工序卡

数控加工工序卡与普通机械加工工序卡有较大的区别。数控加工一般采用工序集中，每一加工工序可划分为多个工步，工序卡不仅包含每一工步的加工内容，还应包含其程序号、所用刀具类型、刀具号和切削用量等内容。它不仅是编程人员编制程序时必须遵循的基本工艺文件，同时也是指导操作人员进行数控机床操作和加工的主要资料。表 4-4 所示为数控加工工序卡的基本形式。

表 4-4　数控加工工序卡

数控加工工艺卡片		产品名称	零件名称	材　料	零件图号		
			支承套	45 钢			
工序号	程序编号	夹具名称	夹具编号	使用设备		车 间	
30	01001	专用夹具		XK713			
工步号	工步内容	刀具号	主轴转速 /(r·min⁻¹)	进给速度 /(mm·min⁻¹)	背吃刀量 /mm	侧吃刀量 /mm	备注
1	粗铣上表面	T01	300	150	0.7	80	
2	精铣上表面	T01	500	100	0.3	80	
3	外轮廓粗加工	T02	400	120	8		
4	外轮廓精加工	T03	2000	250		0.3	

2. 数控加工刀具卡

数控加工刀具卡主要反映使用刀具的名称、编号、规格、长度和半径补偿值等内容，它是调刀人员准备和调整刀具、机床操作人员输入刀补参数的主要依据。表 4-5 所示为数控加工刀具卡的基本形式。

表 4-5　数控加工刀具卡

数控加工刀具卡片		工序号	程序编号	产品名称	零件名称	材　料	零件图号		
		30	01001			45 钢			
序号	刀具号	刀具名称	刀具规格/mm		补偿值/mm		刀补号		备注
			直径	长度	半径	长度	半径	长度	
1	T01	端铣刀（6 齿）	ϕ100	实测					硬质合金
2	T02	立铣刀（3 齿）	ϕ16	实测	8.3		D01		高速钢
3	T03	立铣刀（4 齿）	ϕ16	实测	8		D02		硬质合金

3. 数控加工走刀路线图

数控加工走刀路线图主要反映刀具进给路线，该图应准确描述刀具从起刀点开始，直到加工结束后返回终点的轨迹，如图 4-34 所示。它不仅是程序编制的依据，同时也便于机床操作者了解刀具运动路线（如下刀位置、抬刀位置等），计划好夹紧位置及控制夹紧元件的高度，以避免碰撞事故的发生。

4. 数控加工程序单

数控加工程序单是由编程人员根据前面的工艺分析情况，经过数值计算，按照数控机床的程序格式和指令代码编制的，即工艺过程代码化。编程前一定要注意所使用机床的数控系统，要按照机床说明书规定的代码来编写程序。

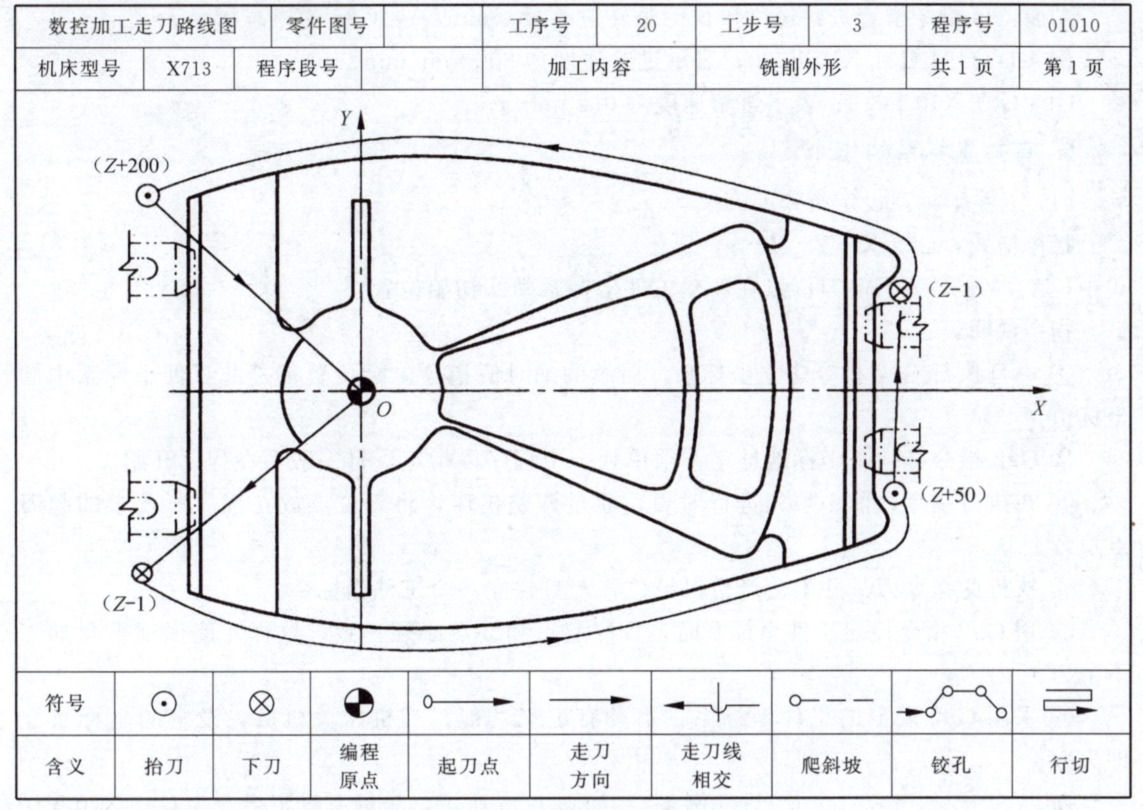

图 4-34 数控加工走刀路线图

4.3 数控铣床常用编程指令

4.3.1 基本编程指令

1. 有关单位的设定

(1) 尺寸单位指令（G21、G20）

功能：G21 为米制尺寸单位设定指令，G20 为英制尺寸单位设定指令。

说明：

① G20、G21 必须在设定坐标系之前，并在程序的开头以单独程序段指定。

② 在程序段执行期间，均不能切换米、英制尺寸输入指令。

③ G20、G21 均为模态有效指令。

(2) 进给速度单位设定指令（G94、G95）

① 每分钟进给模式 G94。

指令格式：G94 F_；

功能：该指令指定进给速度单位为每分钟进给量（mm/min），G94 为模态指令。

② 每转进给模式 G95。

指令格式：G95 F_；

功能：该指令指定进给速度单位为每转进给量（mm/r），G95 为模态指令。

例 4-1　G94 G01 X10 F200；表示进给速度为 200 mm/min。

G95 G01 X10 F0.2；表示进给速度为 0.2 mm/r。

2. 有关坐标系的指令

（1）工件坐标系设定指令 G92

指令格式：G92 X _ Y _ Z _ ;

式中，X、Y、Z 为当前刀位点在新建工件坐标系中的初始位置。

指令说明：

① 一旦执行 G92 指令建立坐标系，后续的绝对值指令坐标位置都是此工件坐标系中的坐标值。

② G92 指令必须跟坐标地址字，须单独一个程序段指定，且一般写在程序开始。

③ 在执行指令之前必须先进行对刀，通过调整机床，将刀位点放在程序所要求的起刀点位置上。

④ 执行此指令刀具并不会产生机械位移，只建立一个工件坐标系。

⑤ 用 G92 指令设定工件坐标系时，程序起点和终点必须一致，这样才能保证重复加工不乱刀。

⑥ 采用 G92 设定的工件坐标系，不具有记忆功能，当机床关机后，设定的坐标系立即失效。

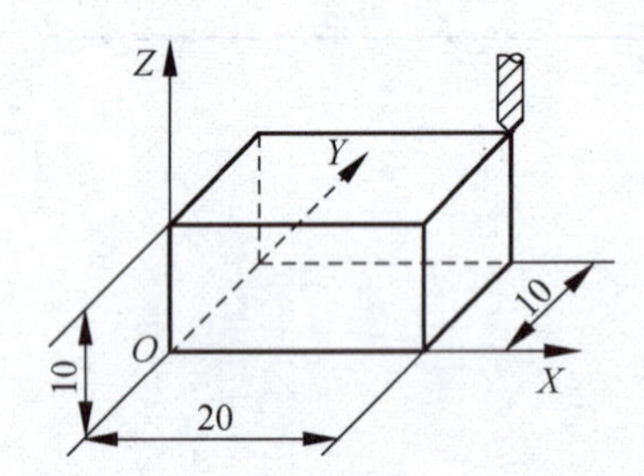

图 4-35　G92 设置加工坐标系

例 4-2　如图 4-35 所示，坐标系设定指令为 G92 X20 Y10 Z10；其确立的加工原点在距离刀具起始点 $X=-20$，$Y=-10$，$Z=-10$ 的位置上。使用时必须预先将刀具放置在工件坐标系下（$X20$，$Y10$，$Z10$）的位置，才能建立正确的坐标系。即执行 G92 时，机床不产生任何运动，只需记忆距离刀具当前位置 $X=-20$，$Y=-10$，$Z=-10$ 的那个点作为工件坐标系原点。在后面程序中如果使用 G90 模式，坐标都是相对于 G92 指令记忆的那个工件坐标系原点而言的。

（2）工件坐标系选择指令（G54～G59）

指令格式：G54～G59 G90 G00（G01）X_Y_Z_(F_)；

式中，G54～G59 为工件坐标系选择指令，可任选一个。

指令说明：

① G54～G59 是系统预置的六个坐标系，可根据需要选用。

② G54～G59 建立的工件坐标原点是相对于机床原点而言的，在程序运行前已设定好，在程序运行中是无法重置的。

③ G54～G59 预置建立的工件坐标原点在机床坐标系中的坐标值可用 MDI 方式输入，系统自动记忆。

④ 使用该组指令前，必须先回参考点。

⑥ G54～G59 为模态指令，可相互注销。

例 4-3　如图 4-36 所示，工件坐标系原点在机床坐标系中的坐标为（－400，－200，

－300)。通过 CRT/MDI 面板，将此数据输入到选定的工件坐标系中（G54～G59 中任一个)，即可建立工件坐标系。图 4-37 所示为利用 G54 建立工件坐标系。

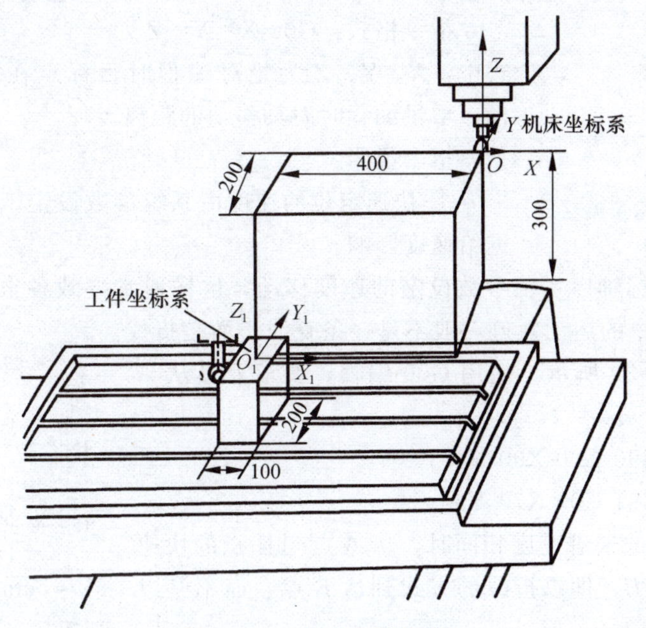

图 4-36　工件坐标系的建立

```
WORK COONDATES          O          N
 (G54)
 番号  数据             番号  数据
 00      X     0.000    02     X    0.000
 (EXT)   Y     0.000    (G55)  Y    0.000
         Z     0.000           Z    0.000


 01      X -400.000     03     X    0.000
 (G54)   Y -200.000     (G56)  Y    0.000
         Z -300.000            Z    0.000

 > ^
   REF **** *** ***
[ 补正 ][SETTING][坐标系][      ][ (操作) ]
```

图 4-37　G54 建立工件坐标系

(3) 绝对值编程 G90 与增量值编程 G91

说明：

G90 绝对值编程。每个编程坐标轴上的编程值是相对于程序原点的。

G91 相对值编程。每个编程坐标轴上的编程值是相对于前一位置而言的，该值等于沿轴移动的距离。

G90 G91 为模态功能，可相互注销。G90 为缺省值。

G90 G91 可用于同一程序段中，但要注意其顺序所造成的差异。

例 4-4　如图 4-38 所示，分别使用 G90、G91 编程，控制刀具由 1 点移动到 2 点。

绝对值编程：G90 G01 X40 Y45 F100；

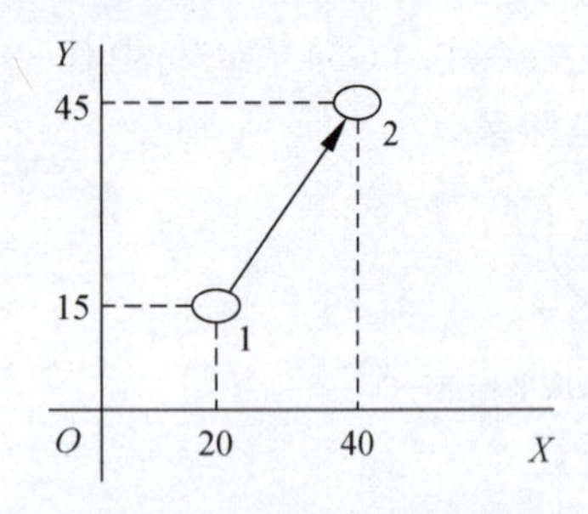

图 4-38　绝对编程与增量编程

增量值编程：G91 G01 X20 Y30 F100；

3. 快速点定位指令 G00

指令格式：G00 X _ Y _ Z _；

式中，X、Y、Z 为绝对编程时目标点在工件坐标系中的坐标；增量编程时刀具移动的距离。

指令说明：

① 快速定位的速度由系统参数设定，不受 F 指令指定的进给速度影响。

② 定位时各坐标轴以系统参数设定的速度移动，这样通常导致各坐标轴不能同时到达目标点，即 G00 指令的运动轨迹一般不是一条直线，而是折线。

例 4-5　如图 4-39 所示，使用 G00 编程，要求刀具从 A 点快速定位到 B 点。

绝对值编程：G90 G00 X90 Y45；

增量值编程：G91 G00 X70 Y30；

当 X 轴与 Y 轴的快进速度相同时，从 A 点到 B 点的快速定位路线为 A→C→B，即以折线的方式到达 B 点，而不是以直线方式从 A→B。

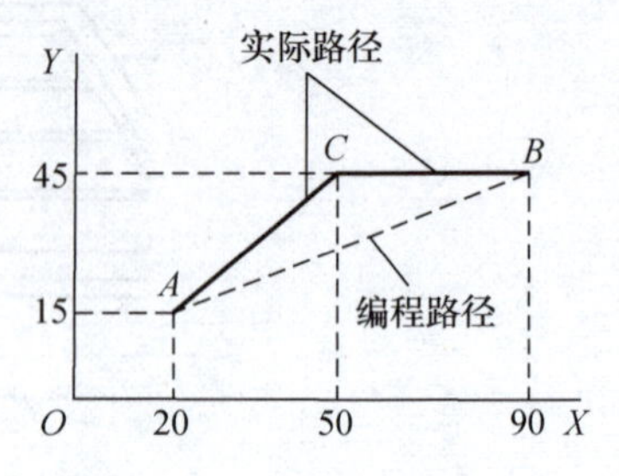

图 4-39　快速定位 G00 轨迹

4. 直线插补指令 G01

指令格式：G01 X_Y_Z_F_；

式中，X、Y、Z 为绝对编程时目标点在工件坐标系中的坐标；增量编程时刀具移动的距离。F 为合成进给速度。

指令说明：

① 该指令严格控制起点与终点之间的轨迹为一条直线，各坐标轴运动为联动，轨迹的控制通过数控系统的插补运算完成，因此称为直线插补指令。

② 该指令用于直线切削，进给速度由 F 指令指明，若本指令段内无 F 指令，则继续运行之前的 F 值。

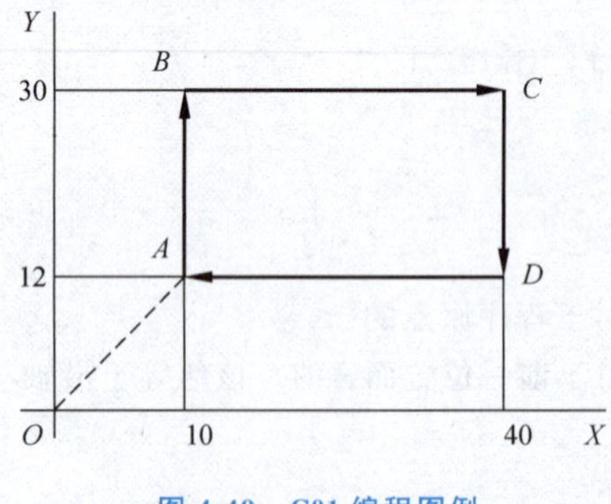

图 4-40　G01 编程图例

③ G01 和 F 均为模态代码。

直线插补指令 G01，一般作为直线轮廓的切削加工运动指令，有时也用做很短距离的空行程运动指令，以防止 G00 指令在短距离高速运动时可能出现的惯性过冲现象。

例 4-6　如图 4-40 所示路径，要求用 G01，坐标系原点 O 是程序起始点，要求刀具由 O 点快速移动到 A 点，然后沿 AB、BC、CD、DA 实现直线切削，再由 A 点快速返回程序起始点 O，其程序如下。

按绝对值编程方式：

O4001；　　程序名

N10 G92 X0 Y0；　　坐标系设定

```
N20 G90 G00 X10 Y12 M03 S600;       快速移至 A 点，主轴正转，转速 600 r/min。
N30 G01 Y30 F100;                   直线进给 A→B，进给速度 100 mm/min
N40 X40;                            直线进给 B→C，进给速度不变
N50 Y12;                            直线进给 C→D，进给速度不变
N60 X10;                            直线进给 D→A，进给速度不变
N70 G00 X0 Y0;                      返回原点 O
N80 M05;                            主轴停止
N90 M30;                            程序结束
```

5. 坐标平面选择指令 G17、G18、G19

当机床坐标系及工件坐标系确定后，对应地就确定了三个坐标平面，即 *XY* 平面、*ZX* 平面、*YZ* 平面，如图 4-41 所示。可分别用 G 代码 G17（*XY* 平面）、G18（*ZX* 平面）、G19（*YZ* 平面）表示这三个平面。

注意：G17、G18、G19 所指定的平面，均是从 *Z*、*Y*、*X* 各轴的正方向向负方向观察进行确定。G17、G18、G19 为模态功能，可相互注销，一般 G17 为缺省值。

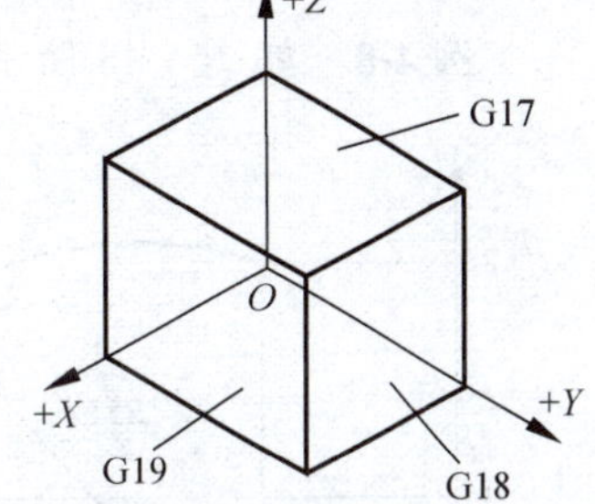

图 4-41　平面选择指令

6. 圆弧插补指令 G02、G03

指令格式：

$$\begin{Bmatrix}G17\\G18\\G19\end{Bmatrix}\begin{Bmatrix}G02\\G03\end{Bmatrix}X\_Y\_Z\_\begin{Bmatrix}I\_J\_K\_\\R\_\end{Bmatrix}F\_;$$

式中，G17～G19 为坐标平面选择指令；G02 为顺时针圆弧插补，如图 4-42 所示；G03 为逆时针圆弧插补，如图 4-42 所示；*X*、*Y*、*Z* 为圆弧终点，在 G90 时为圆弧终点在工件坐标系中的坐标，在 G91 时为圆弧终点相对于圆弧起点的位移量；*I*、*J*、*K* 为圆心相对于圆弧起点的偏移值（等于圆心的坐标减去圆弧起点的坐标，如图 4-43 所示），在 G90/G91 时都是以增量方式指定；*R* 为圆弧半径，当圆弧圆心角小于 180°时 *R* 为正值，否则 *R* 为负值，当 *R* 等于 180 时，*R* 可取正也可取负；*F* 为被编程的两个轴的合成进给速度。

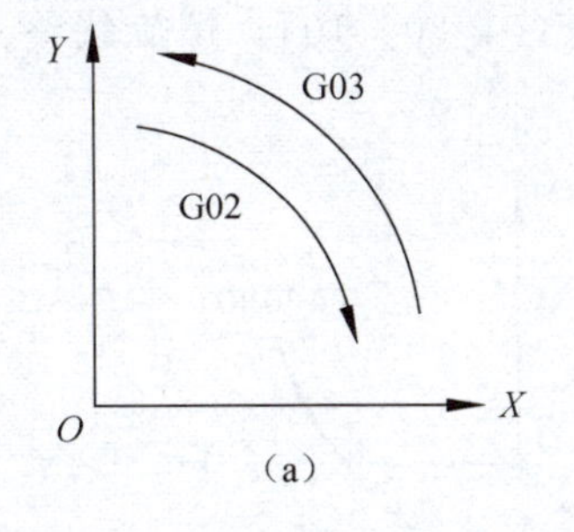

(a)

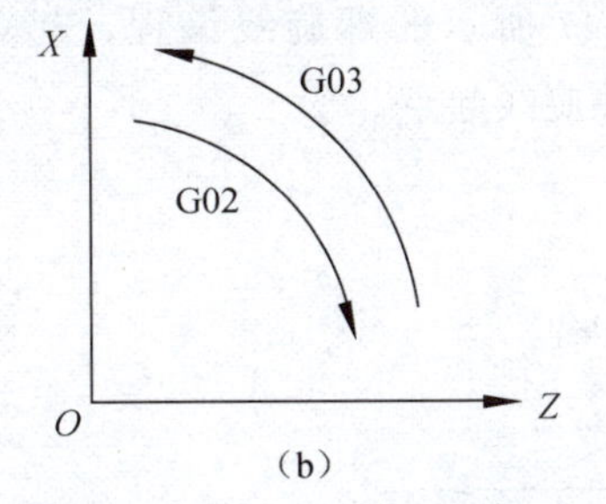

(b)

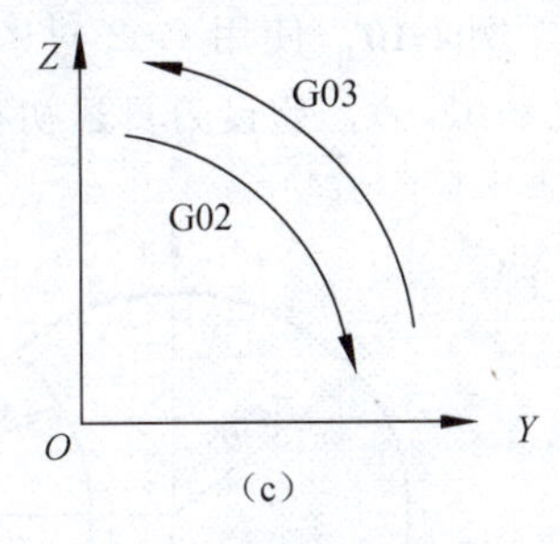

(c)

图 4-42　G02、G03 的判断

(a) G17；(b) G18；(c) G19

例 4-7　如图 4-44 所示，使用圆弧插补指令编写 *A* 点到 *B* 点的程序。

I、J、K 编程：G17 G90 G02 X100 Y44 I19 J－48 F60；

R 编程：G17 G90 G02 X100 Y44 R51.62 F60；

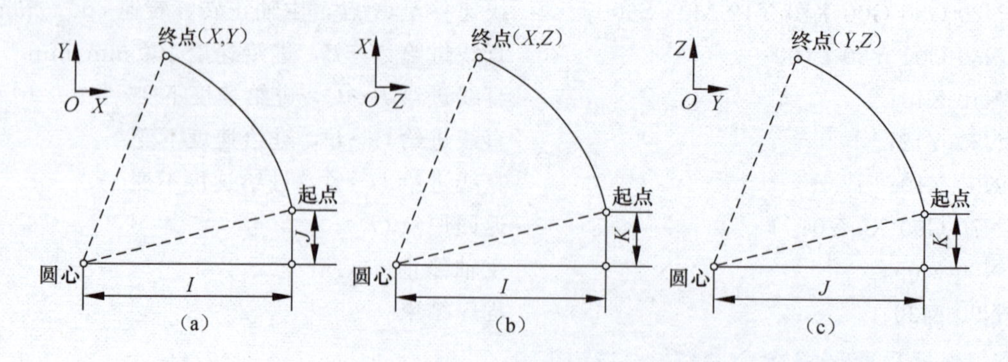

图 4-43　*I*、*J*、*K* 的算法

(a) *I* 算法；(b) *K* 算法；(c) *J* 算法

例 4-8　如图 4-45 所示，加工整圆，刀具起点在 *A* 点，逆时针加工。

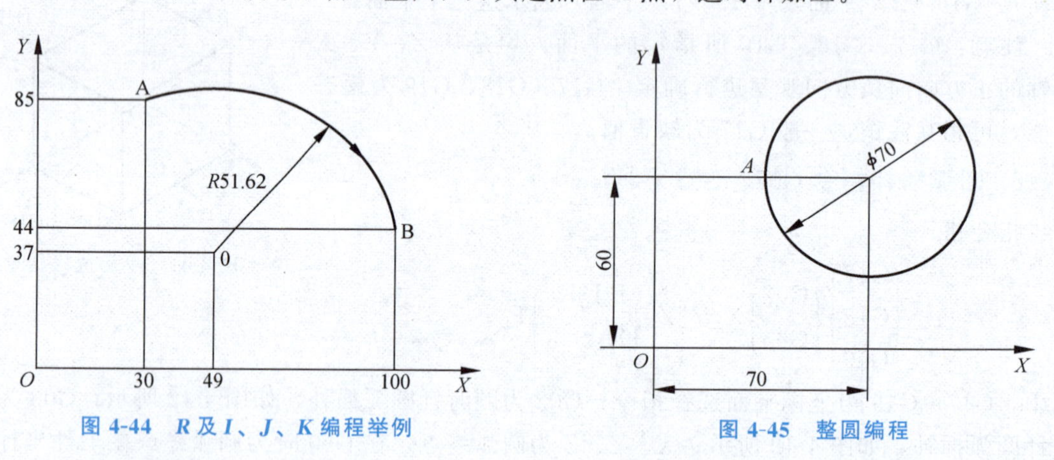

图 4-44　*R* 及 *I*、*J*、*K* 编程举例　　　　图 4-45　整圆编程

I、*J*、*K* 编程：G17 G90 G03 X35 Y60 I35 J0 F60；

例 4-9　如图 4-46 所示，使用圆弧插补指令编写 *A* 点到 *B* 点的程序。

圆弧 1：G17 G90 G03 X30 Y－40 R50 F60；

圆弧 2：G17 G90 G03 X30 Y－40 R－50 F60；

例 4-10　使用 G02 对图 4-47 所示的螺旋线编程，起点在（0，30，10），螺旋线终点（30，0，0），假设刀具最初在螺旋线起点。

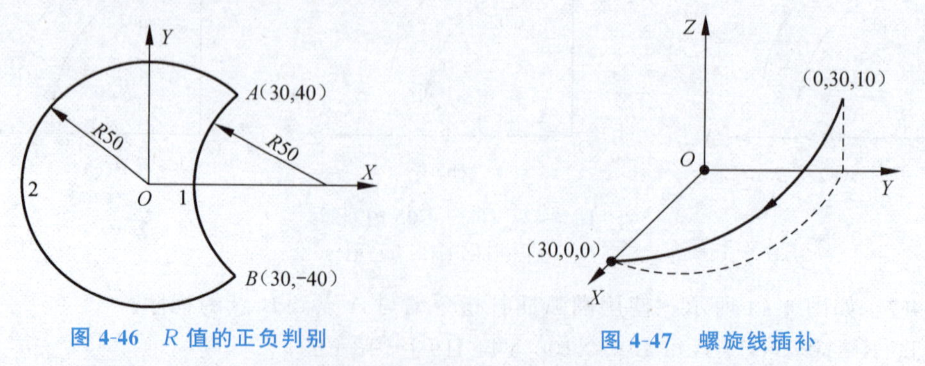

图 4-46　*R* 值的正负判别　　　　图 4-47　螺旋线插补

用 G90 方式编程如下：G90 G17 G02 X30 Y0 Z0 R30 F200；

用 G91 方式编程如下：G91 G17 G02 X30 Y－30 Z－10 R30 F200；

圆弧编程注意事项：

① 圆弧顺、逆的判别方法为从沿圆弧所在平面的垂直坐标轴的正方向往负方向看。

② 整圆编程时不可以使用 R，只能用 I、J、K 方式。

③ G02、G03 用于螺旋线进给时，X、Y、Z 中由 G17/G18/G19 平面选定的两个坐标为螺旋线投影圆弧的终点，意义同圆弧进给，第三个坐标是与选定平面相垂直的轴终点。其余参数的意义同圆弧进给。该指令对另一个不在圆弧平面上的坐标轴施加运动指令，对于任何小于 360°的圆弧可附加任一数值的单轴指令。

4.3.2　刀具半径补偿指令

1. 刀具半径补偿功能

在编制数控铣床轮廓铣削加工程序时，为了编程方便，通常将数控刀具假想成一个点(刀位点)，认为刀位点与编程轨迹重合。但实际上由于刀具存在一定的直径，使刀具中心轨迹与零件轮廓不重合，如图 4-48 所示。这样，编程时就必须依据刀具半径和零件轮廓计算刀具中心轨迹，再依据刀具中心轨迹完成编程，但如果人工完成这些计算将给手工编程带来很多的不便，甚至当计算量较大时，也容易产生计算错误。为了解决这个加工与编程之间的矛盾，数控系统为我们提供了刀具半径补偿功能。

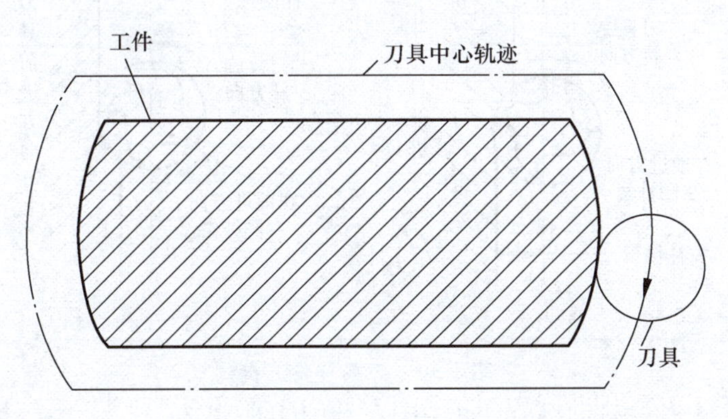

图 4-48　刀具半径补偿

数控系统的刀具半径补偿功能就是将计算刀具中心轨迹的过程交由数控系统完成，编程员假设刀具半径为零，直接根据零件的轮廓形状进行编程，而实际的刀具半径则存放在一个刀具半径偏置寄存器中。在加工过程中，数控系统根据零件程序和刀具半径自动计算刀具中心轨迹，完成对零件的加工。

2. 刀位点

刀位点是代表刀具的基准点，也是对刀时的注视点，一般是刀具上的一点。常用刀具的刀位点如图 4-49 所示。

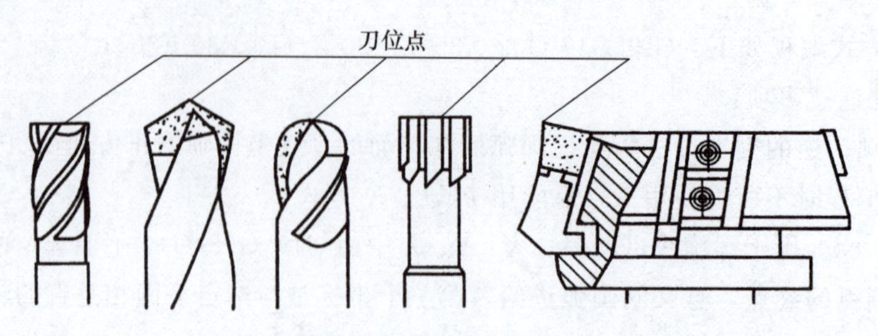

图 4-49　刀位点

3. 刀具半径补偿指令

（1）建立刀具半径补偿指令格式

指令格式：

$$\begin{Bmatrix} G17 \\ G18 \\ G19 \end{Bmatrix} \begin{Bmatrix} G41 \\ G42 \end{Bmatrix} \begin{Bmatrix} G00 \\ G01 \end{Bmatrix} X\_Y\_Z\_D\_;$$

式中，G17～G19 为坐标平面选择指令；G41 为左刀补，如图 4-50（a）所示；G42 为右刀补，如图 4-50（b）所示；X、Y、Z 为建立刀具半径补偿时目标点坐标；D 为刀具半径补偿号。

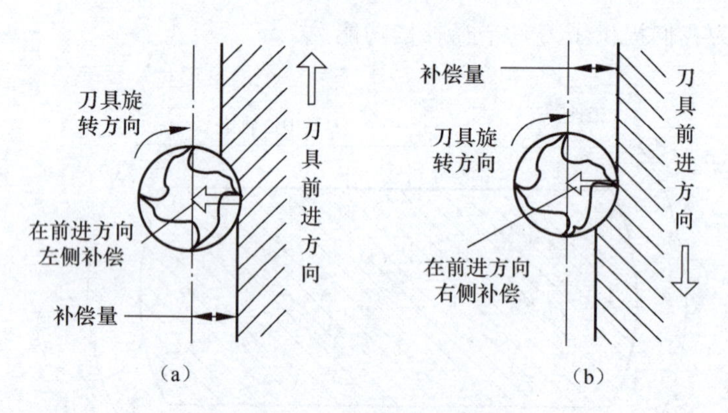

图 4-50　刀具补偿方向

（a）左刀补（G41）；（b）右刀补（G42）

（2）取消刀具半径补偿指令格式

指令格式：

$$\begin{Bmatrix} G17 \\ G18 \\ G19 \end{Bmatrix} G40 \begin{Bmatrix} G00 \\ G01 \end{Bmatrix} X\_Y\_Z\_;$$

式中，G17～G19 为坐标平面选择指令；G40 为取消刀具半径补偿功能。

4. 刀具半径补偿的过程

如图 4-51 所示，刀具半径补偿的过程分为以下三步。

① 刀补的建立：刀心轨迹从与编程轨迹重合过渡到与编程轨迹偏离一个偏置量的过程。

② 刀补进行：刀具中心始终与变成轨迹相距一个偏置量直到刀补取消。

③ 刀补取消：刀具离开工件，刀心轨迹要过渡到与编程轨迹重合的过程。

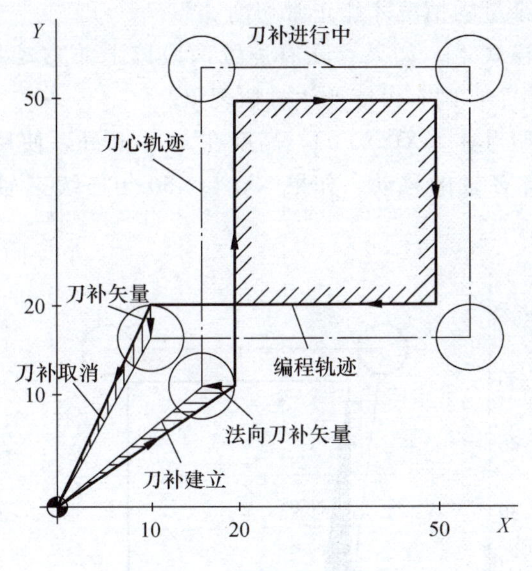

图 4-51　刀具半径补偿过程

例 4-11　使用刀具半径补偿功能完成如图 4-51 所示轮廓加工的编程。

参考程序如下：

O5001；	
N10 G90 G54 G00 X0 Y0 M03 S500 F50；	
N20 G00 Z50.0；	安全高度
N30 Z10；	参考高度
N40 G41 X20 Y10 D01 F50；	建立刀具半径补偿
N50 G01 Z－10；	下刀
N60 Y50；	
N70 X50；	
N80 Y20；	
N90 X10；	
N100 G00 Z50；	抬刀到安全高度
N110 G40 X0 Y0 M05；	取消刀具半径补偿
N120 M30；	程序结束

5. 使用刀具补偿的注意事项

在数控铣床上使用刀具补偿时，必须特别注意其执行过程的原则，否则往往容易引起加工失误甚至报警，使系统停止运行或刀具半径补偿失效等。

① 刀具半径补偿的建立与取消只能通过 G01、G00 来实现，不得用 G02 和 G03。

② 建立和取消刀具半径补偿时，刀具必须在所补偿的平面内移动，且移动距离应大于刀具补偿值。

③ D00～D99 为刀具补偿号，D00 意味着取消刀具补偿（即 G41/G42 X _ Y _ D00 等价

于 G40）。刀具补偿值在加工或试运行之前须设定在补偿存储器中。

④ 加工半径小于刀具半径的内圆弧时，进行半径补偿将产生刀具干涉，只有过渡圆角 $R \geqslant$ 刀具半径 $r+$ 精加工余量的情况才能正常切削。

⑤ 在刀具半径补偿模式下，如果存在有连续两段以上非移动指令（如 G90、M03 等）或非指定平面轴的移动指令，则有可能产生过切现象。

如图 4-52 所示，起始点在（$X0$，$Y0$），高度在 50 mm 处，使用刀具半径补偿时，由于接近工件及切削工件要有 Z 轴的移动，如果 N40、N50 句连续 Z 轴移动，这时容易出现过切削现象。

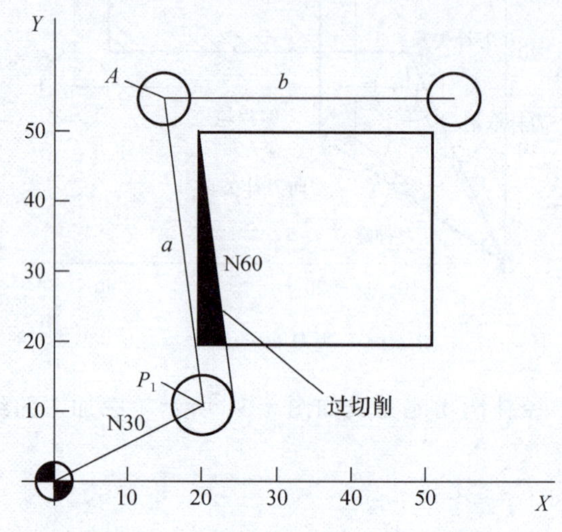

图 4-52　刀具半径补偿的过切削现象

```
O5002;
N10 G90 G54 G00 X0 Y0 M03 S500;
N20 G00 Z50;                        安全高度
N30 G41 X20 Y10 D01;                建立刀具半径补偿
N40 Z10;
N50 G01 Z-10.0 F50;                 连续两句 Z 轴移动，此时会产生过切削
N60 Y50;
N70 X50;
N80 Y20;
N90 X10;
N100 G00 Z50;                       抬刀到安全高度
N110 G40 X0 Y0 M05;                 取消刀具半径补偿
N120 M30;
```

以上程序在运行 N60 时，产生过切削现象，如图 4-52 所示。其原因是当从 N30 刀具补偿建立后，进入刀具补偿进行状态后，系统只能读入 N40、N50 两段，但由于 Z 轴是非刀具补偿平面的轴，而且读不到 N60 以后的程序段，也就做不出偏移矢量，刀具确定不了前进的方向，此时刀具中心未加上刀具补偿而直接移动到了无补偿的 P_1 点。当执行完 N40、N50 后，再执行 N60 段时，刀具中心从 P_1 点移至交点 A，于是发生过切削现象。

为避免过切削，可将上面的程序改成下述形式来解决。

O5003；

N10 G90 G54 G00 X0 Y0 M03 S500；

N20 G00 Z50；　　　　　　　　　　安全高度

N30 Z10；

N40 G41 X20 Y10 D01；　　　　　　建立刀具半径补偿

N50 G01 Z−10.0 F50；　　　　　　　下刀至指定深度

N60 Y50；

…

6. 刀具半径补偿的其他应用

刀具半径补偿除方便编程外，还可利用改变刀具半径补偿值的大小的方法，实现利用同一程序进行粗、精加工。即

粗加工刀具半径补偿 = 刀具半径 + 精加工余量

精加工刀具半径补偿 = 刀具半径 + 修正量

① 因磨损、重磨或换新刀而引起刀具半径改变后，不必修改程序，只需在刀具参数设置中输入变化后的刀具半径。如图 4-53 所示，1 为未磨损刀具，2 为磨损后刀具，只需将刀具参数表中的刀具半径 r_1 改为 r_2，即可适用同一程序。

② 同一程序中，同一尺寸的刀具，利用半径补偿，可进行粗、精加工。如图 4-54 所示，刀具半径为 r，精加工余量为 Δ。粗加工时，输入刀具半径 $D=r+\Delta$，则加工出点画线轮廓；精加工时，用同一程序，同一刀具，但输入刀具半径 $D=r$，加工出实线轮廓。

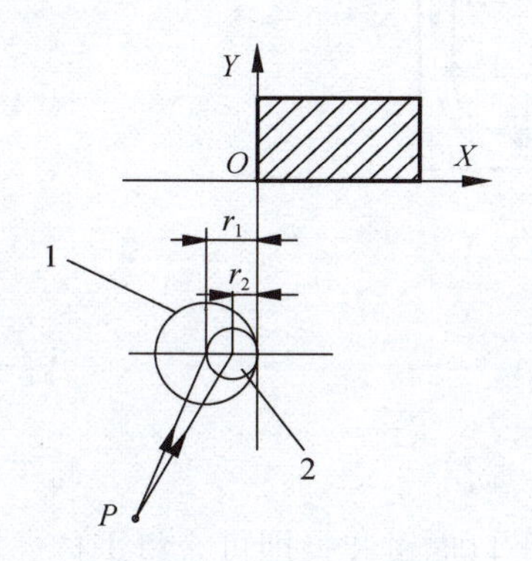

图 4-53　刀具半径变化，加工程序不变

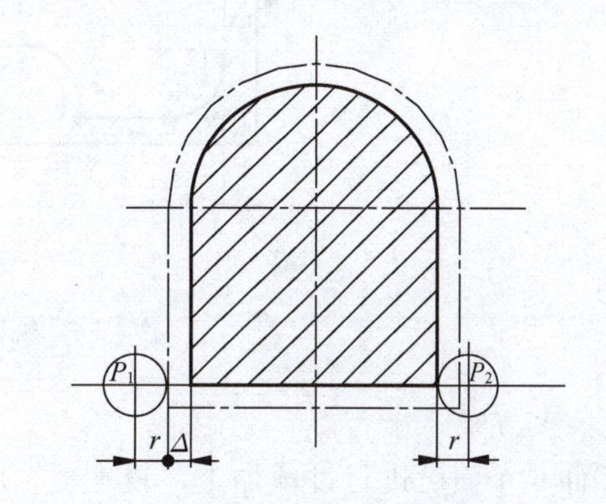

图 4-54　利用刀具半径补偿进行粗精加工

例 4-12　完成图 4-55 所示凸模零件的加工，表面粗糙度要求达到 $Ra3.2\ \mu m$。

(1) 工艺分析

台阶面表面粗糙度值要达到 $Ra3.2\ \mu m$，所以加工方案是先粗铣再精铣。选用 $\phi16$ mm 立铣刀进行粗、精加工，剩余材料可用手动铣削。精加工余量用刀具半径补偿控制。

铣削路线如图 4-56 所示，刀具由点 1 运行到点 2（轨迹的延长线上）建立刀具半径补偿，然后按 3，4，…，17 的顺序铣削加工。由点 17 到点 18 的 1/4 圆弧切向切出，最后通过直线移动取消刀具半径补偿。

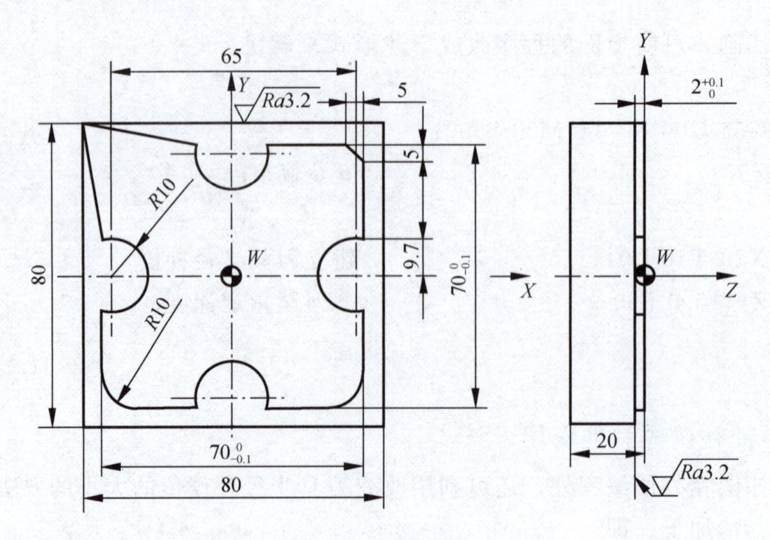

图 4-55　凸模零件

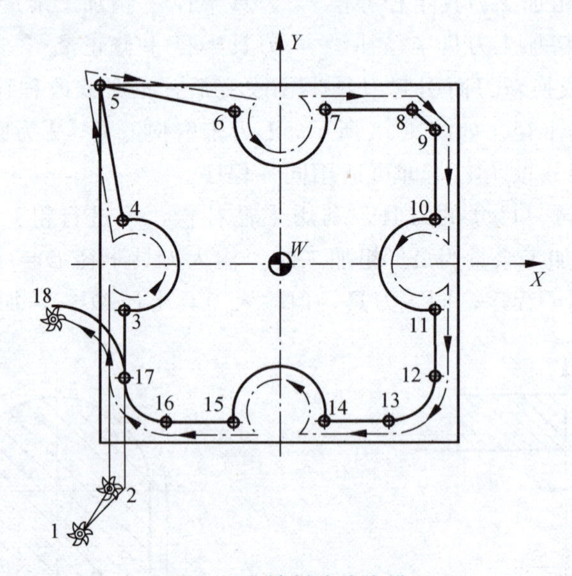

图 4-56　铣削路线安排

（2）装夹方案

该零件 6 个面已进行过预加工，较平整，所以用平口虎钳装夹即可。将平口虎钳装夹在铣床工作台上，用百分表校正。工件装夹在平口钳上，底部用等高垫块垫上，上表面高出钳口5～10 mm。

（3）程序编制

工件编程原点选在工件上表面的对称中心处，即与设计基准重合。

O2000；	程序名
N10 G54 G90 G17 G40 G80 G49 G21；	设置初始状态
N20 G00 Z100；	安全高度
N30 M03 S500；	启动主轴
N40 X－45 Y－60；	快速移动到点 1 上方

N50 Z10；	
N60 G01 Z−2 F70 M08；	下刀，启动冷却
N70 G00 G41 X−35 Y−50 D01；	建立刀具半径补偿，D01粗加工时设8.3 mm，单边留0.3 mm余量，精加工根据尺寸测量结果和零件尺寸公差要求调整（如设为7.98 mm）
N80 G01 Y−9.7 F150；	直线走刀到点3，精加工时$F=120$
N90 G03 Y9.7 R−10；	圆弧走刀到点4
N100 G01 X−40 Y40；	直线走刀到点5
N110 X−9.7 Y35；	直线走刀到点6
N120 G03 X9.7 R−10；	圆弧走刀到点7
N130 G01 X30；	直线走刀到点8
N140 X35 Y30；	直线走刀到点9
N150 Y9.7；	直线走刀到点10
N160 G03 Y−9.7 R−10；	圆弧走刀到点11
N170 G01 Y−25；	直线走刀到点12
N180 G02 X25 Y−35 R10；	圆弧走刀到点13
N190 G01 X9.7；	直线走刀到点14
N200 G03 X−9.7 R−10；	圆弧走刀到点15
N210 G01 X−25；	直线走刀到点16
N220 G02 X−35 Y−25 R10；	圆弧走刀到点17
N230 G03 X−45 Y−15 R10；	圆弧切向切出到点18
N240 G40 G00 X−60 Y−45；	取消刀具半径补偿
N250 G00 Z100；	抬刀
N260 M05；	主轴停
N270 M30；	程序结束

4.4 孔加工固定循环指令

4.4.1 孔加工固定循环

数控加工中，某些加工动作循环已经典型化。例如，钻孔、镗孔的动作是孔位平面定位、快速引进、工作进给、快速退回等，这样一系列典型的加工动作已经预先编好程序，存储在内存中，可用包含G代码的一个程序段调用，从而简化编程工作。这种包含了典型动作循环的G代码称为循环指令。

1. 孔加工固定循环动作

孔加工固定循环由6个顺序的动作组成，如图4-57所示。

动作1：图4-57中*AB*段，刀具在安全平面高度，在定位平面内快速定位；

动作2：图4-57中*BR*段，快进至*R*平面；

动作 3：图 4-57 中 RZ 段，孔加工；

动作 4：图 4-57 中 Z 点，孔底动作（如进给暂停、主轴停止、主轴准停、刀具偏移等）；

动作 5：图 4-57 中 ZR 段，退回到 R 平面；

动作 6：图 4-57 中 RB 段，退回到初始平面。

2. 固定循环的平面

固定循环的平面如图 4-58 所示。

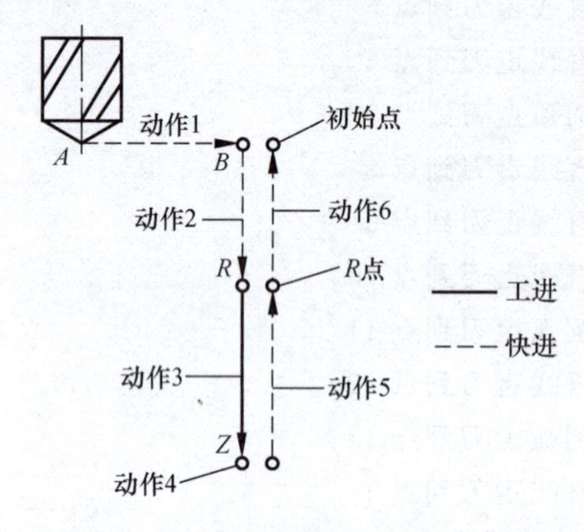

图 4-57　固定循环动作

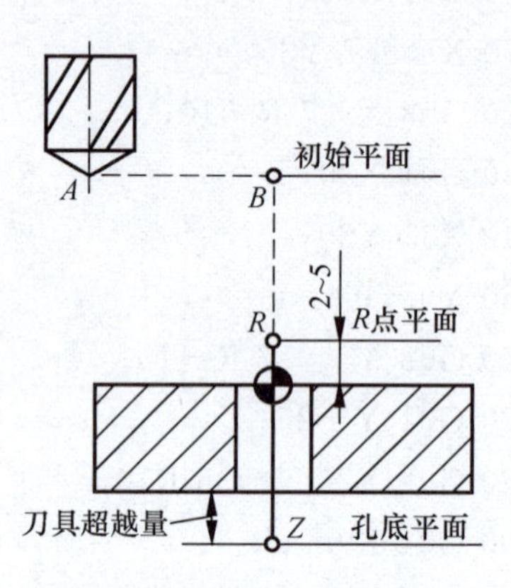

图 4-58　固定循环平面

(1) 初始平面

初始平面是为安全下刀而规定的一个平面。初始平面可以设定在任意一个安全高度上。当使用同一把刀具加工多个孔时，刀具在初始平面内的任意移动将不会与夹具、工件凸台等发生干涉。

(2) R 点平面

R 点平面又叫 R 参考平面。这个平面是刀具下刀时，由快速进给转为切削加工进给的高度平面，距工件表面的距离主要考虑工件表面的尺寸变化，一般情况下取 2～5 mm。

(3) 孔底平面

加工不通孔时，孔底平面就是孔底的 Z 轴高度。而加工通孔时，除要考虑孔底平面的位置外，还要考虑刀具的超越量，以保证所有孔深都加工到尺寸。

3. 固定循环编程格式

指令格式：G90/G91 G98/G99 G73～G89 X_Y_Z_R_P_Q_F_K_；

式中　G90/G91——数据形式。G90 沿着钻孔轴的移动距离用绝对坐标值；G91 沿着钻孔轴的移动距离用增量坐标值，如图 4-59 所示。

G98/G99——选择返回点平面指令。G98 表示孔加工完，返回初始平面；G99 表示孔加工完，返回 R 点平面。

G73～G89——具体的孔加工循环指令，后面详细讲解。

Z——孔底的位置。G90 时为孔底的绝对坐标，注意：若为通孔，应超出孔底一段距离，一般为 2～5 mm；G91 时为从 R 平面到孔底的距离。

R——R 平面的位置。G90 时为 R 平面的绝对坐标；G91 时为从初始平面到 R 平面的距离。

P——孔底的暂停时间，单位为 ms。

Q——只在四个指令中有用。在 G73 和 G83 中，指每次的下刀深度；在 G76 和 G87 中，指让刀量。

F——孔加工时的进给速度。

K——指定加工孔的重复次数。

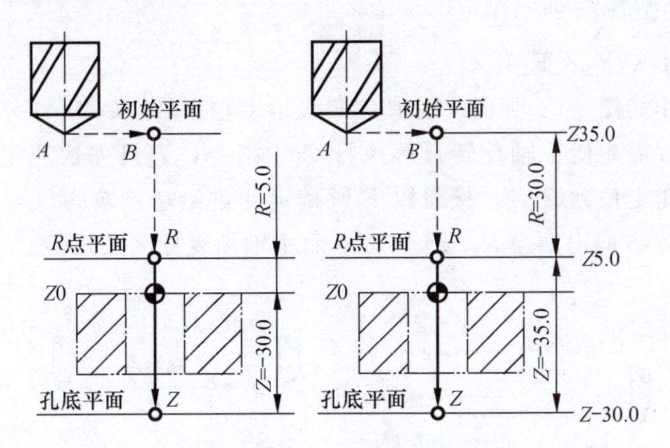

图 4-59　G90 与 G91 方式

例 4-13　加工图 4-58 所示的孔，分别使用 G90、G91 方式编程。

G90 方式：G90 G99 G73 X _ Y _ Z-30 R5 Q5 F _ ，如图 4-59（a）所示。

G91 方式：G91 G99 G73 X _ Y _ Z-35 R-30 Q5 F _ ，如图 4-59（b）所示。

4.4.2　孔加工固定循环指令及应用

FANUC 系统共有 12 种孔加工固定循环指令，见表 4-6，下面对其中的部分指令加以介绍。

表 4-6　FANUC 系统孔加工固定循环指令

G 代码	加工运动（*Z* 轴负向）	孔底动作	返回运动（*Z* 轴正向）	应　用
G73	间歇进给		快速移动	高速深孔钻循环
G74	切削进给	主轴停止→主轴正转	切削进给	攻左螺纹循环
G76	切削进给	主轴定向停止	快速移动	精镗孔循环
G80				固定循环取消
G81	切削进给		快速移动	钻孔循环
G82	切削进给	暂停	快速移动	沉孔钻孔循环
G83	间歇进给		快速移动	深孔钻循环
G84	切削进给	主轴停止→主轴反转	切削进给	攻右螺纹循环
G85	切削进给		切削进给	铰孔循环
G86	切削进给	主轴停止	快速移动	镗孔循环
G87	切削进给	主轴停止	快速移动	背镗孔循环
G88	切削进给	暂停→主轴停止	手动操作	镗孔循环
G89	切削进给	暂停	切削进给	镗孔循环

1. 高速深孔啄钻循环指令 G73

指令格式：G73 X _ Y _ Z _ R _ Q _ P _ ；

说明：孔加工动作如图 4-60 所示。分多次工作进给，每次进给的深度由 Q 指定（一般 2～3 mm），且每次工作进给后都快速退回一段距离 d，d 值由参数设定（通常为 0.1 mm）。这种加工方法，通过 Z 轴的间断进给可以比较容易地实现断屑与排屑。

2. 攻左旋螺纹循环指令 G74

指令格式：G74 X_Y_Z_R_F_；

说明：加工动作如图 4-61 所示。图中 CW 表示主轴正转，CCW 表示主轴反转。此指令用于攻左旋螺纹，故需先使主轴反转，再执行 G74 指令，刀具先快速定位至 X、Y 所指定的坐标位置，再快速定位到 R 点，接着以 F 所指定的进给速度攻螺纹至 Z 点，主轴转换为正转且同时向 Z 轴正方向退回至 R，退至 R 点后主轴恢复原来的反转。

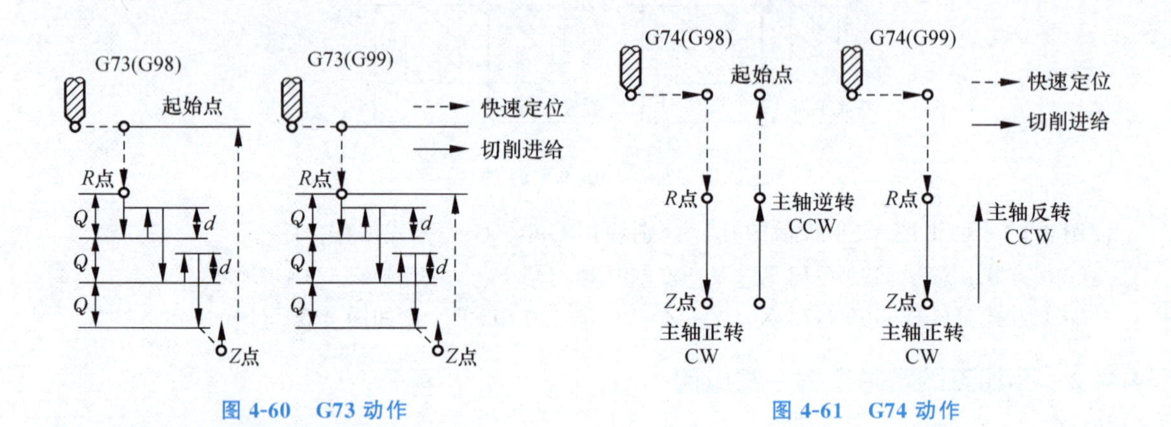

图 4-60　G73 动作　　图 4-61　G74 动作

攻螺纹的进给速度可用下式计算：

$$v_f = P \times n$$

式中　v_f——攻螺纹的进给速度，mm/min；

P——螺纹导程，mm；

n——主轴转速，r/min。

3. 精镗孔循环指令（G76）

指令格式：G76 X_Y_Z_R_Q_P_F_；

说明：孔加工动作如图 4-62 所示。图中 OSS 表示主轴准停，Q 表示刀具移动量。采用这种方式镗孔可以保证提刀时不至于划伤内孔表面。执行 G76 指令时，镗刀先快速定位至 X、Y 坐标点，再快速定位到 R 点，接着以 F 指定的进给速度镗孔至 Z 指定的深度后，主轴定向停止，使刀尖指向一固定的方向后，镗刀中心偏移使刀尖离开加工孔面（图 4-63），这样镗刀以快速定位退出孔外时，才不至于刮伤孔面。当镗刀退回到 R 点或起始点时，刀具中心即回复原来位置，且主轴恢复转动。

应注意偏移量 Q 值一定是正值，且 Q 不可用小数点方式表示数值，如欲偏移 1.0 mm，应写成 Q1000。偏移方向可用参数设定选择 $+X$，$+Y$，$-X$ 及 $-Y$ 的任何一个方向，一般设定为＋X 方向。指定 Q 值时不能太大，以避免碰撞工件。

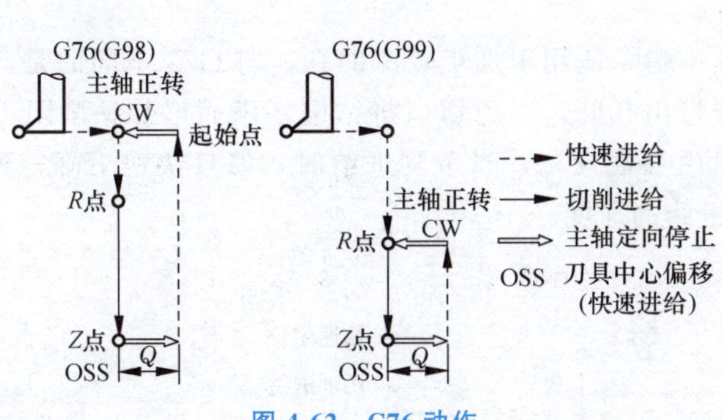

图 4-62　G76 动作

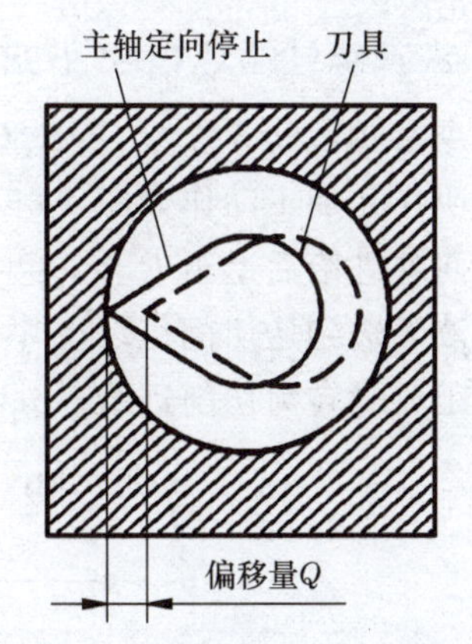

图 4-63　主轴定向停止与偏移

4. 钻孔循环指令（G81）

指令格式：G81 X_Y_Z_R_F_；

说明：孔加工动作如图 4-64 所示。本指令属于一般孔钻削加工固定循环指令。

例 4-14　如图 4-65 所示零件，在板料上加工孔，板厚 10 mm，要求用 G81 编程，选用 ϕ10 mm钻头。

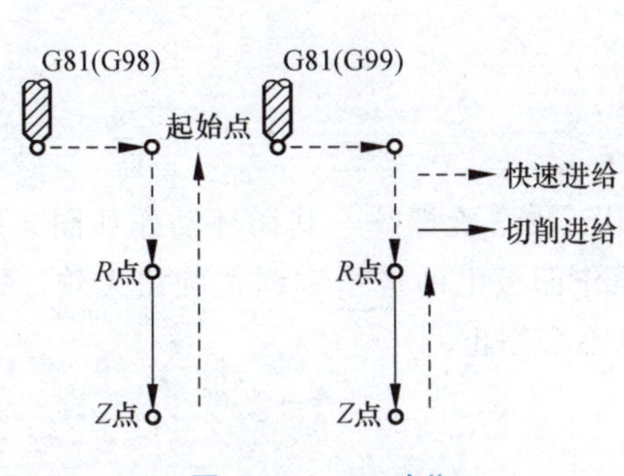

图 4-64　G81 动作

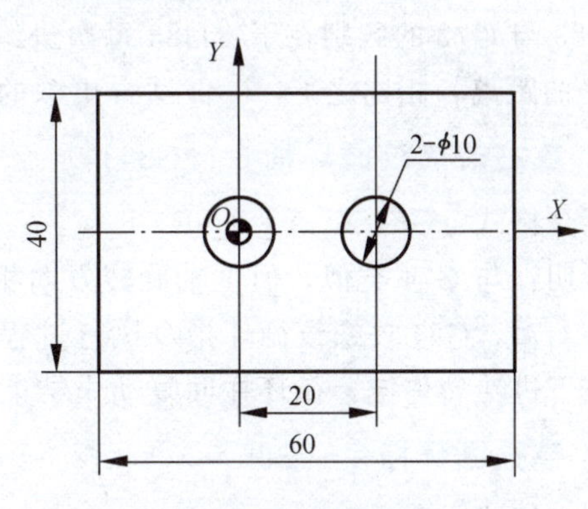

图 4-65　G81 编程实例

参考程序：

O6002；

N10 G90 G54 G00 X0 Y0 S650 M03；

N20 Z50 M08；

N30 G81 G99 X0 Y0 Z－15 R3 F60；　　钻点（0，0）处孔

N40 X20；　　钻点（20，0）处孔

N50 G80；　　取消钻孔循环

N60 G00 Z50；

N70 M30；

5. 沉孔钻孔循环指令（G82）

指令格式：G82 X_Y_Z_R_P_F_；

说明：与 G81 动作轨迹一样，仅在孔底增加了“暂停”时间，因而可以得到准确的孔

深尺寸，表面更光滑，适用于锪孔或镗阶梯孔。

6. 深孔啄钻循环指令（G83）

指令格式：G83 X_Y_Z_R_Q_F_；

说明：孔加工动作如图 4-66 所示，本指令适用于加工较深的孔，与 G73 不同的是，每次刀具间歇进给后退至 *R* 点，可把切屑带出孔外，以免切屑将钻槽塞满而增加钻削阻力或使切削液无法到达切削区。图中的 *d* 值由参数设定，当重复进给时，刀具快速下降，到 *d* 规定的距离时转为切削进给，*q* 为每次进给的深度。

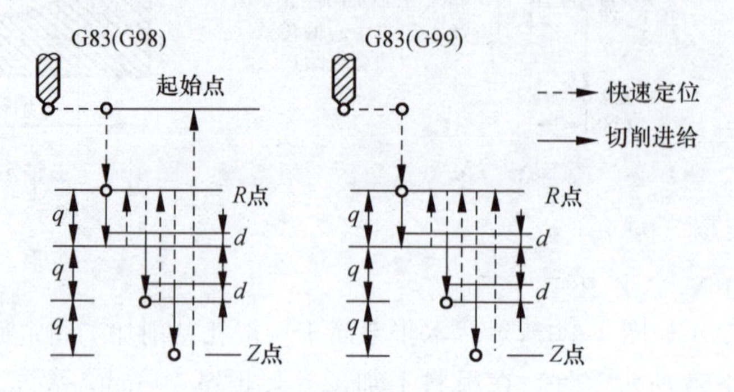

图 4-66　G83 动作

G83 与 G73 的区别在于：G83 每次进给 *q* 后，退至 *R* 平面；而 G73 每次进给 *q* 后，向上退 *d* 的距离，相比之下，G83 适合更深的孔加工。

7. 攻右旋螺纹循环指令（G84）

指令格式：G84 X_ Y_ Z_ R_ F_；

说明：与 G74 类似，但主轴旋转方向相反，用于攻右旋螺纹，其循环动作如图 4-67 所示。在 G74、G84 攻螺纹循环指令执行过程中，操作面板上的进给率调整旋钮无效，另外，即使按下进给暂停键，循环在回复动作结束之前也不会停止。

8. 铰孔循环指令（G85）

指令格式：G85 X_ Y_ Z_ R_ F_；

说明：孔加工动作与 G81 类似，但返回行程中，从 *Z* 到 *R* 为切削进给，以保证孔壁光滑，其循环动作如图 4-68 所示。此指令适宜铰孔。

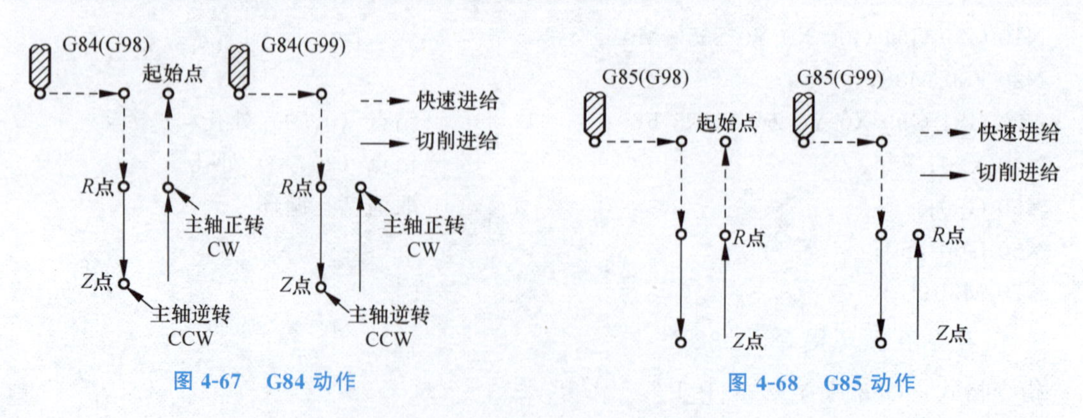

图 4-67　G84 动作

图 4-68　G85 动作

9. 镗孔循环指令（G86）

指令格式：G86 X_ Y_ Z_ R_ F_；

说明：指令的格式与 G81 完全类似，但进给到孔底后，主轴停止，返回到 R 点（G99）或起始点（G98）后主轴再重新启动，其循环动作如图 4-69 所示。采用这种方式加工，如果连续加工的孔间距较小，则可能出现刀具已经定位到下一个孔加工的位置而主轴尚未到达规定的转速的情况，为此可以在各孔动作之间加入暂停指令 G04，以便主轴获得规定的转速。使用固定循环指令 G74 与 G84 时也有类似的情况，同样应注意避免。本指令属于一般孔镗削加工固定循环。

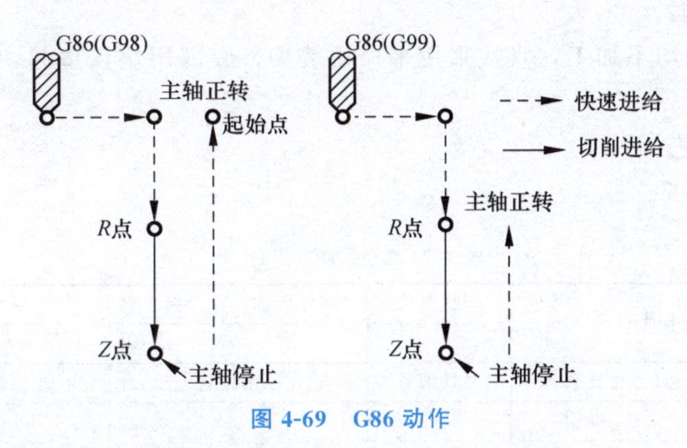

图 4-69　G86 动作

10. 取消固定循环指令（G80）

指令格式为：G80；

当固定循环指令不再使用时，应用 G80 指令取消固定循环，而回复到一般基本指令状态（如 G00、G01、G02、G03 等），此时固定循环指令中的孔加工数据（如 Z 点、R 点值等）也被取消。

例 4-15　完成图 4-70 所示零件上 2-ϕ $10^{+0.015}_{0}$ 孔及 2-M8 螺纹加工，毛坯为 80 mm×60 mm×36 mm 长方块（其余面已经加工），材料为 45 钢，单件生产。

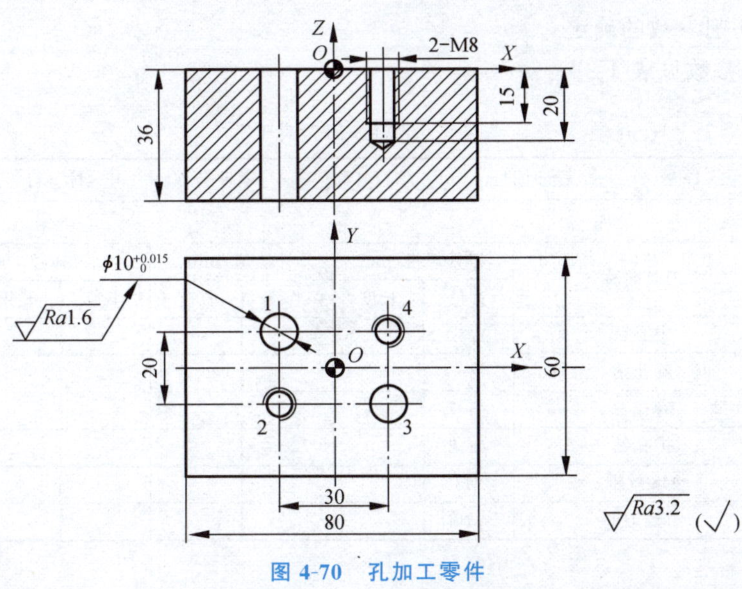

图 4-70　孔加工零件

（1）分析零件图样

该零件上要求加工 2-$\phi 10^{+0.015}_{0}$ 及 2-M8 螺纹。孔的尺寸精度为 IT7，表面粗糙度全部为 $Ra1.6\ \mu m$，加工要求较高；螺纹的表面粗糙度为 $Ra3.2\ \mu m$，加工要求一般。

（2）工艺分析和确定

① 2-$\phi 10^{+0.015}_{0}$ 孔加工方案。

打中心孔→钻 2-$\phi 10^{+0.015}_{0}$ 底孔至 $\phi 9$→扩 2-$\phi 10^{+0.015}_{0}$ 孔至 $\phi 9.85$→铰孔至 $\phi 10^{+0.015}_{0}$。

② 2-M8 螺纹加工方案。

打中心孔→钻 2-M8 螺纹孔底孔至 $\phi 6.7$→攻丝至 M8。

③ 确定装夹方案。

外轮廓及上下面均不加工，直接采用平口钳装夹，底部用垫铁垫起，注意要让出通孔的位置。

④ 确定加工工艺。

加工工艺见表 4-7。

表 4-7 数控加工工序卡

数控加工工艺卡片			产品名称	零件名称	材　料		零件图号	
					45 钢			
工序号	程序编号	夹具名称	夹具编号	使用设备		车　间		
		虎钳						
工步号	工步内容		刀具号	主轴转速 /(r·min⁻¹)	进给速度 /(mm·min⁻¹)	背吃刀量 /mm	侧吃刀量 /mm	备注
1	打中心孔		T01	1 200	40	1.5		
2	钻 2-$\phi 10^{+0.015}_{0}$ 孔至 $\phi 9$		T02	500	40	4.5		
3	钻 2-M8 螺纹孔底孔至 $\phi 6.7$		T03	600	60	3.35		
4	扩 2-$\phi 10^{+0.015}_{0}$ 孔至 $\phi 9.8$		T04	600	100	0.4		
5	攻丝至 M8		T05	150	187.5			
6	铰孔至 $\phi 10^{+0.015}_{0}$		T06	120	60	0.1		

⑤ 刀具及切削参数的确定。

刀具及切削参数见表 4-8。

表 4-8 数控加工刀具卡

数控加工刀具卡片		工序号	程序编号	产品名称	零件名称	材　料		零件图号
						45 钢		
序号	刀具号	刀具名称	刀具规格/mm	补偿值/mm		刀补号		备注
			直径	长度	半径	长度	半径	长度
1	T01	中心钻	$\phi 3$						高速钢
2	T02	麻花钻	$\phi 9$						高速钢
3	T03	麻花钻	$\phi 6.7$						高速钢
4	T04	扩孔钻	$\phi 9.8$						高速钢
5	T05	M8 丝锥	M8						高速钢
6	T06	铰刀	$\phi 10$						高速钢

(3) 参考程序

执行某个程序前，事先完成该程序所用刀具的对刀。

① 打中心孔程序（T01）。

程序	说明
O1000；	程序名（打中心孔）
N10 G90 G54 G00 X0 Y0 S1200 M03；	建立工件坐标系，启动主轴
N20 Z50 M08；	到达安全高度，打开冷却液
N30 G99 G81 X−15 Y10 Z−5 R3 F50；	打中心孔，孔 1
N40 Y−10；	打中心孔，孔 2
N50 X15；	打中心孔，孔 3
N60 Y10；	打中心孔，孔 4
N70 G80；	取消孔加工固定循环
N80 G00 Z400 M05 M09；	抬刀到 Z400，主轴和冷却液关
N90 M30；	程序结束

② 钻 1、3 孔（T02）。

程序	说明
O1001；	程序名（钻 1、3 孔）
N10 G90 G54 G00 X0 Y0 S500 M03；	快速走到（X0，Y0）处，主轴正转
N20 Z50 M08；	主轴到达安全高度，开启冷却液
N30 G99 G73 X−15 Y10 Z−41 R3 Q5 F40；	钻孔，孔 1
N40 X15 Y−10；	钻孔，孔 3
N50 G80；	取消孔加工固定循环
N60 G00 Z400 M05 M09；	抬刀到 Z400，主轴和冷却液关
N70 M30；	程序结束

③ 钻 2、4 孔（T03）。

程序	说明
O1002；	程序名（钻 2、4 孔）
N10 G90 G54 G00 X0 Y0 S600 M03；	快速走到（X0，Y0）处，主轴正转
N20 Z50 M08；	主轴到达安全高度，开启冷却液
N30 G99 G83 X−15 Y−10 Z−22 R3 Q5 F60；	钻孔，孔 2
N40 X15 Y10；	钻孔，孔 4
N50 G80；	取消孔加工固定循环
N60 G00 Z400 M05 M09；	抬刀到 Z400，主轴和冷却液关
N70 M30；	程序结束

④ 扩 1、3 孔（T04）。

程序	说明
O1003；	程序名（扩 1、3 孔）
N10 G90 G54 G00 X0 Y0 S600 M03；	快速走到（X0，Y0）处，主轴正转
N20 Z50 M08；	主轴到达安全高度，开启冷却液
N30 G99 G81 X−15 Y10 Z−41 R3 F40；	扩孔，孔 1
N40 X15 Y−10；	扩孔，孔 3
N50 G80；	取消孔加工固定循环
N60 G00 Z400 M05 M09；	抬刀到 Z400，主轴和冷却液关

N70 M30；	程序结束

⑤ 攻丝（T05）。

O1004；	程序名（攻丝）
N10 G90 G54 G00 X0 Y0 S150 M03；	快速走到（$X0$，$Y0$）处，主轴正转
N20 Z50 M08；	主轴到达安全高度，开启冷却液
N30 G99 G84 X－15 Y－10 Z－15 R8 F187.5；	攻丝，孔 2
N40 X15 Y10；	攻丝，孔 4
N50 G80；	取消孔加工固定循环
N60 G00 Z400 M05 M09；	抬刀到 $Z400$，主轴和冷却液关
N70 M30；	程序结束

⑥ 铰孔（T06）。

O1005；	程序名（铰孔）
N10 G90 G54 G00 X0 Y0 S120 M03；	快速走到（$X0$，$Y0$）处，主轴正转
N20 Z50 M08；	主轴到达安全高度，开启冷却液
N30 G99 G85 X－15 Y10 Z－40 R3 F60；	铰孔，孔 1
N40 X15 Y－10；	铰孔，孔 3
N50 G80；	取消孔加工固定循环
N60 G00 Z400 M05 M09；	抬刀到 $Z400$，主轴和冷却液关
N70 M30；	程序结束

4.4.3 应用固定循环时的注意问题

① 指定固定循环之前，必须用辅助功能（M 指令）使主轴旋转。

② G73～G89 是模态指令，一旦指定将一直有效。

③ 由于固定循环是模态指令，因此，在固定循环有效期间，如果 X、Y、Z、R 中的任意一个被改变，就要进行一次孔加工。

④ 固定循环程序段中，如在不需要指令的固定循环下指令了孔加工数据 Q、P，它只作为模态数据进行存储，而无实际动作产生。

⑤ 使用具有主轴自动启动的固定循环（G74、G84、G86）时，如果孔的 XY 平面定位距离较短，或从初始点平面到 R 平面的距离较短，且需要连续加工，为了防止在进入孔加工动作时主轴不能达到指定的转速，应使用 G04 暂停指令进行延时。

⑥ 在固定循环中，刀具半径补偿（G41，G42）无效。刀具长度补偿（G43，G44）有效。

⑦ 可用 01 组 G 代码取消固定循环，当 01 组 G 代码如 G00、G01、G02、G03 等与固定循环指令出现在同一程序段时，按后出现的指令执行。

4.5 子 程 序

1. 子程序的定义

在编制加工程序时，有时会遇到一组程序段在一个程序中多次出现，或者在几个程序中

都要使用的情况，这组程序段可以另外列出，并单独加以命名，这个程序就称为子程序。一次装夹加工多个相同零件或一个零件有重复加工部分的情况可采用子程序。子程序在被调用时，调用第一层子程序的指令所在的程序称为主程序。通常，数控系统按主程序的指令运动，如果遇到"调用子程序"的指令时，就转移到子程序，按子程序的指令运动。子程序执行结束后，又返回主程序，继续执行后面的程序段。

2. 子程序的结构

子程序用符号"O"开头，其后是子程序号。子程序号最多可以有 4 位数字，若前几位数字为 0，则可以省略。M99 为子程序结束指令，用来结束子程序并返回主程序或上一层子程序。

O5003；	子程序名
N10…	
…	子程序体
N50 M99；	子程序结束

3. 子程序的调用格式

子程序由主程序或其他子程序调用。子程序的调用指令也是一个程序段，它一般由调用字、子程序名称、调用次数等组成，具体格式各系统有差别。

(1) 调用格式一

M98 P××××××××；

其中，P 后面的前四位数为重复调用次数，省略时为调用一次；后四位为子程序号。系统允许重复调用次数为 999 次，如果只调用一次，此项可省略不写。

例如，M98 P0041006；表示调用子程序"01006"共 4 次。

(2) 调用格式二

M98 P××××L××××；

其中，P 后面的四位数为子程序号，L 后面的四位数为重复调用次数，省略时为调用一次。如 M98 P48 L5 表示调用子程序"O48"共 5 次。

4. 子程序的嵌套

为进一步简化程序，可以让子程序调用另外一个子程序，这就是子程序的嵌套。上一层子程序与下一层子程序之间的关系，跟主程序与子程序之间的关系一样。FANUC 系统可实现子程序 4 级嵌套，如图 4-71 所示。

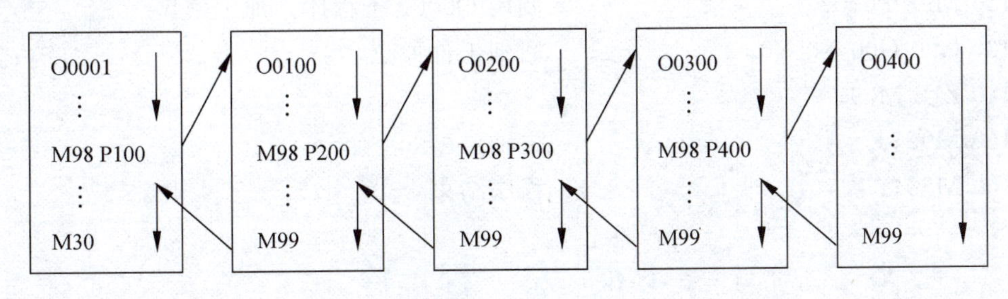

图 4-71　子程序嵌套

5. 子程序应用实例

例 4-16 加工图 4-72 所示零件上的 4 个相同尺寸的长方形槽，槽深 2 mm，槽宽 10 mm，未注圆角 $R5$，铣刀直径 ϕ10 mm，试用子程序编程。

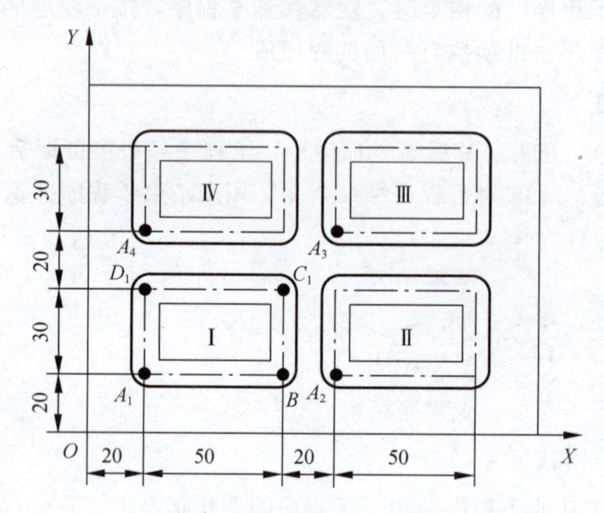

图 4-72　子程序编程举例

加工程序如下：

O0001；	主程序名
N10 G17 G21 G40 G80 G90 G94；	程序初始化
N20 G00 Z50 M08；	刀具定位到安全平面，启动冷却
N30 M03 S1000；	启动主轴
N40 X20 Y20；	定位到 A_1 点
N50 Z2；	到 A_1 点上方 2 mm 处
N60 M98 P0002；	调用 O0002 子程序，加工槽 Ⅰ
N70 G90 G00 X90；	定位到 A_2 点
N80 M98 P0002；	调用 O0002 子程序，加工槽 Ⅱ
N90 G90 G00 Y70；	定位到 A_3 点
N100 M98 P0002；	调用 O0002 子程序，加工槽 Ⅲ
N110 G90 G00 X20；	定位到 A_4 点
N120 M98 P0002；	调用 O0002 子程序，加工槽 Ⅳ
N130 G90 G00 X0 Y0；	回到工件原点
N140 Z10 M09；	
N150 M05；	主轴停
N160 M30；	程序结束

4.6 宏　程　序

在一般的程序编制中程序字为一常量，一个程序只能描述一个几何形状，缺乏灵活性与

通用性。针对这种情况，数控机床提供了另一种编程方式，即宏编程。在程序中使用变量，通过对变量进行赋值及处理的方法可以充分发挥程序的功能，这种有变量的程序叫宏程序。

例如：

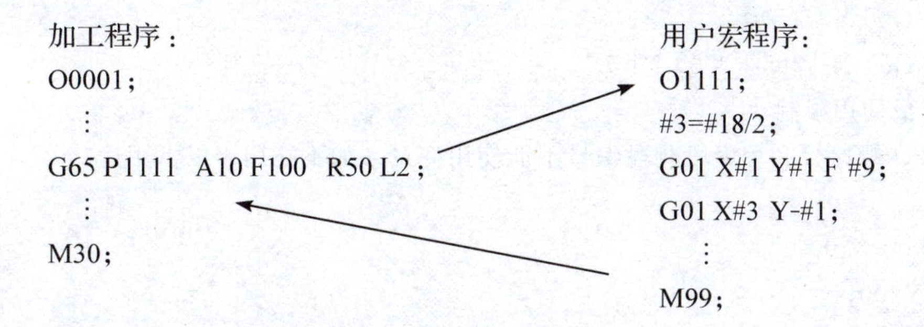

FANUC 0i 系统提供两种用户宏程序，即 A 类宏程序和 B 类宏程序。A 类宏程序需要使用“G65 Hm”格式的宏指令来表达各种数学运算和逻辑关系，导致程序编制比较复杂，所以目前使用较少，主要使用于一些低版本的数控系统中。在本书中只介绍 B 类宏程序的相关知识。

1. 变量

普通加工程序直接用数值指定 G 代码和移动距离，例如 G00 X100；使用用户宏程序时，数值可以直接指定或用变量指定。当用变量时，变量值可用程序或用 MDI 面板上的操作改变。

例如：＃1＝＃2＋100；

　　　G01 X＃1 F300；

(1) 变量的表示

一个变量由符号“＃”和变量号组成，例如＃1、＃2。表达式可以用于指定变量号，此时表达式应包含在方括号内，如＃［＃1＋＃2－20］等。

(2) 变量的类型

根据变量号，宏变量可分成四种类型，见表 4-9。

表 4-9　变量类型

变量号	变量类型	功　能
＃0	空变量	该变量通常为空，该变量不能赋值
＃1～＃33	局部变量	局部变量只能在宏程序内部使用，用于保存数据，如运算结果等。当电源关闭时，局部变量被清空；当宏程序被调用时，参数被赋值给局部变量
＃100～＃199 ＃500～＃999	全局变量	全局变量可在不同宏程序之间共享。当电源关闭时，＃100～＃149 被清空，而＃500～＃531 的值仍保留
＃1000～＃9999	系统变量	用于读、写 CNC 运行时各种数据的变化，如刀具的当前位置和补偿值等
注：全局变量＃150～＃199，＃532～＃999 是选用变量，应根据实际系统使用。		

（3）变量的引用

在程序中引用（使用）宏变量时，其格式为：在程序字地址后面跟宏变量号。当用表达式表示变量时，表达式应包含在一对方括号内。

例如：G00 X#1 Z#2

G01 X [#5+#6] F#7

（4）变量使用限制

程序号、顺序号和程序段跳段编号不能使用变量。如不能用于以下用途：

O#1；

/#2 G00 X100；

N#3 Y200；

2. 运算指令

变量的算术和逻辑运算见表 4-10。

表 4-10　变量的算术和逻辑运算

函　数	格　式	备　注
赋值	#i=#j	
求和 求差 乘积 求商	#i=#j+#k #i=#j−#k #i=#j*#k #i=#j/#k	
正弦 余弦 正切 反正切	#i=SIN [#j] #i=COS [#j] #i=TAN [#j] #i=ATAN [#J] / [#k]	角度以度指定。 如：60°30′表示为 60.5°
平方根 t 绝对值 四舍五入 向下取整 向上取整	#i=SQRT [#j] #i=ABS [#J] #I=ROUND [#J] #I=FIX [#J] #I=FUP [#J]	
或 OR 异或 XOR 与 AND	#I=#J OR #K #I=#J XOR #K #I=#I AND #J	逻辑运算用二进制数按位操作
十-二进制转换 二-十进制转换	#I=BIN [#J] #I=BCD [#J]	用于与 PMC 的信号交换

3. 控制指令

（1）分支语句

1）无条件转移（GOTO 语句）。

该指令的功能是控制转移（分支）到顺序号 n 所在位置。

指令格式：GOTO n；

式中，n 为（转移到的程序段）顺序号。

如 GOTO 200；当执行到该语句时，将无条件转移到 N200 程序段执行。

2）条件转移。

指令格式：IF［条件表达式］GOTO n；

如果指定的条件表达式满足时，则转移到标有顺序号 n 的程序段；如果指定的条件表达式不满足，执行下个程序段。

说明：

① 条件表达式。条件表达式由两变量或一变量一常数中间夹比较运算符组成，条件表达式必须包含在一对方括号内。条件表达式可直接用变量代替。

② 比较运算符。比较运算符由两个字母组成（见表 4-11），用于比较两个值，来判断它们是相等还是一个值小于或大于另一值。注意不能用不等号。

表 4-11　比较运算符

序　号	运算符	含　义
1	EQ	相等（=）
2	NE	不等于（≠）
3	GT	大于（>）
4	GE	大于等于（≥）
5	LT	小于（<）
6	LE	小于等于（≤）

例 4-17　条件转移指令的执行情况。

```
…
N50 IF［#3 LT 0］GOTO 80；
N60 …
N70 …
N80 G00 X50；
…
```

程序执行到 N50 时，如果条件［#3 LT 0］满足，则转移执行 N80 程序段；否则顺序执行 N60 程序段。

（2）循环语句

编程格式：WHILE［条件表达式］DO m；（m=1，2，3）

```
                    …
                    …
          END m；
```

当指定的条件满足时，则执行 WHILE 从 DO 到 END 之间的程序，否则转移执行 END 之后的程序段。在 DO 和 END 后的数字是用于指定处理的范围（称循环体）的识别号，数字可用 1、2、3 表示。

例 4-18　条件转移指令的执行情况。

```
…
N50 WHILE［#3 GT 0］DO1；
N60 …
```

N70 …

N80 END1；

N90 …

程序执行到 N50 时，如果条件［#3 GT 0］满足，则执行 N50～N80 之间的程序；否则转移执行 N90 程序段。

4. 宏程序调用方法

（1）非模态调用 G65

编程格式：G65 P（程序号）L（重复次数）〈实参描述〉；

说明：

① 调用。在 G65 后用地址 P 指定需调用的用户宏程序号；当重复调用时，在地址 L 后指定调用次数（1～99）。L 省略时，调用次数为 1 次。

② 实参描述。通过使用实参描述，数值被指定给对应的局部变量。常用的地址与变量对应关系见表 4-12。

表 4-12　地址与变量对应关系

地　址	变量号	地　址	变量号	地　址	变量号
A	#1	I	#4	T	#20
B	#2	J	#5	U	#21
C	#3	K	#6	V	#22
D	#7	M	#13	W	#23
E	#8	Q	#17	X	#24
F	#9	R	#18	Y	#25
H	#11	S	#19	Z	#26
注：地址 G、L、N、O、P 不能用于实参。					

（2）模态调用 G66

编程格式：G66 P（程序号）L（重复次数）〈实参描述〉；

一旦指令了 G66，就指定了一种模态宏调用，即在（G66 之后的）程序段中指令的各轴运动执行完后，调用（G66 指定的）宏程序。这将持续到指令 G67 为止，才取消模态宏调用。

例 4-19　加工如图 4-73 所示圆弧点阵孔群，试编写出其宏程序。

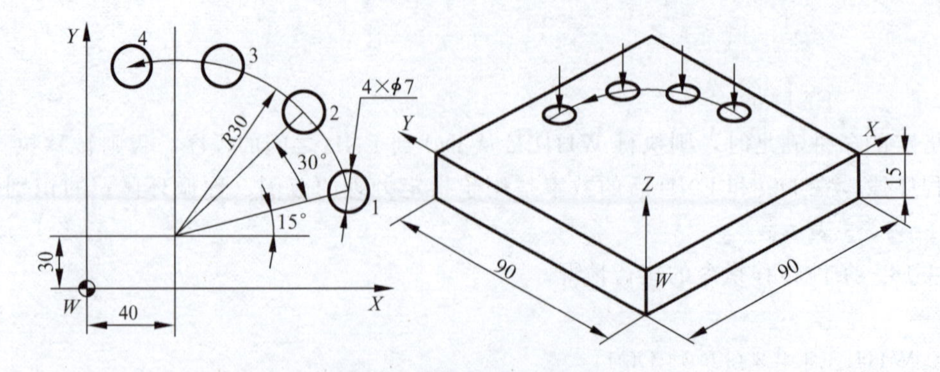

图 4-73　圆弧点阵孔群加工

选择工件上表面左下角为工件坐标系原点，刀具为 ϕ7 mm 的麻花钻。参考程序如下。

O9001；	程序名
N10 G54 G90 G17 G40 G80 G49 G21；	设置初始状态
N20 M03 S500；	启动主轴
N30 G00 X0 Y0；	回编程原点
N40 G00 Z50 M08；	安全高度，打开冷却液
N50 ＃1＝40；	圆弧中心的 X 坐标值
N60 ＃2＝30；	圆弧中心的 Y 坐标值
N70 ＃3＝30；	圆弧半径
N80 ＃4＝15；	第一个孔的起始角
N90 ＃5＝4；	圆周上孔数
N100 ＃6＝30；	均布孔间隔度数
N110 ＃7＝－20；	最终钻孔深度
N120 ＃8＝4；	接近加工表面安全距离
N130 ＃9＝60；	钻孔进给速度
N140 ＃100＝1；	赋孔计数器初值
N150 ＃30＝＃3＊COS［＃4］；	圆弧中心到圆弧上任意孔中心的横坐标值
N160 ＃31＝＃1＋＃30；	圆弧上任意孔中心的 X 坐标
N170 ＃32＝＃3＊SIN［＃4］；	圆弧中心到圆弧上任意孔中心的纵坐标值
N180 ＃33＝＃2＋＃32；	圆弧上任意孔中心的 Y 坐标
N190 G81 X＃31 Y＃33 Z＃7 R＃8 F＃9；	调用固定循环指令钻孔
N200 ＃100＝＃100＋1；	孔计数器加 1
N210 ＃4＝＃4＋＃6；	孔位置角度叠加一个角度均值
N220 IF［＃100 LE 4］GOTO 150；	如果＃100 小于等于 4，则返回
N230 G80 G00 Z100 M09；	取消孔加工固定循环，快速抬刀，并关闭冷却液
N240 M05；	主轴停
N250 M30；	程序结束

例 4-20 加工如图 4-74 所示椭圆凸台，试编写出其精加工宏程序。

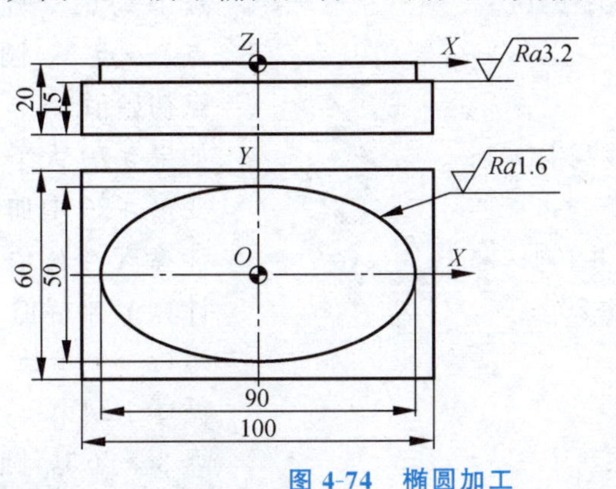

图 4-74 椭圆加工

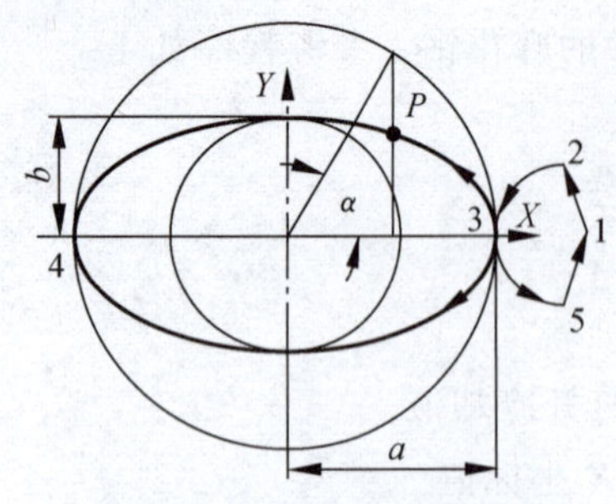

图 4-75　椭圆加工走刀路线

（1）椭圆的参数方程

如图 4-75 所示，椭圆上任意点 P 的参数方程为：

$$x = a \times \cos \alpha$$
$$y = b \times \sin \alpha$$

（2）椭圆的加工路线：1→2→3→4→3→5→1，如图 4-75 所示。

椭圆加工时，图 4-75 中各点坐标见表 4-13。

表 4-13　椭圆加工基点坐标

1	(65, 0)	2	(60, 15)	3	(45, 0)
4	(−45, 0)	5	(60, −15)		

（3）参考程序

选择工件上表面中心为工件坐标系原点，刀具为 ϕ25 mm 的立铣刀（高速钢）。参考程序如下。

```
O9002;                                   程序名
N10 G54 G90 G17 G40 G80 G49 G21;         设置初始状态
N20 M03 S300;                            启动主轴
N30 G00 X0 Y0;                           回编程原点
N40 G00 Z50 M08;                         安全高度，打开冷却液
N50 #10=-0.5;                            角度步长
N60 #11=360;                             初始角度
N70 #12=0;                               终止角度
N80 #13=45;                              长半轴
N90 #14=25;                              短半轴
N100 #15=-5;                             加工深度
N110 G00 X65 Y0;                         刀具快速运行到点 1
N120 G00 Z10;                            快速下刀到参考高度
N130 G01 Z [#15] F80;                    刀具下到-5 mm
N140 G41 G01 X60 Y15 D01 F100;           点 1→点 2，建立刀具半径补偿
N150 G03 X45 Y0 R15;                     点 2→点 3，圆弧切入
N160 #20=#11;                            赋初始值
N170 WHILE [#20 GT #12] DO1;             如果#20 大于#12，循环 1 继续
N180 #20=#20+#10;                        变量#20 增加一个角度步长
N190 #16=#13*COS [#20];                  计算 X 坐标值
N200 #17=#14*SIN [#20];                  计算 Y 坐标值
N210 G01 X#16 Y#17;                      运行一个步长
N220 END1;                               循环 1 结束
N230 G03 X60 Y-15 R15;                   点 3→点 5，圆弧切出
```

```
N240 G40 G01 X60 Y0;          点 5→点 1，取消刀具半径补偿
N250 G00 Z100 M09;            快速提刀，并关闭冷却液
N260 M05;                     主轴停
N270 M30;                     程序结束
```

4.7　数控铣床编程实例

4.7.1　轮廓加工

加工如图 4-76 所示零件凸台外轮廓，毛坯为 70 mm×50 mm×20 mm 长方块（其余面已经加工），材料为 45 钢，单件生产。

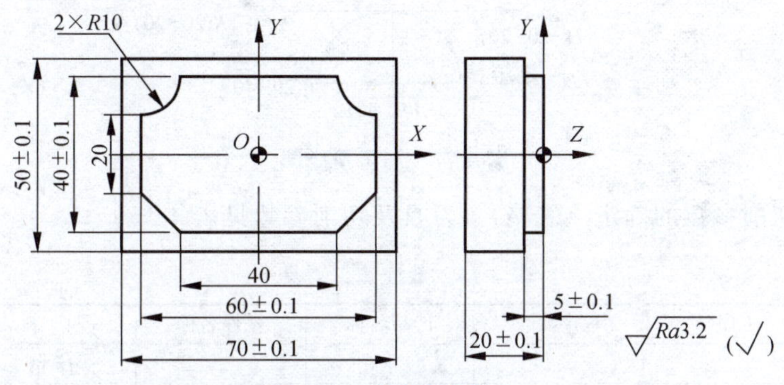

图 4-76　轮廓铣削加工

1. 加工工艺的确定

（1）分析零件图样

零件轮廓由直线和圆弧组成，尺寸精度约为 IT11，表面粗糙度全部为 $Ra3.2\ \mu m$，没有形位公差项目的要求，整体加工要求不高。

（2）工艺分析

① 加工方案的确定。根据图样加工要求，采用立铣刀粗铣→精铣完成。

② 确定装夹方案。该零件为单件生产，且零件外形为长方体，可选用平口虎钳装夹。工件上表面高出钳口 8 mm 左右。

③ 确定加工工艺。加工工艺见表 4-14。

表 4-14　数控加工工序卡

数控加工工艺卡片		产品名称	零件名称	材　料		零件图号	
				45 钢			
工序号	程序编号	夹具名称	夹具编号	使用设备		车　间	
		虎钳					
工步号	工步内容		刀具号	主轴转速 /(r·min^{-1})	进给速度 /(mm·min^{-1})	背吃刀量 /mm	侧吃刀量 /mm	备注
1	粗铣外轮廓		T01	500	120	4.8		
2	精铣外轮廓		T01	600	90	5	0.3	

④ 进给路线的确定。在数控加工中，刀具刀位点相对于工件运动的轨迹称为加工路线。为了保证表面质量，进给路线采用顺铣和圆弧进退刀方式，采用子程序对零件进行粗、精加工，该零件进给路线如图 4-77 所示。

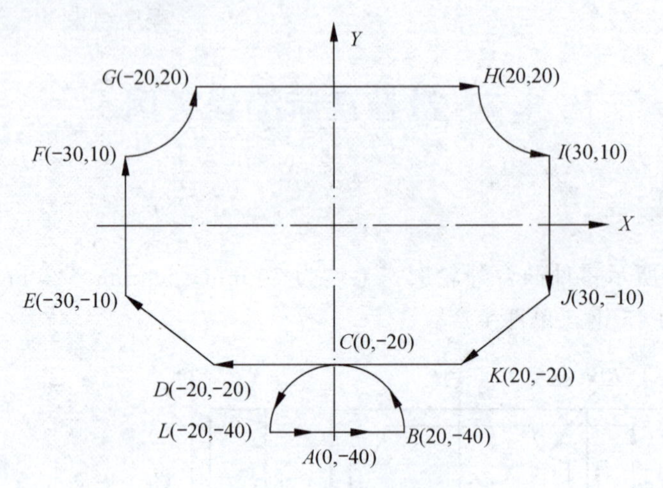

图 4-77　加工路线图

⑤ 刀具及切削参数的确定（表格）。刀具及切削参数见表 4-15。

表 4-15　数控加工刀具卡

数控加工刀具卡片		工序号	程序编号		产品名称		零件名称		材　料		零件图号
									45 钢		
序号	刀具号	刀具名称	刀具规格/mm		补偿值/mm		刀补号		备注		
			直径	长度	半径	长度	半径	长度			
1	T01	立铣刀（3 齿）	ϕ16	实测	8.3 计算		D01 D02		高速钢		

2. 参考程序编制

（1）工件坐标系的建立

由图样可以分析出该零件的设计基准为左右和前后对称中心线，为使编程方便，工件坐标系建立在左右和前后对称中心线的交点上，Z 轴 O 点在工件上表面。

（2）基点坐标计算（略）

（3）参考程序

参考程序见表 4-16。

表 4-16　参考程序

主程序	
程序	说明
O5004；	主程序名
N10 G90 G54 G00 X0 Y－40；	建立工件坐标系，快速进给至下刀位置 A 点（图 4-77）
N20 M03 S500；	启动主轴
N30 Z50 M08；	主轴到达安全高度，同时打开冷却液

续表

主程序	
程序	说明
N40 Z10	接近工件
N50 G01 Z－4.8 F120	Z 向下刀
N60 M98 P5011 D01	调用子程序粗加工零件轮廓，D01＝8.3
N70 G00 Z50 M09	Z 向抬刀并关闭冷却液
N80 M05	主轴停
N90 G91 G00 Y200	Y 轴工作台前移，便于测量
N100 M00	程序暂停，进行测量
N110 G54 G90 G00 Y0	Y 轴返回
N120 M03 S600	启动主轴
N130 Z50 M08	刀具到达安全高度并开启冷却液
N140 Z10	接近工件
N150 G01 Z－5 F90	Z 向下刀
N160 M98 P5011 D02	调用子程序零件轮廓精加工 D02＝刀具半径－（实测值－理论值）/2
N170 G00 Z50 M09	刀具到达安全高度，并关闭冷却液
N180 M05	主轴停
N190 M30	主程序结束
备注：如四个角落有残留，可手动切除。	
子程序	
程序	说明
N10 O5011	子程序名
N20 G41 G01 X20	建立刀具半径补偿，A→B（图 5-24）
N30 G03 X0 Y－20 R20	圆弧切向切入 B→C
N40 G01 X－20 Y－20	走直线 C→D
N50 X－30 Y－10	走直线 D→E
N60 Y10	走直线 E→F
N70 G03 X－20 Y20 R10	逆圆插补 F→G
N80 G01 X20	走直线 G→H
N90 G03 X30 Y10 R10	逆圆插补 H→I
N100 G01 Y－10	走直线 I→J
N110 X20 Y－20	走直线 J→K
N120 Y0	走直线 K→C
N130 G03 X－20 Y－40 R20	圆弧切向切出 C→L
N140 G40 G00 X0	取消刀具半径补偿，L→A
N150 M99	子程序结束

4.7.2　型腔加工

加工图 4-78 所示零件，毛坯为 ϕ50 mm×20 mm 的圆盘（上、下面和圆柱面已加工好），材料为 45 钢，单件生产。

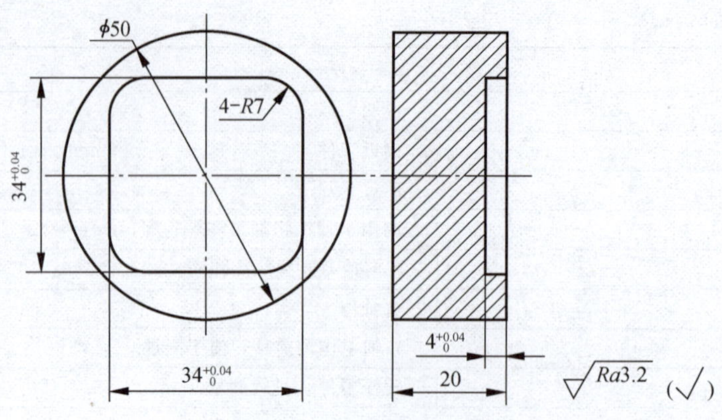

图 4-78　简单型腔零件

1. 加工工艺的确定

(1) 分析零件图样

该零件要求加工矩形型腔，表面粗糙度要求为 *Ra*3.2 μm。

(2) 工艺分析

① 加工方案的确定。根据零件的要求，型腔加工方案为：型腔去余量→型腔轮廓粗加工→型腔轮廓精加工。

② 确定装夹方案。选三爪卡盘夹紧，使零件伸出 5 mm 左右。

③ 确定加工工艺。加工工艺见表 4-17。

表 4-17　数控加工工序卡片

<table>
<tr><td colspan="3" rowspan="2">数控加工工艺卡片</td><td>产品名称</td><td>零件名称</td><td>材　料</td><td colspan="3">零件图号</td></tr>
<tr><td></td><td></td><td>45 钢</td><td colspan="3"></td></tr>
<tr><td>工序号</td><td>程序编号</td><td>夹具名称</td><td>夹具编号</td><td colspan="2">使用设备</td><td colspan="3">车　间</td></tr>
<tr><td></td><td></td><td>三爪卡盘</td><td></td><td colspan="2"></td><td colspan="3"></td></tr>
<tr><td>工步号</td><td>工步内容</td><td>刀具号</td><td>主轴转速 /(r·min⁻¹)</td><td>进给速度 /(mm·min⁻¹)</td><td>背吃刀量 /mm</td><td>侧吃刀量 /mm</td><td>备注</td></tr>
<tr><td>1</td><td>型腔去余量</td><td>T01</td><td>400</td><td>100</td><td>4</td><td></td><td></td></tr>
<tr><td>2</td><td>型腔轮廓粗加工</td><td>T01</td><td>400</td><td>120</td><td>4</td><td>0.7</td><td></td></tr>
<tr><td>3</td><td>型腔轮廓精加工</td><td>T01</td><td>600</td><td>60</td><td>4</td><td>0.3</td><td></td></tr>
</table>

④ 进给路线的确定。型腔去余量走刀路线如图 4-79 所示。刀具在 1 点螺旋下刀（螺旋半径为 6 mm），再从 1 点至 2 点，采用行切法去余量。

图 4-79 中各点坐标见表 4-18。

表 4-18　型腔去余量加工基点坐标

1	(−4，−7)	2	(−10，−10)	3	(10，−10)
4	(10，−3)	5	(−10，−3)	6	(−10，3)
7	(10，3)	8	(10，10)	9	(−10，10)

型腔轮廓加工走刀路线如图 4-80 所示。刀具在 1 点下刀后，再从 1 点→2 点→3 点→4 点→…，采用环切法加工型腔轮廓。

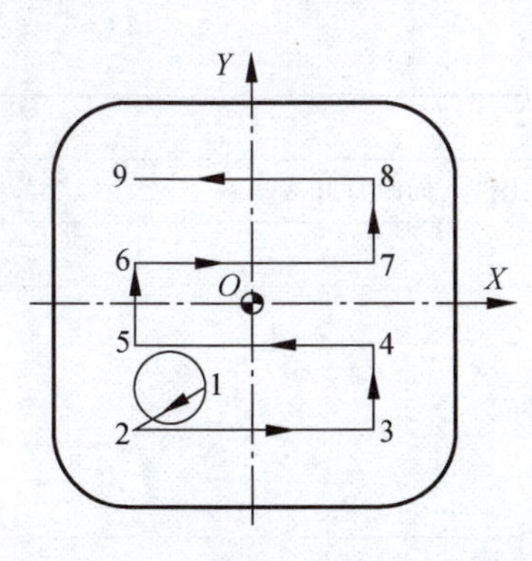

图 4-79　型腔去余量走刀路线

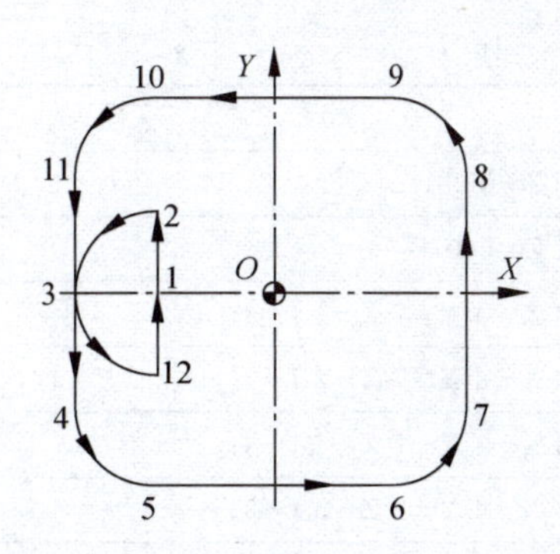

图 4-80　型腔轮廓加工走刀路线

图 4-80 中各点坐标见表 4-19。

表 4-19　型腔轮廓加工基点坐标

1	(−10，0)	2	(−10，7)	3	(−17，0)
4	(−17，−10)	5	(−10，−17)	6	(10，−17)
7	(17，−10)	8	(17，10)	9	(10，17)
10	(−10，17)	11	(−17，10)	12	(−10，−7)

⑤ 刀具及切削参数的确定。刀具及切削参数见表 4-20。

表 4-20　数控加工刀具卡

<table>
<tr><td colspan="2" rowspan="2">数控加工刀具卡片</td><td>工序号</td><td colspan="2">程序编号</td><td colspan="2">产品名称</td><td>零件名称</td><td>材　料</td><td>零件图号</td></tr>
<tr><td></td><td colspan="2"></td><td colspan="2"></td><td></td><td>45 钢</td><td></td></tr>
<tr><td rowspan="2">序号</td><td rowspan="2">刀具号</td><td rowspan="2">刀具名称</td><td colspan="2">刀具规格/mm</td><td colspan="2">补偿值/mm</td><td colspan="2">刀补号</td><td rowspan="2">备注</td></tr>
<tr><td>直径</td><td>长度</td><td>半径</td><td>长度</td><td>半径</td><td>长度</td></tr>
<tr><td>1</td><td>T01</td><td>立铣刀（3 齿）</td><td>ϕ16</td><td>实测</td><td>6.3
6</td><td>实测</td><td>D01
D02</td><td></td><td>高速钢</td></tr>
</table>

2. 参考程序编制

(1) 工件坐标系的建立

以图 4-80 示的上表面中心作为 G54 工件坐标系原点。

(2) 基点坐标计算（略）

(3) 参考程序（型腔加工时采用键槽铣刀直接下刀）

参考程序见表 4-21。

表 4-21　参考程序

程序	说明
O2001；	主程序名
N10 G54 G90 G17 G40 G80 G49 G21；	设置初始状态
N20 G00 Z50；	安全高度
N30 G00 X−4 Y−7 S400 M03；	启动主轴，快速进给至下刀位置（点 1，见图 4-79）

续表

程序	说明
N40 G00 Z5 M08；	接近工件，同时打开冷却液
N50 G01 Z0 F60；	接近工件
N60 G03 X−4 Y−7 Z−1 I−3；	螺旋下刀
N70 G03 X−4 Y−7 Z−2 I−3；	
N80 G03 X−4 Y−7 Z−4 I−3；	
N90 G03 X−4 Y−7 Z−3 I−3；	
N100 G03 X−4 Y−7 Z−4 I−3；	修光底部
N110 G01 X−10 Y−10 F100；	1→2（见图 4-79）
N120 X10；	2→3
N130 Y−3；	3→4
N140 X−10；	4→5
N150 Y3；	5→6
N160 X10；	6→7
N170 Y10；	7→8
N180 X−10；	8→9
N190 G01 X−10 Y0；	进给至型腔轮廓加工起点（点 1，见图 4-80）
N200 M98 P8001 D01 F120；	调子程序 O8001，粗加工型腔轮廓
N210 M98 P8001 D02 F60 S600；	调子程序 O8001，精加工型腔轮廓
N220 G00 Z50 M09；	Z 向抬刀至安全高度，并关闭冷却液
N230 M05；	主轴停
N240 M30；	主程序结束
子程序	
O8001；	子程序名
N10 G41 G01 X−10 Y7；	1→2（见图 4-80），建立刀具半径补偿
N20 G03 X−17 Y0 R7；	2→3
N30 G01 Y−10；	3→4
N40 G03 X−10 Y−17 R7；	4→5
N50 G01 X10；	5→6
N60 G03 X17 Y−10 R7；	6→7
N70 G01 X17 Y10；	7→8
N80 G03 X10 Y17 R7；	8→9
N90 G01 X−10；	9→10
N100 G03 X−17 Y10 R7；	10→11
N110 G01 Y0；	11→3
N120 G03 X−10 Y−7 R7；	3→12
N120 G40 G00 X−10 Y0；	12→1，取消刀具半径补偿
N130 M99；	子程序结束

4.7.3 孔加工

支撑座零件如图 4-81 所示，上下表面、外轮廓已在前面工序加工完成。本工序完成零件上所有孔的加工，试编写其加工程序。零件材料为 HT150。

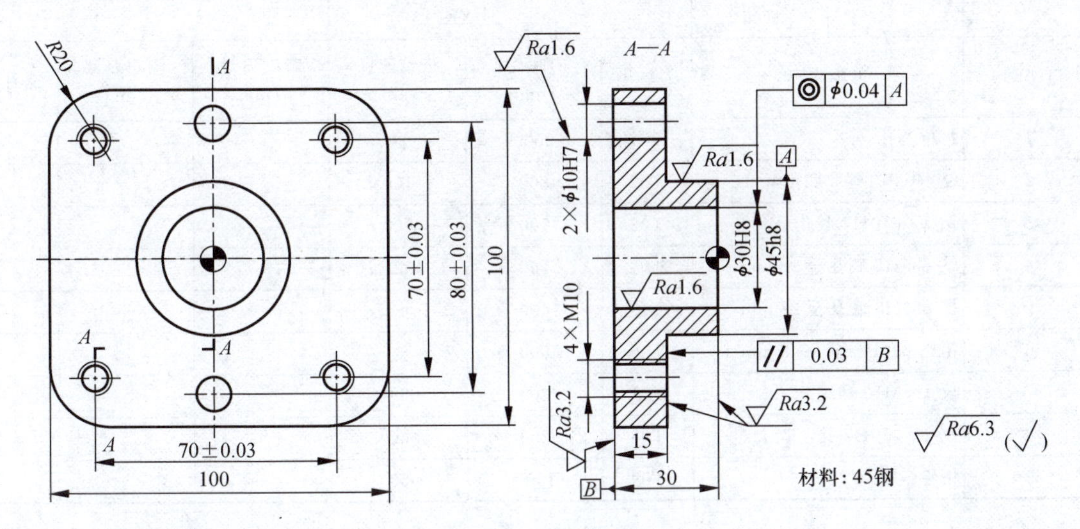

图 4-81　支撑座零件

1. 加工工艺的确定

(1) 分析零件图样

该零件需加工 2×ϕ10H7 孔、ϕ30H8 孔，孔的尺寸精度分别为 7 级和 8 级，表面粗糙度 *Ra*1.6 μm；攻 4×M10 螺纹孔。ϕ30H8 mm 孔对 ϕ45h8 外形轮廓有同轴度要求，最好与 ϕ45h8 mm外形轮廓在同一次装夹中完成，也可以 ϕ45h8 外形轮廓为定位或对刀基准完成加工。由于 ϕ45h8 外形轮廓已在前面工序完成，本次加工以 ϕ45h8 外形轮廓为对刀基准，并将 *XY* 坐标原点设在 ϕ45h8 mm 外形轮廓中心。

(2) 工艺确定

① 加工方案的确定。

2×ϕ10H7 孔可采用中心钻定位、钻、铰孔方式完成，铰孔的底孔直径取 ϕ9.8 mm；ϕ10H8 孔用钻、扩、粗镗、精镗方式完成，精镗孔余量取 0.2 mm（双边）；4×M10 螺纹孔采用中心钻定位、钻、攻丝方式完成。M10 螺距为 1.5 mm，攻丝的底孔直径取 8.5 mm。机床的定位精度完全能保证孔的位置精度要求，所有孔加工进给路线均按最短路线确定。

② 确定装夹方案。

工件以精密平口钳上的定钳口和垫块为定位面，要注意防止垫铁与孔加工刀具相碰，动钳口将工件夹紧。虎钳的定钳口需要进行检测，确保定钳口与工作台的垂直度、平行度。虎钳的底平面和垫块与工作台的平行度也要进行检测。垫块数量尽量少，摆放位置应确保加工时不会与刀具干涉。

③ 加工工艺及切削参数见表 4-22、表 4-23。

表 4-22　数控加工工序卡

数控加工工艺卡片			产品名称	零件名称		材　料		零件图号
				支撑座		HT150		
工序号	程序编号		夹具名称	夹具编号	设备名称		车　间	
			虎钳		XK713			
工步号	工步内容		刀具号	主轴转速/(r·min^{-1})	进给速度/(mm·min^{-1})	背吃刀量/mm	侧吃刀量/mm	备注
1	打中心孔		T01	2000	80			
2	钻 4×M10 螺纹底孔至 8.5 mm		T02	800	100			
3	钻 2×ϕ10H7 底孔至 9.8 mm		T03	700	100			
4	钻 ϕ30H8 底孔至 18 mm		T04	500	60			
5	扩 ϕ30H8 底孔至 28 mm		T05	400	40			
6	粗镗 ϕ30H8 至 29.8 mm		T06	600	60			
7	攻 4×M10 螺纹		T07	200	300			
8	铰 2×ϕ10H7 孔		T08	250	60			
9	精镗 ϕ30H8 孔		T09	1500	50			

表 4-23　数控加工刀具卡

数控加工刀具卡片		工序号	程序编号	产品名称	零件名称	材　料	零件图号		
						45 钢			
序号	刀具号	刀具名称	刀具规格/mm		补偿值/mm		刀补号		备注
			直径	长度	半径	长度	半径	长度	
1	T01	中心钻	ϕ5						高速钢
2	T02	麻花钻	ϕ8.5						高速钢
3	T03	麻花钻	ϕ9.8						高速钢
4	T04	麻花钻	ϕ18						高速钢
5	T05	麻花钻	ϕ28						高速钢
6	T06	粗镗刀	ϕ29.8						硬质合金
7	T07	机用丝锥	M10						高速钢
8	T08	铰刀	ϕ10						高速钢
9	T09	精镗刀	ϕ30						硬质合金

2. 参考程序编制

(1) 工件坐标系的建立

以 ϕ45h8 外形轮廓中心为工件坐标系原点，建立工件坐标系，Z 轴原点设在工件顶面上。

(2) 参考程序

执行某个程序前，事先完成该程序所用刀具的对刀。

① 打中心孔，程序见表 4-24（T01）。

表 4-24　打中心孔

程序	说明
O1000；	程序名
N10 G54 G90 G17 G40 G80 G49 G21；	设置初始状态
N20 G00 Z50 M08；	到达安全高度，打开冷却液
N30 M03 S2000；	启动主轴
N40 G99 G81 X35 Y35 R−10 Z−20 F80；	在（X35，Y35）处钻中心孔
N50 X0 Y40；	在（X0，Y40）处钻中心孔
N60 X−35 Y35；	在（X−35，Y35）处钻中心孔
N70 Y−35；	在（X−35，Y−35）处钻中心孔
N80 X0 Y−40；	在（X0，Y−40）处钻中心孔
N90 G98 X35 Y−35；	在（X35，Y−35）处钻中心孔
N100 X0 Y0 R5 Z−5；	在（X0，Y0）处钻中心孔
N110 G00 Z180 M09；	抬刀
N120 X150 Y150 M05；	移动手动换刀位置
N130 M30；	程序结束

② 钻 4×M10 底孔，程序见表 4-25（T02）。

表 4-25　钻 4×M10 底孔

程序	说明
O1001；	程序名
N10 G54 G90 G17 G40 G80 G49 G21；	设置初始状态
N20 G00 Z50 M08；	到达安全高度，打开冷却液
N30 M03 S200；	启动主轴
N40 G99 G81 X35 Y35 R−10 Z−34 F100；	在（X35，Y35）处钻孔至 8.5 mm
N60 X−35；	在（X−35，Y35）处钻孔至 8.5 mm
N70 Y−35；	在（X−35，Y−35）处钻孔至 8.5 mm
N80 X35；	在（X35，Y−35）处钻孔至 8.5 mm
N90 G00 Z180 M09；	抬刀
N100 X150 Y150 M05；	移动手动换刀位置
N110 M30；	程序结束

③ 钻 2×ϕ10H7 底孔，程序见表 4-26（T03）。

表 4-26　钻 2×ϕ10H7 底孔

程序	说明
O1002；	程序名
N10 G54 G90 G17 G40 G80 G49 G21；	设置初始状态
N20 G00 Z50 M08；	到达安全高度，打开冷却液
N30 M03 S700；	启动主轴
N40 G98 G81 X0 Y40 R−10 Z−35 F100；	在（X0，Y40）处钻孔至 9.8 mm
N60 Y−40；	在（X0，Y−40）处钻孔至 9.8 mm
N70 G00 Z180 M09；	抬刀
N80 X150 Y150 M05；	移动手动换刀位置
N90 M30；	程序结束

④ 钻 ϕ30H8 底孔，程序见表 4-27（T04）。

表 4-27　钻 ϕ30H8 底孔

程序	说明
O1003；	程序名
N10 G54 G90 G17 G40 G80 G49 G21；	设置初始状态
N20 G00 Z50 M08；	到达安全高度，打开冷却液
N30 M03 S500；	启动主轴
N40 G98 G81 X0 Y0 R5 Z−37 F60；	在（X0，Y0）处钻孔至 18 mm
N50 G00 Z180 M09；	抬刀
N60 X150 Y150 M05；	移动手动换刀位置
N70 M30；	程序结束

⑤ 扩 ϕ30H8 底孔，程序见表 4-28（T05）。

表 4-28　扩 ϕ30H8 底孔

程序	说明
O1004；	程序名（打中心孔）
N10 G54 G90 G17 G40 G80 G49 G21；	设置初始状态
N20 G00 Z50 M08；	到达安全高度，打开冷却液
N30 M03 S400；	启动主轴
N40 G98 G81 X0 Y0 R5 Z−37 F40；	在（X0，Y0）处扩孔至 28 mm
N50 G00 Z180 M09；	抬刀
N60 X150 Y150 M05；	移动手动换刀位置
N70 M30；	程序结束

⑥ 粗镗 ϕ30H8 孔，程序见表 4-29（T06）。

表 4-29　粗镗 ϕ30H8 孔

程序	说明
O1005；	程序名（打中心孔）
N10 G54 G90 G17 G40 G80 G49 G21；	设置初始状态
N20 G00 Z50 M08；	到达安全高度，打开冷却液
N30 M03 S600；	启动主轴
N40 G98 G86 X0 Y0 R5 Z−37 F60；	在（X0，Y0）处粗镗孔至 29.8 mm
N50 G00 Z180 M09；	抬刀
N60 X150 Y150 M05；	移动手动换刀位置
N70 M30；	程序结束

⑦ 攻 4×M10 螺纹，程序见表 4-30（T07）。

表 4-30　攻 4×M10 螺纹

程序	说明
O1006；	程序名（打中心孔）
N10 G54 G90 G17 G40 G80 G49 G21；	设置初始状态
N20 G00 Z50 M08；	到达安全高度，打开冷却液
N30 M03 S200；	启动主轴
N40 G99 G84 X35 Y35 R−10 Z−37 F300；	在（X35，Y35）处攻丝
N50 X−35；	在（X−35，Y35）处攻丝
N60 Y−35；	在（X−35，Y−35）处攻丝
N70 X35；	在（X35 Y−35）处攻丝
N80 G00 Z180 M09；	抬刀
N90 X150 Y150 M05；	移动手动换刀位置
N100 M30；	程序结束

⑧ 铰 2×ϕ10H7 孔，程序见表 4-31（T08）。

表 4-31　铰 2×ϕ10H7 孔

程序	说明
O1007；	程序名（打中心孔）
N10 G54 G90 G17 G40 G80 G49 G21；	设置初始状态
N20 G00 Z50 M08；	到达安全高度，打开冷却液
N30 M03 S250；	启动主轴
N40 G98 G85 X0 Y40 R−10 Z−35 F60；	在（X0，Y40）处铰孔
N50 Y−40；	在（X0，Y−40）处铰孔
N60 G00 Z180 M09；	抬刀
N70 X150 Y150 M05；	移动手动换刀位置
N80 M30；	程序结束

⑨ 精镗 ϕ30H8 孔，程序见表 4-32（T09）。

表 4-32　精镗 ϕ30H8 孔

程序	说明
O1004；	程序名（打中心孔）
N10 G54 G90 G17 G40 G80 G49 G21；	设置初始状态
N20 G00 Z50 M08；	到达安全高度，打开冷却液
N30 M03 S1500；	启动主轴
N40 G98 G85 X0 Y0 R5 Z−32 F50；	在（X0，Y0）处精镗 ϕ30H8 孔
N50 G00 Z180 M09；	抬刀
N60 X150 Y150 M05；	移动手动换刀位置
N70 M30；	程序结束

4.7.4　使用宏程序加工曲面

加工图 4-82 所示的凸球面，毛坯为 50 mm×50 mm×40 mm 长方块（六面均已加工），材料为 45 钢，单件生产。

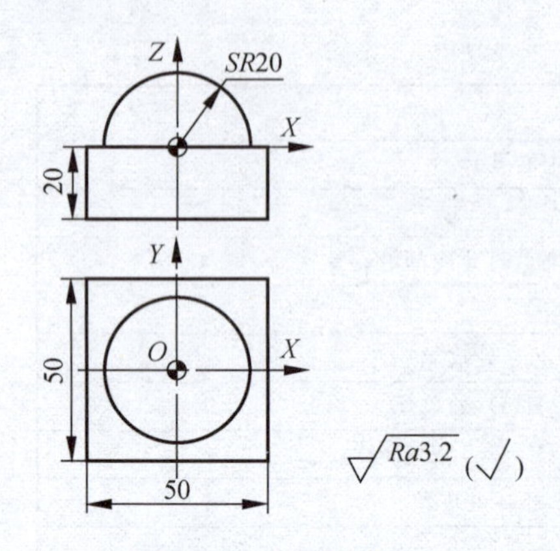

图 4-82　凸球面加工

1. 球面加工的走刀路线和进刀控制算法分析

（1）球面加工的走刀路线

球面加工一般采用分层铣削的方式，即利用一系列水平面截球面所形成的同心圆来完成走刀。在进刀控制上有从上向下进刀和从下向上进刀两种，一般应使用从下向上进刀来完成加工，此时主要利用铣刀侧刃切削，表面质量较好，端刃磨损较小，同时切削力将刀具向欠切方向推，有利于控制加工尺寸。

（2）进刀控制算法

对立铣刀加工，曲面加工是刀尖完成的，当刀尖沿圆弧运动时，其刀具中心运动轨迹也是一条等径的圆弧，只是位置相差一个刀具半径，如图 4-83（a）所示。

对球头刀加工，曲面加工是球刃完成的，其刀具中心是球面的同心球面，半径相差一个刀具半径，如图 4-83（b）所示。

当采用等高方式逐层切削时，先根据允许的加工误差和表面粗糙度，确定合理的 Z 向进刀量，再根据给定加工深度 Z，计算加工圆的半径，即 $r=\text{sqrt}\left[R^2-Z^2\right]$，如图 4-83（c）所示。

当采用等角度方式逐层切削时，先根据允许的加工误差和表面粗糙度，确定两相邻进刀点相对球心的角度增量，再根据角度计算进刀点的 r 和 Z 值，即 $Z=R\times\sin\theta$，$r=R\times\cos\theta$，如图 4-83（c）所示。

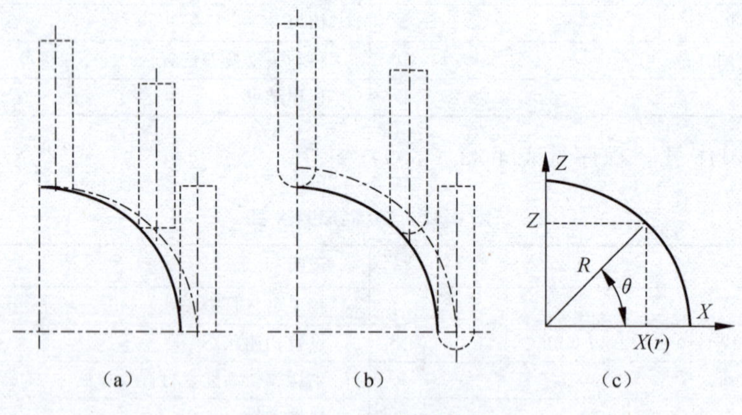

图 4-83　进刀控制算法

2. 加工工艺的确定

（1）分析零件图样

该零件要求加工的只是凸球面及四方底座的上表面，其表面粗糙度 $Ra3.2\ \mu m$。无其他要求。

（2）工艺分析

① 加工方案的确定。根据表面粗糙度 $Ra3.2\ \mu m$ 要求，凸球面的加工方案为粗铣→精铣；四方底座上表面的加工方案为粗铣→精铣。

② 确定装夹方案。选用平口虎钳装夹，工件上表面高出钳口约 24 mm。

③ 确定加工工艺。加工工艺见表 4-33。

表 4-33　数控加工工序卡

数控加工工艺卡片		产品名称	零件名称		材　料	零件图号	
					45 钢		
工序号	程序编号	夹具名称	夹具编号	使用设备		车　间	
		虎钳					
工步号	工步内容	刀具号	主轴转速 /(r·min^{-1})	进给速度 /(mm·min^{-1})	背吃刀量 /mm	侧吃刀量 /mm	备注
1	粗铣圆柱 ϕ41	T01	300	80	10		
2	粗加工凸球面	T01	300	120	2		
3	精加工凸球面	T02	1600	200			
4	精铣台阶面	T02	1600	200	0.5		

④ 刀具及切削参数的确定。刀具及切削参数见表 4-34。

表 4-34　数控加工刀具卡

数控加工刀具卡片		工序号	程序编号		产品名称	零件名称		材　料	零件图号
								45 钢	
序号	刀具号	刀具名称	刀具规格/mm		补偿值/mm		刀补号		备注
			直径	长度	半径	长度	半径	长度	
1	T01	立铣刀（3 齿）	ϕ20	实测		实测			高速钢
2	T02	立铣刀（4 齿）	ϕ20	实测	10	实测	D01		硬质合金

3. 参考程序编制

(1) 工件坐标系的建立

以球面中心为工件坐标系原点，建立工件坐标系。

(2) 基点坐标计算（略）

(3) 参考程序

① 粗加工。凸球面粗加工使用平底立铣刀，自上而下以等高方式逐层去除余量，每层以 G03 方式走刀，相关参数如图 4-84 所示。参考程序见表 4-35。

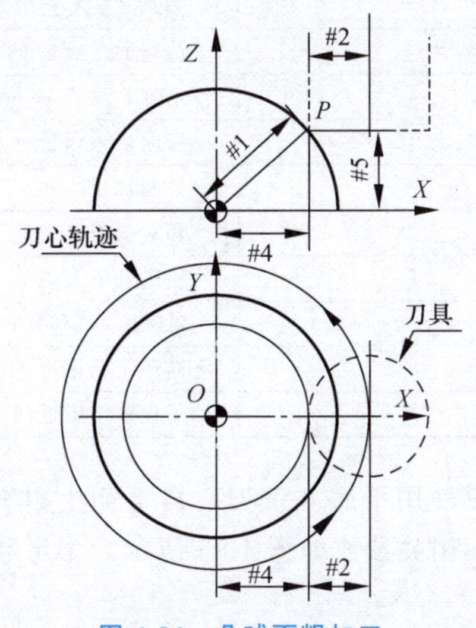

图 4-84　凸球面粗加工

表 4-35　粗加工参考程序

主程序	
程序	说明
O9003；	主程序名
N10 G54 G90 G17 G40 G80 G49 G21；	设置初始状态
N20 M03 S300；	启动主轴
N30 G00 X30.5 Y－40；	快速进给至粗铣圆柱 $\phi41$ 下刀位置
N40 G00 Z100；	安全高度
N50 G00 Z25 M08；	接近工件，同时打开冷却液
N60 G01 Z10 F80；	下刀至 $Z10$ mm
N70 G01 Y0；	直线切入
N80 G03 I－30.5；	粗铣圆柱 $\phi41$，深度为 10 mm
N90 G00 Z12；	快速提刀
N100 Y－40；	快速进给至粗铣圆柱 $\phi41$ 下刀位置
N110 G01 Z0.5 F80；	下刀至 $Z0.5$ mm
N120 G01 Y0；	直线切入
N130 G03 I－30.5；	粗铣圆柱 $\phi41$，深度为 19.5 mm
N140 G00 Z25；	快速提刀
N150 G90 G00 X32 Y0；	快进到凸球面粗加工下刀点
N160 G65 P9013 A20 B10 C2 J18；	调用子程序 O9013
N170 G00 Z100 M09；	快速提刀，并关闭冷却液
N180 M05；	主轴停
N190 M30；	程序结束
自变量赋值说明 ＃1＝A　凸球面半径；　＃2＝B　立铣刀半径； ＃3＝C　Z 坐标每次递减量（Z 向层间距）；　＃5＝J　凸球面上点 P 的 Z 坐标；	
子程序	
程序	说明
O9013；	子程序名
N10 WHILE [＃5 GT 0] DO1；	如果＃5 大于 0，循环 1 继续
N20 ＃4＝SQRT [＃1＊＃1－＃5＊＃5]；	凸球面上点 P 的 X 坐标
N30 G01 Z＃5 F80；	Z 向下刀
N40 G01 X [＃4＋＃2＋0.3] F120；	法向切入，留 0.3 mm 精加工余量
N50 G02 I－ [＃4＋＃2＋0.3]；	整圆加工
N60 G91 G00 Z2；	相对提刀 2 mm
N70 G90 G00 X32 Y0；	快进到下刀点
N80 ＃5＝＃5－＃3；	Z 坐标＃5 每次递减＃3
N90 END1；	循环 1 结束
N100 M99；	子程序结束返回

② 精加工。凸球面精加工使用平底立铣刀，自下而上以等角度水平环绕方式逐层去除余量，每层以 G02 方式走刀，相关参数如图 4-85 所示。参考程序见表 4-36。

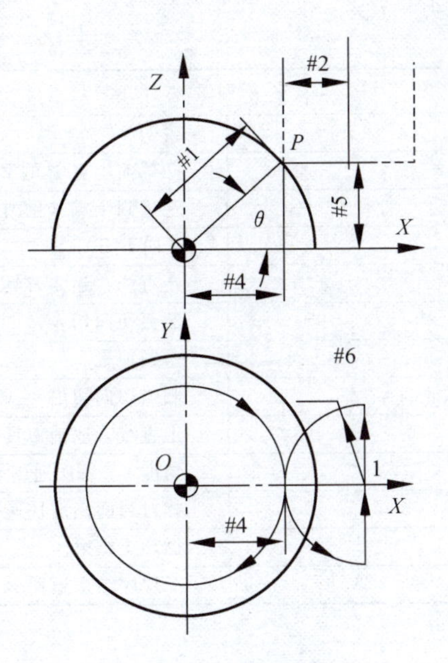

图 4-85　凸球面精加工

表 4-36　精加工参考程序

主程序	
程序	说明
O9004;	主程序名
N10 G54 G90 G17 G40 G80 G49 G21;	设置初始状态
N20 M03 S1600;	启动主轴
N30 G00 X30.5 Y40;	快速进给至精铣圆柱 ϕ41 下刀位置
N40 G00 Z100;	安全高度
N50 G00 Z5 M08;	接近工件，同时打开冷却液
N60 G01 Z0 F80;	下刀
N70 Y0 F200;	Y 向直线切入
N80 G02 I－30.5;	整圆加工，精铣台阶面
N90 G01 Y－5;	Y 向直线切出
N100 G00 Z2;	提刀
N110 G65 P9014 A20 B10 C1 K12 D0;	调用子程序 O9014
N120 G00 Z100 M09;	快速提刀，并关闭冷却液
N130 M05;	主轴停
N140 M30;	程序结束
自变量赋值说明 ＃1＝A　凸球面半径；　＃2＝B　立铣刀半径； ＃3＝C　角度每次递增量；　＃6＝K　圆弧进刀半径； ＃7＝D　角度设为自变量，赋初始值。	
子程序	
程序	说明
O9014;	子程序名
N10 WHILE [＃7 LT 90] DO1;	如果＃7 小于 90，循环 1 继续
N20 ＃4＝ ＃1＊COS [＃7];	凸球面上点 P 的 X 坐标

续表

子程序	
程序	说明
N30 ＃5＝ ＃1＊SIN［＃7］；	凸球面上点 P 的 Z 坐标
N40 G00 X［＃4＋＃6］Y0；	快进到 1 点（见图 4-85）
N50 G01 Z＃5 F80；	Z 向下刀
N60 G41 G01 Y＃6 D01 F200；	走直线，建立刀具半径补偿
N70 G03 X＃4 Y0 R＃6；	圆弧切向切入
N80 G02 I－＃4；	整圆加工
N90 G03 X［＃4＋＃6］Y－＃6 R＃6；	圆弧切向切出
N100 G40 G01 Y0；	走直线，取消刀具半径补偿
N110 ＃7＝＃7＋＃3；	角度＃7 每次递增＃3
N120 G00 Z［＃5＋1］；	相对当前高度快速提刀 1 mm
N130 END1；	循环 1 结束
N140 M99；	子程序结束返回

4.7.5 综合实例 1

加工如图 4-86 所示零件（单件生产），毛坯为 80 mm×80 mm×19 mm 长方块（80 mm×80 mm 的四面及底面已加工），材料为 45 钢。

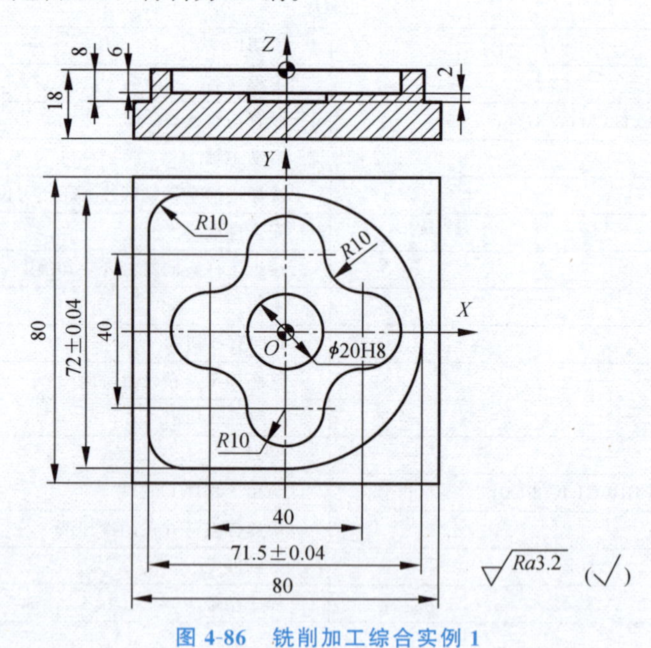

图 4-86 铣削加工综合实例 1

1. 加工工艺的确定

（1）分析零件图样

该零件包含了平面、外形轮廓、型腔和孔的加工，孔的尺寸精度为 IT8，其他表面尺寸精度要求不高，表面粗糙度全部为 $Ra3.2\ \mu m$，没有形位公差项目的要求。

（2）工艺分析

① 加工方案的确定。根据零件的要求，上表面采用端铣刀粗铣→精铣完成；其余表面

采用立铣刀粗铣→精铣完成。

② 确定装夹方案。该零件为单件生产，且零件外形为长方体，可选用平口虎钳装夹。工件上表面高出钳口 11 mm 左右。

③ 确定加工工艺。加工工艺见表 4-37。

表 4-37　数控加工工序卡片

<table>
<tr><td colspan="3" rowspan="2">数控加工工艺卡片</td><td>产品名称</td><td colspan="2">零件名称</td><td>材　料</td><td colspan="3">零件图号</td></tr>
<tr><td></td><td colspan="2"></td><td>45 钢</td><td colspan="3"></td></tr>
<tr><td>工序号</td><td>程序编号</td><td>夹具名称</td><td>夹具编号</td><td colspan="3">使用设备</td><td colspan="3">车　间</td></tr>
<tr><td></td><td></td><td>虎钳</td><td></td><td colspan="3"></td><td colspan="3"></td></tr>
<tr><td>工步号</td><td colspan="2">工步内容</td><td>刀具号</td><td>主轴转速 /(r·min⁻¹)</td><td>进给速度 /(mm·min⁻¹)</td><td>背吃刀量 /mm</td><td>侧吃刀量 /mm</td><td colspan="2">备注</td></tr>
<tr><td>1</td><td colspan="2">粗铣上表面</td><td>T01</td><td>300</td><td>150</td><td>0.7</td><td>80</td><td colspan="2"></td></tr>
<tr><td>2</td><td colspan="2">精铣上表面</td><td>T01</td><td>500</td><td>100</td><td>0.3</td><td>80</td><td colspan="2"></td></tr>
<tr><td>3</td><td colspan="2">外轮廓粗加工</td><td>T02</td><td>400</td><td>120</td><td>7.8</td><td></td><td colspan="2"></td></tr>
<tr><td>4</td><td colspan="2">孔粗加工</td><td>T02</td><td>400</td><td>60</td><td></td><td></td><td colspan="2"></td></tr>
<tr><td>5</td><td colspan="2">型腔粗加工</td><td>T02</td><td>400</td><td>120</td><td>5.8</td><td></td><td colspan="2"></td></tr>
<tr><td>6</td><td colspan="2">外轮廓精加工</td><td>T03</td><td>2000</td><td>250</td><td></td><td>0.3</td><td colspan="2"></td></tr>
<tr><td>7</td><td colspan="2">型腔精加工</td><td>T03</td><td>2000</td><td>250</td><td></td><td>0.3</td><td colspan="2"></td></tr>
<tr><td>8</td><td colspan="2">孔精加工</td><td>T03</td><td>2000</td><td>250</td><td></td><td>0.3</td><td colspan="2"></td></tr>
</table>

④ 进给路线的确定。外轮廓粗、精加工走刀路线如图 4-87 所示。

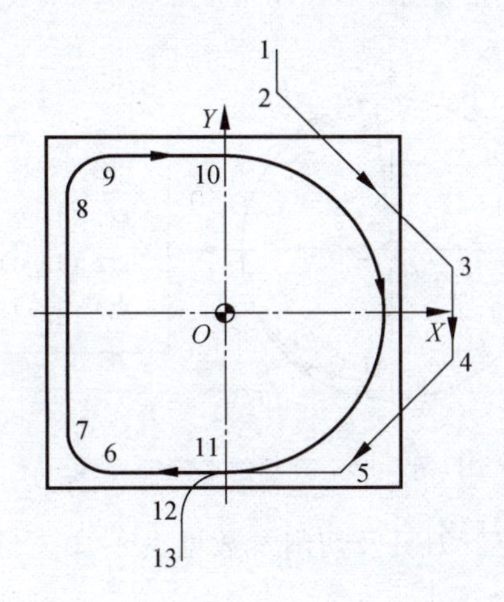

图 4-87　外轮廓粗、精加工走刀路线

图 4-87 中各点坐标见表 4-38。

表 4-38　外轮廓加工基点坐标

1	(12，60)	2	(12，50)	3	(52，10)
4	(52，−10)	5	(26，−36)	6	(−25.5，−36)
7	(−35.5，−26)	8	(−35.5，26)	9	(−25.5，36)
10	(0，36)	11	(0，−36)	12	(−10，−46)
13	(−10，−56)				

型腔粗、精加工走刀路线如图 4-88 所示。

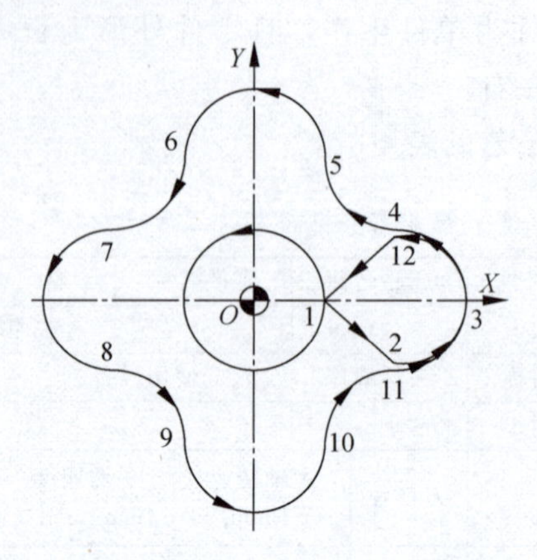

图 4-88　型腔粗、精加工走刀路线

图 4-88 中各点坐标见表 4-39。

表 4-39　型腔加工基点坐标

1	(10，0)	2	(21，−9)	3	(30，0)
4	(20，10)	5	(10，20)	6	(−10，20)
7	(−20，10)	8	(−20，−10)	9	(−10，−20)
10	(10，−20)	11	(20，−10)	12	(21，9)

孔精加工走刀路线如图 4-89 所示。

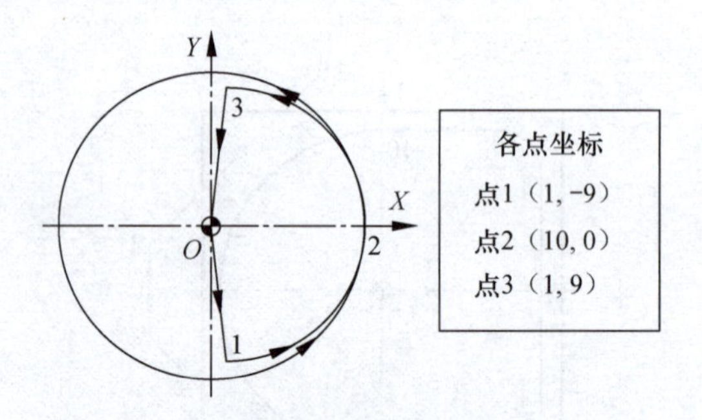

图 4-89　孔精加工走刀路线

⑤ 刀具及切削参数的确定。刀具及切削参数见表 4-40。

表 4-40　数控加工刀具卡

数控加工刀具卡片		工序号	程序编号		产品名称	零件名称		材　料		零件图号
								45 钢		
序号	刀具号	刀具名称	刀具规格/mm		补偿值/mm		刀补号			备注
			直径	长度	半径	长度	半径	长度		
1	T01	端铣刀（6 齿）	ϕ100	实测						硬质合金
2	T02	立铣刀（3 齿）	ϕ16	实测	8.3		D01			高速钢
3	T03	立铣刀（4 齿）	ϕ16	实测	8		D02			硬质合金
备注：D02 的实际半径补偿值根据测量结果调整。										

2. 参考程序编制

(1) 工件坐标系的建立

以图 4-86 示的上表面中心作为 G54 工件坐标系原点。

(2) 基点坐标计算（略）

(3) 参考程序

① 上表面加工程序。上表面采用面铣刀加工，其参考程序见表 4-41。

表 4-41　上表面加工参考程序

程序	说明
O1001;	程序名
N10 G54 G90 G17 G40 G80 G49 G21;	设置初始状态
N20 G00 Z50;	安全高度
N30 X－95 Y0 S300 M03;	启动主轴，快速进给至下刀位置
N40 G00 Z5 M08;	接近工件，同时打开冷却液
N50 G01 Z－0.7 F80;	下刀至－0.7 mm
N60 X95 F150;	粗铣上表面
N70 M03 S500;	主轴转速 500 r/min
N80 Z－1;	下刀至－1 mm
N90 G01 X－95 F100;	精铣上表面
N100 G00 Z50 M09;	*Z* 向抬刀至安全高度，并关闭冷却液
N110 M05;	主轴停
N120 M30;	程序结束

② 外轮廓、孔、型腔粗加工程序。外轮廓、孔、型腔粗加工采用立铣刀加工，其参考程序见表 4-42～表 4-44。

表 4-42　外轮廓、孔、型腔粗加工程序

程序	说明
O1002;	主程序名
N10 G54 G90 G17 G40 G80 G49 G21;	设置初始状态
N20 G00 Z50;	安全高度
N30 G00 X12 Y60 S400 M03;	启动主轴，快速进给至下刀位置（点 1，见图 4-87）
N40 G00 Z5 M08;	接近工件，同时打开冷却液
N50 G01 Z－7.8 F80;	下刀
N60 M98 P1011 D01 F120;	调子程序 O1011，粗加工外轮廓
N70 G00 X1.7 Y0;	快速进给至孔加工下刀位置
N80 G01 Z0 F60;	接近工件
N90 G03 X1.7 Y0 Z－1 I－1.7;	螺旋下刀
N100 G03 X1.7 Y0 Z－2 I－1.7;	
N110 G03 X1.7 Y0 Z－3 I－1.7;	
N120 G03 X1.7 Y0 Z－4 I－1.7;	
N130 G03 X1.7 Y0 Z－5 I－1.7;	
N140 G03 X1.7 Y0 Z－6 I－1.7;	
N150 G03 X1.7 Y0 Z－7 I－1.7;	
N160 G03 X1.7 Y0 Z－7.8 I－1.7;	

续表

程序	说明
N170 G03 X1.7 Y0 I−1.7；	修光孔底
N180 G01 Z−5.8 F120；	提刀
N190 G01 X10 Y0；	进给至点1（见图4-87）
N200 M98 P1012 D01；	调子程序O1012，粗加工型腔
N210 G00 Z50 M09；	Z向抬刀至安全高度，并关闭冷却液
N220 M05；	主轴停
N230 M30；	主程序结束

表4-43　外轮廓加工子程序

程序	说明
O1011；	子程序名
N10 G41 G01 X12 Y50；	1→2（见图4-87），建立刀具半径补偿
N20 X52 Y10；	2→3
N30 G00 X52 Y−10；	3→4
N40 G01 X26 Y−36；	4→5
N50 X−25.5 Y−36；	5→6
N60 G02 X−35.5 Y−26 R10；	6→7
N70 G01 X−35.5 Y26；	7→8
N80 G02 X−25.5 Y36 R10；	8→9
N90 G01 X0 Y36；	9→10
N100 G02 X0 Y−36 R36；	10→11
N110 G03 X−10 Y−46 R10；	11→12
N120 G40 G00 X−10 Y−56；	12→13，取消刀具半径补偿
N130 G00 Z5；	快速提刀
N140 M99；	子程序结束

表4-44　型腔加工子程序

程序	说明
O1012；	子程序名
N10 G03 X10 Y0 I−10；	走整圆去除余量
N20 G41 G01 X21 Y−9；	1→2（见图4-88），建立刀具半径补偿
N30 G03 X30 Y0 R9；	2→3
N40 G03 X20 Y10 R10；	3→4
N50 G02 X10 Y20 R10；	4→5
N60 G03 X−10 Y20 R10；	5→6
N70 G02 X−20 Y10 R10；	6→7
N80 G03 X−20 Y−10 R10；	7→8
N90 G02 X−10 Y−20 R10；	8→9
N100 G03 X10 Y−20 R10；	9→10
N110 G02 X20 Y−10 R10；	10→11
N120 G03 X30 Y0 R10；	11→3
N130 G03 X21 Y9 R9；	3→12
N140 G40 G01 X10 Y0；	12→1，取消刀具半径补偿
N150 G00 Z5；	快速提刀
N160 M99；	子程序结束

③ 外轮廓、孔、型腔精加工程序

外轮廓、孔、型腔精加工采用立铣刀加工，其参考程序见表 4-45。

表 4-45　外轮廓、孔、型腔精加工程序

程序	说明
O1003；	主程序名
N10 G54 G90 G17 G40 G80 G49 G21；	设置初始状态
N20 G00 Z50；	安全高度
N30 X12 Y60 S2000 M03；	启动主轴，快速进给至下刀位置（点 1，见图 4-87）
N40 G00 Z5 M08；	接近工件，同时打开冷却液
N50 G01 Z−8 F80；	下刀
N60 M98 P1011 D02 F250；	调子程序 O1011（见表 4-43），精加工外轮廓
N70 G00 X10 Y0；	快速进给至型腔加工下刀位置（点 1，见图 4-88）
N80 G01 Z−6 F80；	下刀
N90 M98 P1012 D02 F250；	调子程序 O1012（见表 4-44），精加工型腔
N100 G00 X0 Y0；	快速进给至孔加工下刀位置（见图 4-89）
N110 G01 Z−8 F80；	下刀
N120 G41 G01 X1 Y−9 D02 F250；	0→1（见图 4-89），建立刀具半径补偿
N130 G03 X10 Y0 R9；	1→2，圆弧切入
N140 G03 X10 Y0 I−10；	2→2，走整圆精加工孔
N150 G03 X1 Y9 R9；	2→3，圆弧切出
N160 G40 G01 X0 Y0；	3→0，取消刀具半径补偿
N170 G00 Z50 M09；	Z 向抬刀至安全高度，并关闭冷却液
N180 M05；	主轴停
N190 M30；	主程序结束

4.7.6　综合实例 2

加工如图 4-90 所示零件（单件生产），毛坯为 80 mm×80 mm×23 mm 长方块，材料为 45 钢，单件生产。

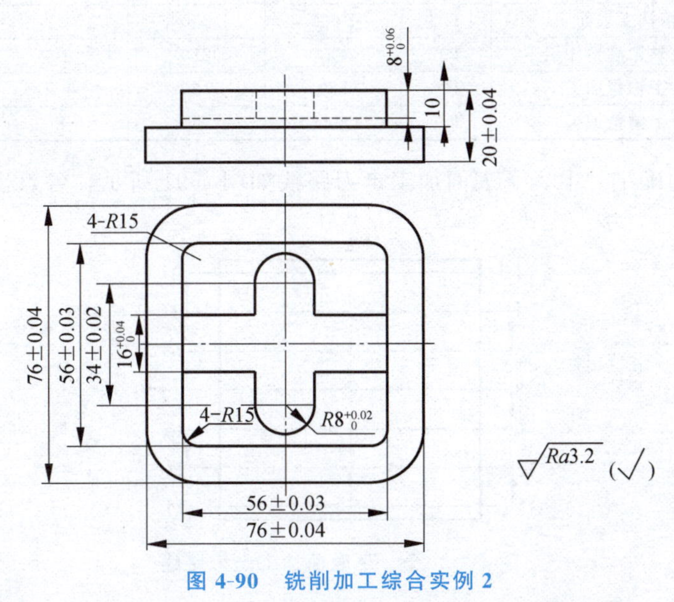

图 4-90　铣削加工综合实例 2

1. 加工工艺的确定

（1）分析零件图样

该零件包含了平面、外形轮廓、沟槽的加工，表面粗糙度全部为 $Ra3.2\ \mu m$。76 mm×76 mm 外形轮廓和 56 mm×56 mm 凸台轮廓的尺寸公差为对称公差，可直接按基本尺寸编程；十字槽中的两宽度尺寸的下偏差都为零，因此不必将其转变为对称公差，直接通过调整刀补来达到公差要求。

（2）工艺分析

① 加工方案的确定。根据零件的要求，上、下表面采用立铣刀粗铣→精铣完成；其余表面采用立铣刀粗铣→精铣完成。

② 确定装夹方案。该零件为单件生产，且零件外形为长方体，可选用平口虎钳装夹。

③ 确定加工工艺。加工工艺见表 4-46。

表 4-46　数控加工工序卡片

数控加工工艺卡片		产品名称		零件名称	材　料	零件图号	
					45 钢		
工序号	程序编号	夹具名称	夹具编号	使用设备		车　间	
		虎钳					
工步号	工步内容	刀具号	主轴转速/(r·min⁻¹)	进给速度/(mm·min⁻¹)	背吃刀量/mm	侧吃刀量/mm	备注
装夹 1：底部加工							
1	粗铣底面	T01	400	120	1.3	11	
2	底部外轮廓粗加工	T01	400	120	10	1.7	
3	精铣底面	T02	2 000	250	0.2	11	
4	底部外轮廓精加工	T02	2 000	250	10	0.3	
装夹 2：顶部加工							
1	粗铣上表面	T01	400	120	1.3	11	
2	凸台外轮廓粗加工	T01	400	100	9.8	11.7	
3	精铣上表面	T02	2 000	250	0.2	11	
4	凸台外轮廓精加工	T02	2 000	250	10	0.3	
5	十字槽粗加工	T03	550	120	3.9	12	
6	十字槽精加工	T03	800	80	8	0.3	

④ 进给路线的确定。上、下表面加工走刀路线如图 4-91 所示，各点坐标见表 4-47。

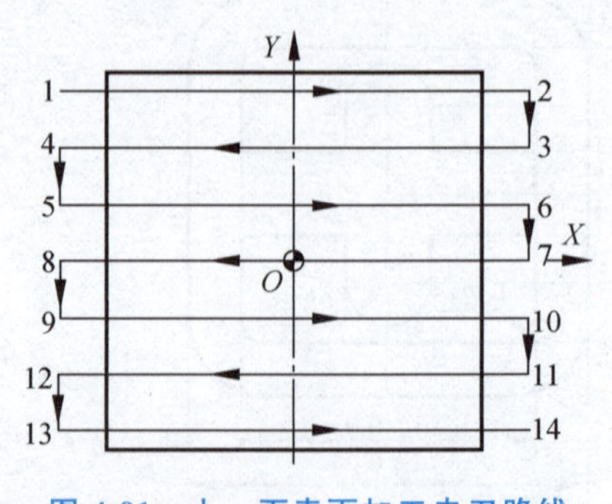

图 4-91　上、下表面加工走刀路线

表 4-47　上、下表面加工基点坐标

1	(−50，36)	2	(50，36)	3	(50，24)
4	(−50，24)	5	(−50，12)	6	(50，12)
7	(50，0)	8	(−50，0)	9	(−50，−12)
10	(50，−12)	11	(50，−24)	12	(−50，−24)
13	(−50，−36)	14	(50，−36)		

底部和凸台外轮廓加工走刀路线如图 4-92 所示，各点坐标见表 4-48。

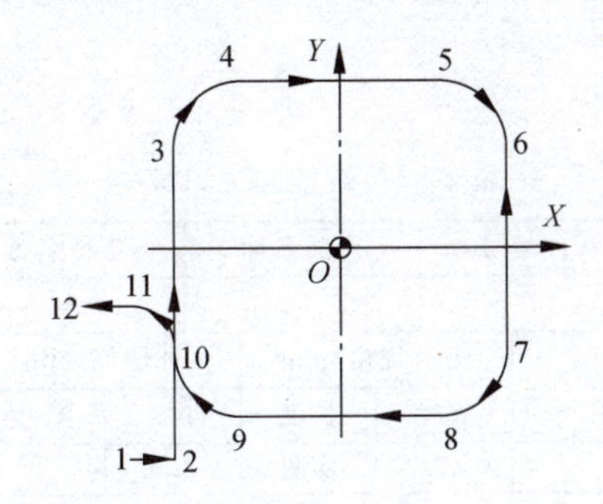

图 4-92　底部和凸台外轮廓加工走刀路线

表 4-48　底部外轮廓加工基点坐标

1	(−48，−48)	2	(−38，−48)	3	(−38，23)
4	(−23，38)	5	(23，38)	6	(38，23)
7	(38，−23)	8	(23，−38)	9	(−23，−38)
10	(−38，−23)	11	(−48，−13)	12	(−58，−13)

凸台外轮廓加工时，图 4-92 中各点坐标见表 4-49。

表 4-49　凸台外轮廓加工基点坐标

1	(−38，−48)	2	(−28，−48)	3	(−28，23)
4	(−23，28)	5	(23，28)	6	(28，23)
7	(28，−23)	8	(23，−28)	9	(−23，−28)
10	(−28，−23)	11	(−38，−13)	12	(−48，−13)

十字槽加工走刀路线如图 4-93 所示。

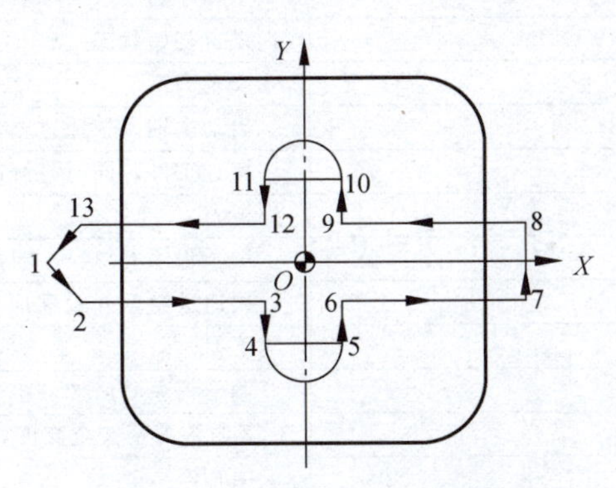

图 4-93　十字槽加工走刀路线

图 4-93 中各点坐标见表 4-50。

表 4-50　十字槽加工基点坐标

1	(−53，0)	2	(−36，−8)	3	(−8，−8)
4	(−8，−17)	5	(8，−17)	6	(8，−8)
7	(36，−8)	8	(36，8)	9	(8，8)
10	(8，17)	11	(−8，17)	12	(−8，8)
13	(−36，8)				

⑤ 刀具及切削参数的确定

刀具及切削参数见表 4-51。

表 4-51　数控加工刀具卡

<table>
<tr><td colspan="2" rowspan="2">数控加工
刀具卡片</td><td>工序号</td><td>程序编号</td><td colspan="2">产品名称</td><td colspan="2">零件名称</td><td>材　料</td><td>零件图号</td></tr>
<tr><td></td><td></td><td colspan="2"></td><td colspan="2"></td><td>45</td><td></td></tr>
<tr><td rowspan="2">序号</td><td rowspan="2">刀具号</td><td rowspan="2">刀具名称</td><td colspan="2">刀具规格/mm</td><td colspan="2">补偿值/mm</td><td colspan="2">刀补号</td><td rowspan="2">备注</td></tr>
<tr><td>直径</td><td>长度</td><td>半径</td><td>长度</td><td>半径</td><td>长度</td></tr>
<tr><td>1</td><td>T01</td><td>立铣刀（3 齿）</td><td>$\phi16$</td><td>实测</td><td>8.3</td><td></td><td>D01</td><td></td><td>高速钢</td></tr>
<tr><td>2</td><td>T02</td><td>立铣刀（4 齿）</td><td>$\phi16$</td><td>实测</td><td>8</td><td></td><td>D02</td><td></td><td>硬质合金</td></tr>
<tr><td>3</td><td>T03</td><td>立铣刀（4 齿）</td><td>$\phi12$</td><td>实测</td><td>6.3
6</td><td></td><td>D03
D04</td><td></td><td>高速钢</td></tr>
<tr><td colspan="10">备注：D02、D04 的实际半径补偿值根据测量结果调整。</td></tr>
</table>

2. 参考程序编制

(1) 底部参考程序编制

① 工件坐标系的建立。

以图 4-90 所示的下表面中心作为 G54 工件坐标系原点。

② 基点坐标计算（略）。

③ 参考程序。

a. 底面及底部外轮廓粗加工程序。

底面及底部外轮廓粗加工参考程序见表 4-52～表 4-54。

表 4-52　底面及底部外轮廓粗加工参考程序

程序	说明
O1101；	主程序名
N10 G54 G90 G17 G40 G80 G49 G21；	设置初始状态
N20 G00 Z50；	安全高度
N30 G00 X−50 Y36 S400 M03；	启动主轴，快速进给至下刀位置（点 1，见图 4-91）
N40 G00 Z5 M08；	接近工件，同时打开冷却液
N50 G01 Z−1.3 F80；	下刀
N60 M98 P1111 F120；	调子程序 O1111，粗加工底面
N70 G00 X−48 Y−48；	快速进给至外轮廓加工下刀位置（点 1，见图 4-92）
N80 G01 Z−10.5 F80；	下刀
N90 M98 P1112 D01 F120；	调子程序 O1112，粗加工外轮廓
N100 G00 Z50 M09；	Z 向抬刀至安全高度，并关闭冷却液
N110 M05；	主轴停
N120 M30；	主程序结束

表 4-53　底面加工子程序

程序	说明
O1111；	子程序名
N10 G01 X50 Y36；	1→2（见图 4-92）
N20 G00 X50 Y24；	2→3
N30 G01 X−50 Y24；	3→4
N40 G00 X−50 Y12；	4→5
N50 G01 X50 Y12；	5→6
N60 G00 X50 Y0；	6→7
N70 G01 X−50 Y0；	7→8
N80 G00 X−50 Y−12；	8→9
N90 G01 X50 Y−12；	9→10
N100 G00 X50 Y−24；	10→11
N110 G01 X−50 Y−24；	11→12
N120 G00 X−50 Y−36；	12→13
N130 G01 X50 Y−36；	13→14
N140 G00 Z5；	快速提刀
N150 M99；	子程序结束

表 4-54　外轮廓加工子程序

程序	说明
O1112；	子程序名
N10 G41 G01 X−38 Y−48；	1→2（见图 4-92），建立刀具半径补偿
N20 G01 X−38 Y23；	2→3
N30 G02 X−23 Y38 R15；	3→4
N40 G01 X23 Y38；	4→5
N50 G02 X38 Y23 R15；	5→6
N60 G01 X38 Y−23；	6→7
N70 G02 X23 Y−38 R15；	7→8
N80 G01 X−23 Y−38；	8→9
N90 G02 X−38 Y−23 R15；	9→10
N100 G03 X−48 Y−13 R10；	10→11
N110 G40 G00 X−58 Y−13；	11→12，取消刀具半径补偿
N120 G00 Z5；	快速提刀
N130 M99；	子程序结束

b. 底面及底部外轮廓精加工程序。

底面及底部外轮廓精加工参考程序见表 4-55。

表 4-55　底面及底部外轮廓精加工参考程序

程序	说明
O1102；	主程序名
N10 G54 G90 G17 G40 G80 G49 G21；	设置初始状态
N20 G00 Z50；	安全高度
N30 G00 X−50 Y36 S2000 M03；	启动主轴，快速进给至下刀位置（点 1，见图 4-91）
N40 G00 Z5 M08；	接近工件，同时打开冷却液
N50 G01 Z−1．5 F80；	下刀

续表

程序	说明
N60 M98 P1111 F250；	调子程序 O1111（见表 4-51），精加工底面
N70 G00 X－48 Y－48；	快速进给至外轮廓加工下刀位置（点 1，见图 4-92）
N80 G01 Z－10.5 F80；	下刀
N90 M98 P1112 D02 F250；	调子程序 O1112（见表 4-52），精加工外轮廓
N100 G00 Z50 M09；	Z 向抬刀至安全高度，并关闭冷却液
N110 M05；	主轴停
N120 M30；	主程序结束

（2）顶部参考程序编制

① 工件坐标系的建立。

以图 4-90 所示的上表面中心作为 G54 工件坐标系原点。

② 基点坐标计算（略）。

③ 参考程序。

a. 上表面及凸台外轮廓粗加工程序

上表面及凸台外轮廓粗加工参考程序见表 4-56 和表 4-57。

表 4-56　上表面及凸台外轮廓粗加工参考程序

程序	说明
O1103；	主程序名
N10 G54 G90 G17 G40 G80 G49 G21；	设置初始状态
N20 G00 Z50；	安全高度
N30 G00 X－50 Y36 S400 M03；	启动主轴，快速进给至下刀位置（点 1，见图 4-91）
N40 G00 Z5 M08；	接近工件，同时打开冷却液
N50 G01 Z－1.3 F80；	下刀
N60 M98 P1111 F120；	调子程序 O1111（见表 4-53），粗加工上表面
N70 G00 X－38 Y－48；	快速进给至外轮廓加工下刀位置（点 1，见图 4-92）
N80 G01 Z－9.8 F80；	下刀
N90 M98 P1113 D01 F100；	调子程序 O1113，粗加工凸台外轮廓
N100 G00 Z50 M09；	Z 向抬刀至安全高度，并关闭冷却液
N110 M05；	主轴停
N120 M30；	主程序结束

表 4-57　凸台外轮廓加工子程序

程序	说明
O1113；	子程序名
N10 G41 G01 X－28 Y－48；	1→2（见图 4-92），建立刀具半径补偿
N20 G01 X－28 Y23；	2→3
N30 G02 X－23 Y28 R5；	3→4
N40 G01 X23 Y28；	4→5
N50 G02 X28 Y23 R5；	5→6
N60 G01 X28 Y－23；	6→7
N70 G02 X23 Y－28 R5；	7→8
N80 G01 X－23 Y－28；	8→9
N90 G02 X－28 Y－23 R5；	9→10
N100 G03 X－38 Y－13 R10；	10→11
N110 G40 G00 X－48 Y－13；	11→12，取消刀具半径补偿
N120 G00 Z5；	快速提刀
N130 M99；	子程序结束

b. 上表面及凸台外轮廓精加工程序

上表面及凸台外轮廓精加工参考程序见表 4-58。

表 4-58　上表面及凸台外轮廓精加工参考程序

程序	说明
O1104;	主程序名
N10 G54 G90 G17 G40 G80 G49 G21;	设置初始状态
N20 G00 Z50;	安全高度
N30 G00 X−50 Y36 S2000 M03;	启动主轴，快速进给至下刀位置（点 1，见图 4-91）
N40 G00 Z5 M08;	接近工件，同时打开冷却液
N50 G01 Z−1.5 F80;	下刀
N60 M98 P1111 F250;	调子程序 O1111，精加工上表面
N70 G00 X−38 Y−48;	快速进给至外轮廓加工下刀位置（点 1，见图 4-92）
N80 G01 Z−10 F80;	下刀
N90 M98 P1113 D02 F250;	调子程序 O1113，精加工凸台外轮廓
N100 G00 Z50 M09;	Z 向抬刀至安全高度，并关闭冷却液
N110 M05;	主轴停
N120 M30;	主程序结束

c. 十字槽加工程序

十字槽加工参考程序见表 4-59、表 4-60。

表 4-59　十字槽加工参考程序

程序	说明
O1105;	主程序名
N10 G54 G90 G17 G40 G80 G49 G21;	设置初始状态
N20 G00 Z50;	安全高度
N30 G00 X−53 Y0 S550 M03;	启动主轴，快速进给至下刀位置（点 1，见图 4-93）
N40 G00 Z5 M08;	接近工件，同时打开冷却液
N50 G00 Z−3.9;	下刀
N60 M98 P1114 D03 F120;	调子程序 O1114，粗加工十字槽
N70 G00 Z−7.8;	下刀
N80 M98 P1114 D03 F120;	调子程序 O1114，粗加工十字槽
N90 M03 S800;	主轴转速 800 r/min
N100 G00 Z−8;	下刀
N110 M98 P1114 D04 F80;	调子程序 O1114，精加工十字槽
N120 G00 Z50 M09;	Z 向抬刀至安全高度，并关闭冷却液
N130 M05;	主轴停
N140 M30;	主程序结束

表 4-60　十字槽加工子程序

程序	说明
O1114;	子程序名
N10 G41 G01 X−36 Y−8;	1→2（见图 11-4），建立刀具半径补偿
N20 G01 X−8 Y−8;	2→3
N30 G01 X−8 Y−17;	3→4
N40 G03 X8 Y−17 R8;	4→5

续表

程序	说明
N50 G01 X8 Y−8；	5→6
N60 G01 X36 Y−8；	6→7
N70 G01 X36 Y8；	7→8
N80 G01 X8 Y8；	8→9
N90 G01 X8 Y17；	9→10
N100 G03 X−8 Y17 R8；	10→11
N110 G01 X−8 Y8；	11→12
N120 G01 X−36 Y8；	12→13
N130 G40 G00 X−53 Y0；	13→1，取消刀具半径补偿
N140 G00 Z5；	快速提刀
N150 M99；	子程序结束

4.7.7 实际工程案例（华中数控系统）

任务描述：某企业需要加工如图零件，100×100×23 mm，45 钢板材，六个面要求平磨，垂直度<0.05 mm，尺寸公差±0.05，完成该零件加工。

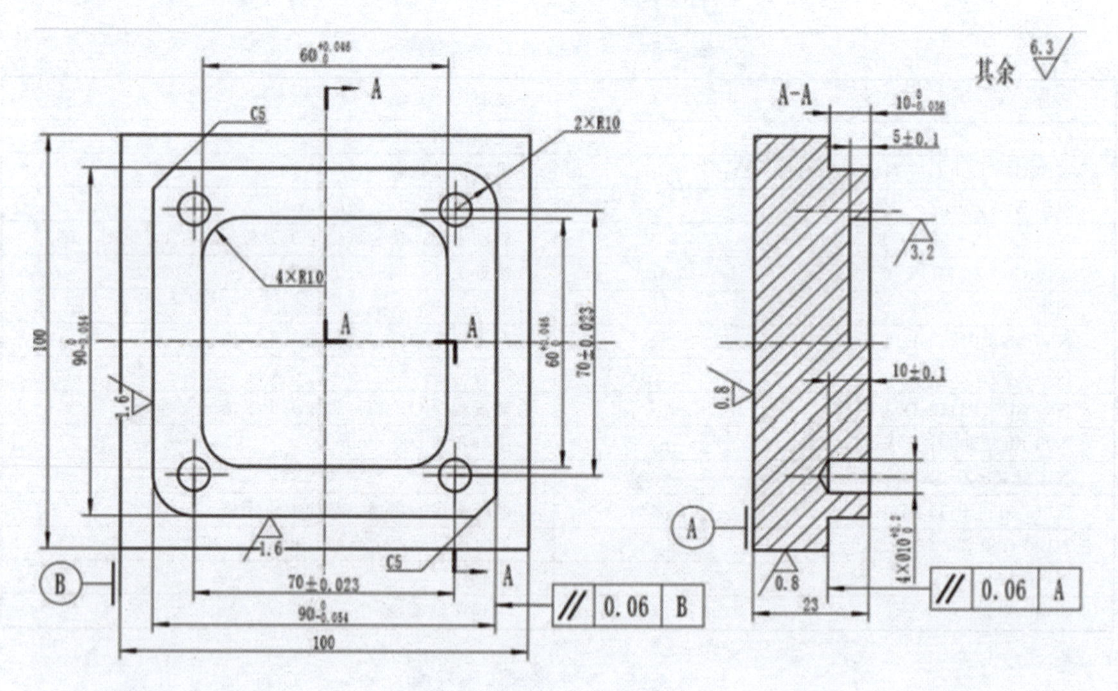

1. 零件分析

试件毛坯为 100×100×23 方形 45 号钢，六面平磨保证垂直度<0.05 mm，尺寸公差±0.05，材料为 45 号钢。毛坯调质后硬度在 HB180～250 之间（布氏硬度），适合于切削加工。加工场地提供的夹具为平口钳，这使得经过精加工的毛坯装夹变得容易。试件由方形凸台，方形凹槽及 4 个孔，共 6 个特征构成。特征形状简单，轮廓节点少，易于手

动编程。

方形凸台的轮廓尺寸精度为 0～－0.054 mm，精度要求较高，因此需要进行粗精加工工序设置，并且注意尺寸应偏向负公差尺寸，刀补值要小于刀具半径。方形凸台的深度尺寸为精度为 0～－0.036 mm，为了保证精度要求同样需要两次加工。方形凹槽轮廓精度高，深度精度要求低。因此只需要对轮廓进行粗精加工工艺。四个孔，轮廓尺寸精度为 0～0.2 mm，形状与尺寸精度要求低，孔径小，孔深浅。因此，选择刚性好的钻花（长度短，切削刃对称），只需要一次钻孔即可成型。四个孔位精度由数控机床保证。

试题中有两个平行度要求，其一是方形凸台底面与毛坯底面间 0.06 mm 的精度要求，因为毛坯经过六面精磨，所以底面只要与下部等高铁紧密接触就能保证此要求。其二是方形凸台侧面与毛坯侧面的平行度要求，要保证此要求必须完成以下两点：

1）虎钳静钳面必须与机床 XZ 平面平行，即校平虎钳。

2）方形凸台侧面必须与底面垂直，这里就要求，侧面有一定的表面质量，另外必须消除加工中的锥度。

零件表面质量要求是凸台侧壁 Ra1.6，凹槽侧壁 Ra3.2，其余 Ra6.3。要达到 Ra3.2，只要刀具没有显著磨损，有粗精加工工艺设置，即可做到。要达到 Ra1.6，除有粗精加工工艺外，切削参数也要配合，是加工中较难做到的部分。

2. 工量具准备

名称	规格（mm）	数量	名称	规格（mm）	数量
平口虎钳	开口＞100	1	游标万能角度尺	精度 2/	1
平行垫铁	依钳口高度定	若干	百分表	0－6	1
压板及螺栓		若干	杠杆百分表	0－1	1
扳手		1	磁力表座		1
手锤		1	高速钢立铣刀	⌀20、⌀10	各 1
中齿扁锉	200	1	中心钻	⌀3	1
三角锉	200	1	钻头	⌀8、⌀10、⌀12	各 1
油石		1	自紧式钻夹头刀柄	0－13	1
毛刷		1	弹簧或强力铣夹头刀柄		1
抹布		若干	夹簧	⌀20、⌀10	1
外径千分尺	0－25，25－50，50－75，75－100	1	深度千分尺	0－25	各 1
游标卡尺	0－150（精度 0.02）	1			

3. 制定工艺路线

下料——铣六方——热处理——磨六面——检验——铣削加工——钳工操作——检验

4. 刀具选择与切削参数设置

孔径为⌀10，钻深 10 mm，选择长度小于 100 mm 的钻花直接钻孔（如果大于则安排中心钻点导向孔工艺）。

切削参数：

刀具规格	切削深度	主轴转速 r/min	进给速度 mm/min
₵20 平铣刀	10	320	80
₵10 平铣刀	5	600	80
₵10 钻花		600	30
₵3 中心钻		1800	15

5. 参考程序

1）校平工件或面铣

工件在装夹时，首先应校平虎钳，即保证虎钳静钳面与机床 XZ 平面平行。同时，为保证特征深度尺寸一致，必须校平工件上表面。如果校平困难，则对平面进行面铣。如果校平工件困难则铣平工件表面。刀具选择：₵20 平铣刀

程序文件名		O0101
序号	程序段	注释
1	%0101	程序名
2	G54 G90 G21	调取机械坐标，设置安全工作环境
3	M3 S320	启动主轴
4	G01 F1000 Z200	抬刀至安全高度
5	X0 Y0	移动至工件坐标原点，效验对刀效果
6	X −90 Y −50	移动至下刀点
7	G01 Z −0.3 F500	下刀
8	G01 F 80 X −70 Y −50	去面铣起始点
9	M98 P2 L4	调子程序，调取 4 次
10	G01 G90 X −70	退刀至安全距离
11	G01 F1000 Z200	抬刀至安全高度
12	M05	主轴停
13	M30	程序结束，返回程序头
14	%	结束符
1	%0002	调子程序
2	G91 G01 F80 X140	执行增量编程方式，面铣刀间距 15
3	Y15	
4	X−140	
5	Y15	
6	G90	执行绝对编程方式（注意此段务必加）
7	M99	退回主程序

2）方形凸台加工

凸台加工分为粗加工和精加工，为了消除加工锥度使用逆铣。粗精加工使用同一个程序，只是在精加工时，将主轴转速提高 25%。刀具选择：₵20 平铣刀

程序文件名		O0102	
工序号	6	工步号	1，2
序号	程序段	注释	
1	%0102	程序名	
2	G54 G90 G21	调取机械坐标，设置安全工作环境	
3	M3 S 320	启动主轴（精加工时设为 400）	
4	G01 F1000 Z200	抬刀至安全高度	
5	X0 Y0	移动至工件坐标原点，效验对刀效果	
6	X 80 Y −35	移动至下刀点	
7	G01 Z −10 F500	下刀	
8	G01 G42 D01 F 80 X 45 Y −35	去切入点，刀补值为 10.3，右刀补	
9	X45 Y40	轮廓节点	
10	X40 Y45		
11	X−35 Y45		
12	G03 X−45 Y35 R10		
13	G01 X−45 Y−40		
14	X−40 Y−45		
15	X35 Y−45		
16	G03 X45 Y−35 R10		
17	G01 G40 X 80 Y −35	退刀至下刀点，取消刀补	
18	G01 F1000 Z200	抬刀至安全高度	
19	M05	主轴停	
20	M30	程序结束，返回程序头	
21	%	结束符	

3）z 方形凹槽加工

普通铣刀不能在材料表面垂直下刀，因此方形凹槽加工的主要难点在于正确下刀，本案例采用螺旋式下刀法。

程序文件名		O0103	
工序号	6	工步号	3，4
序号	程序段	注释	
1	%0001	程序名	
2	G54 G90 G21	调取机械坐标，设置安全工作环境	

续表

程序文件名		O0103	
工序号	6	工步号	3，4
3	M3 S600	启动主轴（精加工时设为 750）	
4	G01 F1000 Z200	抬刀至安全高度	
5	X0 Y0	移动至工件坐标原点，效验对刀效果	
6	X20 Y0	移动至下刀点	
7	G01 Z10 F500	快速下刀至参考高度	
8	G01 F80 Z1	下刀至螺旋起始高度（精加工时为 Z−5）	
9	G91 G03 I−20 Z−2 L3	增量螺旋下刀至 Z−5（精加工时屏蔽此句）	
10	G90	设为绝对坐标编程，此段非常重要。 为防止忘记编写且便于检查，请单独为一行编写。	
11	G01 G42 D01 F80 X20 Y−30	去切入点，刀补值为 5.2，右刀补	
12	G01 X−20 Y−30	轮廓节点	
13	G02 X−30 Y−20 R10		
14	G01 X−30 Y20		
15	G02 X−20 Y30 R10		
16	G01 X20 Y30		
17	G02 X30 Y20 R10		
18	G01 X30 Y−20		
19	G02 X20 Y−30 R10		
20	G01 G40 X20 Y0	退刀至下刀点，取消刀补	
21	G01 F1000 Z200	抬刀至安全高度	
22	M05	主轴停	
23	M30	程序结束，返回程序头	
24	%	结束符	

4）钻孔

手动钻孔，₵10 钻花长度小于 100 mm，可以不使用中心钻钻导引孔。

程序文件名		O0104	
工序号	6	工步号	5，6
序号	程序段	注释	
1	%0104	程序名	
2	G54 G90 G21	调取机械坐标，设置安全工作环境	
3	M3 S600	启动主轴	
4	G01 F1000 Z200	抬刀至安全高度	
5	X0 Y0	移动至工件坐标原点，效验对刀效果	

续表

程序文件名		O0104	
工序号	6	工步号	5，6
6	G99 G81 X35 Y35 R5 z−14 F30	使用钻孔循环指令，参考高度为 5 mm	
7	X−35 Y35	孔位	
8	X−35 Y−35		
9	X35 Y−35		
10	G01 F1000 Z200	抬刀至安全高度	
11	M05	主轴停	
12	M30	程序结束，返回程序头	
13	%	结束符	

4.7.8 数控铣床基本操作

1. 开机

开机练习的步骤如下：

① 检查气压是否达到规定要求，润滑油量是否充足。

② 打开机床总电源开关。

③ 打开 NC 电源开关。

④ 释放急停旋钮。

⑤ 进行机床回零操作。

2. 工件的装夹定位

工件的安装应当根据工件的定位基准的形状和位置合理选择装夹定位方式，选择简单实用但安全可靠的夹具。在实际生产中应注意以下几点：

① 定位夹具应有较高的刚性，以便能承受大的切削力，在一次装夹下完成粗铣、粗镗等粗加工工序和精铣、精镗等精加工工序。

② 夹具结构紧凑，为加工刀具留有足够的空间，避免干涉。

③ 定位夹紧迅速方便，优先使用组合夹具。

机用的平口钳是一种通用夹具，它适用于装夹尺寸较小，形状很规则的工件。使用平口钳装夹工件首先应将平口钳安装在机床工作台上，并进行定位，一般使钳口平行于某一移动轴（如 X 轴），具体操作步骤如下：

① 首先检查平口钳的定位键是否安装，宽度尺寸与机床工作台 T 形槽宽度是否匹配。

② 用棉纱擦干净平口钳底部和机床工作台。

③ 将平口钳安装在工作台的适当位置，注意不要超出机床行程范围，定位键嵌入工作台 T 形槽，然后用螺栓固定。

④ 松开两个钳口回转固定螺栓。

⑤ 用磁性表座将百分表吸附在机床主轴头上（如图 4-94 所示）。

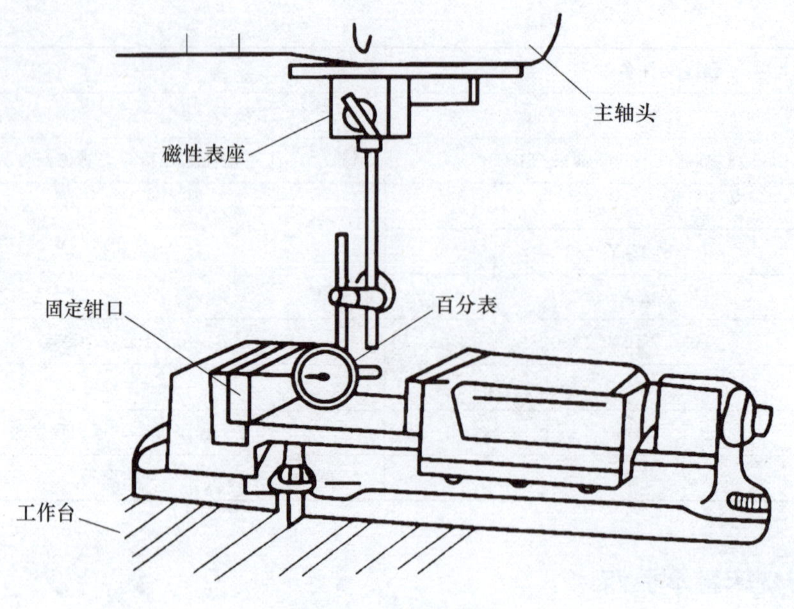

图 4-94　平口钳调整

⑥ 手动移动各轴使百分表表头接触平口钳的固定钳口表面，并使指针转动一定行程。

⑦ 移动工作台（如 X 轴），观察指针的摆动，轻轻敲打平口钳，保证固定钳口与机床 X 轴方向平行，最后用扳手将螺栓拧紧。

在平口钳上安装工件的操作步骤：

① 用棉纱擦干净平口钳钳口和底平面（或用压缩空气吹扫）。

② 用等高垫块将工件垫起，保证工件上表面突出钳口一定高度，保证铣削加工时刀不碰到钳口，注意垫块应避开通孔加工的位置；工件的一个基准面靠紧平口钳的固定钳口。

③ 用扳手轻轻夹紧工件。

④ 用木榔头敲打工件上表面，保证工件紧贴所有垫块。

⑤ 用扳手用力夹紧工件。

3. 刀具的测量和安装

数控刀具的结构和刀柄的连接形式多种多样，装夹刀具时应根据刀具的结构形式选择对应的刀柄。装夹刀具时应该首先测量刀具的实际尺寸，特别是铰刀需要用千分尺精确测量，以确保所选用的刀具符合加工的要求。刀具装夹部分通常有直柄和锥柄两种形式。直柄一般适用于较小的麻花钻、立铣刀等刀具，切削时借助夹紧时所产生的摩擦力传递扭转力矩。直柄铣刀一般采用弹簧夹头刀柄或侧固式刀柄进行装夹，直柄的钻头可以采用钻夹头刀柄（如图 4-95所示）。锥柄靠锥度承受轴向推力，并借助摩擦力传递扭矩。锥柄能传递较大的切削载荷，适用于直径较大的钻头和铣刀，根据刀具柄部锥度号（莫氏锥度）选择对应的刀柄。丝锥一般是方柄，所以装夹丝锥时应使用专用的丝锥刀柄。

使用弹簧夹头刀柄装夹直柄刀具须注意以下问题：

① 每个规格的弹簧夹头都有装夹的尺寸范围，必须根据刀具柄部尺寸选择合适的弹簧夹头，否则容易造成弹簧夹头的损坏。

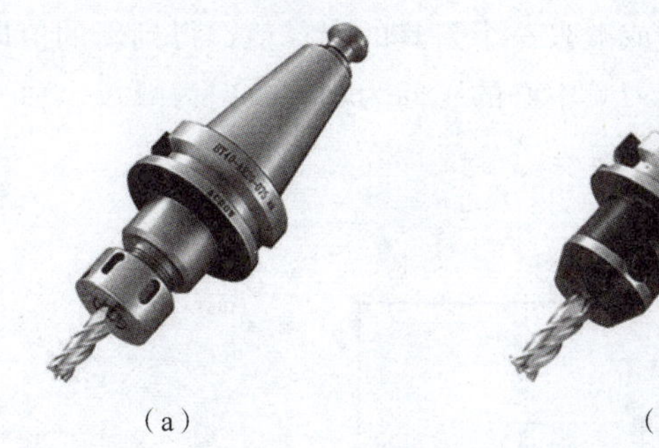

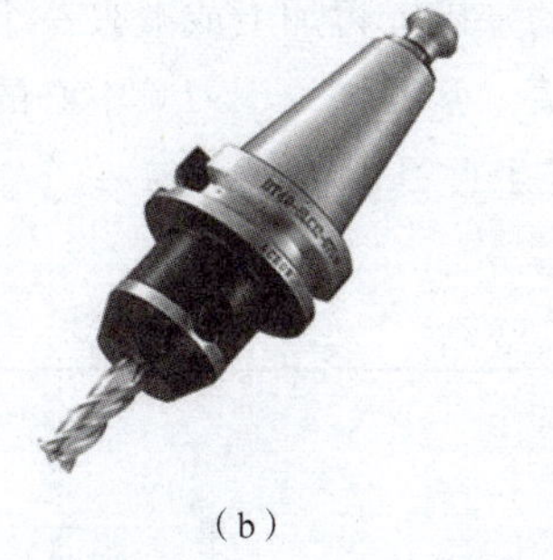

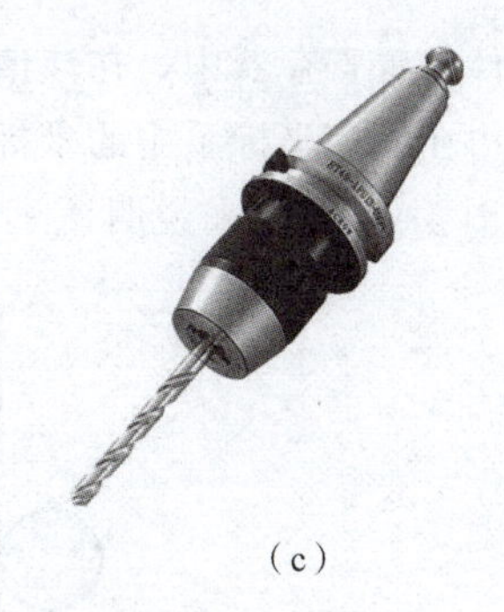

（a）　　（b）　　（c）

图 4-95　直柄刀具常用的刀柄

（a）ER 弹簧夹头刀柄；（b）侧压式立铣刀柄；（c）整体钻夹头刀柄

② 装夹刀具时，应先擦干净夹头和刀具柄部的油污，特别是新刀具表面的防锈油，否则容易造成刀具偏心或夹紧力不够。

③ 刀具的装夹部分应保证一定的长度，以保证有足够的夹紧力。

④ 对于直柄铣刀，刀具伸出的长度不宜过长，以满足加工要求为好。

4. 对刀

对刀的目的是确定工件坐标系在机床坐标系中的偏置值，对刀的精确与否将直接影响到零件的加工精度，因此对刀时一定要根据零件的加工精度要求选择相应的对刀方法。

对刀操作分为 X、Y 向对刀和 Z 向对刀。

(1) X、Y 向对刀

加工中常用的对刀方法很多，下面仅列出几种方法进行说明。

1) 试切对刀。这种方法一般适合于对刀精度要求不高、对刀基准为毛坯面的情况。对刀时直接采用加工时所使用的刀具进行试切对刀，具体步骤如下：

① 将刀具（一般为铣刀）装在主轴上，使主轴以中速正向旋转。

② 手动移动各轴，使刀具沿 X 轴或 Y 轴方向靠近被测基准边，直到刀具的侧刃稍微接触到工件（以听到刀刃与工件的摩擦声为准，最好没有切屑）。

③ 保持 X、Y 坐标值不变，将刀具沿 Z 轴正向离开工件。

④ 依次按“OFFSET SETTING”键和［SETFING］水平软键进入工件偏置数据设置界面（如图 4-96 所示），将光标移到需要设置的位置（如 G54 的 X 坐标），键入当前机床坐标的 X 值（可以按“POS”键显示当前的机床坐标值），按 INPUT 键（注意不是 INSERT 键），将该值输

工件坐标系设定　　O0008 N0000

(G54)

番号	数据	番号	数据
00	X 0.000	02	Y -301.256
(EXT)	Y 0.000	(G55)	Y -372.568
	Z 0.000		Z -278.368
01	X -563.25	03	X -401.266
(G54)	Y -63.25	(G56)	Y -72.560
	Z -251.325		Z -275.348

>_　　OS 100% L 0%

HND **** *** ***　　13:23:46

（补正）　(SETTING)　(C. 输入)　（+输入）　（输入）

图 4-96　工件偏置数据设置界面

入到工件偏置寄存器中，在该值的基础上再加上或减去一个刀具的半径值，得到新的值即为被测基准边在机床坐标系中的坐标值（基准边位于刀具中心的正向为加，负向为减）。

以图 4-97 为例来说明该工件坐标系的测量方法。

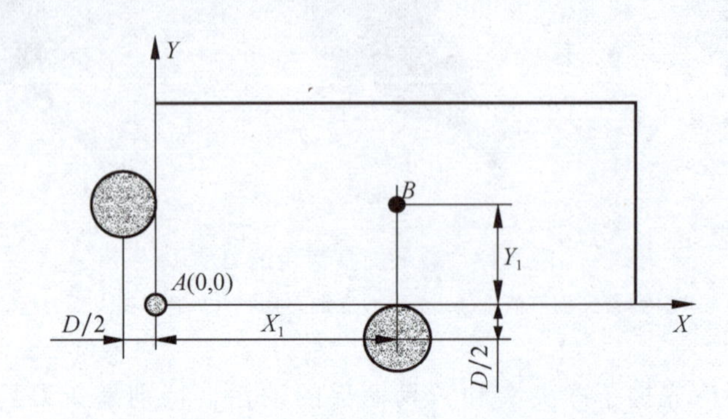

图 4-97　工件坐标系的测量举例

该工件坐标系的原点位于毛坯的左下角点，刀具试切左侧基准边，刀刃接触到工件后将刀具沿 Z 轴正向离开工件，按“OFFSET SETFING”键和［SETTING］水平软键进入工件偏置数据设置界面（如图 4-96 所示），将光标移到需要设置的位置（如 G54 的 X 坐标），键入当前机床坐标的 X 值（可以按“POS”键显示当前的机床坐标值），按 INPUT 键。由于当前刀具中心与工件坐标系原点 A 距离一个刀具半径值 $D/2$（如图 4-97 所示），即实际对刀时刀具中心还需向工件坐标系原点方向移动动 $D/2$ 距离，因此工件坐标系的偏置值应在当前值的基础上加上 $D/2$ 值。操作方法是：输入 $D/2$ 具体数值，然后按［＋输入］水平软键，系统自动在原有数值的基础上加上该数值。Y 轴方向可以试切下方基准边，方法同上。

如果工件坐标系的原点设置在 B 点位置（如图 4-97 所示），对刀操作方法基本相似，但由于工件坐标系的原点距离试切的基准边有一定距离 X_1 和 Y_1，因此设置工件偏置数据 X 时还应加上数值 X_1，设置工件偏置数据 Y 时还应加上数值 Y_1。

2）寻边仪对刀。寻边仪目前常用的有偏心式寻边仪和电子感应式寻边仪两种。

电子感应式寻边仪的基本结构如图 4-98 所示，它的对刀操作较简便，具体方法是：将寻边仪装在主轴上，手动移动各轴，缓慢地将测头靠近被测基准边，直至指示灯亮，调低倍率，采用微动进给，使测头离开工件直至指示灯刚刚熄灭。记下当前的机床坐标值 X 值或 Y 值，加上或减去一个测头半径值（通常为 5 mm），得到的即为被测基准边的坐标值，操作方法同试切对刀。

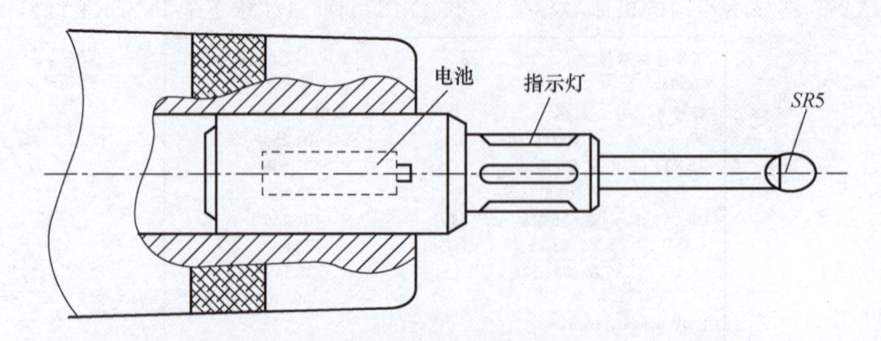

图 4-98　电子感应式寻边仪

偏心式寻边仪的基本结构如图 4-99 所示，它是由固定轴和浮动轴两部分组成，中间用

弹簧相连，采用离心力的原理来确定工件的位置的。用它还可以在线检测零件的长度、孔的直径和沟槽的宽度。

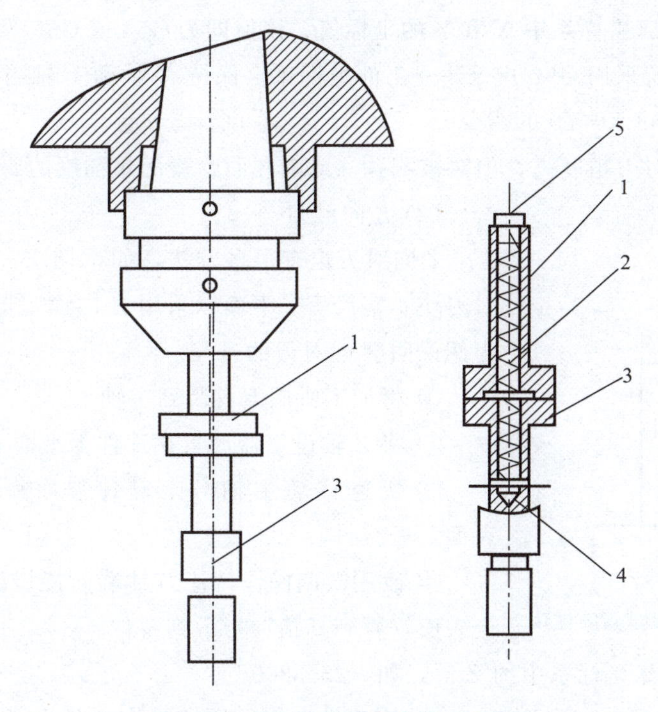

图 4-99 偏心式寻边仪的基本结构

1—固定轴；2—拉簧；3—浮动轴；4—销钉；5—拉簧盖

用偏心式寻边仪进行对刀的具体步骤如下：

① 将偏心式寻边仪装在刀柄上，然后装到主轴上。

② 在 JOG 方式下，启动主轴以中速旋转（500～600 r/m）。

③ 手动移动各轴，缓慢地将测定端靠近被测基准边，测定端将由摆动逐步变成同心旋转。

④ 调低进给倍率挡，采用微动进给，直到测定端重新出现偏心。

⑤ 记下当前机床 X 轴或 Y 轴的坐标值，加上或减去一个浮动轴的半径值，得到的即为被测基准边的坐标值。操作方法同试切对刀。

使用偏心式寻边仪进行对刀，被测基准面最好具有较低的表面粗糙度值，否则影响对刀的精度。

3）采用杠杆百分表（或千分表）对刀。该方法只适合于对刀点是孔或圆柱的中心。其对刀的具体方法如下：

① 用磁性表座将杠杆百分表吸附在机床主轴的端面上（如图 4-100 所示），在 JOG 方式下，启动主轴以低速旋转。

② 手工移动各轴使旋转的表头逐渐靠近孔壁或圆柱面，压下表头使指针转动约 0.1 mm。

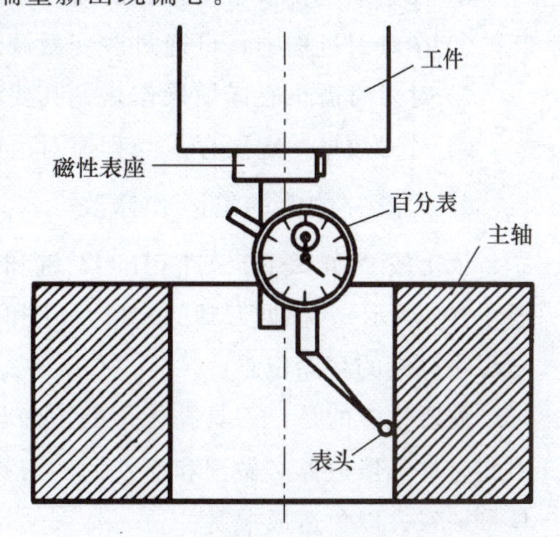

图 4-100 采用杠杆百分表对刀

③ 逐渐减慢 X 轴和 Y 轴的移动量，使表头旋转一周时指针的跳动范围在允许的对刀误差内，此时可以认为主轴的轴线与孔（或圆柱面）的中心重合。

④ 记下此时机床坐标系中 X 和 Y 的坐标值，该值即为 G54 或 G55 等指令所建立的工件坐标系的偏置值。若采用 G92 指令建立工件坐标系，保持 X 轴和 Y 轴当前位置不变，进入 MDI 方式，执行 G92 X0 Y0 的指令。

这种操作方法对刀精度高，但对被测孔（或圆柱面）表面粗糙度的要求也较高。

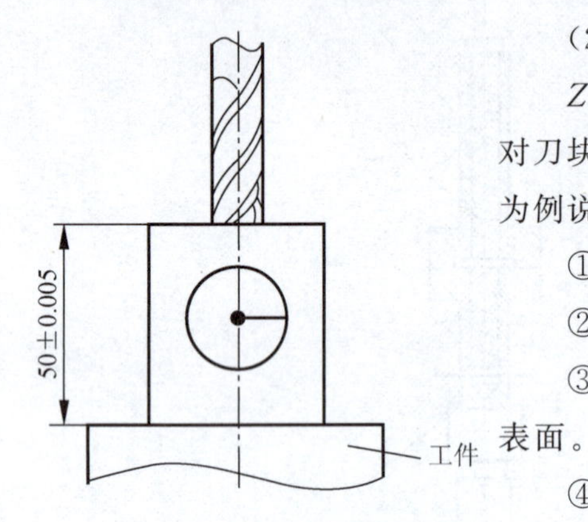

图 4-101　Z 向设定器的使用

(2) Z 向对刀

Z 向对刀也有很多方法，如试切法、采用 Z 向设定器、对刀块、塞尺等。下面以采用 Z 向设定器（图 4-101 所示）为例说明 Z 向对刀的过程。

① 将加工所用刀具装到主轴上。

② 将 Z 轴设定器放置在工件上平面上。

③ 快速移动主轴，让刀具端面靠近 Z 轴设定器上表面。

④ 改用微调操作，让刀具端面慢慢接触到 Z 轴设定器上表面，直到其指针指示到零位。

⑤ 记下此时机床坐标系中的 Z 值，如－250.800。

⑥ 设 Z 轴设定器的高度为 50 mm，当工件坐标系原点设在工件上平面时，该原点在机械坐标系中的 Z 坐标值为－250.800－50＝－300.800；若工件坐标系原点设在工件下平面时，Z 坐标值还要减去工件高度。

⑦ 将原点在机械坐标系中的 Z 坐标值输入到工件偏置数据设置界面（如 G54 的 Z 坐标）。

在对刀操作过程中需注意以下问题：

① 根据加工要求采用正确的对刀工具，控制对刀误差。

② 在对刀过程中，可通过改变微调进给量来提高对刀精度。

③ 对刀时需小心谨慎操作，尤其要注意移动方向，避免发生碰撞危险。

④ 对刀数据一定要存入与程序对应的存储地址，防止因调用错误而产生严重后果。

5. 刀具补偿值的输入和修改

依次按“OFFSETSETTING”键和［补正］水平软键进入工具补正数据设置界面（如图 4-102 所示）。根据刀具的实际尺寸和位置，将刀具半径补偿值和刀具长度补偿值输入到与程序对应的存储位置。

需要注意的是，刀具补偿值的正确与否直接影响到加工过程的安全和工件的加工结果，因此刀具补偿值务必做到和所使用的刀具相对应。在实际加工中，建议刀具补偿号最好与刀具号一致，以免造成混乱。

工具补正				O0008 N0000
番号	形状(H)	磨耗(H)	形状(D)	磨耗(D)
001	0.000	0.000	0.000	0.000
002	-215.600	0.000	0.000	0.000
003	-157.565	0.000	0.000	0.000
004	-215.632	0.000	0.000	0.000
005	-333.526	0.000	0.000	0.000

现在位置(相对坐标)

X　609.490　　Y　259.200

Z　270.000

>_　　OS 100% L 0%

JOG **** *** ***　　13:23:46

(NO检索)　(　　)　(　C.输入　)　(　+输入　)　(　输入　)

图 4-102　工具补正数据设置界面

思考与练习

4-1　数控铣床常见的工装夹具有哪些?

4-2　铣刀常见的种类有哪些? 各自的特点是什么?

4-3　铣刀刀具半径补偿有哪些内容? 其目的、方法和指令格式如何?

4-4　简述子程序使用的特点和格式。

4-5　加工如图 4-103 所示零件凸台外轮廓（单件生产），毛坯为 96 mm×80 mm×20 mm长方块（其余面已经加工），材料为 45 钢。

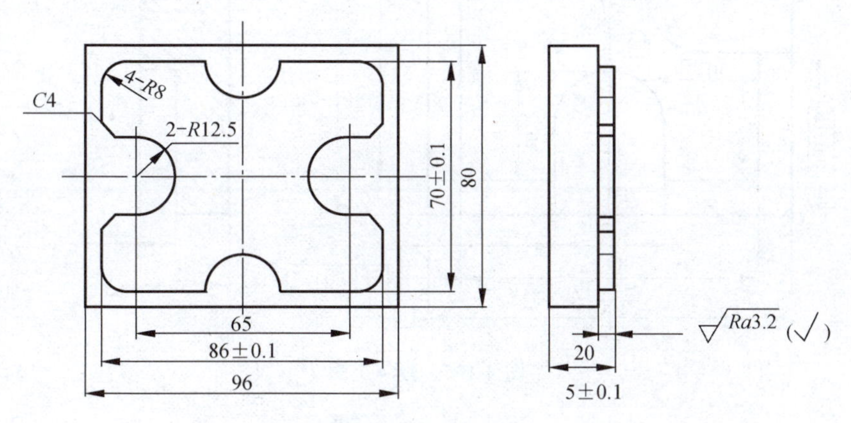

图 4-103　题 4-5 图

4-6　加工如图 4-104 所示的凹球面，毛坯为 100 mm×80 mm×40 mm 长方块（六面均已加工），材料为 45 钢，单件生产。

4-7　加工如图 4-105 所示零件（单件生产），毛坯为 100 mm×120 mm×26 mm 长方块（100 mm×120 mm 四方轮廓及底面已加工），材料为 45 钢。

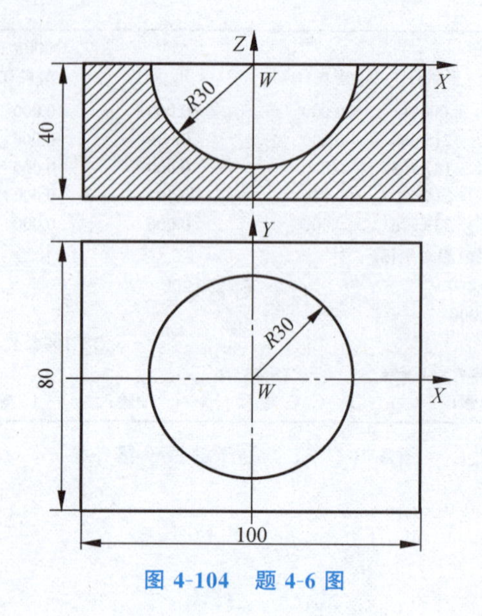

图 4-104　题 4-6 图

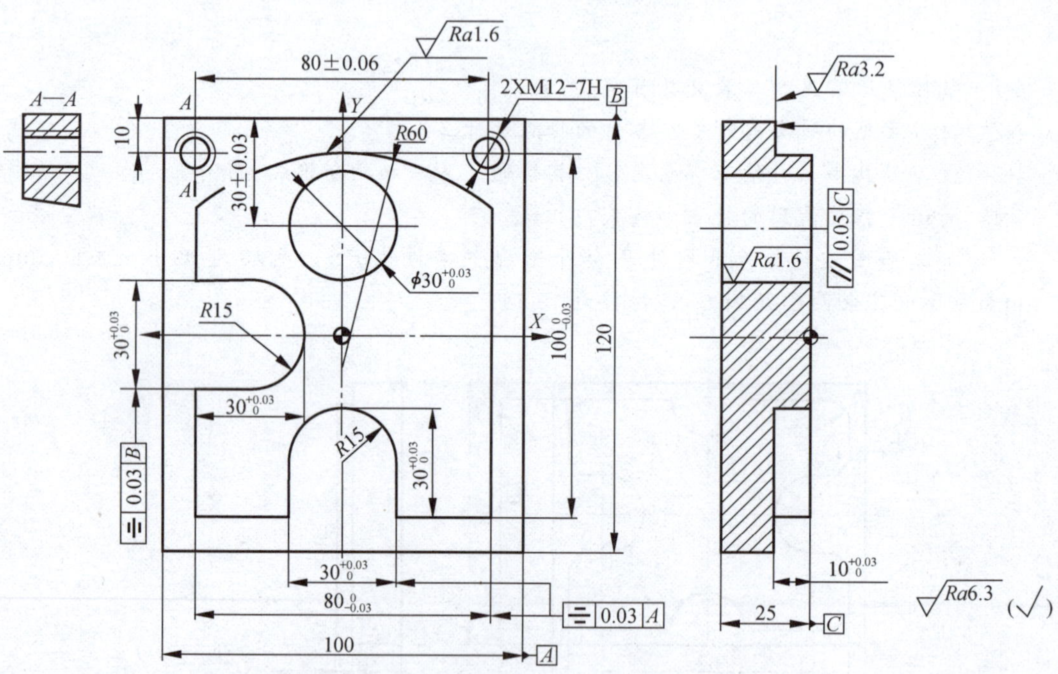

图 4-105　题 4-7 图

素养小贴士

第 5 章

加工中心的编程与加工

学习目标

素养小贴士

- 了解加工中心的加工对象
- 熟悉加工中心加工工艺
- 掌握加工中心编程方法
- 能够用 FANUC 系统对加工零件进行程序编制和加工操作

素养目标

- 增强学生自主创新能力；
- 提高学生工艺分析能力。

5.1 加工中心简介

加工中心是一种功能较全的数控加工机床，它把铣削、镗削、钻削、攻螺纹和切削螺纹等功能集中在一台设备上，使其具有多种工艺手段。加工中心设置有刀库，刀库中存放着不同数量的各种刀具或检件，在加工过程中由程序自动选用和更换。这是加工中心与数控铣床、数控镗床的主要区别。

加工中心与同类数控机床相比结构复杂，控制系统功能较多。加工中心最少有三个运动坐标系，多的达十几个。其控制功能最少可实现两轴联动控制，实现刀具运动直线插补和圆弧插补；多的可实现五轴联动、六轴联动，从而保证刀具进行复杂加工。加工中心还具有不同的辅助机能，如各种加工固定循环、刀具半径自动补偿、刀具长度自动补偿、刀具破损报警、刀具寿命管理、过载超程自动保护、丝杠螺距误差补偿、丝杠间隙补偿、故障自动诊断、工件与加工过程图形显示、人机对话、工件在线检测和加工自动补偿、离线编程等，这些机能提高了加工中心的加工效率，保证了产品的加工精度和质量。

5.1.1 加工中心的分类

1. 按主轴在空间所处的状态分类

加工中心的主轴在空间处于垂直状态的称为立式加工中心（如图 5-1 所示）；主轴在空间处于水平状态的称为卧式加工中心（如图 5-2 所示）。主轴可作垂直和水平转换的，称为立卧式加工中心或五面加工中心，也称复合加工中心。

2. 按加工中心立柱的数量分类

加工中心有单柱式和双柱式（龙门式），双柱式加工中心如图 5-3 所示。

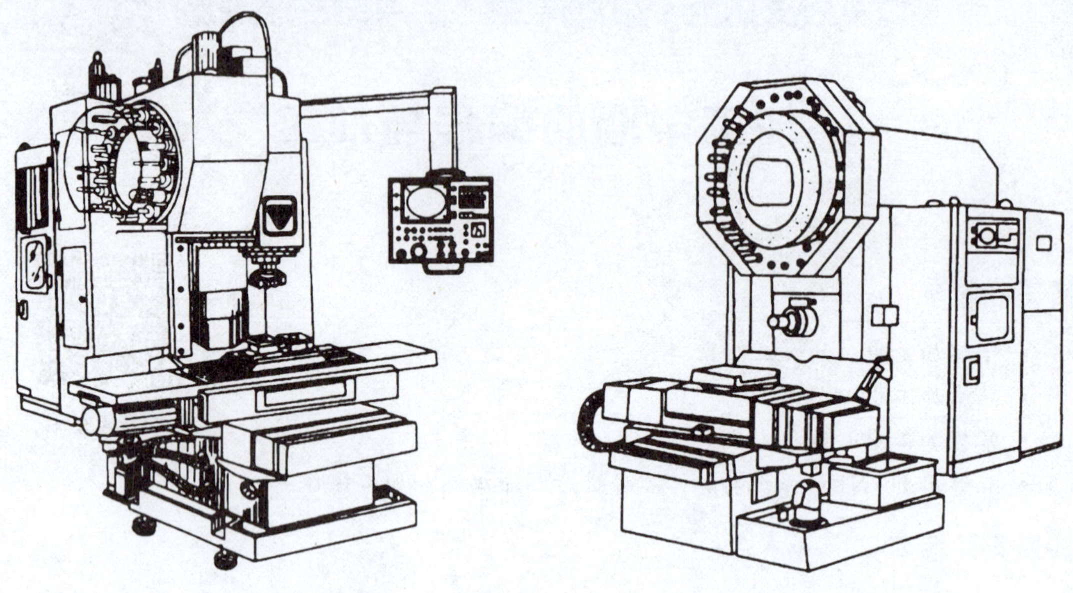

图 5-1　立式加工中心外形图

图 5-2　卧式加工中心外形图

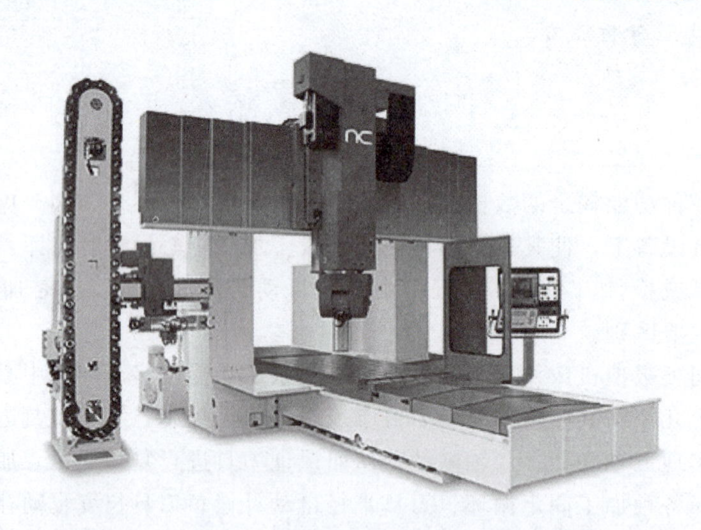

图 5-3　龙门式加工中心外形图

3. 按加工中心运动坐标数和同时控制的坐标数分类

加工中心有三轴二联动、三轴三联动、四轴三联动、五轴四联动、六轴五联动等。三轴、四轴……是指加工中心具有的运动坐标数，联动是指控制系统可以同时控制运动的坐标数，从而实现刀具相对工件的位置和速度控制。

4. 按工作台的数量和功能特征分类

加工中心有单工作台加工中心、双工作台加工中心和多工作台加工中心；复合、铣和钻削加工中心。

5. 按加工精度分类

加工中心有普通加工中心和高精度加工中心。普通加工中心的分辨率为 1 μm，最大进给速度为 15～25 m/min，定位精度 10 μm 左右。高精度加工中心的分辨率为 0.1 μm，最大进给速度为 15～100 m/min，保证定位精度为 2 μm 左右。定位精度介于 2～10 μm 之间的，以±5 μm 较多，可称为精密级。

5.1.2　加工中心特点及应用

加工中心本身的结构分为两大部分：一是主机部分；二是控制部分。

主机部分主要是机械结构部分，包括床身、主轴箱、工作台、底座、立柱、横梁、进给机构、刀库、换刀机构、辅助系统（气液、润滑、冷却）等。

控制部分包括硬件部分和软件部分。硬件部分包括计算机数字控制装置（CNC）、可编程序控制器（PLC）、输出/输入设备、主轴驱动装置、显示装置。软件部分包括系统程序和控制程序。

1. 加工中心的结构特点

① 机床的刚度高、抗振性好。

② 机床的传动系统结构简单，传递精度高，速度快。加工中心传动装置主要有三种，即滚珠丝杠副、静压蜗杆-蜗母条、预加载荷双齿轮-齿条。它们由伺服电动机直接驱动，省去齿轮传动机构，传递精度高，传递速度快。一般速度可达 15 m/min，最高可达100 m/min。

③ 主轴系统结构简单，无齿轮箱变速系统（特殊的也只保留 1～2 级齿轮传动）。主轴功率大，调速范围宽，并可无级调速。目前，加工中心 95%以上的主轴传动都采用交流主轴伺服系统，速度范围为 10～20 000 r/min，无级变速。

④ 加工中心的导轨都采用了耐磨损材料和新结构，能长期保持导轨的精度，在高速重载切削下，保证运动部件不振动，低速进给时不爬行及运动中的高灵敏度。导轨多采用钢导轨，淬火硬度≥57HRC，与导轨配合面用聚四氟乙烯贴层。这样处理的优点是：摩擦系数小；耐磨性好；减振消声；工艺性好。

⑤ 设置有刀库和换刀机构。这是加工中心与数控铣床和数控镗床的主要区别，使加工中心的功能和自动化加工的能力更强了。

⑥ 控制系统功能较全。它不但可对刀具的自动加工进行控制，还可对刀库进行控制和管理，实现刀具自动交换。有的加工中心具有多个工作台，工作台可自动交换，不但能对一个工件进行自动加工，而且可对一批工件进行自动加工。这种多工作台加工中心称为柔性加工单元。

2. 加工中心的工艺特点

加工中心与其他普通机床相比，具有许多显著的工艺特点。

(1) 加工精度高，质量好

在加工中心上加工，其工序高度集中，一次装夹可实现多方位的加工，避免工件多次装夹的位置误差，获得较高的相互位置精度。加工中心主轴转速和各轴进给量均采用无级调速，有的还具有自适应控制功能，在加工中能随加工条件的变化而自动调整最佳切削参数，得到更好的加工质量。

（2）加工生产率高，经济效益好

用加工中心加工零件，一次装夹能完成多道工序和多方位加工，减少工件的搬运和装夹时间，生产效率明显提高。此外，加工中心一般具有位置补偿功能及较高的定位精度和重复定位精度，加工出来的零件一致性好，降低次品率和减少检验时间，这些都降低了零件的生产成本，从而获得良好的经济效益。

（3）自动化程度高，减轻操作者的劳动强度

在加工中心上加工零件时，除了预先用手工装夹毛坯，按顺序放好刀具外，都由机床自动完成，不需要人工干预。这大大减轻了操作者的劳动强度。

3. 加工中心的应用范围

加工中心的加工工艺有着许多普通机床无法比拟的优点，但加工中心的价格较高，一次性投入较大，零件的加工成本就随之升高。所以，要从零件的形状、精度要求、周期性等方向综合考虑，从而决定是否适合用加工中心加工。一般来说，加工中心适合加工以下几种类型的零件。

（1）既需要加工平面又需要加工孔系的零件

既需要加工平面又需要加工孔系的零件是加工中心的首选加工对象。利用加工中心的自动换刀功能，使这类零件在一次装夹后就能完成其平面的铣削和孔系的加工，节约了装夹和换刀的时间，提高了零件的生产效率和加工精度。这类零件常见的有箱体类零件和盘、套、板类零件。

（2）要求多工位加工的零件

这类零件一般外形不规则，且大多要点、线、面多工位混合加工。若采用普通机床，只能分成几个工序加工，工装较多，时间较长。利用一些加工中心的多工位点、线、面混合加工的特点，可用较短的时间完成大部分甚至全部工序。

（3）结构形状复杂的零件

结构形状复杂的零件的加工面是由复杂曲线、曲面组成的，通常需要多坐标联动加工，在普通机床上一般无法完成，加工这类零件选择加工中心是最好的方法。典型的零件有凸轮类零件、整体叶轮类零件和模具类零件。

（4）加工精度要求较高的中小批量零件

加工中心具有加工精度高、尺寸稳定的特点。对加工精度要求较高的中小批量零件选择加工中心加工，容易获得要求的尺寸精度和形状位置精度，并可得到很好的互换性。

（5）周期性投产的零件

当用加工中心加工零件时，花在工艺准备和程序编制上的时间占整个工时的很大比例。对于周期性生产的零件，可以反复使用第一次的工艺参数和程序，大大缩短生产周期。

（6）需要频繁改型的零件

这类零件通常是新产品试制中的零件，需要反复试验和改进。加工中心加工时，只需要修改相应的程序及适当调整一些参数，就可以加工出不同的零件形状，缩短试制周期，节省试制经费。

4. 加工中心机床的选用

(1) 立式加工中心

立式加工中心能完成铣削、镗削、钻削、攻螺纹和用刀切削螺纹等工序，立式加工中心最少是三轴二联动，一般可实现三轴三联动，有的可进行五轴、六轴控制，工艺人员可根据其同时控制的轴数确定该加工中心的加工范围。

立式加工中心立柱高度是有限的，确定 Z 轴的运动范围时要考虑工件的高度、工装夹具的高度、刀具的长度以及机械手换刀占用的空间。在考虑上述四种情况之后，立式加工中心对箱体类工件加工范围要减少，这是立式加工中心的弱点。但立式加工中心有下列优点：

① 工件易装夹，可用通用的夹具如平口钳、压板、分度头、回转工作台等装夹工件，工件的装夹定位方便。

② 易于观察刀具运动轨迹，调试程序、检查、测量方便，可及时发现问题，进行停机处理或修改。

③ 易建立冷却条件，切削液能直接到达刀具和加工表面。

④ 切屑易排除和掉落，避免切屑划伤加工过的表面。

⑤ 结构一般采用单柱式，它与相应的卧式加工中心相比，结构简单，占地面积小，价格较低。

立式加工中心最适合加工 Z 轴方向尺寸相对较小的工件，一般的情况下除底面不能加工外，其余五个面都可用不同的刀具进行轮廓和表面加工。

(2) 卧式加工中心

一般的卧式加工中心有 3～5 个坐标轴，常配有一个回转轴（或回转工作台），主轴转速在 10～10 000 r/min 之内，最小分辨率一般为 1 μm，定位精度为 10～20 μm。卧式加工中心刀库容量一般较大，有的刀库可存放几百把刀具。卧式加工中心的结构较立式加工中心复杂，体积和占地面积较大，可对箱体（除顶面和底面之外）的四个面进行铣、镗、钻、攻螺纹等加工。特点是对箱体类零件上的一些孔和形腔有位置公差要求的（如孔系之间平行度、孔与端面的垂直度、端面与底面的垂直度等），以及孔和形腔与基准面（底面）有严格尺寸精度要求的，在卧式加工中心上通过一次装夹加工，容易得到保证，适合于批量工件的加工。卧式加工中心程序调试时，不如立式加工中心直观、容易观察，对工件检查和测量也感不便，且对复杂零件的加工程序调试时间是正常加工的几倍，所以加工的工件数量越多，平均每件占用机床的时间越少，因此用卧式加工中心进行批量加工才合算。但它可实现普通设备难以达到的精度和质量要求，因此一些精度要求高，其他设备无法达到其精度要求的工件，特别是一些空间曲面和形状复杂的工件，即使是单件生产，也可考虑在卧式加工中心上加工。卧式加工中心冷却条件不如立式的好，特别是对深孔的镗、铣、钻等，切削液难以到达切削深处，因此必须降低机床的转速和进给量，从而降低了生产效率。与立式加工中心相比，卧式加工中心的功能多，在立式加工中心上加工不了的工件，在卧式加工中心上一般都能加工。此外，卧式加工中心的回转工作台有的是数控的，有的是分度的，工件一次装夹可实现多个工位的加工。

(3) 多工作台加工中心

多工作台加工中心有时称为柔性加工单元（FMC）。它有两个以上可更换的工作台，通过运送轨道可把加工完的工件连同工作台（托盘）一起移出加工部位，然后把装有待加工工件的工作台（托盘）送上加工部位，这种可交换的工作台可设置多个，实现多工作台加工，实现在线装夹，即在进行加工的同时，下边的工作台进行装、卸工件；另外，可在其他工作台上都装上待加工的工件，开动机床后，能完成对这一批工件的自动加工。工作台上的工件可以是相同的，也可以是不同的；这都可由程序进行处理。多工作台加工中心有立式的，也有卧式的。无论立式还是卧式，其结构都较复杂，刀库容量较大，机床占地面积大，控制系统功能较全。

(4) 复合加工中心

复合加工中心也称多工面加工中心，是指工件一次装夹后，能完成多个面的加工的设备。现有的五面加工中心，它在工件一次装夹后，能完成除安装底面外的五个面的加工。这种加工中心兼有立式和卧式加工中心的功能，在加工过程中可保证工件的位置公差。常见的五面加工中心有两种形式，一种是主轴做 90°或相应角度旋转，可成为立式加工中心或卧式加工中心；另一种是工作台带着工件做 90°旋转，主轴不改变方向而实现五面加工。图 5-4 为五坐标加工中心，图 5-5 为五面加工工作图。

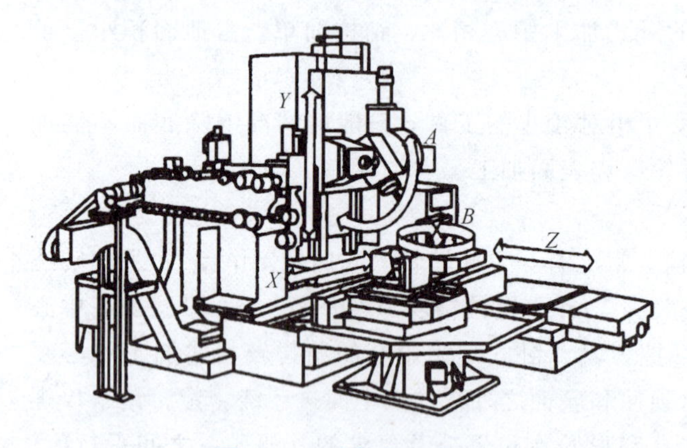

图 5-4　五坐标加工中心

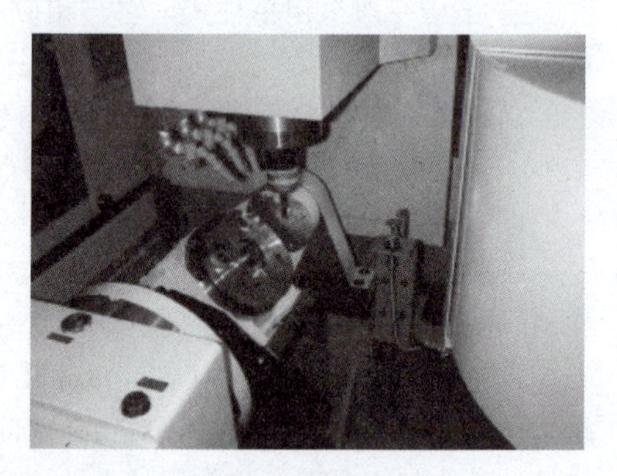
图 5-5　五面加工

5.2　加工中心编程指令

加工中心是在数控铣床的基础上发展起来的，其编程方法与数控铣床的基本相同。

5.2.1　基本功能指令及应用

1. 自动换刀功能指令

实际上，加工中心的编程和数控铣床编程的不同之处，主要在于增加了用 Txx、M06 进行自动换刀的功能指令，其他都没有太大的区别。

Txx 功能指令是用来选择机床上刀具的，后面跟的数字为将要更换的刀具地址号。执行该指令时，刀库电机带动刀库转动将对应刀具送到换刀位置上。若 T 指令是跟在某加工程序段的后部时，选刀动作将和加工动作同时进行。M06 指令是加工中心的换刀指令。

加工中心的换刀，根据结构分无机械手换刀和有机械手换刀两种情况。

(1) 无机械手换刀

当机床无机械手换刀时，换刀指令为：

Txx M06 或 M06 Txx

机床在进行换刀动作时，先取下主轴上的刀具，再进行刀库转位的选刀动作；然后，再换上新的刀具。其选刀动作和换刀动作无法分开进行，执行“Txx M06”与执行“M06 Txx”结果是一样的。

(2) 有机械手换刀

这时“Txx M06”与“M06 Txx”有了本质区别。“Txx M06”是先执行选刀指令 Txx，再执行换刀指令 M06。它是先由刀库转动将 Txx 号刀具送到换刀位置上，再由机械手实施换刀动作。换刀以后，主轴上装夹的就是 Txx 号刀具，而刀库中目前换刀位置上安放的则是刚换下的旧刀具。

“M06 Txx”是先执行换刀指令 M06，再执行选刀指令 Txx。它是先由机械手实施换刀动作，将主轴上原有的刀具和目前刀库中当前换刀位置上已有的刀具（上一次选刀指令所选好的刀具）进行互换；然后，再由刀库转动将 Txx 号刀具送到换刀位置上，为下次换刀做准备。

在有机械手换刀且使用的刀具数量较多时，应将选刀动作与机床加工动作在时间上重合起来，以节省自动换刀时间，提高加工效率。

2. 回参考点控制指令

(1) 自动返回参考点 G28

格式：G28 X_Y_Z_;

说明：

(X，Y，Z) 为回参考点时经过的中间点（非参考点）坐标。在 G90 时为中间点在工件坐标系中的坐标，在 G91 时为中间点相对于起点的位移量。

G28 指令首先使所有的编程轴都快速定位到中间点，然后再从中间点返回到参考点。一般 G28 指令用于刀具自动更换或者消除机械误差。在执行该指令之前应取消刀具半径补偿和刀具长度补偿。在 G28 的程序段中不仅产生坐标轴移动指令而且记忆了中间点，坐标值以供 G29 使用。电源接通后，在没有手动返回参考点的状态下指定 G28 时，从中间点自动返回参考点与手动返回参考点相同，这时从中间点到参考点的方向就是机床参数回参考点方向设定的方向。

G28 指令仅在其被规定的程序段中有效。

(2) 自动从参考点返回 G29

格式：G29 X_Y_Z_;

说明：

(X，Y，Z) 为返回的定位终点。在 G90 时为定位终点在工件坐标系中的坐标，在 G91 时为定位终点相对于 G28 中间点的位移量。

G29 可使所有编程轴以快速进给经过由 G28 指令定义的中间点，然后再到达指定点。通常该指令紧跟在 G28 指令之后。

G29 指令仅在其被规定的程序段中有效。

例 5-1 用 G28 G29 对图 5-6 所示的路径编程。要求由 A 经过中间点 B 并返回参考点，然后从参考点经由中间点 B 返回到 C，并在 C 点换刀。

本例表明编程员不必计算从中间点到参考点的实际距离。

3. 刀具偏置指令

(1) 刀具半径补偿：G40、G41、G42

刀具半径补偿指令及其应用与前面章节相同，这里不再赘述。

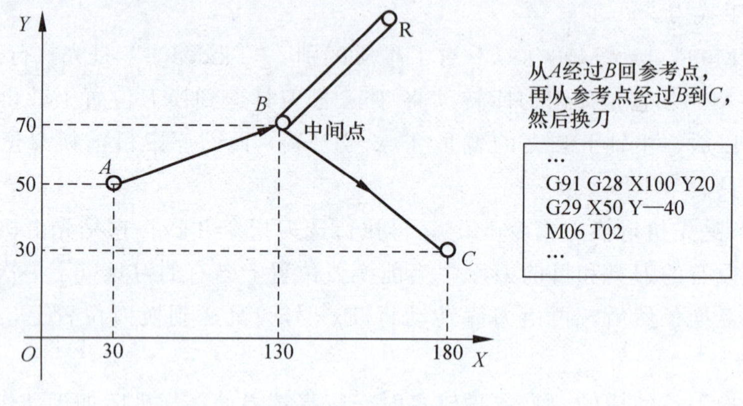

图 5-6 G28/G29 编程

(2) 刀具长度补偿指令

使用刀具长度补偿指令，在编程时就不必考虑刀具的实际长度及各把刀具不同的长度尺寸。加工时，用 MDI 方式输入刀具的长度尺寸，即可正确加工。当由于刀具磨损、更换刀具等原因引起刀具长度尺寸变化时，只要修正刀具长度补偿量，而不必调整程序或刀具。

```
格式：G00 G43/G44 α_ H_;        //建立补偿程序段
…                              //切削加工程序段
…
G49/H00;                       //补偿撤销程序段
```

其中，$\alpha \in \{X, Y, Z, U, V, W\}$ 为补偿轴的终点坐标；H 为长度补偿偏置号。

(3) 刀具补偿号 D

在 NC 程序中，用 T 指令加上刀具号来选择刀具，用 D 指令加上序号来指定刀具的长度、半径等补偿值。在同一个 T 号下最多可以指定 9 组补偿值 D1～D9。D0 则表示取消刀具补偿。

刀具更换后，程序中调用的刀具长度补偿、半径补偿立即生效。如果没有编 D 号，则当前刀号下的 D1 值自动生效。先编程的长度补偿先执行，对应的坐标轴也先运行。

刀具半径补偿必须与 G41/G42 一起执行。

编程举例：

```
N5 G17;          确定待补偿的平面
N10 T1;          预选刀具
…
N30 M6;          更换刀具，T1 中 D1 值有效
N35 G0 Z;        刀具 1 经长度补偿后到达指定的 Z 坐标
```

…

N50 G0 Z_D2；　　　　刀具 1 中 D2 值生效，刀具 1 按 D2 值长度补偿后到达指定的 Z 坐标

N55 T4；　　　　　　刀具预选 T4，注意：T1 中 D2 仍然有效

…

N80 D3 M6；　　　　更换刀具，T4 中 D3 值生效

例：图 5-7（b）所对应的程序段为 G00 G44 Zs H_。

其中：

S 为 Z 向程序指令点；

H_ 的值为长度补偿量，即 H_=ε。

H 为刀具长度补偿代号地址字，后面一般用两位数字表示代号，代号与长度补偿量一一对应。刀具长度补偿量可用 CRT/MDI 方式输入。如果用 H00 则取消刀具长度补偿。

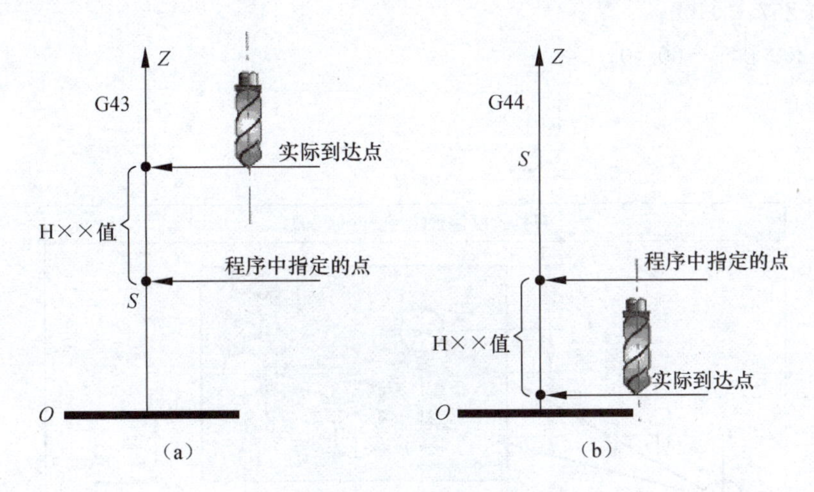

图 5-7　刀具长度补偿

把程序编制时的刀具长度与实际使用的刀具长度之差 ε，作为偏置量设定在偏置存储器中。该指令不改变程序就可实现对 α 轴运动指令的终点位置进行正向或负向补偿。G43 为刀具长度正补偿指令，它的作用是对刀具程序编制终点坐标值加上一个刀具长度偏置量 ε 的运算，也就是使程序编制终点坐标正方向移动一个偏置量 ε。G44 为刀具长度负补偿指令，其作用是对刀具程序编制终点坐标值减去一个刀具长度偏置量 ε 的运算，也就是使程序编制终点坐标负方向移动一个偏置量 ε。当刀具长度小于程序编制时的刀具长度时，ε 为负值；当刀具长度大于程序编制时的刀具长度时，ε 为正值。G40 为取消刀具长度补偿指令。

偏置量 ε 存放在由偏置号 H 指定的偏置存储器中，偏置号可用 H00～H99 来指定，偏置量与偏置号对应，可通过 MDI/CRT 先设置在偏置存储器中，通常 H00 的偏置量为 0，因此可用 H00 作为取消刀具补偿指令。

无论是绝对指令还是相对（增量）指令，由代码指定的已存入偏置存储器中的偏置值在 G43 时加上，在 G44 时则从 α 轴运动指令的终点坐标值中减去，计算后的坐标值成为终点。

下面是一包含刀具长度补偿指令的程序，其刀具运动过程如图 5-8 所示。

O6600；

N05 G91 G00X120.0 Y80.0 M03 S500；

N10 G43 Z－32.0 H01；

N15 G01 Z－21.0 F100；

N20 G04 X2000；

N25 G00 Z21.0；

N30 X30.0 Y－50.0；

N35 G01 Z－41.0；

N40 G00 Z41.0；

N45 X50.0 Y30.0；

N50 G01 Z－25.0；

N55 G04 X2000；

N60 G00 Z57.0 H00；

N65 X－200.0 Y－60. 0；

N70 M05；

N75 M30；

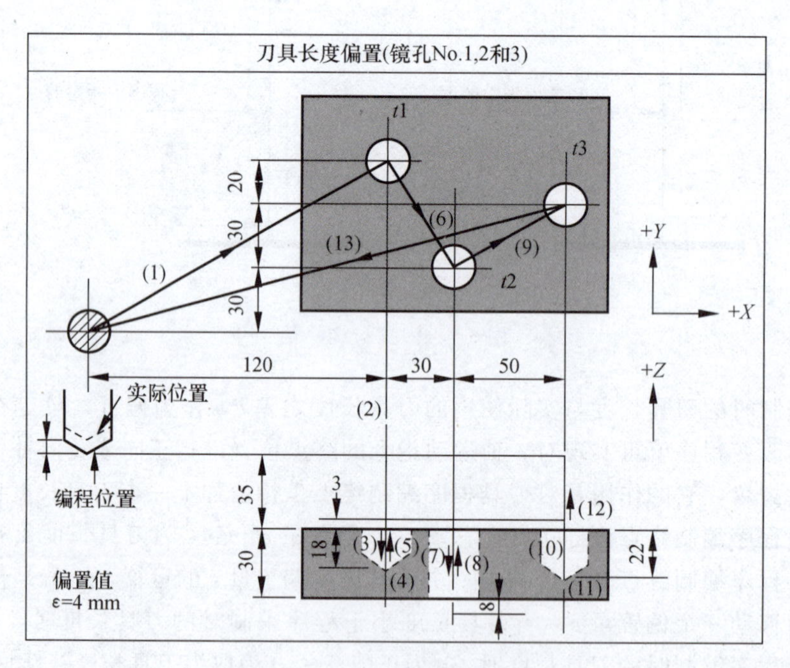

图 5-8　刀具长度补偿编程示例

若图 5-8 中实际使用的刀具长度小于程序编制时的刀具长度，则 ε＝－4 mm，这时第二程序段（N10）仍然是：

N10 G43 Z－32 H01；

程序指令刀具移到程序编制终点坐标再正方向移动一个 ε＝－4 mm 值的位置，相当于使程序编制终点坐标负向移动一个 ε＝＋4 mm 的值，即使刀具的位移量增加 4 个单位，以达到补偿实际刀具长度短于编程刀具长度的目的。

5.2.2　极坐标指令

在数控机床与加工中心的编程中，为简化编程，除常用固定程序循环指令外还采用一些特殊的功能指令。通常情况下，圆周分布的孔类零件（如法兰类零件）以及图样尺寸以半径与角度形式标示的零件（如正多边形外形铣），采用极坐标编程较为合适。采用极坐标编程，加工中心可以大大减少编程时的计算工作量，因此数控机床在编程中得到广泛应用。

极坐标值指令（G15/G16）

指令格式：

G16 X_Y_；开始极坐标指令（极坐标方式）

G15；取消极坐标指令（取消极坐标方式）

说明：

G16：极坐标指令；

G15：极坐标指令取消；

G17～G19：极坐标指令的平面选择（G17，G18 或 G19）；

G90：指定工件坐标系的原点作为极坐标系的原点，从该点测量半径；

G91：指定当前位置作为极坐标系的原点，从该点测量半径；

X_ Y_：指定极坐标系选择平面的轴及其值；

X_：极坐标半径；

Y_：极角。

注意：

① 坐标值可以用极坐标（半径和角度）输入。角度的正向是所选平面的第 1 轴正向的逆时针转向，而负向是顺时针转向。

② 半径和角度两者可以用绝对值指令或增量值指令（G90/G91）。

③ 设定工件坐标系原点作为极坐标系的原点。

用绝对值编程指令指定半径（原点和编程点之间的距离）。如图 5-9 所示，将工件坐标系的原点设定为极坐标系的原点。当使用局部坐标系（G52）时，局部坐标系的原点变成极坐标的中心。

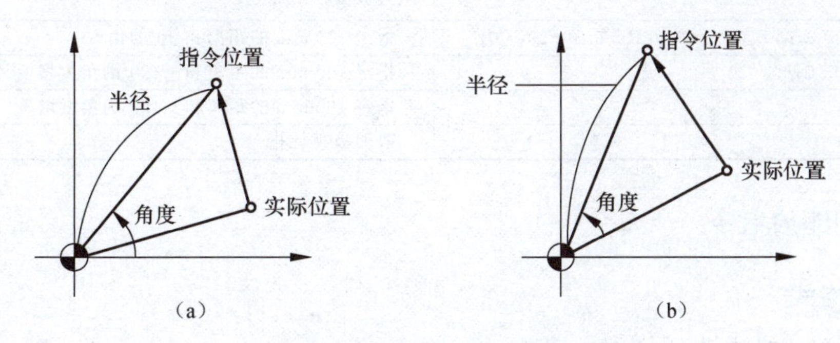

图 5-9　极坐标编程示意图

(a) 当角度用绝对值指令指定时；(b) 当角度用增量值指令指定时

④ 设定当前位置作为极坐标系的原点。

用增量值编程指令指定半径（当前位置和编程点之间的距离）。当前位置指定为极坐标系的原点。

例：如图 5-10 所示，加工轮缘上的螺栓孔。

编程示例：

(1) 用绝对值指令指定角度和半径编程见表 5-1。

工件坐标系的原点被设为极坐标系的原点，选择 XY 平面。

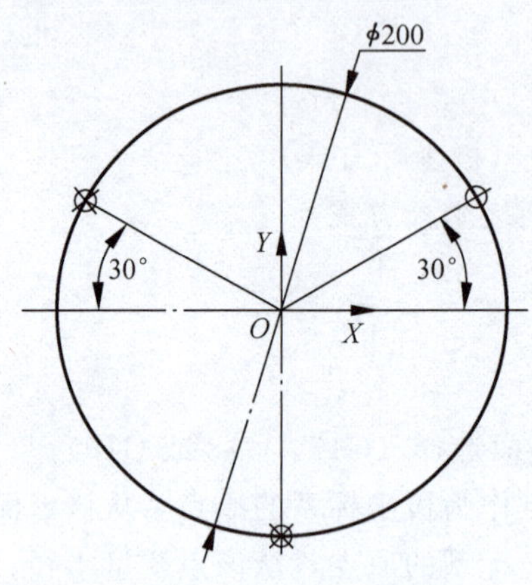

图 5-10　加工示意图

表 5-1　用绝对值指令指定角度和半径编程

Nl G17 G90 G16；	指定极坐标指令和选择 XY 平面，设定工件坐标系的原点为极坐标系的原点
N2 G81 X100. 0 Y30. 0 Z－20. 0 R－5. 0 F200. 0；	指定 100 mm 的距离和 30°的角度
N3 Y150. 0；	指定 100 mm 的距离和 150°的角度
N4 Y270. 0；	指定 100 mm 的距离和 270°的角度
N5 G15 G80；	取消极坐标指令

(2) 用绝对值指令指定角度和半径编程，见表 5-2。

表 5-2　用增量值指令指定角度和半径

Nl G17 G90 G16；	指定极坐标指令和选择 XY 平面，设定工件坐标系的原点为极坐标的原点
N2 G81 X100. 0 Y30. 0 Z－20. 0 R－5. 0 F200. 0；	指定 100 mm 的距离和 30°的角
N3 G91 Y120. 0；	指定 100 mm 的距离和＋120°的角度增量
N4 Y120. 0；	指定 100 mm 的距离和＋120°的角度增量
N5 G15 G80；	取消极坐标指令

5. 2. 3　比例缩放指令

1. 指令格式

(1) 进行缩放格式 1

G51 I_J_K_P_；

例　G51 I0 J10. 0 P2000；

格式中的 I、J、K 值作用有两个：第一，选择要进行比例缩放的轴，其中 I 表示 X 轴，

J 表示 *Y* 轴，*K* 表示 *Z* 轴。上面的例子表示在 *X*、*Y* 轴上进行比例缩放，而在 *Z* 轴上不进行比例缩放；第二，指定比例缩放的中心，“I0 J10.0”表示缩放中心在坐标（0，10.0）处，如果省略了 *I*、*J*、*K*，则 G51 指定刀具的当前位置作为缩放中心。*P* 为进行缩放的比例系数，不能用小数点来指定该值，“P2000”表示缩放比例为 2。

（2）进行缩放格式 2

G51 X_Y_Z_P_；

例　G51 X10.0 Y20.0 P1500；

格式中的 *X*、*Y*、*Z* 值与格式 1 中的 *I*、*J*、*K* 值作用相同，只是由于系统不同，因而书写格式不同。

（3）进行缩放格式 3

G51 X_Y_Z_I_J_K_；

例　G51 X0 Y0 Z0 I1.5 J2.0 K1.0；

该格式用于较为先进的数控系统（如 FANUC-0i 系统），各坐标轴允许以不同比例进行缩放。格式中，*X*、*Y*、*Z* 值用于指定缩放中心，*I*、*J*、*K* 分别用于指定 *X* 轴、*Y* 轴和 *Z* 轴的缩放比例。上例表示以坐标点（0，0，0）为中心进行比例缩放，在 *X* 轴方向的缩放倍数为 1.5 倍，在 *Y* 轴方向上的缩放倍数为 2 倍，在 *Z* 轴方向则保持原比例不变。*I*、*J*、*K* 的取值直接以小数点的形式采指定缩放比例，如 J2.0 表示在 *J* 轴方向上的缩放比例为 2.0 倍。

（4）取消缩放格式

例　G50；

2. 比例缩放编程说明

（1）比例缩放中的刀补问题

在编写比例缩放程序过程中，要特别注意建立刀补程序段的位置，一般情况下，刀补程序段写在缩放程序段内。

（2）比例缩放中的圆弧插补

在比例缩放中进行圆弧插补，如果进行等比例缩放，则圆弧半径也相应缩放相同的比例；如果指定不同的缩放比例，刀具也不会画出相应的椭圆轨迹，仍将进行圆弧的插补，圆弧的半径根据 *I*、*J* 中的较大值进行缩放。

（3）比例缩放中的注意事项

① 比例缩放的简化形式。如将比例缩放程序“G51 X_Y_Z_P_；”或者“G51 X_Y_Z_I_J_K_；”简写成“G51;”，则缩放比例由机床系统自带参数决定。

② 比例缩放对固定循环中 *Q* 值与 *d* 值无效。

③ 比例缩放对刀具偏置值和刀具补偿值无效。

④ 在缩放状态下，不能指定返回参考点的 G 代码（G27～G30），也不能指定坐标系的 G 代码（G52～G59，G92）。

5.2.4　镜像指令

使用编程的镜像指令可实现沿某一坐标轴或某一坐标点的对称加工。在一些老的数控系统中通常采用 M 指令来实现镜像加工，在 FANUC-0i 系统中则采用 G51 或 G51.1 来实现镜像加工。

1. 指令格式

（1）格式 1

G17 G51.1 X_ Y_；

G50.1 X_ Y_；

格式中的 X、Y 值用于指定对称轴或对称点。当 G51.1 指令指定后仅有一个坐标字时，该镜像是以某一坐标为镜像轴的。如下指令所示：

G51.1 X10.0；

该指令表示以某一轴线为对称轴，该轴线与 Y 轴相平行，且与 X 轴在 X＝10.0 处相交。当 G51.1 指令后有两个坐标字时，表示该镜像是以某一点作为对称点进行镜像。

例如，对称点为（10，10）的镜像指令是 G51.1 X10.0 Y10.0；

取消镜像则用指令 G50.1 X _ Y _；

（2）格式 2

G17 G51 X_Y_I_J_；

G50；

使用此种格式时，指令中的 I、J 值一定是负值，如果其值为正值，则该指令变成了缩放指令。另外，如果 I、J 值为负且不等于－1，则执行该指令时，既进行镜像又进行缩放。

2. 镜像编程的说明

① 在指定平面内执行镜像指令时，如果程序中有圆弧指令，则圆弧的旋转方向相反，即 G02 变成 G03，相应地，G03 变成 G02。

② 在指定平面内执行镜像指令时，如果程序中有刀具半径补偿指令，则刀具半径补偿的偏置方向相反，即 G41 变成 G42，相应地，G42 变成 G41。

③ 在指定平面内执行镜像指令时，如果程序中有坐标系旋转指令，则坐标系旋转方向相反。即顺时针变成逆时针，相应地，逆时针变成顺时针。

④ CNC 数据处理的顺序是从程序镜像到比例缩放；所以在指定这些指令时，应按顺序指定，取消时，按相反顺序。在旋转方式或比例缩放方式不能指定镜像指令 G50.1 或 G51.1 指令，但在镜像指令中可以指定比例缩放指令或坐标系旋转指令。

⑤ 在可编程镜像方式中，不能指定返回参考，如参考平面指令（G27、G28、G29、G30）和改变坐标系指令（G54～G59、G92）。如果要指定其中的某一个，则必须在取消可编程镜像后进行。

⑥ 在使用镜像功能时，由于数控镗铣床的 Z 轴一般安装有刀具，所以，Z 轴一般都不进行镜像加工。

5.2.5 坐标系旋转指令

用坐标系旋转编程功能（旋转指令）可将工件旋转某一指定的角度。另外，如果工件的形状由许多相同的图形组成（如图 5-11 所示），则可将图形单元编成子程序，然后用主程序的旋转指令调用。这样可简化编程，节省时间和存储空间。

指令格式：

G17 G68 X_Y_R_；

G69；

指令说明：

G68 表示坐标系旋转生效，而指令 G69 表示坐标系旋转取消。

G68 以给定点（*X*，*Y*，*Z*）为旋转中心，将图形旋转 *R*；如果省略（*X*，*Y*，*Z*），则以程序原点为中心旋转。

在有刀具补偿的情况下，先旋转后刀补（刀具半径补偿和长度补偿）；在有缩放功能的情况下，先缩放后旋转。

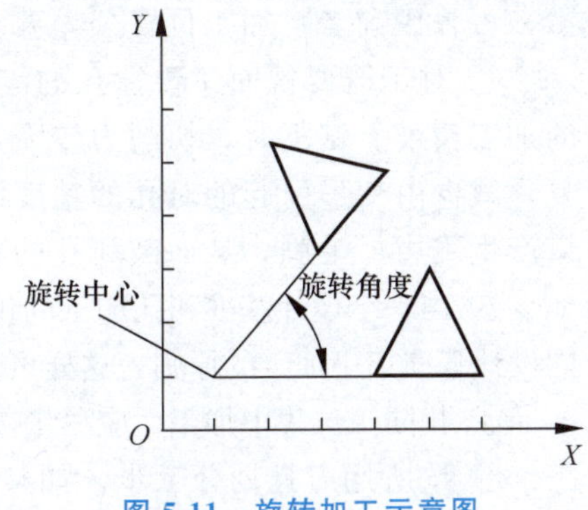

图 5-11　旋转加工示意图

格式中的 *X*、*Y*、*Z* 值用于指定坐标系旋转的中心，*R* 用于表示坐标系旋转的角度，该角度一般取 0°～360°的正值。旋转角度的零度方向为第一坐标轴的正方向，逆时针方向为角度方向的正向。不足 1°的角度以小数点表示，如 10°54′用 10.9°表示。

例：G68 X15.0 Y20.0 R30.0；

该指令表示图形以坐标点（15，20）作为旋转中心，逆时针旋转 30°。

注意：

① 在坐标系旋转取消指令（G69）以后的第一个移动指令必须用绝对值指定。如果采用增量值指定，则不执行正确的移动。

② CNC 数据处理的顺序是程序镜像→比例缩放→坐标系旋转→刀具半径补偿 C 方式。所以在指定这些指令时，应按顺序指定，取消时，按相反顺序。如果坐标系旋转指令前有比例缩放指令，则在比例缩放过程中不缩放旋转角度。

③ 在坐标系旋转方式中，返回参考点指令（G27、G28、G29、G30）和改变坐标系指令（G54～G59，G92）不能指定。如果要指定其中的某一个，则必须在取消坐标系旋转指令后进行。

坐标系的旋转方式中的增量值的指令：当 G68 被编程时，在 G68 之后，绝对值指令之前，增量值指令的旋转中心是刀具位置。

坐标系旋转取消指令：取消坐标系旋转方式的 G 代码（G69）可以指定在其他指令的程序段中。

5.3　加工中心编程中应注意的问题

5.3.1　加工工艺设计与换刀处理

1. 加工工艺设计

设计加工中心的加工工艺实际就是设计各表面的加工工步。在设计加工中心工步时，主要从精度和效率两方面考虑。下面是加工中心加工工步设计的主要原则：

① 加工表面按粗加工、半精加工、精加工次序完成，或全部加工表面按先粗，后半精、精加工分开进行。加工尺寸公差要求较高时，考虑零件尺寸、精度、零件刚性和变形等因

素，可采用前者；加工位置公差要求较高时，采用后者。

② 对于既要铣面又要镗孔的零件，可以先铣后镗。按这种方法划分工步，可以提高孔的加工精度。铣削时，切削力较大，工件易发生变形。先铣面后镗孔，使其有一段时间的恢复，减少由变形引起的对孔的精度的影响。反之，如果先镗孔后铣面，则铣削时，必然在孔口产生飞边、毛刺，从而破坏孔的精度。

③ 当一个设计基准和孔加工的位置精度与机床定位精度、重复定位精度相接近时，采用相同设计基准集中加工的原则，这样可以解决同一工位设计尺寸基准多于一个时的加工精度问题。

④ 相同工位集中加工，应尽量按就近位置加工，以缩短刀具移动距离，减少空运行时间。

⑤ 按所用刀具划分工步。如某些机床工作台回转时间较换刀时间短，在不影响精度的前提下，为了减少换刀次数，减少空移时间，减少不必要的定位误差，可以采取刀具集中工序，也就是用同一把刀把零件上相同的部位都加工完，再换第二把刀。

⑥ 考虑到加工中存在着重复定位误差，对于同轴度要求很高的孔系，就不能采取原则⑤。应该在一次定位后，通过顺序连续换刀，连续加工完该同轴孔系的全部孔后，再加工其他坐标位置孔，以提高孔系同轴度。

⑦ 在一次定位装夹中，尽可能完成所有能够加工的表面。

2. 换刀处理

① 自动换刀要留出足够的换刀空间。有些刀具直径较大或尺寸较长，自动换刀时要注意避免发生撞刀事故。为安全起见，通常机床要求换刀前必须先回到参考点（或 Z 轴回到参考点高度）后进行换刀。如 XHK716 型立式加工中心机床，若没有回参考点的信号，则机械手将不能动作。

② 对于采用机械手换刀的立、卧式加工中心，为了节省自动换刀时间，提高加工效率，应将选刀动作与机床加工动作在时间上重合起来。比如，可将选刀动作指令安排在换刀前的回参考点移动过程中，如果返回参考点所用的时间小于选刀动作时间，则应将选刀动作安排在换刀前的耗时较长的加工程序段中。

③ 换刀完毕后，不要忘记安排重新启动主轴的指令；否则，加工将无法持续。

5.3.2 程序的编排与检验

1. 程序的编排

① 当零件加工程序较多时，为便于程序调试，一般将各工步内容分别安排到不同的子程序中。主程序内容主要是完成换刀及子程序调用的指令。这样安排便于按每一工步独立地调试程序，也便于若发现加工顺序不合理而作出重新调整。

② 尽可能地利用机床数控系统本身所提供的镜像、旋转、固定循环和宏指令编程处理的功能，以简化程序量。

2. 程序的检验

在填写程序时往往会有错误或遗漏，按程序单向机床控制面板或磁盘输入程序时也不能保证完全正确，所以未经检验的程序不能直接加工零件。

（1）程序单的检验

首先检查功能指令代码是否有错误或遗漏；其次检查刀具代号是否有错误或遗漏，以防止加工时刀具半径补偿值有差错；最后验算数据的计算是否有误，正负号对不对，程序单上

填的数据是否与编程草图上标注的坐标值一样，走刀路线是否为封闭回路（可以用各坐标运动位移量的代数和是否为零来校验）等。

(2) 磁盘中程序的校验

① 人工检查法（方法与程序单的检验一样）。

② 用计算机校验，或从机床控制面板中用图形显示校验。现代数控加工中有许多自动编程软件（如国内的 CAXA、美国的 MasterCAM 等）可以进行反读（即通过 G 代码直接在屏幕上画出刀具轨迹路线），这种检查方法既快又方便，但对程序细节部分不能很准确地检查。

③ 在机床上进行试切检查。这是最直接最有效的检查方法。试切削材料可采用较易切削、费用低的塑料或石蜡，但不能反映出加工程序的工艺性问题（如切削用量是否合适等），而且对大型或复杂的工件也不太适用，因此有时也可以直接对正式毛坯进行切削。根据工件的具体情况，有时可以采用分层试切削（即抬高刀具，放大刀具半径补偿值等），这样做的实际效果较好。

5.4　加工中心编程实例

5.4.1　综合实例 1

加工如图 5-12 所示零件（单件生产），毛坯为 80 mm×80 mm×20 mm 长方块（四面及上、下底面已加工），材料为 45 钢，单件生产。

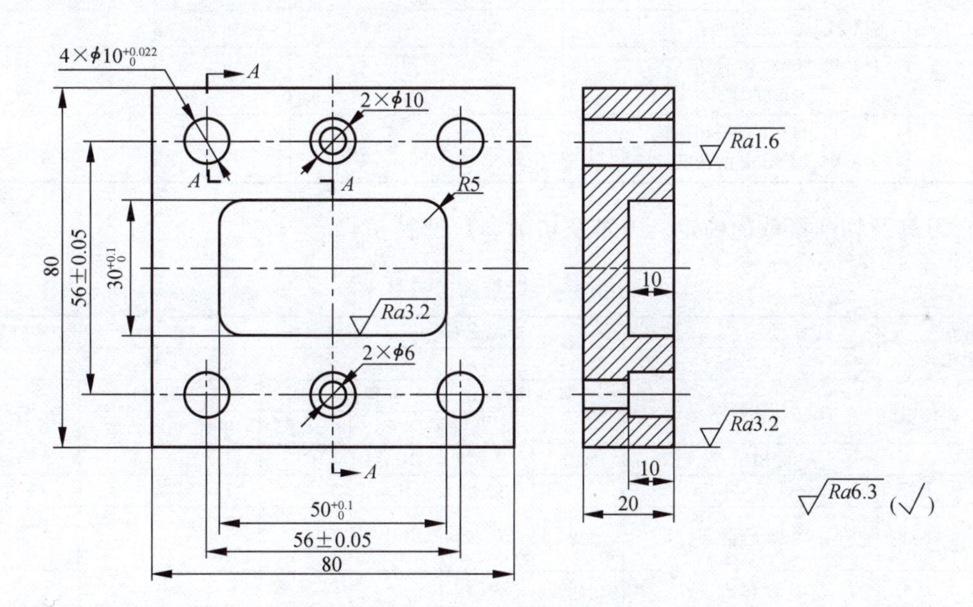

图 5-12　加工中心编程综合实例 1

1. 加工工艺的确定

(1) 分析零件图样

该零件包含了平面、型腔、孔的加工，表面粗糙度全部为 $Ra3.2$ μm。根据零件的要求应用键槽铣刀（立铣刀）粗、精铣凹槽；两沉头孔精度较低采用钻孔＋铣孔工艺加工；4×$\phi10^{+0.022}_{0}$ mm 孔采用钻孔（含钻中心孔）＋铰孔工艺保证精度；若图样不要求加工上表面，该面只钻孔、镗孔、铰孔等，则在工件装夹时应用百分表校平该表面，而后再加工。这样才能保证孔、槽的深度尺寸及位置精度。

（2）工艺分析

① 加工方案的确定。合理切削用量选择加工铝件，粗加工深度除留精加工余量，可以一刀切完。切削速度可以提高，但垂直下刀进给量应小。具体工艺路线安排如下：

钻中心孔→粗铣内槽→精铣内槽→钻 2×ϕ6 mm 的通孔→钻底孔→铰孔

② 确定装夹方案。该零件为单件生产，且零件外形为长方体，可选用平口虎钳装夹。

③ 确定加工工艺。加工工艺见表 5-3。

表 5-3　数控加工工序卡片

<table>
<tr><td colspan="3" rowspan="2">数控加工工序卡片</td><td colspan="2">产品名称</td><td colspan="2">零件名称</td><td colspan="2">材　料</td><td colspan="3">零件图号</td></tr>
<tr><td colspan="2"></td><td colspan="2"></td><td colspan="2">45 钢</td><td colspan="3"></td></tr>
<tr><td>工序号</td><td>程序编号</td><td>夹具名称</td><td colspan="2">夹具编号</td><td colspan="3">使用设备</td><td colspan="4">车　间</td></tr>
<tr><td></td><td></td><td>虎钳</td><td colspan="2"></td><td colspan="3"></td><td colspan="4"></td></tr>
<tr><td>工步号</td><td colspan="2">工步内容</td><td>刀具号</td><td colspan="2">主轴转速 /(r·min⁻¹)</td><td colspan="2">进给速度 /(mm·min⁻¹)</td><td colspan="2">背吃刀量 /mm</td><td>侧吃刀量 /mm</td><td>备注</td></tr>
<tr><td>1</td><td colspan="2">用 ϕ10 mm 键槽铣刀铣 2×ϕ10 mm 孔及粗铣内槽</td><td>T01</td><td colspan="2">800</td><td colspan="2">100</td><td colspan="2">5</td><td>11.7</td><td></td></tr>
<tr><td>2</td><td colspan="2">用 ϕ10 mm 立铣刀精铣内槽</td><td>T02</td><td colspan="2">1 000</td><td colspan="2">80</td><td colspan="2">0.2</td><td>0.2</td><td></td></tr>
<tr><td>3</td><td colspan="2">钻中心孔</td><td>T03</td><td colspan="2">1 000</td><td colspan="2">50</td><td colspan="2">1.5</td><td></td><td></td></tr>
<tr><td>4</td><td colspan="2">钻 2×ϕ6 mm 的通孔</td><td>T04</td><td colspan="2">1 000</td><td colspan="2">50</td><td colspan="2">1.5</td><td></td><td></td></tr>
<tr><td>5</td><td colspan="2">用 ϕ9.7 mm 钻头钻 4×$\phi10^{+0.022}_{0}$ mm 的底孔</td><td>T05</td><td colspan="2">800</td><td colspan="2">60</td><td colspan="2">4.5</td><td></td><td></td></tr>
<tr><td>6</td><td colspan="2">用 ϕ10H8 机用铰刀铰 4×$\phi10^{+0.022}_{0}$ mm 的铰孔</td><td>T06</td><td colspan="2">1 200</td><td colspan="2">60</td><td colspan="2">0.3</td><td></td><td></td></tr>
</table>

④ 刀具及切削参数的确定。刀具及切削参数见表 5-4。

表 5-4　数控加工刀具卡

<table>
<tr><td colspan="2" rowspan="2">数控加工
刀具卡片</td><td>工序号</td><td colspan="2">程序编号</td><td>产品名称</td><td>零件名称</td><td colspan="2">材　料</td><td>零件图号</td></tr>
<tr><td></td><td colspan="2"></td><td></td><td></td><td colspan="2">45 钢</td><td></td></tr>
<tr><td rowspan="2">序号</td><td rowspan="2">刀具号</td><td rowspan="2">刀具名称</td><td colspan="2">刀具规格/mm</td><td colspan="2">补偿值/mm</td><td colspan="2">刀补号</td><td rowspan="2">备注</td></tr>
<tr><td>直径</td><td>长度</td><td>半径</td><td>长度</td><td>半径</td><td>长度</td></tr>
<tr><td>1</td><td>T01</td><td>键槽铣刀</td><td>ϕ10</td><td>实测</td><td>10.3</td><td></td><td>D01</td><td></td><td>高速钢</td></tr>
<tr><td>2</td><td>T02</td><td>立铣刀（4 齿）</td><td>ϕ10</td><td>实测</td><td>10</td><td></td><td>D02</td><td></td><td>硬质合金</td></tr>
<tr><td>3</td><td>T03</td><td>中心钻</td><td>ϕ2</td><td>实测</td><td>3</td><td></td><td>D03
D04</td><td></td><td>高速钢</td></tr>
<tr><td>4</td><td>T04</td><td>麻花钻</td><td>ϕ6</td><td>实测</td><td></td><td></td><td></td><td></td><td></td></tr>
<tr><td>5</td><td>T05</td><td>麻花钻</td><td>ϕ9.7</td><td>实测</td><td></td><td></td><td></td><td></td><td></td></tr>
<tr><td>6</td><td>T06</td><td>机用铰刀</td><td>ϕ10H8</td><td>实测</td><td></td><td></td><td></td><td></td><td></td></tr>
<tr><td colspan="10">备注：D02、D04 的实际半径补偿值根据测量结果调整。</td></tr>
</table>

2. 参考程序

选择工件中心为工件坐标系 X，Y 原点，工件的上表面为工件坐标系的 $Z=1$ 面。参考程序见表 5-5。

表 5-5 参考程序

程序段号	程序	说明
N0010	G17 G21 G40 G49 G54 G80 G90 G94；	程序初始化
N0020	G91 G28 Z0；	回参考点
N0030	T01 M06；	选用 1 号刀具
N0040	G43 Z50 H01；	1 号刀具长度补偿
N0050	M03 S500 M8；	启动主轴，切削液开
N0060	G90 G54 G00 X−80 Y20；	建立工件坐标系、快速移动到（$X-80$，$Y20$）处
N0070	G43 Z5 H01；	调用 1 号刀具长度补偿
N0080	G01 Z0.5 F100；	
N0090	X80；	直线进给到 $X80$ 处
N0100	G00 Z5；	刀具快速抬起 5 mm
N0110	X−80 Y−20；	刀具快速运动到（$X-80$，$Y-20$）处
N0120	G01 Z0.5；	直线进给到工件上 0.5 mm 处
N0130	X80；	直线进给到 $X80$ 处
N0140	G00 Z5；	刀具快速抬起 5 mm
N0150	G00 X−80 Y20；	刀具快速运动到（$X-80$，$Y20$）处
N0160	M03 S800；	指定主轴转向与转速，工件表面精加工
N0170	G01 Z0 F80；	
N0180	X80；	
N0190	G00 Z5；	
N0200	X−80 Y−20；	
N0210	G01 Z0；	
N0220	X80；	
N0230	G00 Z50；	
N0240	M05 M09；	主轴停止，切削液关
N0250	G91 G28 Z0；	回参考点
N0260	T02 M06；	选用 T2 刀具
N0270	G90 G54 G00 X−28 Y28；	刀具快速移动到（$X-28$，$Y28$）处
N0280	S1000 M03 M08；	启动主轴，切削液开
N0290	G43 H02 G00 Z5；	调用 2 号刀具长度补偿
N0300	G99 G81 Z−3 R5 F100；	调用孔加工循环，钻中心孔
N0310	X0 Y28；	继续在（$X0$，$Y28$）处钻中心孔
N0320	X28 Y28；	继续在（$X28$，$Y28$）处钻中心孔
N0330	X28 Y−28；	继续在（$X28$，$Y-28$）处钻中心孔
N0340	X0 Y−28；	继续在（$X0$，$Y-28$）处钻中心孔
N0350	G98 X−28 Y−28；	继续在（$X-28$，$Y-28$）处钻中心孔
N0360	G80 G00 Z100；	取消钻孔循环，快速提刀
N0370	M05 M9；	主轴停止，切削液关，程序停止，安装
N0380	G91 G28 Z0；	回参考点
N0390	T03 M06；	选用 T3 刀具
N0400	G90 G54 G00 X0 Y28；	定位
N0410	M03；	
N0420	M08；	
N0430	G43 H03 Z5；	调用 3 号刀具长度补偿
N0440	G01 Z−10 F100；	铣孔深 10 mm
N0450	G04 X5；	刀具暂停 5 s
N0460	Z5；	刀具抬到 $Z5$ 处
N0470	G00 Y−28；	刀具快速移到 $Y-28$ 处

续表

程序段号	程序	说明
N0480	G01 Z−10；	铣孔深 10 mm
N0490	G04 X5；	刀具暂停 5 s
N0500	Z05；	刀具抬到 Z5 处
N0510	G00 X10 Y10；	粗铣内轮廓
N0520	G01 Z−5 F100；	刀具沿 Z 向以 F100 速度移动到 Z−5 处
N0530	X11；	
N0540	Y2；	
N0550	X−11；	
N0560	Y−2；	
N0570	X11；	
N0580	Y0；	
N0590	X19；	
N0600	Y10；	
N0610	X−19；	
N0620	Y−10；	
N0630	X19；	
N0640	Y0；	
N0650	Z5；	
N0660	G00 Z50	
N0670	X10；	
N0680	Z0；	
N0690	G01 Z−10 F100；	
N0700	X11；	
N0710	Y2；	
N0720	X−11	
N0730	Y−2；	
N0740	X11；	
N0750	Y0；	
N0760	X19；	
N0770	Y10；	
N0780	X−19；	
N0790	Y−10；	
N0800	X19；	
N0810	Y0；	
N0820	Z0；	
N0830	G00 Z100；	快速提刀
N0840	M05 M9；	主轴停，切削液关
N0850	G91 G28 Z0；	回参考点
N0860	T04 M06；	选用 4 号刀具
N0870	G90 G54 G00 X−20 Y5；	定位
N0880	S1000 M03 M08；	启动主轴，打开切液
N0890	G43 H4 Zl；	调用 4 号刀具长度补偿
N0900	G01 Z−10 F80；	精铣内轮廓
N0910	G41 X−10 D4；	刀具左偏
N0920	Y−15；	
N0930	X20；	

续表

程序段号	程序	说明
N0940	C03 X25 Y−10 I0 J5;	
N0950	G01 Y10;	
N0960	G03 X20 Y15 I−5 J0;	
N0970	G01 X−20;	
N0980	G03 X−25 Y10 I0 J−5;	
N0990	G01 Y−10;	
N01000	G03 X−20 Y−15 I5 J0;	
N1010	G01 X0;	
N1020	G40 G01 Y5;	取消刀具半径补偿，直线进给到 Y5 处
N1030	Z0;	刀具沿 *Z* 向移动到 *Z*0 处
N1040	G00 Z100;	刀具快速移动到 *Z*100 处
N1050	M5 M9;	主轴停止，切削液关，程序停止
N1060	G91 G28 Z0;	回参考点
N1070	T05 M06;	选用 T5 刀具
N1080	G90 G54 G0 X0 Y28;	
N1090	S1000 M03 M8;	
N1100	G43 H05 Z5;	调用 5 号刀具长度补偿
N1110	G99 G83 Z−24 R5 Q5 F80;	调用孔加工循环，钻孔
N1120	G98 X0 Y−28;	继续在（*X*0，*Y*−28）处钻孔
N1130	G80 G00 Z150;	取消钻孔循环，快速提刀
N1140	M05 M09;	主轴停止，切削液关，程序停止
N1150	G28;	回参考点
N1160	T06 M06;	安装 T6 刀具
N1170	G90 G54 G00 X−28 Y28;	
N1180	S800 M03 M08;	
N1190	G43 H06 Z5;	调用 6 号刀具长度补偿
N1200	G99 G83 Z−24 R5 Q5 F100;	调用孔加工循环，钻孔
N1210	X28 Y28;	继续在（*X*28，*Y*28）处钻孔
N1220	X28 Y−28;	继续在（*X*28，*Y*−28）处钻孔
N1230	G98 X−28 Y−28;	继续在（*X*−28，*Y*−28）处钻孔
N1240	G80 G00 Z100;	取消钻孔循环，快速提刀
N1250	M05 M9;	主轴停止，切削液关
N1260	G91 G28 Z0;	回参考点
N1270	T07 M06;	选用 T7 刀具
N1280	G90 G54 G0 X−28 Y28;	定位
N1290	S1200 M03 M8;	
N1300	G43 H7 Z5;	调用 7 号刀具长度补偿
N1310	G99 G85 Z−23 R5 F80;	调用孔加工循环，铰孔
N1320	X28 Y28;	继续在（*X*28，*Y*28）处铰孔
N1330	X28 Y−28;	继续在（*X*28，*Y*−28）处铰孔
N1340	G98 X−28 Y−28;	继续在（*X*−28，*Y*−28）处铰孔
N1350	G80 G00 Z150;	取消铰孔循环，快速提刀
N1360	M30;	程序结束

5.4.2 综合实例 2

加工如图 5-13 所示零件（单件生产），毛坯为 100 mm×80 mm×15 mm 长方块（四面及上、下底面已加工），材料为 45 钢。

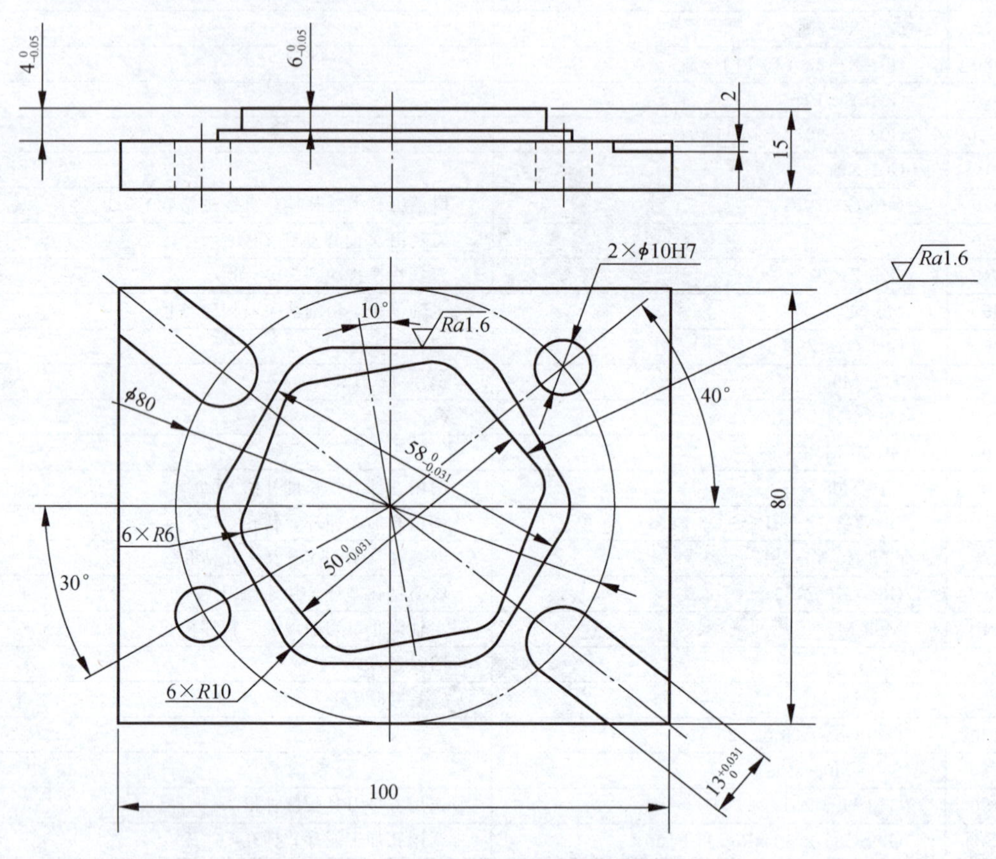

图 5-13 加工中心编程综合实例 2

1. 加工工艺的确定

(1) 分析零件图样

该零件包含了平面、外形轮廓、槽和孔的加工，孔的尺寸精度为 IT7，其他表面尺寸精度要求不高，表面粗糙度全部为 $Ra3.2\ \mu m$，没有形位公差项目的要求。

(2) 工艺分析

① 加工方案的确定。对于图 5-13 所示零件上的斜六边形轮廓、两个凹槽和孔的加工，可以运用旋转、镜像、极坐标及固定循环功能来加工，这样不但可以减少编程的工作量，还可以达到优化程序提高效率的目的。

根据零件的要求，零件加工方案为：粗铣→粗铣斜六边形→粗铣两个角落凹槽→检测→精铣正六边形、斜六边形及两个凹槽→孔加工。

② 确定装夹方案。该零件为单件生产，且零件外形为长方体，可选用平口虎钳装夹。工件上表面高出钳口 6 mm 左右。

③ 确定加工工艺。根据以上分析，该零件的数控加工工序卡和数控加工刀具卡，

见表 5-6 和表 5-7。

表 5-6　加工工序卡片

加工工序卡				零件图号		共×页
				零件名称		第×页
材料牌号	45 钢	毛坯	100×80×15	已平磨六个面，垂直度<0.05 mm，尺寸公差±0.05 mm	数控程序名	
工艺简图						

工序号	工序名称	工步号	工序工步内容	工艺装备		
				夹具	刀具	量具
1	工装	1	检查毛坯尺寸是否与图纸相符	平口钳		
		2	安装工件伸出安全高度大于 5 mm			
		3	打表找正工件平面平行度 0.06			百分表
		4	安装刀具对刀确定工件系			
2	粗加工	1	粗加工正六边形轮廓，留 0.5 mm 余量粗加工内、外轮廓		T01	游标卡尺
		2	粗、半精加工斜六边形轮廓，留 0.5 mm 余量粗加工内、外轮廓		T01	
		3	粗加工两凹槽轮廓		T02	千分尺
	精加工	1	测量工件实际尺寸			
		2	调整参数精加工到图纸尺寸要求		T03	
3	孔加工	1	中心钻定位		T04	
		2	钻底孔（循环钻 ϕ10 孔）		T05	
		3	扩孔		T06	
		4	孔口倒角		T07	
		5	铰孔		T08	千分尺
4	检验					

表 5-7　数控加工刀具卡

数控加工刀具卡片	工序号	程序编号	产品名称	零件名称	材　料	零件图号
					45 钢	

序号	刀具号	刀具名称	刀具规格/mm		补偿值/mm		刀补号		备注
			直径	长度	半径	长度	半径	长度	
1	T01	立铣刀（3 齿）	ϕ25	实测	25.3		D11	H01	高速钢
2		立铣刀（3 齿）	ϕ25	实测	44		D12	H01	高速钢
3	T02	立铣刀（3 齿）	ϕ12				D02	D02	高速钢
4	T03	立铣刀（4 齿）	ϕ12	实测	8		D02	H03	硬质合金
5	T04	中心钻	ϕ2	实测	6.36		D04	H04	高速钢
6	T05	麻花钻	ϕ8	实测	8		D05	H05	高速钢
7	T06	麻花钻	ϕ9.7	实测	9.8		D06	H06	高速钢
8	T07	倒角钻					D07	H07	高速钢
9	T07	机用铰刀	ϕ10H7	实测	10		D08	H08	高速钢
备注：D02、D04 的实际半径补偿值根据测量结果调整。									

2. 编写加工程序

选择零件两对称轴的交点为工件坐标系 X、Y 轴原点，工件上表面为 Z 轴原点，建立工件坐标系，如图 5-14 中的定位图所示。

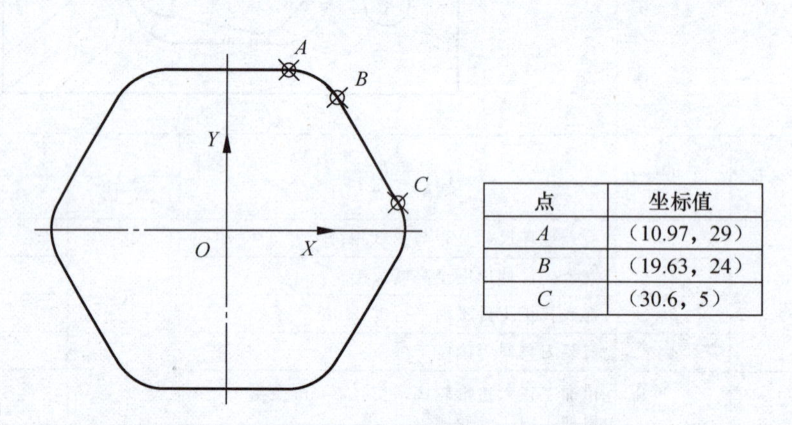

点	坐标值
A	（10.97，29）
B	（19.63，24）
C	（30.6，5）

图 5-14　正六边形坐标计算

（1）正六边形加工程序

根据设定的工件坐标系计算编程所需基点坐标，如图 5-14 所示。

用 ϕ25 mm 立铣刀粗加工正六边形时，调用刀补值 44 mm 和 25.3 mm 铣削两次外轮廓，为精加工留有单侧 0.3 mm 的加工余量。

精加工正六边形时，选用 ϕ12 mm 的立铣刀，刀具半径补偿号仍然为 D02，补偿值为 6 mm，并将机床切削三要素进行调整。

（2）斜六边形加工程序

根据设定的工件坐标系计算编程所需基点坐标，如图 5-15 所示。

编写斜六边形加工程序时，先按没有旋转时的六边形进行编写程序，然后利用旋转功能

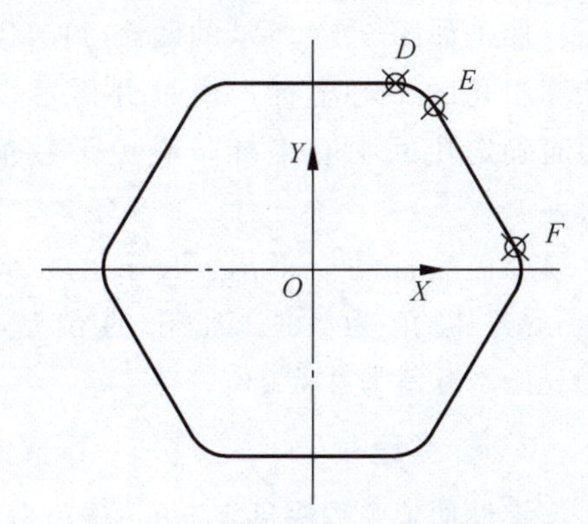

点	坐标值
D	(10.97，25)
E	(16.17，22)
F	(27.14，3)

图 5-15　没有旋转前的六边形坐标计算

实现六边形的旋转，逆时针方向旋转 10°，具体程序见表 5-8 和表 5-9。

说明：粗加工时，刀具直径为 ϕ20 mm 的立铣刀，刀具半径补偿号为 D12，刀补值为 25.3 mm，为精加工留有单侧 0.3 mm 的加工余量。

当精加工斜六边形时，选用 ϕ12 mm 的立铣刀，刀具半径补偿号仍然为 D02，补偿值为 6 mm，并将机床切削三要素进行调整。

(3) 凹槽加工程序

如 5-16 图所示，两个凹槽的轮廓与尺寸相同并关于原点（0，0）对称，在编程时，可只编写其中一个凹槽的程序，然后利用镜像功能得到另一个凹槽的加工程序。图示的两个凹槽均为开口槽，编程时，将凹槽开口处的两条线各延长了 3 mm，以保证在凹槽的开口处不留圆角。

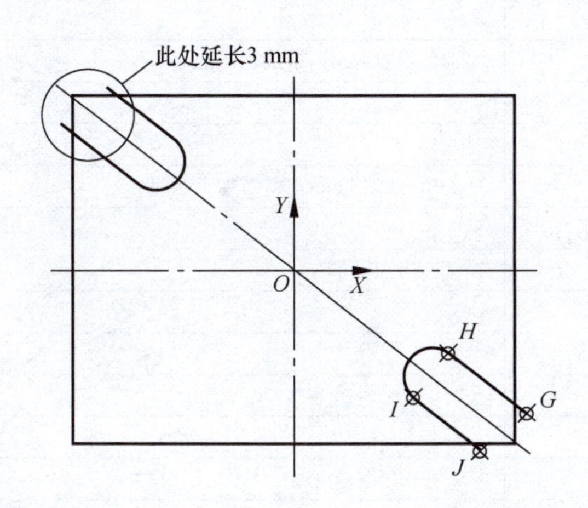

点	坐标值
G	(52.34，-33.55)
H	(34.88，-19.58)
I	(26.76，-29.73)
J	(41.94，-41.87)

图 5-16　凹槽坐标计算

根据设定的工件坐标系计算编程所需基点坐标，如图 5-16 所示。

(4) 孔加工程序

在孔加工过程中，主要涉及孔加工固定循环指令，该指令的运用功能在介绍程序的固定循环功能指令时有详细的讲解。在编程时，要注意孔的加工深度，加工通孔时，应考虑到钻头钻尖的锥面长度，适当增加钻孔深度，保证孔加工通，否则会在后面的铰孔加工时，使铰刀折断。

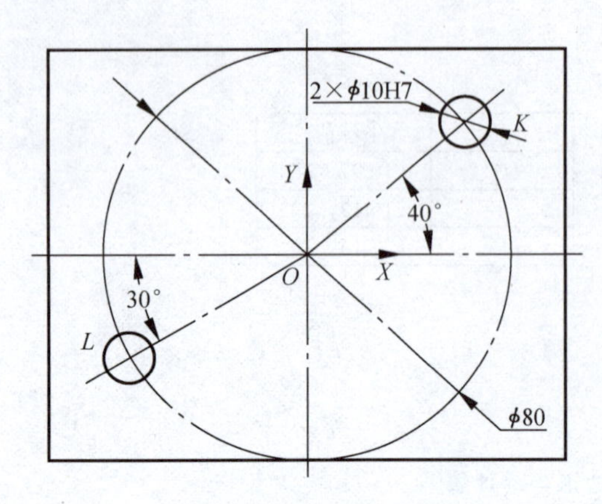

图 5-17 孔加工极坐标

加工如图 5-17 所示的两个 ϕ10H7 的孔，先要计算出孔的中心坐标，通过分析可以利用极坐标功能确定孔的中心坐标，避免了数值计算，提高效率。

由极坐标功能得出：K 孔的位置，极半径为 40 mm，极角为 40°；L 孔的位置，极半径为 40 mm，极角为 210°。

3. 参考程序

零件加工主程序见表 5-8。铣正六边形、斜六边形、凹槽及孔加工子程序分别见表 5-9～表 5-12。

表 5-8 主程序

程序	说明
O1001；	
G17 G21 G40 G49 G54 G80 G90 G94；	程序初始化
G91 G28 Z0；	回参考点
T01 M06；	选用 1 号刀具
G90 G43 Z50 H01；	1 号刀具长度补偿
M03 S400；	
G00 X0 Y55.0；	
Z5.0 M08；	
G01 Z−6.0 F60；	
G41 D11 G01 X0 Y29.0 F100；	D11＝44 mm，粗铣正六边形
M98 P8001；	
G40 G01 X0 Y55.0；	
G41 D12G01 X0 Y29.0 F100；	D12＝25.3 mm，留精加工余量
M98 P8001；	
G40 G01 X0 Y55.0；	
G00 Z50.0；	
G00 X0 Y40.0；	
Z5.0；	
G01 Z−4.0 F60；	
G41 D12 G01 X0 Y25.0 F100；	
G90 G68 X0 Y0 R10.0；	工件坐标系逆时针方向旋转 10°
M98 P8003；	调用 8003 子程序
G40 G01 X0 Y40.0；	取消刀具半径补偿
G00 Z100.0 M05；	快速退刀，并关闭切削液
G69；	取消旋转功能
G90 G28 Z0；	Z 轴回参考点
T02 M06；	选用 2 号刀具

续表

程序	说明
G90 G43 Z50 H02；	2 号刀具长度补偿
G54 M03 S680；	建立坐标系，转速 680 r/min
G00 X0 Y0；	
M98 P8005；	调用 O0005 子程序，加工右下角凹槽
G51.1 X0 Y0；	建立镜像功能，关于原点镜像
M98 P8005；	调用 O0005 子程序，加工左上角凹槽
G50.1 X0 Y0；	取消镜像功能
G00 Z100.0 M05 M09；	
G91 G28 Z0；	
T03 M06；	
G90 G43 Z50 H03；	
M00；	检测，开始精加工
G17 G21 G40 G49 G54 G80 G90 G94；	精加工正六边形
M03 S800；	
G00 X0 Y55.0；	
Z5.0 M08；	
G01 Z−6.0 F60；	
G41 D02 G01 X0 Y29.0 F100；	检测后，根据加工余量与刀具实际直径确定
M98 P8001；	
G40 G01 X0 Y55.0；	
G00 Z50.0 M05；	
G90 G54 M03 S800；	
G00 X0 Y40.0；	
Z5.0 M08；	
G01 Z−4.0 F60；	
G41 D02 G01 X0 Y25.0 F100；	
G90 G68 X0 Y0 R10.0；	工件坐标系逆时针方向旋转 10°
M98 P8003；	调用 8003 子程序
G40 G01 X0 Y40.0；	
G00 Z50.0 M05；	
G69；	
G00 Z100 M05；	
G90 G40 G21 G17 G94；	开始精加工凹槽
G54 M03 S680；	建立坐标系，转速 680 r/min
G00 X0 Y0；	刀具快速定位
Z5.0 M08；	
M98 P8005；	调用 8005 子程序，加工右下角凹槽
G51.1 X0 Y0；	建立镜像功能，关于原点镜像
M98 P8005；	调用 8005 子程序，加工左上角凹槽
G50.1 X0 Y0；	取消镜像功能
G00 Z100.0 M09；	快速退刀
M98 P8006；	调用孔加工程序
M30；	

表 5-9　正六边形加工子程序

程序	说明
O80001；	程序名
G01 X10.97 F100；	加工正六边形轮廓
G02 X19.63 Y24.0 R10.0；	
G01 X30.60 Y5.0；	
G02 Y−5.0 R10.0；	
G01 X19.63 Y−24.0；	
G02 X10.97 Y−29.0 R10.0；	
G01 X−10.97；	
G02 X−19.63 Y−24.0 R10.0；	
G01 X−30.60 Y−5.0；	
G02 Y5.0 R10.0；	
G01 X−19.63 Y24.0；	
G02 X−10.97 Y29.0 R10.0；	
G01 X0；	
M99；	子程序结束

表 5-10　斜六边形加工子程序

程序	说明
O8003；	子程序名
G01X10.97 F100；	加工斜六边形轮廓
G02 X16.17 Y22.0 R6.0；	
G01 X27.14 Y3.0；	
G02 Y−3.0 R6.；	
G01 X16.17 Y−22.0；	
G02 X10. 97 Y−25. 0 R6.0；	
G01 X−10. 97；	
G02 X−16.17 Y−22. 0 R6.0；	
G01 X−27.14 Y−3.0；	
G02 Y3.0 R6.0；	
G01 X−16.17 Y22.0；	
G02 X−10.97 Y25.0 R6.0；	
G01 X0；	
G40 G01 X0 Y40.0；	
G00 Z50.0 M05；	
M99；	子程序结束

表 5-11　两凹槽加工子程序

程序	说明
O8005；	凹槽子程序名
G00 X56.0 Y−46.0；	快速定位
Z5 M08；	
G01 Z−8.0 F50；	下降至加工深度

续表

程序	说明
G41 D02 G01 X52.34 Y－33.55；	建立刀具半径左补偿，加工凹槽
X34.88 Y－19.58；	
G03 X26.76 Y－29.73 R6.5；	
G01 X41.94 Y－41.87；	
G40 G01 X56.0 Y－46.0；	取消刀补
G00 Z5.0；	
M99；	子程序结束

表 5-12　孔加工子程序

加工程序	程序说明
O0006；	程序名
G91 G28 Z0；	Z 轴回参考点
M06 T04；	换 T04 号刀具，中心钻
G90 G40 G21 G17 G94 G15；	程序初始化
G54 M03 S1500；	建立坐标系，转速 1 500 r/min
G00 X0 Y0；	刀具快速定位
G43 H04 G00 Z20.0；	建立长度补偿，快速定位到 Z20.0
G16 G00 X40.0 Y40.0；	利用极坐标功能定位到第一个孔
G99 G81 Z－9. R5.0 F60；	用 G81 指令钻中心孔
G00 X40.0 Y210.0；	利用极坐标定位到第二个孔
G98 G81 Z－9.0 R5.0 F60；	用 G81 指令钻中心孔
G15；	取消极坐标功能
G49 G00 Z50.0；	取消长度补偿
G80 G91 G28 Z0；	Z 轴回参考点
M06 T05；	换 T05 号刀具
G90 G15 G54 M03 S500；	程序初始化，建立坐标系，转速 500 r/min
G00 X0 Y0；	刀具快速定位
G43 H05 G00 Z50.0；	建立长度补偿，快速定位到 Z50.0
G16 G00 X40.0 Y40.0；	利用极坐标功能定位到第一个孔
G99 G81 Z－20.0 R5.0 F60；	用 G81 指令钻底孔
G00 X40. 0 Y210. 0；	利用极坐标功能定位到第二个孔
G98 G81 Z－20.0 R5.0 F60；	用 G81 指令钻底孔
G15；	取消极坐标功能
G49 G00 Z20.0；	取消长度补偿
G80 G91 G28 Z0；	Z 轴回参考点
M06 T06；	换 T06 号刀具
G90 G15 G54 M03 S450；	程序初始化，建立坐标系，转速 450 r/min
G00 X0 Y0；	刀具快速定位
G43 H06 G00 Z20.0；	建立长度补偿，快速定位到 Z20.0
G16 G00 X40.0 Y40.0；	利用极坐标功能定位到第一个孔

续表

加工程序	程序说明
G99 G81 Z−20.0 R5.0 F50；	用 G81 指令扩孔
G00 X40.0 Y210.0；	利用极坐标功能定位到第二个孔
G98 G81 Z−20.0 R5.0 F50；	用 G81 指令扩孔
G15；	取消极坐标功能
G49 G00 Z50.0；	取消长度补偿
G80 G91 G28 Z0；	*Z* 轴回参考点
M06 T07；	换 T07 号刀具，倒角钻
G90 G15 G54 M03 5500；	程序初始化，建立坐标系，转速 500 r/min
G00 X0 Y0；	刀具快速定位
G43 H07 G00 Z20.0；	建立长度补偿，快速定位到 *Z*20. 0
G16 G00 X40.0 Y40.0；	利用极坐标功能定位到第一个孔
G99 G82 Z−10.0 R5.0 P2000 F60；	用 G82 指令倒角，暂停 2 s
G00 X40.0 Y210.0；	利用极坐标功能定位到第二个孔
G99 G82 Z−10.0 R5.0 P2000 F60；	用 G82 指令倒角，暂停 2 s
G15；	取消极坐标功能
G49 G00 Z50.0；	取消长度补偿
G80 G91 G28 Z0；	*Z* 轴回参考点
M06 T08；	换 T08 号刀具
G90 G15 G54 M03 S50；	程序初始化，建立坐标系，转速 50 r/min
G00 X0 Y0；	刀具快速定位
G43 H08 G00 Z20.0；	建立长度补偿，快速定位到 *Z*20. 0
G16 G00 X40. 0 Y40.；	利用极坐标功能定位到第一个孔
G99 G85 Z−18.0 R5.0 F40；	用 G85 指令铰孔
G00 X40.0 Y210.0；	利用极坐标功能定位到第二个孔
G98 G85 Z−18.0 R5.0 F40；	用 G85 指令铰孔
G15；	取消极坐标功能
G91 G28 Z0；	*Z* 轴回参考点
M99；	程序结束

5.4.3 实际工程案例（fanuc 系统）

任务描述：某企业在机器修配中需要加工某支撑块零件 10 件，毛坯为 120×70×40 长方形块，120×70×40 的六面及凸台已加工，材料为 45 钢，零件图如下：

1. 零件分析

该零件由凸台（R20 圆弧与直线相切形成）及 2−Φ25H9 孔、2−Φ30H7 的孔组成；毛坯是实心件，材料是中碳钢。其中 2−Φ25 孔的基本偏差代号为 H9，其其尺寸公差范围为 0.052 mm，容许最大直径尺寸 Φ25.052，最小直径尺寸 Φ25；其中 2−Φ30 孔的基本偏差代号为 H7，其其尺寸公差范围为 0.025 mm，容许最大直径尺寸 Φ30.025，最小直径尺寸 Φ30；其它未标注长度和内径公差按 GB01804−m，具体极限偏差见下表。

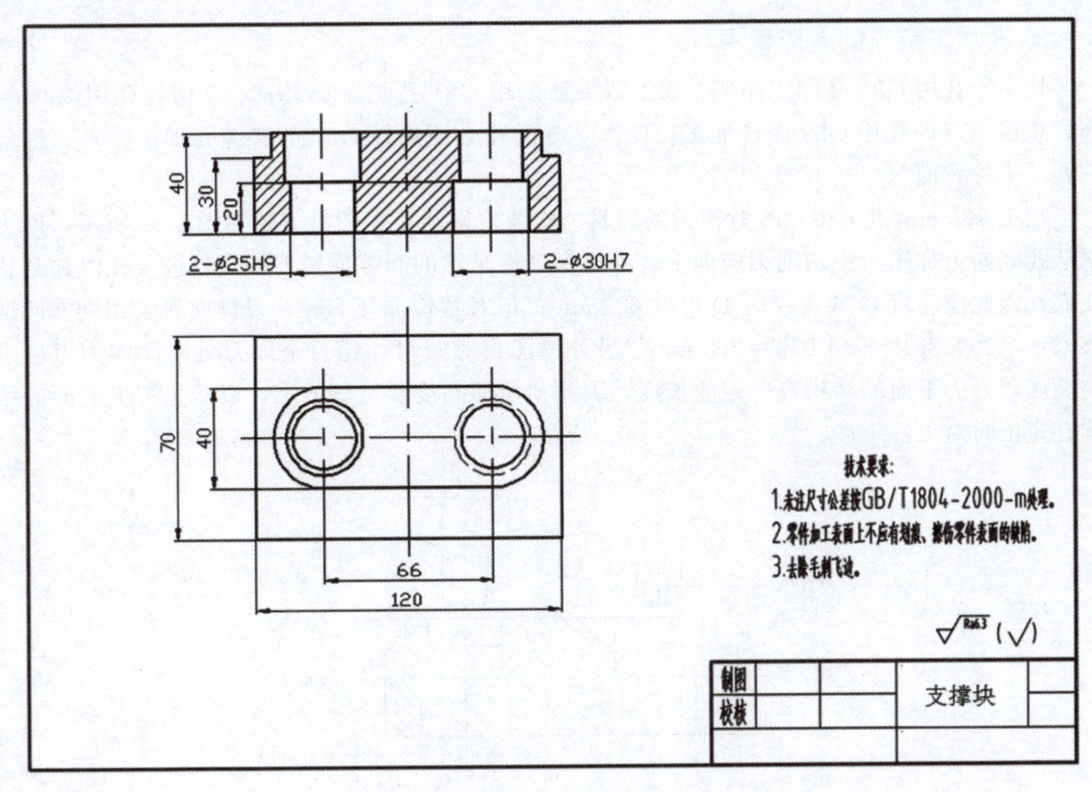

图 5-18　支撑块

表 5-13　GB01804－M　尺寸偏差数值表

公差等级	基本尺寸分段			
	0.5～3	＞3～6	＞6～30	＞30～120
中等 m	±0.1	±0.1	±0.2	±0.3

2. 制定加工方案

根据对零件加工要求分析，拟定该零件加工方案为：①钻中心孔；②φ24 钻头钻底孔；③正镗孔保证尺寸 φ25H9；④正、反镗粗、精加工 φ30H7。详见表表 5-14。

表 5-14　支撑块零件加工方案

顺序	加工内容	刀具号	刀具规格	主轴转速 (r/min)	进给速度 (mm/min)	补偿号	子程序号
1	钻中心孔	T2	φ4 中心钻	2000	40	H02	O6712
2	钻 2×φ24. 底孔	T3	高速钢 φ24 钻头	300	50	H03	O6713
3	镗 φ25mm 的孔	T4	硬质合金直径 φ25 镗刀	900	100	H04	O6714
4	正镗 φ29.5mm 的孔	T5	硬质合金直径 φ29.5 正镗刀	900	120	H05	O6715
5	反镗 φ29.5mm 的孔	T6	硬质合金直径 φ29.5 反镗刀	900	120	H06	O6716
6	正镗 φ30H7 的孔	T7	硬质合金 φ30H7 正镗刀	1000	100	H07	O6717
7	反镗 φ30H7 的孔	T8	硬质合金 φ30H7 反镗刀	1000	100	H08	O6718
备注	主程序：O6710；换刀子程序号 O8888；						

3. 孔加工循环的选择使用

钻中心孔用 G82 孔加工循环；φ24 钻头钻削用 G81 孔加工循环；φ25 精镗孔用 G76 循环；正镗 φ30 的孔用 G89 循环加工；反镗 φ30 的孔必须选择 G87 的背镗孔加工循环，因为它在“工件背面”。

加工 φ30 mm 孔 φ30 mm 背镗刀的刀具的安装值得注意，刀具安装如图 5-19 所示，因为它从孔底向上加工，主切削刃应向上，必须保证有足够的间隙使镗刀杆可以进入孔内并到达孔底，因此应注意 G76 正镗时 Q 可取 0.3 mm；但对背镗循环 G87，刀具向刀尖相反方向偏移 Q=（30－25）÷2＋0.3＝2.8 mm。另外考虑到对刀时，镗刀是以刀尖高度作为刀位点的高度，刀尖下面的结构有一定的长度，因此初始面高度要足够的大，以防止刀尖下面的结构在定位时对工件干涉。

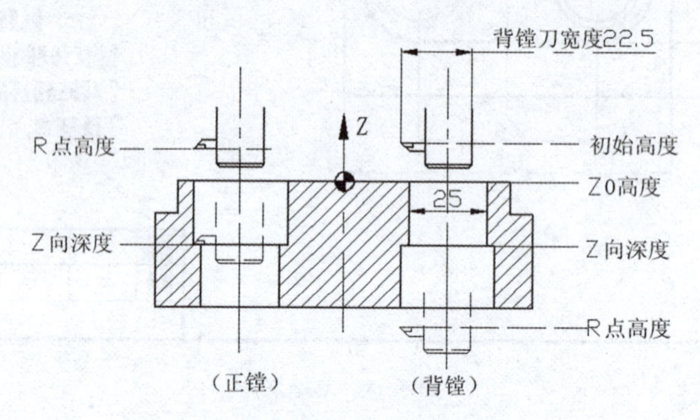

图 5-19　背镗刀的安装及背镗各点高度

4. 工量具准备（见表）

表 5-15　工量具清单

	序号	名称	规格	数量
工具	1	机用虎钳	QH160	1
	2	平行垫铁		1
	3	塑胶榔头		1
	4	呆扳手		1
	5	寻边器	Φ10	1
	6	Z 轴设定器	50 mm	1
量具	1	游标卡尺	0～150 mm	1
	2	百分表及表座	0～10 mm	1
	3	深度游标卡尺	0～150 mm	1

5. 参考程序

主程序：

O6710；

```
G54 G21 G90 G94 G17 T01
T02 M98 P8888;
M98 P6712;
T03 M98 P8888;
M98 P6713;
T04 M98 P8888;
M98 P06714;
T05 M98 P8888;
M98 P6715;
T06 M98 P8888;
M98 P6716;
T07 M98 P8888;
M98 P6717;
T08 M98 P8888;
M98 P6718;
G91 G28 Z0
M05;
M30;。
```

换刀子程序：

```
O8888;
M06;;                      刀库旋转至其上空刀位对准主轴，主轴准停
M28;;                      刀库前移，使空刀位上刀夹夹住主轴上刀柄
M11;;                      主轴放松刀柄
G53 Z-9.3;   ;             主轴 Z 向向上，回设定的安全位置（主轴与刀柄分离）
M32;   ;                   刀库旋转，选择将要换上的刀具
G53 Z-124.8;               主轴 Z 向向下至换刀位置（刀柄插入主轴孔）
M10;                       主轴夹紧刀柄
M29;                       刀库向后退回
M99;                       换刀子程序结束，返回主程序
```

钻中心孔程序：

```
O6712   （T02 中心钻）
M03 S2000;
G43 Z20.0 H02 M08;
G99 G82 X-33 Y0 Z-45. R5.0  F40. ;
X33;
G00 Z20.0;
M99
```

钻 φ24 通孔程序

```
O6713   （T03 麻花钻头）
```

```
M03 S300；
G43 Z20.0 H03 M08；
G99 G81 X－33 Y0 Z－45. R5.0 F50. ；
X33；
G00 Z20.0；
M99
```

精镗 φ25 孔程序

```
O6714 （T04 镗刀）
S1000 M03；
G43 Z20.0 H04 M08；
G99 G85 X－33 Y0 Z－45. R5.0 F100. ；
X33；
G00 Z20.0；
M99
```

正向粗镗 φ30 孔程序

```
O6715 （T05 粗镗刀）
S900 M03；
G43 Z20.0 H05 M08；
G99 G89 X－33 Y0 Z－20. R5.0P100 F1200. ；
G00 Z20.0；
M99
```

反向粗镗 φ30 孔程序

```
O6716 （T06 反向粗镗刀）
S900 M03；
G43 Z20.0 H06 M08；
G98 G87 X33 Y0 0 Z－20. Q2.8 R－45. F120.；
G00 Z50.0；
M99
```

正向精镗 φ30 孔程序

```
O6717 （T07 正向精镗刀）
S1000 M03；
G43 Z20.0 H07 M08；
G99 G89X－33 Y0 Z－20. R5.0 P100 F100.；
G00 Z20.0；
M99
```

反向精镗 φ30 孔程序

```
O6718 （T08 反向精镗刀）
S1000 M03；
G43 Z20.0 H08 M08；
```

```
G98 G87 X33 Y0 Z－20. Q2.8 R－45.0 F100.；
G00 Z50.0；
M99
```

5.5　多轴加工技术

5.5.1　多轴加工机床

1. 多轴加工

多轴加工就是多坐标加工。它与普通的二坐标平面轮廓加工和点位加工、三坐标曲面加工的本质区别就是增加了旋转运动，因此，多轴加工时刀轴的姿态角度不再是固定不变的，而是根据加工需要随时产生变化。当数控加工增加了旋转运动以后，刀心坐标位置计算或是刀尖点的坐标位置计算就会变得相对复杂。多轴加工的情况可以分为：

① 3 个直线轴同 1～2 个旋转轴的联动加工，这种加工被称为四轴联动或五轴联动加工。

② 1～2 个直线轴和 1～2 个旋转轴的联动加工。

③ 3 个直线轴同 3 个旋转轴的联动加工，用于这种加工的机床被称为并联虚轴机床。

④ 刀轴呈现一定的旋转角度不变，三个直线轴作联动加工，这种加工被称为多轴定向加工。

2. 多轴机床

多轴数控机床是指在一台机床上至少具备第 4 轴。如四轴数控机床有 3 个直线坐标轴和 1 个旋转坐标轴，并且 4 个坐标轴可以在计算机数控（CNC）系统的控制下同时协调运动进行加工。五轴数控机床具有 3 个直线坐标轴和 2 个旋转坐标轴，并且可以同时控制、联动加工。与三轴联动数控机床相比较，利用多轴联动数控机床进行加工的主要优点如下。

① 可以一次装夹完成多面多方位加工，从而提高零件的加工精度和加工效率。

② 由于多轴机床的刀轴可以相对于工件状态而改变，刀具或工件的姿态角可以随时调整，所以可以加工更加复杂的零件。

③ 由于刀具或工件的姿态角可调，所以可以避免刀具干涉、欠切和过切现象的发生，从而获得更高的切削速度和切削宽度，使切削效率和加工表面质量得以改善。

④ 多轴机床的应用，可以简化刀具形状，从而降低刀具成本。同时还可以改善刀具的长径比，使刀具的刚性、切削速度、进给速度得到大大提高。

⑤ 在多轴机床上进行加工时，工件夹具较为简单。由于有了坐标转换和倾斜面加工功能，使得有些复杂型面加工，转变为二维平面的加工。由于有了刀具轴控制功能，斜面上孔加工的编程和操作也变得更加方便。

由于增加了旋转轴，所以与三轴数控机床相比，多轴机床的刀具或工件的运动形式更为复杂，主要有以下几种形式。

（1）三轴立式加工中心

在三轴立式数控铣床或加工中心上，附加具有一个旋转轴的数控转台来实现四轴联动加工，即所谓 3+1 形式的四轴联动机床。由于以立式铣床或加工中心作为主要加工形式，所以数控转台只能算作是机床的一个附件。其主要特点是：

① 价格相对便宜。由于数控转台是一个附件，所以用户可以根据需要选配。

② 装夹方式灵活。用户可以根据工件的形状选择不同的附件，既可以选择三爪自定心卡盘装夹，也可以选配四爪单动卡盘或者花盘装夹。

③ 拆卸方便。用户在利用三轴加工大工件时，可以把数控转台拆卸下来。当需要时可以很方便地把数控转台安装在工作台上进行四轴联动加工。

(2) 三轴立式加工中心附加可倾斜式数控转台的五轴联动机床

在三轴立式数控铣床或加工中心上，附加具有两个旋转轴的可倾斜式（摇篮式）数控转台来实现五轴联动加工，即所谓 3+2 形式的五轴联动机床。如果机床的数控系统具有 5 个伺服单元，同时具备控制五轴联动的功能，用户只要安装上可倾斜式数控转台，即可进行五轴联动的数控加工。其特点与 3+1 形式的四轴联动机床相类似。

(3) 四轴立式（卧式）加工中心附加数控转台

机床的主轴可绕 B 轴旋转，使用时附加具有一个旋转轴的数控转台，实现五轴联动。

(4) 五轴联动加工中心

五轴联动数控铣床旋转部件的运动方式各有不同，有些机床设计成刀具摆动的形式，而有些机床则设计成工件摆动的形式。大体可以归纳为 3 种形式：双摆台形式、双摆头形式和一摆台一摆头形式。

5.5.2 多轴加工的工艺特点

1. 编程相对复杂

不论是四轴编程还是五轴编程，相对两轴轮廓编程和三轴曲面编程都比较复杂，复杂之处在于多轴编程要考虑零件的旋转或者是刀轴的变化。以 UG 为例就有变轴铣、变轴顺序铣等。每种铣削方式还有许多设置。不仅如此，多轴编程的后置处理也是相当重要并相对复杂的一个环节。后置处理的参数设置要考虑机床运动关系、刀具的长度、机床的结构尺寸、工装夹具的尺寸以及工件的安装位置等。所以，多轴编程和加工相对三轴的编程和加工要复杂许多。

2. 工艺顺序与三轴不同

三轴的编程和加工的顺序是：CAD/CAM 建立零件模型，生成刀具轨迹→生成 NC 代码→装夹零件→找正→建立工件坐标系→开始加工。

五轴的编程和加工的顺序是：CAD/CAM 建立零件模型→生成刀具轨迹→装夹零件→找正→建立工件坐标系→根据机床运动关系、刀具的长度、机床的结构尺寸、工装夹具的尺寸以及工件的安装位置等设置后置处理的参数→生成 NC 代码→加工。

例如，三轴加工叶片曲面零件，首先用 CAD/CAM 建立叶片模型，然后根据刀具直径和加工要求生成刀具轨迹，之后根据控制系统的指令格式设置后置处理的参数，生成数控程序代码，最后把代码传输到所用的机床控制器中加工零件。在这个过程中编程人员不一定需要把零件装夹的位置数据、刀具长度的数据、机床结构的数据和机床的运动关系数据输入到后置参数中。三轴加工的程序可以直接交给机床操作工使用。

但是多轴加工曲面零件就有所不同。首先用 CAD/CAM 建立叶片模型，然后根据刀具

直径和加工要求生成刀具轨迹，之后编程人员要详细记录零件装夹位置数据、刀具长度数据、机床结构数据和机床的运动关系数据，并把这些数据设置在后置处理模块的参数中，最后才能生成数控程序代码。

图 5-20 是双摆头机床的 B 轴和 C 轴示意图，图 5-21 是北京机电院的立式四轴加工中心的立铣头简图。如果要进行多轴编程，编程人员需知道 B 轴轴线距离主轴端面的距离，从而得知刀尖点距离 B 轴轴线的距离，以及立铣头左右摆动的角度。

得知刀尖点距 B 轴轴线的距离以及 B 轴的摆动角度这些参数以后，编程人员才能正确地计算出实际刀尖轨迹，才能得到正确的数控程序。因此多轴加工的编程要比三轴编程复杂得多。

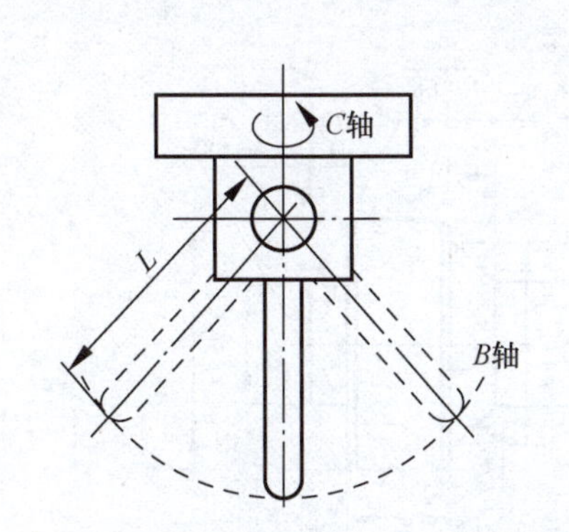

图 5-20　双摆头机床 B 轴和 C 轴的示意图

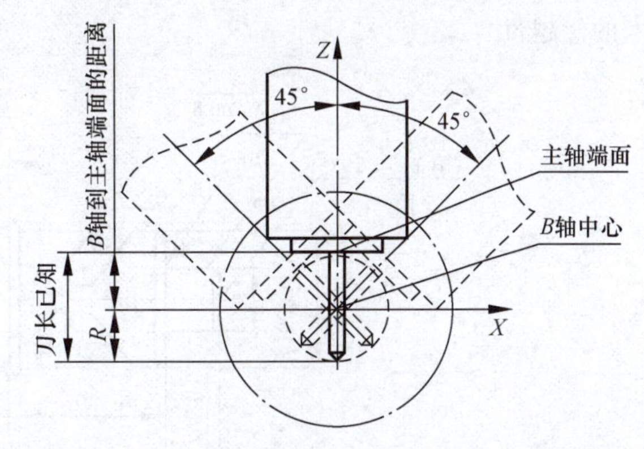

图 5-21　北京机电院立式四轴加工中心的立铣头简图

5.5.3　多轴加工零件的工艺方法分析

1. 粗加工的工艺安排原则

① 尽可能用平面加工或者三轴加工去除较大余量。这样做的目的是切削效率高，可预见性强。

② 分层加工，留够精加工余量。分层加工使零件的内应力均衡，防止变形过大。

③ 遇到难加工材料或者加工区域窄小，刀具长径比较大的情况时，粗加工可采用插铣方式。

2. 半精加工的工艺安排原则

① 给精加工留下均匀的较小的余量。

② 保证精加工时零件具有足够的刚性。

3. 精加工的工艺安排原则

① 分层、分区域分散精加工。顺序最好是从浅到深，从上到下。对于叶片、叶轮类零件，最好是从叶盆、叶背开始精加工，再到轮缘精加工。

② 模具零件、叶片、叶轮零件的加工顺序应遵循曲面→清根→曲面反复进行。切忌两相邻曲面的余量相差过大，造成在加工大余量时，刀具向相邻的而余量又小的曲面方向让刀，从而造成相邻曲面过切。

③ 尽可能采用高速加工。高速加工不仅可以提高精加工效率，而且可以改善和提高工

件精度和表面质量，同时有利于使用小直径刀具，有利于薄壁零件的加工。

5.5.4 加工案例

滚道轴为电动工具上的核心零件，零件图如图 5-22 所示。试运用数控机械加工滚道轴。

案例零件的加工精度要求高，既要求准确人字槽球形滚道轨迹的数控铣削加工，还要保证人字槽球形滚道转动时的准确基准。在数控车削加工中，该零件属轴类零件，其加工为数控铣削加工提供准确的加工定位基准；在数控铣削加工中，该零件属回转类零件控制外圆圆周表面的加工。本案例既着重于单个零件数控加工的总体考虑和具体加工之间的相互衔接，同时考虑相互配合零件间总体和具体相互衔接的应用。此案例能在实际应用中充分发挥数控技术的优越性。

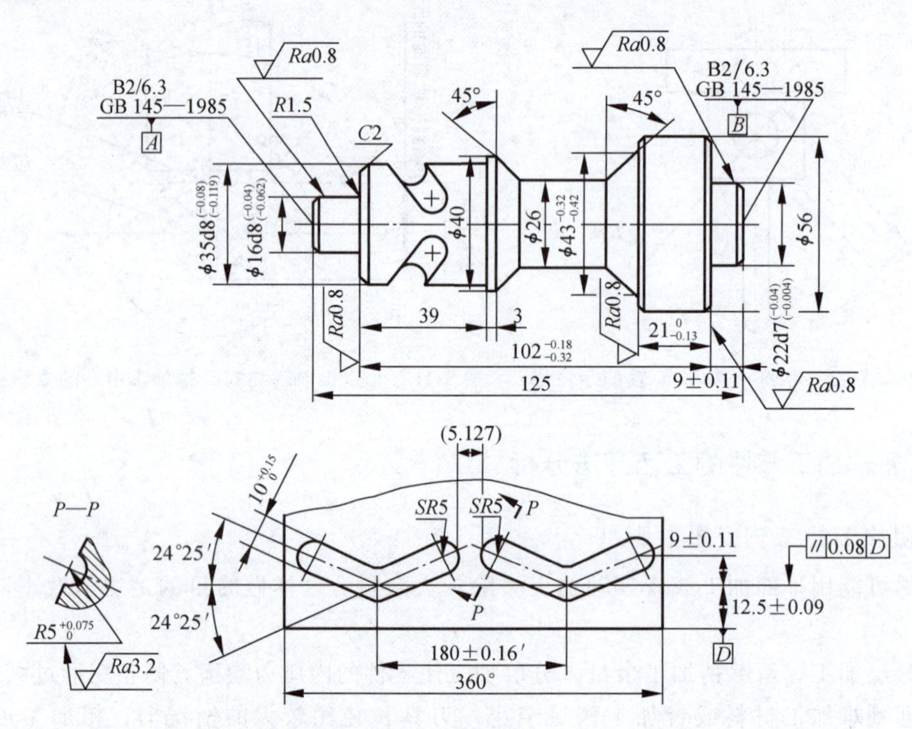

技术要求

1．毛坯锻造后应正火处理，硬度小于179HB；
2．两端热处理硬度38~42HRC；
3．两人字槽相对通过基准轴线*A*的辅助平面的对称度允差为0.10；
4．表面氧化处理（发黑）；
5．未注公差尺寸按IT12（GB 1804—1985）；
6．未注形位公差按C级（GB 1804—1985）；
7．未注倒角为*C*1，未注边棱倒钝。

图 5-22 滚道轴零件图

1. 零件加工工艺分析

（1）结构分析

该零件的加工精度和几何精度较高，数控车削加工成型轮廓的形状不复杂。从零件的总

体结构考虑，如果在 $\phi26$ 与两锥面的相接处和 $\phi56$ 外圆端面与 $\phi22$ 相接处增加 $R1.5$ mm 的圆弧过渡，则有利于零件强度的提高。由于 $\phi35$ 外圆端面与 $\phi16$ 相接处有 $R1.5$ mm 的圆弧过渡要求，所以，结构部位的改变，利用原有零件加工所需刀具就能满足要求。但是应该注意必须使与 $\phi22$ 圆柱段相配合的零件相应部位处增加 $C2$ 倒角。

由于人字槽滚道设置在零件的圆周上，所以该零件铣削加工的轮廓形状复杂，且零件加工精度和几何加工精度要求较高。因此，加工难度甚大。

在数控车削加工中，零件最重要的部位 $\phi35$ 圆柱段，公差为 0.039 mm；零件的左支撑部位 $\phi16$ 圆柱段，公差为 0.022 mm；零件的右支撑部位 $\phi22$ 圆柱段，公差为 0.036 mm。零件两端的 B 形中心孔，是实现上述部位加工的基准，必须予以保证。在数控铣削加工中，重要的加工部位是人字槽球形滚道。必须保证人字槽球形滚道的轨迹是连续的和无阻碍的圆滑连接。两人字槽滚道在圆周上的对称度允差为 0.10 mm，两人字槽滚道的拐点与 $\phi35$ 圆柱所在端面（基准 D）的平行度允差 0.08 mm。

(2) 加工刀具分析

由图 5-22 可知，在零件的数控车削加工中，为保证零件加工轨迹的连续性，零件加工应该使用主偏角 $\kappa_r=90°$，副偏角 $\kappa_{r'}=45°$，外圆精车车刀，车刀刀尖的圆弧 $R=1.5$ mm。在该零件的数控铣削加工中，为保证人字槽球形滚道的球形截面形状，应该使用 $R5$ 球头铣刀。

(3) 毛坯余量分析

毛坯零件为锻造成型，所以工件轮廓外的切削余量不均匀，在切削过程中会产生变形。因此，应该先进行粗加工。

(4) 零件装夹方式分析

在卧式机床上安装数控回转工作台，并使数控回转工作台的回转中心轴线与铣床 X 向直线轴的运动方向平行，在数控回转工作台上装夹零件，利用旋转轴可控制实现工件轴线的旋转运动，用来进行零件圆周向的定位、找正与旋转运行；利用 X 向、Y 向运动的单向运行或联动运行，来实现数控加工中进刀、退刀、轨迹曲线加工的运动。如图 5-23 所示。

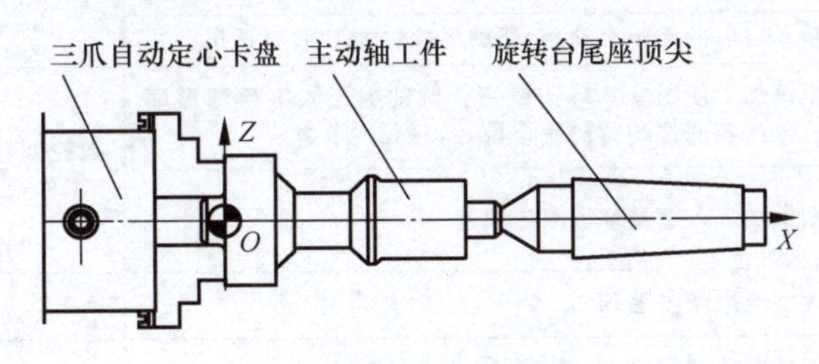

图 5-23　零件装夹示意图

(5) 定位基准分析

在数控车削加工中，该零件利用两端 B 形中心孔和完成粗加工的 $\phi16$、$\phi22$ 圆柱段，采用一夹一顶进行装夹定位。零件轴向的定位基准选择在 $\phi56$ 外圆柱段右端面。

在数控铣削加工中，利用零件左端 B 形中心孔和完成加工的 $\phi22$ 圆柱段，使用分度头和分度头尾座顶尖，采用一夹一顶进行零件的装夹定位。与数控车削加工相同，零件轴向的

定位基准选择在 $\phi56$ 外圆柱段右端面。这样处理的好处是在数控车削加工和数控铣削加工中均采用相同的基准和相同的方式进行装夹定位，符合基准重合的原则，有利于提高零件的加工精度。

确定了零件轴向的定位基准为 $\phi56$ 外圆柱段右端面，由图 5-21 计算可得：人字槽球形滚道的中点距零件轴向定位基准的距离为 101．80－12.5＝89．30（mm）。如此也对滚道套零件数控铣削时轴向定位基准的确定计算提供了条件和依据。

2. 确定加工工艺

加工工艺见表 5-16。

表 5-16　加工工序卡片

加工工艺卡片		产品名称	零件名称	材　料	零件图号
				45 钢	
工序	程序编号	夹具名称	夹具编号	使用设备	车　间
		虎钳			

工序号	工序名称	工步号	工序工步内容	工艺装备		
				夹具	刀具	量具
1	热		毛坯正火处理			
2	车	1	用三爪自动定心卡盘装夹零件，车削零件左、右端面与零件外圆以及倒角 C1（两端），并钻 B 形中心孔（两端）	三爪自动定心卡盘尾座顶尖	90°外圆粗、精车刀中心钻	游标卡尺
		2	用三爪自动定心卡盘装夹零件左端 $\phi16$ 外圆部位，完成 $\phi56$、$\phi22$ 外圆部位及所在端面的加工，加工后的上述工件各部尺寸均留出加工余量 3 mm（单边）			
		3	用三爪自动定心卡盘装夹零件右端 $\phi22$ 外圆部位，完成 $\phi16$、$\phi35$、$\phi40$、$\phi26$ 外圆部位及所在端面和 $\phi40$、$\phi43$ 锥面部位及所在端面的粗车加工，加工后的上述工件各部尺寸均留出加工余量 3 mm（单边）			
		4	精车（可使用中心钻）、研磨零件左端 B 形中心孔			
		5	精车（可使用中心钻）、研磨零件右端 B 形中心孔			
3	铣	1	粗铣加工使用 $\phi10$ 球头铣刀，铣削加工人字槽球形滚道。工件各部位均留精铣余量 0.4 mm（单边）	数控回转工作台	$\phi10$ 球刀	千分尺
		2	精铣加工人字槽球形滚道轨迹		$\phi10$ 球刀	千分尺
4	去毛刺		人字槽边缘去毛刺			
5	热		工件两端高频淬火，硬度 38～45 HRC			
6	表面处理		表面氧化处理（发黑）			
4	检验					

3. 编程参数的计算

由图 5-22 可得：

零件圆周展开长 $L_Z=\pi d=34.92\pi=109.7044$（mm）

因为

$$滚道深=9.1\ \text{mm}$$

所以

$$滚道半长=9.1\times\cot 24°25'=19.78\ (\text{mm})$$

$$滚道半长对应圆心角=\frac{19.78\times 360°}{34.92\pi}=64.91°$$

$$两滚道起点相距角=\frac{360-4\times 65.056\,634}{2}=50.18°$$

机床刀具运行轨迹图如图 5-24 所示。

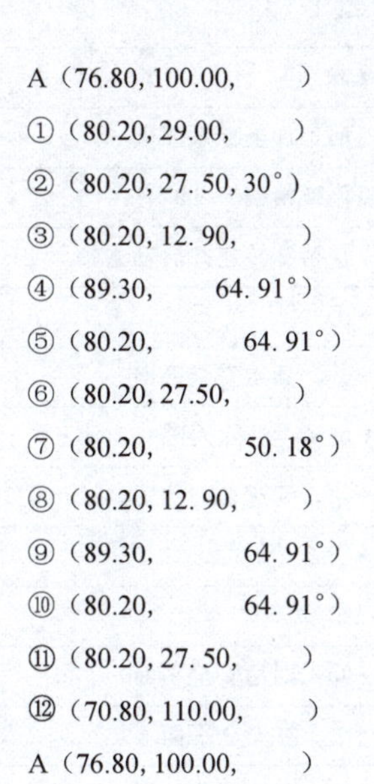

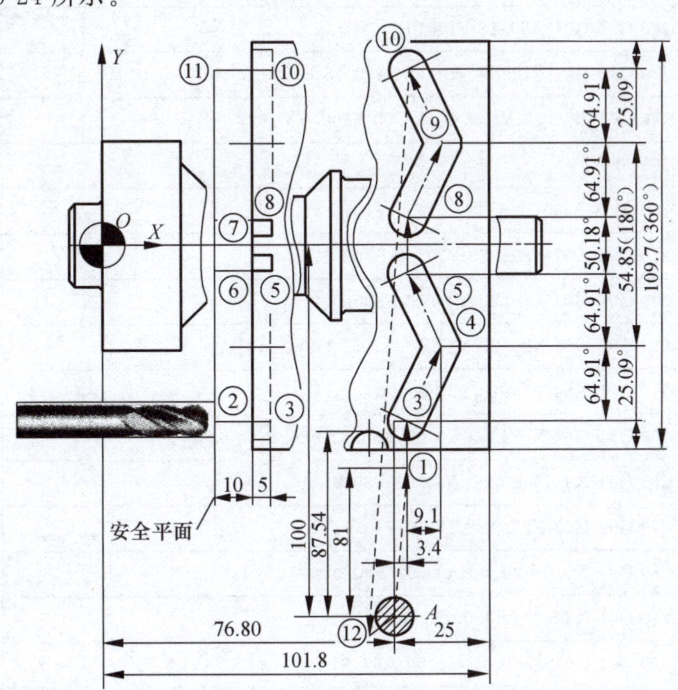

图 5-24　机床刀具运行轨迹图

4. 参考程序（表 5-17）

表 5-17　零件加工参考程序

N0010 G92 X76.80 Y100.00 A0.000 Z0.00；	工件坐标系原点 *A*
N0020 G90 G17；	设定切削平面
N0030 M03 S475；	设定粗铣转速并启动主轴
N0040 G90 G01 X80.20 Y29.00 F300.0；	→①
N0050 G90 G01 X80.20 Y27.50 F300.0；	→②，到达安全平面
N0060 G90 G01 X80.20 Y27.50 A30.0 F300.0；	*A* 旋转，消除间隙
N0070 G01 X80.20 Y12.90 F300.0；	→③，到达切削位置
N0080 G91 G01 X−9.10 Y0.00 A64.91 F100.0；	→④
N0090 G01 X9.10 Y0.00 A64.91 F100.0；	→⑤
N0100 G90 G01 X80.20 Y27.50 F100.0；	→⑥，到达安全平面

续表

N0110 G01 X0.00 Y0.00 A50.18 F100.0；	→⑦，在安全平面
N0120 G01 X80.20 Y12.90 F300.0；	→⑧，到达切削位置
N0130 G91 G01 X−9.10 Y0.00 A64.91 F100.0；	→⑨
N0140 G01 X9.10 Y0.00 A64.91 F100.0；	→⑩
N0150 G90 G01 X80.20 Y27.50 F100.0；	→⑧
N0160 G91 G01 A50.18 F100.0；	→③
N0170 G90 G01 X70.80 Y110.00 A50.18 F100.0；	→⑩
N0180 G01 X76.80 Y100.00 A0.00 F200.0；	返回工件坐标系原点 *A*
N0190 M00；	暂停换精铣刀 T2
N0200 M03 S750；	设定精铣转速并启动主轴
N0210 G90 G01 X80：20 Y29.00 F300.0；	→①
N0220 G90 G01 X80.20 Y27.50 F300.0；	→②，到达安全平面
N0230 G90 G01 X80.20 Y27.50 A30.0 F300.0；	*A* 旋转，消除间隙
N0240 G01 X80.20 Y12.90 F300.0；	→③，到达切削位置
N0250 G91 G01 X−9.10 Y0.00 A64.91 F80.0；	→④
N0260 G01 X9.10 Y0.00 A64.91 F80.0；	→⑤
N0270 G90 G02 X80.20 Y27.50 F80.0；	→⑥，到达安全平面
N0280 G01 X0.00 Y0.00 A50.18 F80.0；	→⑦，在安全平面
N0290 G01 X80.20 Y12.90 F300.0；	→⑧，到达切削位置
N0300 G91 G01 X−9.10 Y0.00 A64.91 F80.0；	→⑨
N0310 G01 X9.10 Y0.00 A64.91 F80.0；	→⑩
N0320 G90 G01 X80.20 Y27.50 F80.0；	→⑧
N0330 G01 X70.80 Y110.00 A50.18 F80.0；	→⑩
N0340 G01 X76.80 Y100.00 A0.00 F200.0；	返回工件坐标系原点 *A*
N0350 M05 M02；	主轴停，程序结束

思考与练习

5-1　立式加工中心和卧式加工中心在结构和功能上各有什么区别？

5-2　加工中心适合加工哪种零件？怎样安排加工中心的加工工序？

5-3　加工中心的换刀方式有哪些？

5-4　简述镜像指令的格式以及格式中各个程序字的含义。

5-5　简述极坐标指令的格式以及格式中各个程序字的含义。

5-6　简述旋转指令的格式以及格式中各个程序字的含义。

5-7　加工如图 5-25 所示零件凸台外轮廓（单件生产），毛坯为 200 mm×160 mm×16 mm长方块（其余面已经加工），材料为 45 钢。

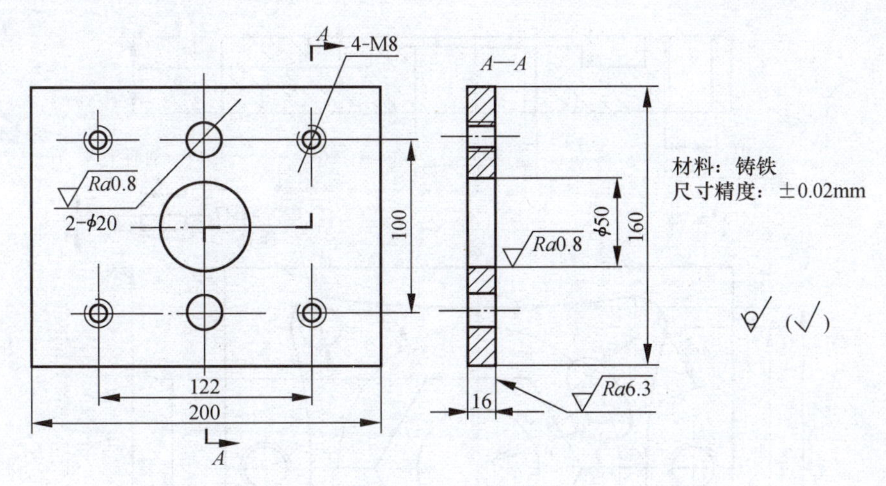

图 5-25 题 5-7 图

5-8 加工如图 5-26 所示零件，毛坯为 180 mm×180 mm×35 mm 长方块（六面均已加工），材料为 45 钢，单件生产。

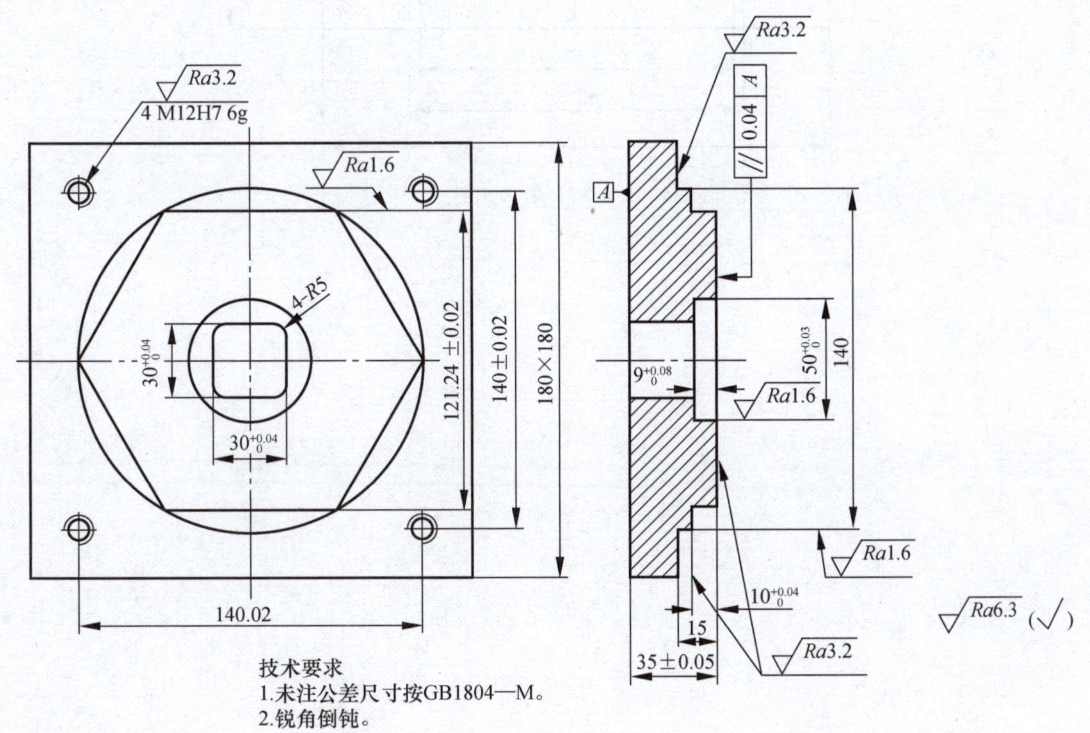

图 5-26 题 5-8 图

5-9 加工如图 5-27 所示零件（单件生产），毛坯为 100 mm×80 mm×15 mm 长方块（100×120 四方轮廓及底面已加工），材料为 45 钢。试编写其数控加工程序，要求如下：

（1）制订加工工序卡。

（2）制订加工刀具卡。

（3）采用旋转、极坐标、固定循环等功能简化编程。

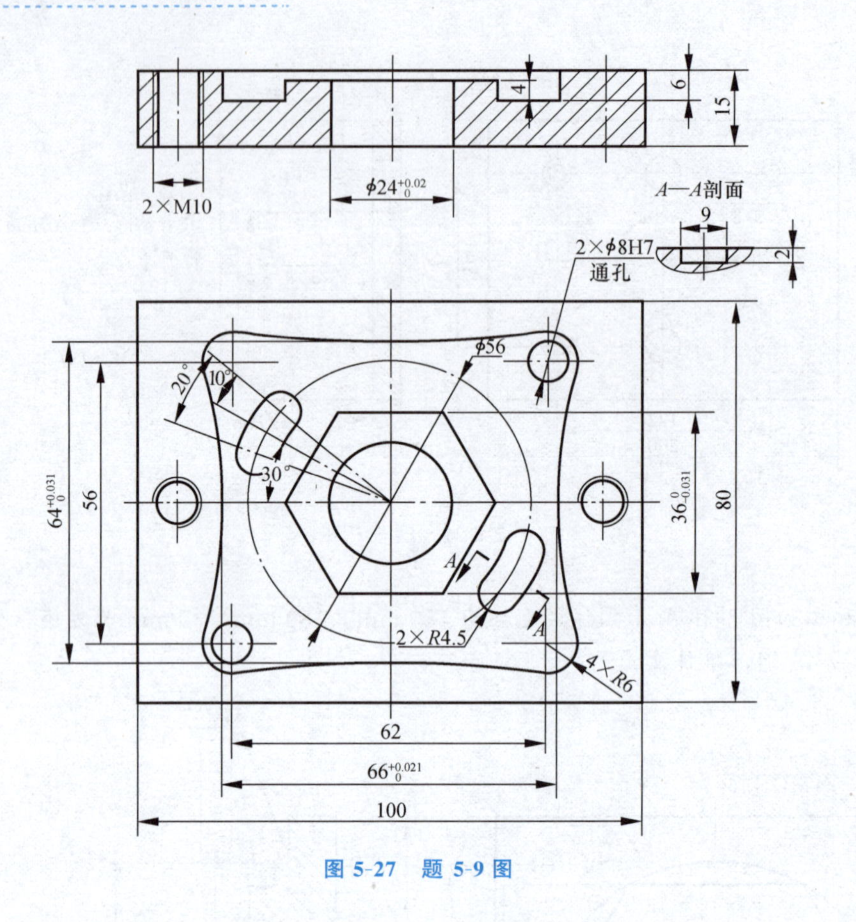
6
15
4
2×M10
ϕ24
A—A剖面
9
2×ϕ8H7
通孔
2
ϕ56
20°
10°
30°
64
56
36
80
A
A
2×R4.5
4×R6
62
66
100

图 5-27 题 5-9 图

电火花成形加工

学习目标

- 了解电火花成形加工的工作原理
- 掌握数控电火花成形机床的基本操作
- 能进行简单的电火花成形机床操作工艺处理

素养目标

- 感受新工艺新技术的快速发展，激发学生创新意识；
- 提高学生团队协作能力。

根据电火花加工过程中工具电极与工件相对运动方式和主要加工用途的不同，电火花加工工艺可粗略分为六大类，如图 6-1 所示。

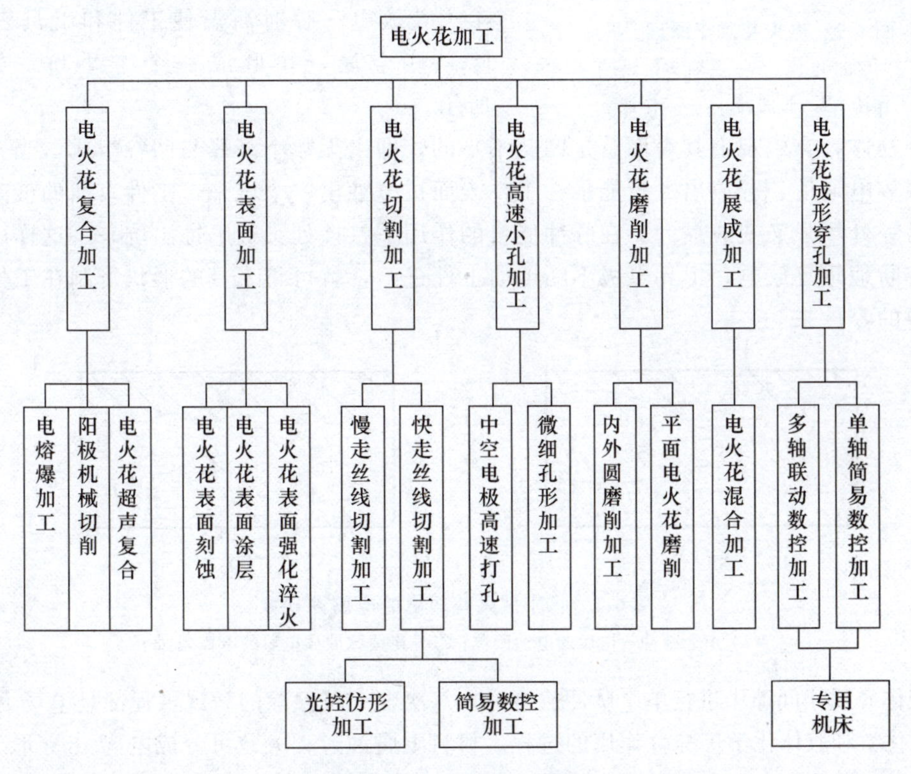

图 6-1　电火花加工分类

电火花加工时都不与工件直接接触，属于特种加工。其中，应用最广泛的是电火花成形加工和电火花线切割加工，占电火花加工生产的 90%左右。我国把电火花加工就分成这两类。目前，这一加工技术已广泛用于模具钢、淬火钢、不锈钢、硬质合金钢、宝石等超高硬度和难加工材料中，同时可以加工模具等具有特殊要求和复杂表面的零部件，在民用和国防工业中的应用越来越多。因此本书主要针对电火花成形加工和电火花线切割加工工艺装备进行讲述。本章主要介绍电火花机床的加工工艺特点与零件加工操作。

6.1 电火花加工原理

6.1.1 电火花加工的机理

电火花加工是应用工具电极与工件（正负电极）之间发生脉冲性火花放电时产生的瞬间高温，通过电腐蚀现象来蚀除多余的金属，从而达到所需尺寸加工成形质量的预定要求的加工过程。

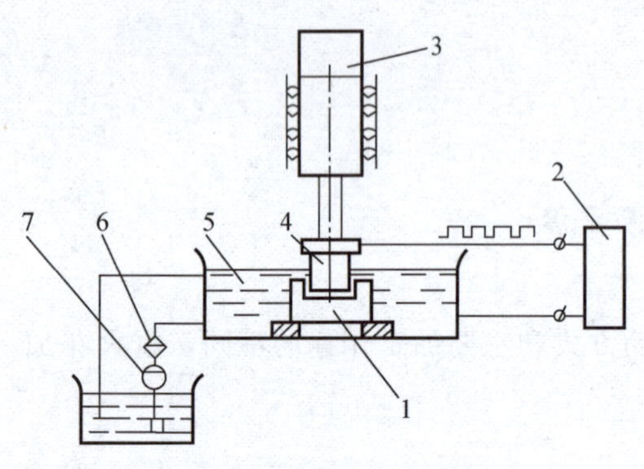

图 6-2 电火花加工原理

1—工件；2—脉冲电源；3—主轴头；4—工具电极； 5—工作液；6—过滤器；7—工作液泵

如图 6-2 所示，通过脉冲电源 2 把适当的脉冲电压（正极和负极）加到两个电极（工件 1 和工具 4）上，使其保持一个很小的放电间隙，在理想的条件下即相对某一间隙最小处或绝缘强度最低处击穿工作液介质 5，在其加工表面产生火花放电。瞬时高温使工件和工具表面都蚀除一些金属，并形成一个个小坑，如图 6-3 所示。

一个物体，在微观上其表面总是凹凸不平的，即由无数个高峰与凹谷组成，当介质击穿时，形成放电通道，释放出大量能量，工件表面被电蚀出一个坑来，工件表面的最高峰变成凹谷，另一处场强又变成最大。在脉冲能量的作用下，该处又被电蚀出坑来。这样以很高频率连续不断地重复放电，工具电极不断地向工件进给，就可将工具的形状复制在工件上，加工出需要的零件来。

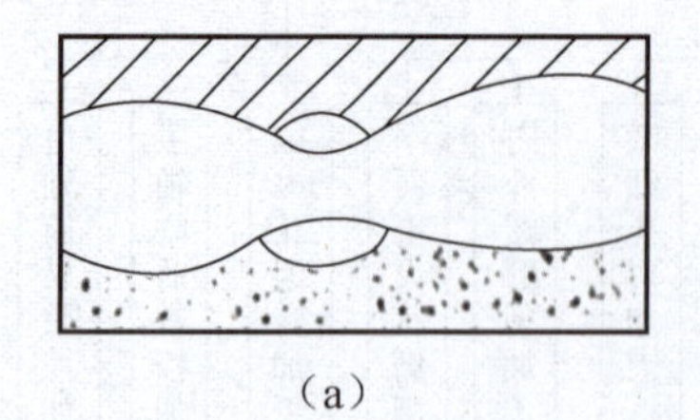

(a)

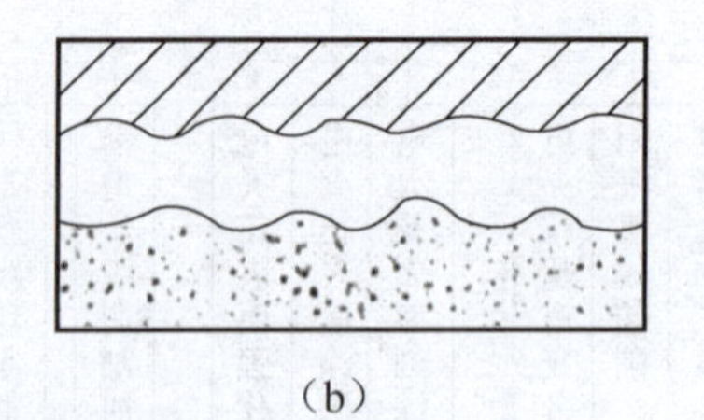

(b)

图 6-3 脉冲性火花放电的电腐蚀现象

(a) 单个脉冲放电后的电蚀凹坑；(b) 连续脉冲放电后的电极表面

在液体介质小间隙中进行单个脉冲放电时，每次电火花蚀除的微观过程都是电场力、磁力、热力、电化学和胶体化学等综合作用的过程。材料电腐蚀过程大致可分成电离-击穿形成放电通道，如图 6-4 所示；放电-热蚀阶段，如图 6-5 所示；介质抛出-消电离阶段，如图 6-6所示。

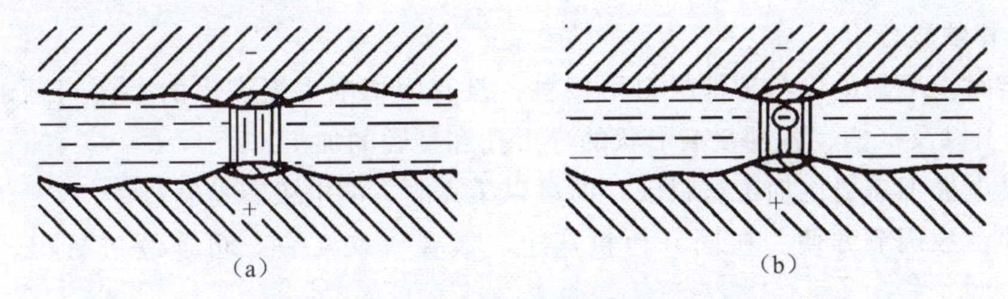

图 6-4　电离-击穿阶段

(a) 初始电场建立；(b) 电子发射通道形成

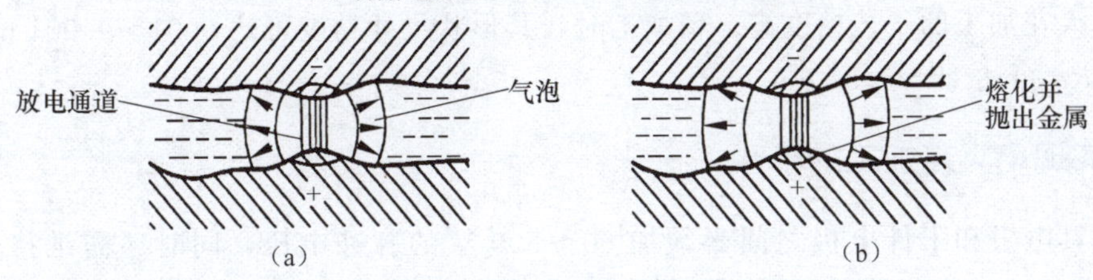

图 6-5　放电-热蚀阶段

(a) 介质热分解气泡形成；(b) 汽化热膨胀

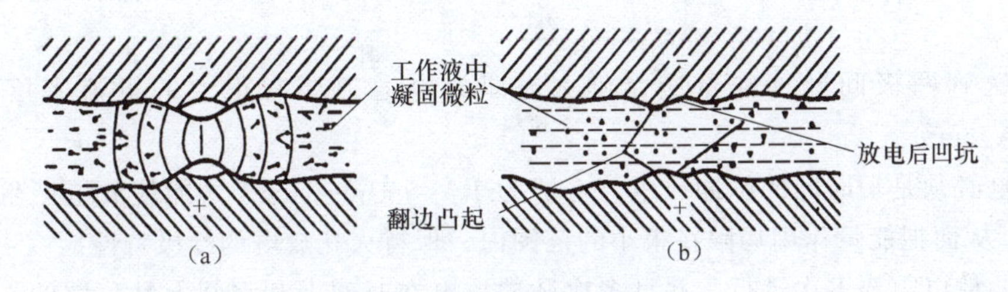

图 6-6　介质抛出-消电离阶段

(a) 材料抛出；(b) 气泡收缩消电离

其过程简述如下：

① 处在绝缘的工作液介质中的两电极，两极加上无负荷直流电压 U_o，伺服轴电极向下运动，极间距离逐渐缩小。

② 当极间距离——放电间隙小到一定程度时（粗加工时为数十微米，精加工时为数微米），阴极逸出的电子，在电场作用下，高速向阳极运动，并在运动中撞击介质中的中性分子和原子，产生碰撞电离，形成带负电的粒子（主要是电子）和带正电的粒子（主要是正离子）。当电子到达阳极时，介质被击穿，放电通道形成。

③ 两极间的介质一旦被击穿，电源便通过放电通道释放能量。大部分能量转换成热能，这时通道中的电流密度高达 104～109 A/cm^2，放电点附近的温度高达 3 000 ℃以上，使两极间放电点局部熔化或气化。

④ 在热爆炸力、电动力、流体动力等综合因素的作用下，被熔化或气化的材料被抛出，产生一个小坑。

⑤ 脉冲放电结束，介质恢复绝缘。

6.1.2　电火花加工的特点

① 脉冲放电的能量密度高，便于加工用普通的机械难以加工或无法加工的特殊材料，

包括淬火钢和硬质合金。

② 加工时，工具电极与工件材料不接触，没有因切削力而产生的工艺问题，因此有利于小孔的加工以及窄槽、各种复杂形状的异形孔和型腔的加工。

③ 工具电极不需要比加工材料硬，即可以柔克刚，故电极容易制造。

④ 脉冲参数调节方便。在同一台机床上，装夹一次工件，可连续进行粗、半精和精加工。

⑤ 直接利用电能加工，易于实现加工过程自动化。

⑥ 电火花加工的工艺精度高。精加工时，其形状尺寸精度可达 0.01～0.001 mm，其表面粗糙度 Ra 可达 18～0.32 μm。

6.1.3 实现电火花加工的条件

① 工具电极和工件电极之间必须加 60～300 V 的脉冲电压，同时还需维持合理的距离——放电间隙。大于放电间隙，介质不能被击穿，无法形成火花放电；小于放电间隙，会导致积炭，甚至发生电弧放电，无法继续加工。

② 两极间必须充放介质。电火花成形加工的介质一般为煤油，线切割一般为去离子水或乳化液。

③ 输送到两极间脉冲能量应足够大。即放电通道要有很大的电流密度（一般为 104～109 A/cm^2）。

④ 放电必须是短时间的脉冲放电，一般为 1 μs～1 ms。这样才能使放电产生的热量来不及扩散，从而把能量作用局限在很小的范围内，保持火花放电的冷极特性。

⑤ 脉冲放电需要多次进行，并且多次脉冲放电在时间上和空间上是分散的，避免发生局部烧伤。

⑥ 脉冲放电后的电蚀产物能及时排放至放电间隙之外，使重复性放电顺利进行。

6.2 电火花加工精度与电极的制作

6.2.1 电火花加工的两个重要效应

1. 极性效应

电火花加工时，相同材料两电极的被腐蚀量是不同的。其中一个电极比另一个电极的蚀除量大，这种现象叫做极性效应。如果两电极材料不同，则极性效应更加复杂。我们一般把阴极蚀是与阳极蚀除量之比叫做极性系数。极性系数小于 1 称为负极性。极性系数的改变意味着两极能量分布的改变。通常，人们把工件接电源的正极（工具电极接负极）时，称“正极性”加工，反之，称“负极性”加工。

影响极性效应的因素：

(1) 脉冲宽度

如图 6-7 所示，图中 t_i 为脉冲宽度，t_0 为脉冲间隔，$t_i+t_0=t_p$ 为脉冲周期。在电场作用下，通道中的电子奔向阳极，正离子奔向阴极。由于电子质量轻，惯性小，在短时间内容易获得较高的运动速度；而正离子质量大，不易加速，故在窄脉冲时，电子动能大，电子传递给阳极的能量大于正离子传递给负极的能量，使阳极蚀除量大于阴极蚀除量，即为负极性。而在宽脉冲时，正离子有足够的时间加速，可获得较高的速度，而且质量大得多，轰击阴极的动能较大，同时除液体介质蒸气的正离子外，阴极和阳极蒸气中的正离子也参与了对阴极的轰击。因此，正离子传递给阴极的能量超过了电子传递给阳极的能量，阴极的蚀除量便大于阳极蚀除量，即为正极性。

在相同的放电电流特征下，不同的材料加工时电蚀量与脉冲宽度是不同的，图 6-8 为铜与钢两种材料的电流峰值与加工速度的关系。正确地选择极性，既可以获得较高的生产率，又可以获得较低的工具损耗，有利于实现"高效低损耗"的加工。

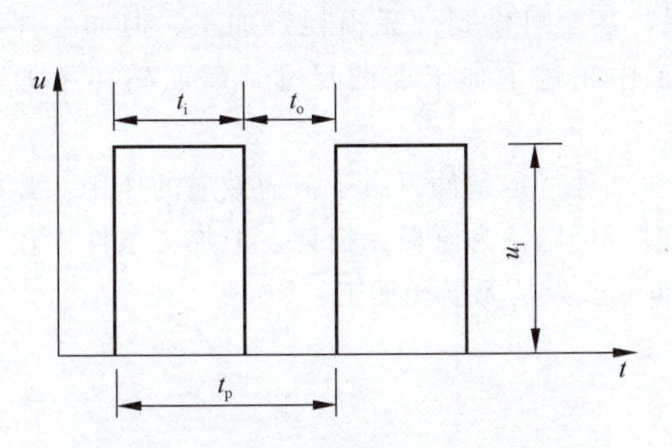

图 6-7　矩形波脉冲电源的电压波形

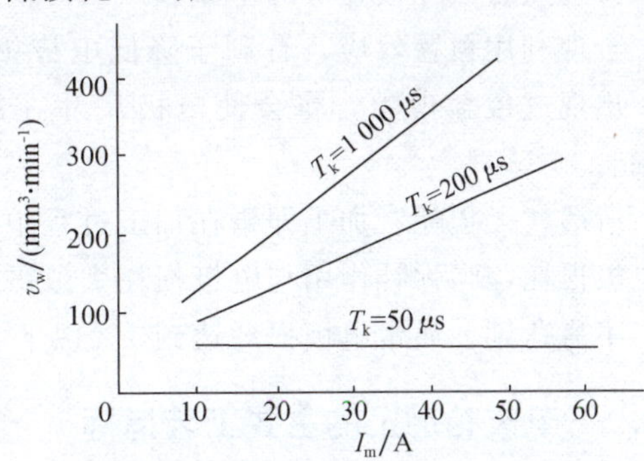

图 6-8　电流峰值与加工速度的关系

（2）脉冲能量

随着放电能量的增加，尤其是极间放电电压的增加，每个正离子传递给阴极的平均动能增加，电子的动能虽然也随之增加，但当放电通道很大时，由于电位分布变化引起阳极区电压降低，阻止了电子奔向阳极，减少了电子传递给阳极的能量，使阴极能量大于阳极能量，即脉冲能量大时阴极的蚀除量大于阳极蚀除量。

2. 覆盖效应

在材料放电腐蚀过程中，一个电极的电蚀产物转移到另一电极表面上，形成一定厚度的覆盖层，这种现象叫覆盖效应。在油类介质中加工时，覆盖层主要是石墨化的碳素层，其次是黏附在电极表面的金属微粒结层。

（1）碳素层的生成条件

① 要有足够高的温度。电极上被覆盖的表面温度不低于碳素层的生成温度，但低于熔点，以使碳粒子烧结成石墨化的耐蚀层。

② 要有足够多的电蚀产物，尤其是介质的热解产物——碳粒子。

③ 要有足够的时间，以便在表面上形成一定厚度的碳素层。

④ 采用正极性加工，因为碳素层易在阳极表面生成。

⑤ 必须在油类介质加工。

（2）影响覆盖效应的主要因素

① 脉冲能量与波形。增大放电加工能量有助于覆盖层的生长，但宽脉冲大电流对中、精加工有相当大的局限性，减小脉冲间隔则有利于生成覆盖层。但间隔过小则有转变为电弧放电的危险，采用某些组合脉冲如矩形波派生出来的梳形波及各种叠加脉冲波形也有助于覆

盖层的生成。

② 电极对。铜打钢时覆盖效应比较明显。因为铜对碳素层的生成起着类似催化剂的作用。但铜打硬质合金却不大容易生成覆盖层。

③ 工作介质。石油产品的油类介质在放电产生的高温下，生成大量的碳粒子，有助于耐碳素层的生成。而在具有一定离子导电的水介质中采用负极性加工时，会产生另一种覆盖现象——镀覆现象，即在阴极表面上形成一层致密的电镀层。

④ 工艺条件。工作介质脏，介质处于液上与气相混合状态，间隙过热，电极截面大，电极间隙较小，加工较稳定等，均有助于生成覆盖层。间隙中工作液的流动影响也很大，冲油压力过大会破坏覆盖层的生成。

合理利用覆盖效应，有利于降低电极损耗，甚至可做到“无损耗”加工。但如处理不当，出现过覆盖现象，将会使电极尺寸在加工中超过了加工前的尺寸，反而破坏了加工精度。

所谓“无损耗”加工即指在加工过程中，在某种特定条件下由于覆盖效应的作用，弥补了电极损耗，当弥补作用与电极损耗大致平衡时，可以认为电极无损耗。但加工条件比较苛刻，不易达到。通常电极损耗达到1%以下，即可认为是无损耗加工。

6.2.2 电火花加工的主要工艺指标

1. 加工速度

对电火花成形机来说，加工速度是指在单位时间内，工件被蚀除的体积或重量。一般用体积表示。若在时间 t（min）内，工件被蚀除的体积为 V（mm^3），则加工速度 v_w 为

$$v_w = V/t$$

对线切割机来说，加工速度是指在单位时间内，工件被切面积，并用 mm^2/min 来表示。在规定的表面粗糙度（如 $Ra=2.5\ \mu m$）、规定的相对电极损耗（如1%）时的最大加工速度，是衡量电加工机床工艺特有的重要指标。一般情况下，生产厂给出的是最大的加工电流，是指在最佳加工状态下所能达到的最大加工速度。因此，在实际加工时，由于被加工速度也往往远远低于机床的最大加工速度指标。

影响加工速度的主要因素介绍如下。

(1) 加工电流对加工速度的影响

一般说来，在加工面积一定的条件下，峰值电流越大，加工速度越高，就是说电流密度越大，加工速度就越高，如图 6-8 所示。但有个极限，超过这个极限，加工稳定性会被破坏，电极和工件会发生拉弧烧伤，加工速度反而降低。

选择电参数时，一般应依据加工面积来确定加工电流，其经验值是 $2\sim4\ A/cm^2$。

如果只要求加工速度时，其电流密度可选 $6\sim7\ A/cm^2$，不宜过大。

对线切割而言，电流越大，切割速度越高，但必须考虑电极丝的承受能力。对钼丝而言，较适宜的加工电流为 2 A 以下。

(2) 脉冲宽度对加工速度的影响

在电流一定时，脉冲能量与脉冲宽度成正比，脉冲宽度越大，脉冲能量也越大，也就是说，脉冲宽度增加时，加工速度最高。但如果继续增加脉宽，加工速度反而下降。这是因

为，当脉冲增加到一定数值时，单个脉冲能量虽然增大，但转换的热能有较大部分散失在电极与工件之中，不能起蚀除作用。同时，由于蚀除产物增多，排屑排气条件恶化，消电离时间不足，引起拉弧，加工稳定性会受到破坏，如图 6-9 所示。

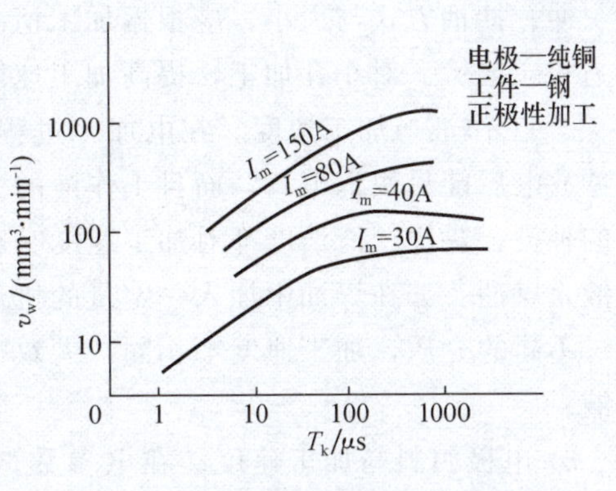

图 6-9　脉宽与加工速度的关系曲线

线切割加工中，电极丝接电源负极，脉宽应选在 30 μm 以内，否则随着脉宽增加，加工速度虽有提高，但电极丝的损耗亦增大，电极丝的使用寿命缩短。

(3) 脉冲间歇对加工速度的影响

在脉冲宽度一定的条件下，脉冲间歇小，脉冲频率高，加工速度高。反之，加大脉肿间歇，加工速度会降低，这是由于加大脉冲间歇后，单位时间内工作脉冲的数量减小，脉冲利用率降低。但是，过分不合理地减少脉冲间歇，会使放电间隙来不及消电离，破坏加工的稳定性，也会使加工速度降低。所以，脉间与脉宽的匹配，是保证加工稳定、提高加工速度的重要因素，如图 6-10 所示。

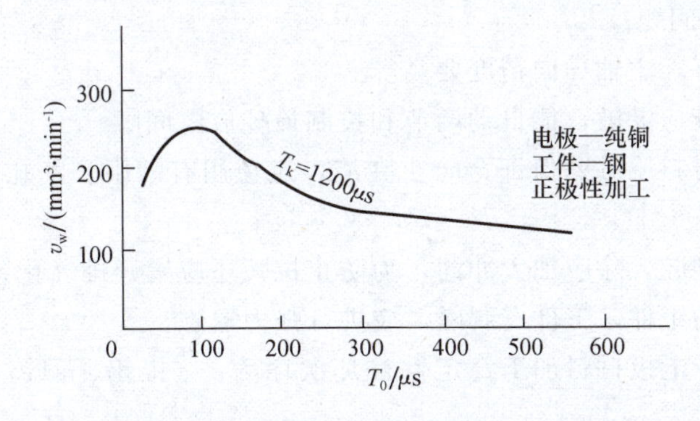

图 6-10　脉宽为 120 μs 时，脉冲间歇与加工速度的关系

在快走丝加工中，排屑条件与工件厚度有很大关系，因而在工件较厚时，脉冲间歇应比切割薄工件时有所增加，以减少二次放电，提高加工速度。

(4)“抬刀”对加工速度的影响

“抬刀”有自适应抬刀和定时抬刀两种。一般电火花成型机床都应具备这些功能，在加工条件不好的情况下，这两种形式的抬刀有利于排屑，以防止电极和工件接弧烧伤，实现稳定加工，提高生产率。在使用定时抬刀时，一般与冲、抽油配合使用。

加工时如不需用定时抬刀，则原则上不用。因为过分地使用定时抬刀（如加大抬刀高度和加快抬刀频率），都会使加工速度降低。

(5) 非电参数对加工速度的影响

1）冲、抽油与加工速度。冲、抽油过小，排屑不利，产生二次放电机会多。冲、抽油过大，产生干扰，破坏加工稳定性，都会使加工速度下降。另外，在外冲油时，冲油方式、冲油大小，都对加工速度产生一定的影响。

冲、抽油方式与大小，应根据加工情况来定，一般加工深度深或加工面积大，冲、抽油压力相应增大。对小孔加工，提高加工速度的方法是高压排屑。

2）工作液与加工速度。在电加工过程中，工作液能保证间隙中有适当的绝缘强度，使脉冲放电后能尽快消电离，而且工作液的流动，能带走蚀除物和蚀除产生的热量。因此，油液的种类、黏度、清洁度都对加工速度有影响。一般地，在电火花成形加工中应用最多的工作液是煤油。如在煤油中加入一定量的机油，可使加工速度有所提高。

不同的介质，加工速度不相同，大致顺序为：高压水＞（煤油＋机油）＞煤油＞酒精水溶液。

3）电极材料与加工速度。在电参数选定的情况下，采用不同的电极材料与加工极性，加工速度也是不同的。一般情况，在中脉宽段，正极性加工，石墨电极的加工速度优于铜的。在宽脉冲和窄脉冲段，铜电极加工速度优于石墨的。

4）工件材料与加工速度。在同样加工条件下，不同的工件材料，加工速度也不同。一般说来，工件材料的熔点、沸点越高，比热容、深化潜热和气化潜热越大，加工速度越低，越难于加工。如硬质合金比钢的加工速度要低40％～60％，未淬火钢比淬火钢加工速度下降6％～10％。

5）加工稳定性和加工速度。加工稳定性是影响加工速度的重要因素，要保证加工稳定性，应注意下面几个问题：

① 机床刚性要好，主轴导向精度要高。

② 主轴伺服系统应灵敏，能自动调节和控制最佳放电间隙。

③ 电极和工件材料质量要保证，防止夹渣，避免用有砂眼、气孔等缺陷的材料做电极或工件。

④ 加工较深的型腔，除应加大冲油，为防止拉弧还应增开排气孔，防止放炮。

⑤ 经过平磨后的工件，工件有剩磁，应进行强力退磁。

⑥ 加工钢件时，电极材料加工稳定性好坏次序为：（银钨、铜钨）＞纯铜＞黄铜＞石墨＞铸铁。

⑦ 工具电极和工件应装夹牢固，防止加工中松动位移。

⑧ 在刚开始加工时，由于加工表面接触不均匀，应先取小的电参数（小的电流、小的脉宽等）。等加工面全部均匀放电，再选取相适应的电参数（加大脉宽、加大电流等）。

⑨ 如在加工中出现拉弧短路现象，应立即停机，调整电参数后一定要将烧结碳墨清除干净后，再进行加工。

2. 工具电极损耗

在电火花成形加工中，工具电极损耗直接影响仿形精度，特别是对型腔的加工，电极损耗这一工艺指标比加工速度更为重要。

电极损耗分为绝对损耗和相对损耗。

绝对损耗最常用的是体积损耗 V_e 和长度损耗 V_{eh} 两种方式，它们分别表示在单位时间内工具电极被蚀除的体积和长度。即

$$V_e = V/t$$

$$V_{eh} = H/t$$

相对损耗是指工具电极绝对损耗与工件加工速度的百分比。采用长度相对损耗比较直观，测量也比较方便。在线切割加工中，电极丝的损耗对工件质量的影响不大，故一般不予讨论。但快走丝机床使用钼作为电极丝，使重复放电，所以丝的损耗影响到电极丝的使用寿命，在实际加工中应予适当考虑。

在电火花成形加工中，工具电极的不同部位，其损耗速度也不相同。一般尖角的损耗比钝角的快，角的损耗比棱的快，棱的损耗比面的快，而端面的损耗比侧面的快，端面的侧缘损耗比端面的中心部位快。如图 6-11 所示。

下面讨论的损耗，均指相对损耗：

（1）电极极性对损耗的影响

一般纯铜—钢，石墨—钢，粗中加工采用正极性加工，即工件接负极，工具电极接正极，电极损耗较小。

纯铜、石墨电极的精加工或微精加工，采用负极性加工，即工件接正极，电极接负极，电极损耗较小。如图 6-12 所示。

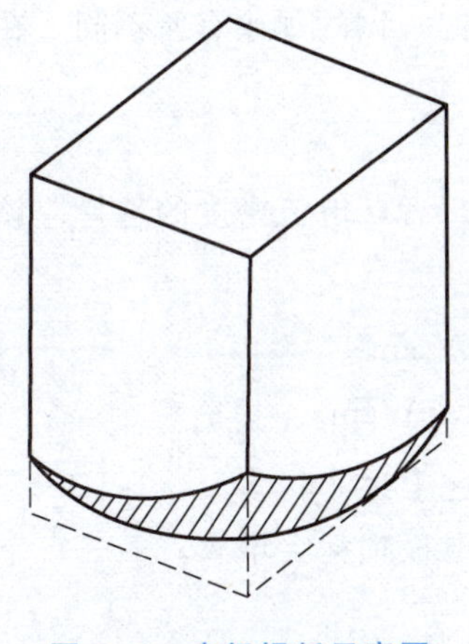

图 6-11　电极损耗示意图

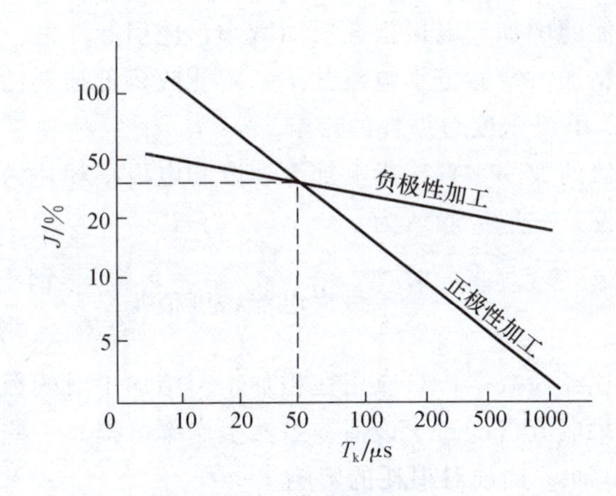

图 6-12　加工极性与损耗

（2）脉宽对损耗的影响

基本特点是在峰值电流不变的情况下脉宽越小，电极损耗越大，精加工时电极损耗比粗加工时电极损耗大。所以，在宽脉冲时，容易实现电极的低损耗。

随着脉宽的增加，电极相对损耗低的原因分析如下：

① 脉宽加大，单位时间内脉冲放电次数减少，使放电击穿引起电极损耗的影响减少，同时工件（负极）承受正离子轰击的机会增多，正离子加速的时间也长，极性效应比较明显。

② 脉宽加大后，电极易于生成“覆盖效应”黑膜，保护电极表面，使电极损耗降低，如图 6-13 所示。

（3）电流对损耗的影响

对于一定的脉冲宽度，加工时的电流峰值不同，电极损耗也不同，用纯铜电极加工钢时，随着电流峰值的增加，电极损耗也增加。而对于不同的脉宽，要得到某一数值的损耗，亦应选择与之适应的峰值电流，如图 6-14 所示。

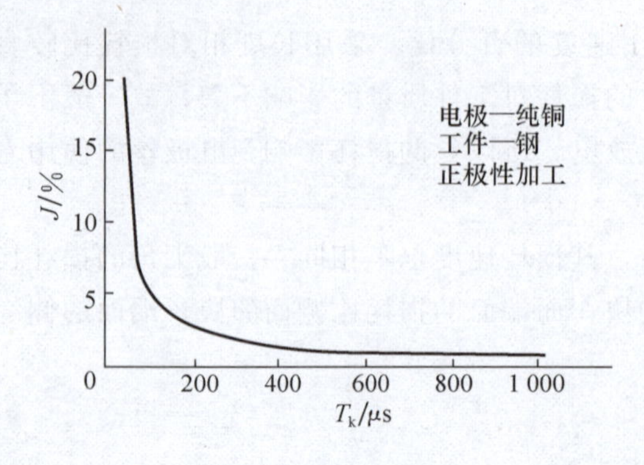

图 6-13 脉宽与损耗

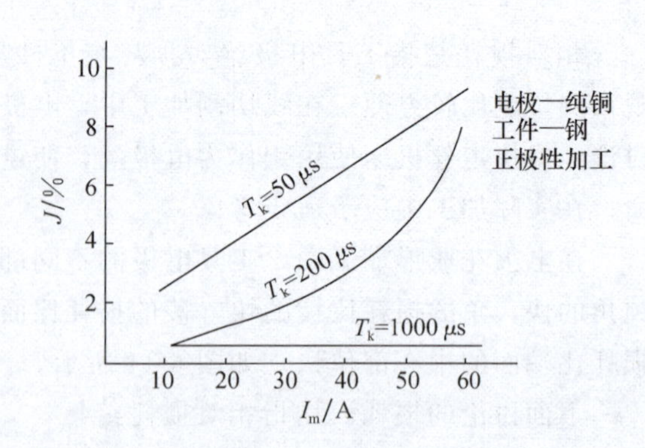

图 6-14 电流与损耗

在加工面积不变的情况下，电流变化与下列参数选取有关：

脉宽的大小；选取管数的多少；脉间的大小；放电间隙电压的大小。

峰值电流大小与电极损耗关系很大。对于铜—钢的中、精加工，要想得到低损耗，在脉冲宽度一定的情况下，应减少功率管数，降低峰值电流。但对于石墨—钢，当脉宽一定时，随着电流的增加，电极损耗反而减小，应引起注意。这与铜—钢的规律有所不同，在石墨—钢中、精加时窄脉宽小电流并不一定能收到低损耗的效果。

（4）电流密度对损耗的影响

电流的大小，直接影响加工速度和电极损耗，为兼顾二者，电流密度的选择应该有一个定量概念。一般经验认为

$$\text{最大电流密度值}\begin{cases}\text{铜 — 钢小于 } 4\ \text{A/cm}^2\\ \text{石墨 — 钢小于 } 3\ \text{A/cm}^2\end{cases}$$

上述经验数据，只应用在粗加工。精加工时的数据应比上述小得多。

如果电流密度高于该值，虽然生产率可提高一些，但电极损耗会增大。

（5）冲、抽油对损耗的影响

电火花加工中产生的气体、金属颗粒、炭黑等蚀除物必须及时排除，否则影响加工的稳定性。但强迫冲、抽油压力过大，虽然有利于排气排屑，但由于它的冷却作用，降低了“覆盖效应”，加剧了电极的损耗。所以在铜—钢加工时，冲、抽油压力应小于 5×10^3 Pa，否则电极损耗严重。但在石墨—钢加工时冲、抽油压力的大小对石墨电极损耗影响甚微，这是一个特例。

另外，冲、抽油方式和部位的不同，也影响电极损耗的均匀性。

冲、抽油压力大小，应根据具体情况具体对待，在实际中，一般尽量采用弱冲油。从原则上来说，只要能保证加工稳定性，压力还是弱些好。

（6）脉冲间歇对损耗的影响

在脉宽不变情况下，随着脉间增加，电极损耗也会加大，这是因为加大脉间后，电极表面温度降低，“覆盖效应”减小，使电极表面得不到补偿，在小脉宽电流加工时较为明显，如图 6-15 所示。

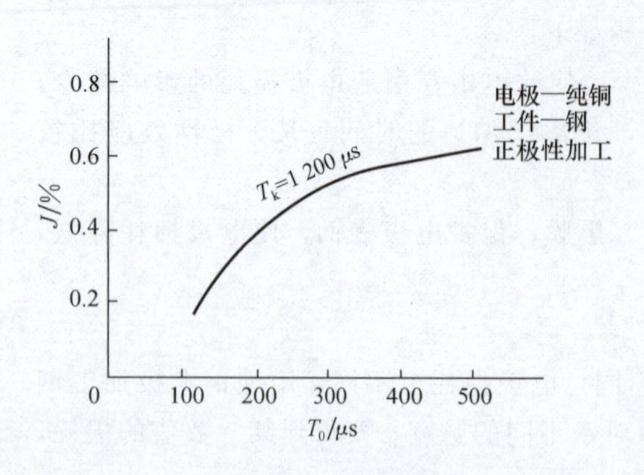

图 6-15 脉间与损耗

反之，如果将脉间减小到超过限度，放电加工来不及消电离，会造成拉弧烧伤，破坏加工稳定性，反而影响正常加工。在粗加工大电流情况下，更应引起注意。

(7) 电极材料对损耗的影响

由于电极材料的不同，其熔点、沸点、导电、抗电腐蚀、抗热疲劳等指标差别很大，因此不同电极材料的损耗也不同。损耗的大致顺序排列为：银钨合金＜铜钨合金＜石墨（粗规准）＜纯铜＜钢＜铸铁＜黄铜＜铝。

铜加工钢时“覆盖效应”较明显。因为铜加工时虽不产生碳化物，但铜对碳素层的生成起着类似催化的作用，介质全部热解的碳粒子都有可能参与碳素层的形成。

铜加工硬质合金时，则不容易生成覆盖层。一般地说，凡熔点高、导电性好而腐蚀性强、易形成碳化物覆盖的材料损耗低。

(8) 工件材料对损耗的影响

不同的工件材质，对电极损耗是不同的，它的一般规律是：高熔点合金的电极损耗大，低熔点材料的电极损耗小。如加工耐热钢、硬质合金等，比加工普通碳钢、合金钢的电极损耗要大得多。

(9) 放电间隙对损耗的影响

在精加工时，一般应选取较小的电规准，当放电间隙太小，通道太窄时，蚀除物在爆炸力与工作液作用下，对电极表面不断撞击，加速了电极损耗，因此，如能适当增大放电间隙，改善通道状况，即可降低电极损耗。

(10) 电极形状对损耗的影响

在工艺条件完全相同的情况下，不同的电极形状和尺寸，其损耗也很悬殊。在电极的尖角、窄槽、棱边等部位的损耗最严重，这是由于这些部位放电比较集中，在加工一个型腔时如需加工出尖角、窄槽、棱边等部位，一般需要分次加工，先加工主型腔，然后再用小电流对如尖角、窄槽、棱边等部位进行加工。

(11) 工作液对损耗的影响

石油产物的油类工作液在放电产生的高压作用下，生成大量的碳粒子，有助于碳素层的生成。用水做工作液，则不会产生碳素层。但是，用水或乳化液工作液时，会产生另一覆盖现象——镀覆现象，即在工具电极的表面形成致密的电镀层，同样可以减少和补偿电极的损耗。

这种镀层的形成的重要条件是，必须在具有一定离子导电的水溶液中进行，工具电极必须接负极，即采用负极性加工。快走丝使用的钼丝在小电流、窄脉宽加工时，即可产生这种镀层，从而延长丝的使用寿命。

3. 表面粗糙度

表面粗糙度是指加工表面上的微观几何形状误差。对电加工表面来讲，即加工表面放电痕—坑穴的聚集。由于坑穴表面会形成一个加工硬化层，而且能存润滑油，其耐磨性比同样粗糙度的机加工表面要好，所以加工表面允许比要求的粗糙度大些，而且在相同粗糙度的情况下，电加工表面要比机加工表面亮度低。

国家标准规定：加工表面粗糙度用 Ra（轮廓的平均算术偏差）和 Rz（不平度平均高度）之一来评定。

工件的电火花加工表面粗糙度直接影响其使用性能，如耐磨性、配合性质、接触刚度、疲劳强度和抗腐蚀性等。尤其对于高速、高洁、高压条件下工作的模具和零件，其表面粗糙度往往是决定其使用性能和使用寿命的关键。

粗糙度与加速度是一对基本矛盾，要获得高的加工速度，则粗糙度差；而要求较佳的粗糙度，则加工速度很低。

影响表面粗糙度的主要因素如下：

（1）脉冲宽度的影响

在电流一定时，脉冲宽度越大，单个脉冲的能量也越大，放电腐蚀的坑穴大而深，表面越粗糙。

（2）电流峰值的影响

当脉宽一定时，峰值电流增加，单个脉冲能量也增加，表面粗糙度增大。

加工电流反映的是平均加工电流，它综合了脉宽和峰值电流两个因素，因此可以说，电流越大，粗糙度越差。

（3）电极表面质量的影响

要求电极本身和粗糙度优于工件所要求的粗糙度 1～2 档。这是因为电火花加工是不接触仿形加工，电极表面微小缺陷都会复印到工件上。

另外，减小加工余量，减少电极损耗，保持电极表面光滑平整，也是降低粗糙度的一条途径。

（4）工件材料的影响

用同样的电规准和电极材料，加工不同材质的工件，粗糙度差异也很大，一般说来，熔点高的材料，蚀出的凹坑小且浅。如加工耐热钢、硬质合金优于钢，钢优于铝合金。

（5）电极材料的影响

电极材料本身组织结构越好，加工工件就容易获得好的表面粗糙度，例如，纯铜的组织结构比石墨的组织结构好，所以，用纯铜加工出的工件表面粗糙度比用石墨加工的工件的表面粗糙度要好。

（6）加工面积的影响

加工面积越大，选取的电参数越大（脉宽大，加工电流大），加工表面粗糙度差。如采用较小的电参数（脉宽小，加工电流小），则加工速度低，修光加工表面冲能量很小，但积蓄在电极和工件表面上的电荷所形成的电容放电，也会使放电电流波形出现尖峰，从而使加工表面粗糙度变差。

综上所述，影响表面粗糙度的最主要因素是电流和脉宽。

4. 放电间隙

放电间隙指加工中脉冲放电两极间距，实际效果反映在加工后工件尺寸的单边扩大量。

对电火花成形加工放电间隙的定量认识是确定加工方案的基础，其中包括工具电极形状、尺寸设计、加工工艺步骤设计、加工规准的切换以及相应工艺措施的设计。

放电间隙分三种，即 α、β、γ，如图 6-16 和图 6-17 所示。

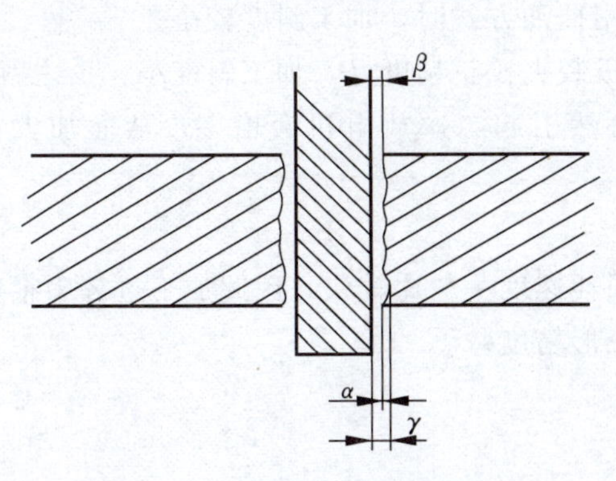

图 6-16　穿孔加工的放电间隙

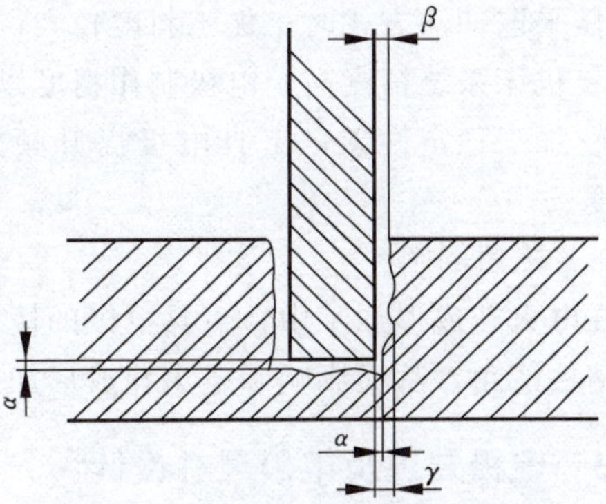

图 6-17　型腔加工的放电间隙

α 为穿孔加工时的出口间隙、型腔加工时的底面间隙与底面周边间隙。产生原因是加工中工件与电极间的直接放电，使两极蒸发和熔化部分飞散造成的。

β 为电火花加工的入口间隙。产生原因是在产生 α 间隙的基础上，增加了加工时排屑进行二次放电而产生的。

γ 为型腔中间最大侧间隙。产生原因是在产生 α 间隙的基础上，加上排屑时工作液紊流中的离子反复碰撞冲击而引起重复二次放电而产生的。

在通常情况下，$\alpha<\beta<\gamma$。影响放电间隙的因素有：

(1) 电参数

① 脉冲空载电压越高，放电间隙越大。

② 脉宽越大，放电间隙越大。

③ 峰值电流越大，放电间隙越大。

(2) 非电参数

① 电火花成形加工的侧壁实际尺寸与正常放电间隙和工具电极侧壁不直度的和。为保证加工尺寸精度，应尽量减小工具电极的侧壁的不直度，即要确保工具电极的制造精度。

② 加工中的二次放电，将造成侧壁尺寸的扩大。加工中应采取措施，尽可能减少二次放电的机会，如使用合适的冲、抽油方式等。

③ 在加工过程中，由于工具电极的应力变形或机床系统刚性差而引起振动，将加大放电间隙，进而影响工件的尺寸精度和仿形精度。

④ 工件的物理性能不同将产生不同的放电间隙，如加工硬质合金，其放电间隙就比加工一般钢件要小得多。

(3) 加工斜度

在电火花型腔加工中，侧壁的斜度是不可避免的。对于一些需要一定斜度的模具，电火花加工过程中自然形成的斜度是有益的；但对加工高精度直壁模具时，加工斜度应予以控制。

① 加工过程中由于二次放电造成侧壁加工间隙的不均匀，入口放电间隙总是大于出口放电间隙，形成加工斜度。

② 工具电极在加工中的损耗锥度反映到工件加工型面上，形成加工斜度。

③ 工作介质纯净时，加工斜度小，反之就大。

④ 采取冲油方式时，加工斜度较大；而采用抽油方式时，加工斜度较小。

⑤ 机床系统精度高，电极制作精度以及电极装夹校正精度好，加工斜度小，反之就大。

⑥ 加工稳定性差，工具电极提升频繁，必然引起二次放电机会增多，从而加大了加工斜度。

（4）棱角倒圆

在电火花成形加工中，工具电极的棱角的损耗速度一般比较快，因此加工过程中很难加工出清棱清角，从而影响了电火花成形加工的分形精度。

6.2.3 电极要求及电极尺寸设计

1. 电极要求

电极材料必须是导电材料。

① 加工过程中性能稳定，电极损耗低，加工效率高。

② 机加工性能好，能进行精密磨削加工，以保证工具电极的现状、尺寸精度达到设计要求。

③ 价廉且便于市场选购。

电火花加工常用电极及其性能见表 6-1，常用工具电极结构形式见表 6-2。

表 6-1 电火花加工常用电极及其性能

常用材料	电加工工艺性能		机械加工性能	价格材料来源	应用说明
	稳定性	电极损耗			
铸铁	较差	适中	好	低（常用材料）	主要用于型孔加工，制造精度高
钢	较差	适中	好	低（常用材料）	常采用加长凸模，加长部分为型孔加工电极；可降低制造费用
纯铜	好	较大	较差（磨削困难）	较高（小型电极常用材料）	主要用于加工较小型腔、精密型腔，表面加工粗糙度很低
黄铜	好	大	较好（可磨削）	较高（小型电极常用材料）	
铜钨合金	好	小（为纯铜电极损耗的15%～25%）	较好（可磨削）	高（高于铜价 40 倍以上）	主要用于加工精密深孔、直壁孔和硬质合金型孔与型腔
石墨	较好	较小（取决于石墨性能）	好（有粉尘，易崩角、掉渣）	较低（常用材料）	

表 6-2 常用工具电极结构形式

电 极	工具电极结构示例图	说 明
整体结构电极	冲油 2 1 (a) 冲油 3 2 1 (b)	此为加工型孔、型腔常用结构形式。图中 1 为冲油孔、2 为石墨电极，3 为电极固定板。当面积大时，可在不影响加工处开孔或挖空以减轻其重量

续表

电　极	工具电极结构示例图	说　明
阶梯式整体结构电极	加工前　精加工结束　精加工开始　L_1　f　L_2	为提高加工效率和精度，降低 Ra 值，常采用阶梯式整体结构。图中，L_1 为精加工电极长度；L_2 为加长度；常为型孔深的 1.2～2.4 倍；其径向尺寸比精加工段小 0.1～0.3 mm。作精加工电极。此类电极适于加工小斜度型孔，以保证加工精度，减少电参数转换次数
组合结构电极	电极　工件	当工件上具有多个型孔时，可按各型孔尺寸及其相互位置精度，定位、安装于通用或专用夹具，加工工件上的多个型孔和圆孔孔系
镶拼结构电极		将复杂型孔分成几块几何形状简单的电极，加工后拼合起来电加工型孔。这样，可简化制造工艺，减少电极加工费。图为加工 ZE 形凹模用三块电极

2. 工具电极尺寸设计与制作

工具电极尺寸是指与主轴进给方向相垂直的截面上的内、外轮廓尺寸。工具电极尺寸与火花放电间隙、电极损耗、电加工规准、机床精度和介质液以及模具成型件（即工件）材料有关。

型腔、型孔粗加工后，其精加工用平动方式精修，电极尺寸按下式进行计算：

$$a = A \pm Rg$$

式中　a——电极上尺寸。

A——型腔、型孔尺寸。

R——型腔、型孔标注方法系数，当尺寸为两中心线间的尺寸时，$R=0$；当标注的尺寸只有一端需 $\pm Rg$ 时，$R=1$；当标注的尺寸对称，两端需 $\pm Rg$ 时，$R=2$。

g——电极尺寸修整量。

“±”确定原则：加工型腔的凸形时，电极为凹形，用“+”；加工型腔的凹形时，电极为凸形，用“−”。

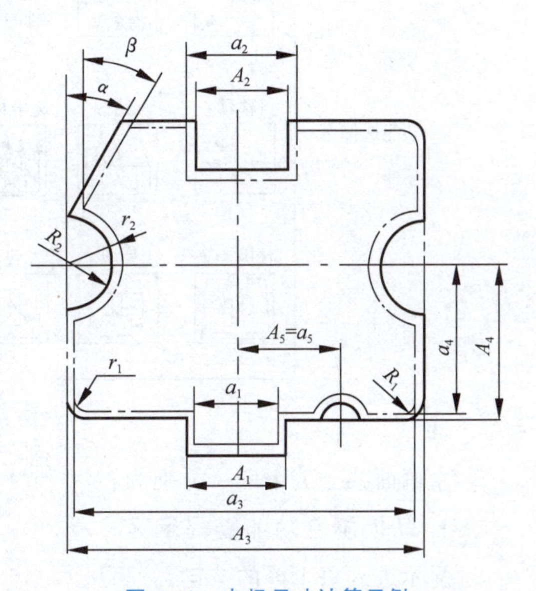

图 6-18　电极尺寸计算示例

图 6-18 所示为电极尺寸的计算示例。其尺寸分别为：

$$a_1 = A_1 - 2g, a_2 = A_2 + 2g$$

$$a_3 = A_3 - 2g, a_4 = A_4 - g$$

$$a_5 = A_5, r_1 = R_1 - g$$

$$r_2 = R_2 + g, \alpha = \beta$$

加工中、小型腔的电极，单面精修量根据电火花加工机床规定的工艺参数而定，见表 6-3。

表 6-3　工具电极单面精修量

电极截面积/cm^2	单面电极精修量/($g \cdot mm^{-1}$)	
	粗加工	精加工
4.5～6	0.4～0.50	0.15
3～4	0.3～0.35	0.10
0.5～1.5	0.2～0.30	0.10
<0.5	0.15	0.07

工具电极的制作与模具凸凹模制造具有同样的工艺性质，同样的难度。

6.3　数控电火花机床的编程与机床基本操作

6.3.1　电火花机床的基本操作

电火花机床的种类较多，但就基本操作而言大同小异，下面以北京阿奇公司出产的SF200数控电火花机床为例，阐述机床的基本操作。

机床开机后进入主画面，如图6-19所示，该画面用于加工前的准备，可进行回机械原点、设置坐标系、回到当前坐标系的零点、移动机床、接触感知、找中心等功能的操作，每个方块即为一个功能。用↑、↓、←、→键把光标移动到所选功能块处，按ENTER键即选中了此功能。

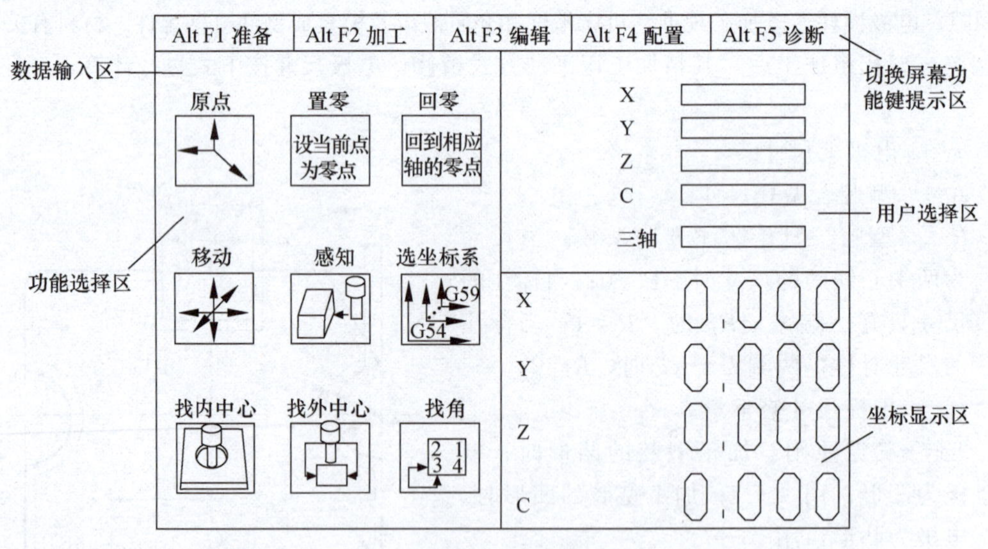

图 6-19　主画面

主画面共分五个区，分别为：

1. 切换屏幕功能键提示区

显示进入每个屏的按键。

2. 数据输入区

有些功能块需输入数据，此区即显示用户输入的数据，可使用的键有：+、-、·、0、1、2、3、4、5、6、7、8、9、ENTER。用BACKSPACE键可删除最后一个数字，用

ESC 键取消数据输入，输入完成后按 ENTER 键，所输数据显示在用户选择区相应坐标后面的方框中，数据的单位为 0.001 mm，用户输入时若所输的数据中有“·”，则单位为 mm，若无，则单位为 0.001 mm。

3. 功能选择区

显示本屏的所有功能，↑、↓、←、→键通过移动光标来进行选择，移动到某个功能块后，按 ENTER 键即选中了此功能，选中后此模块变为黄色，若要退出此模块，请按 F10 键。

4. 用户选择区

选中某一功能后，会让用户进行选择，例如轴、方向、速度等，这些操作都在用户选择区中进行，选择时可用↑、↓键来上下移动光标，用空格键来改变某些选项。

5. 坐标显示区

显示当前坐标各轴的坐标值。

主画面可完成以下功能：

1. 回原点操作

回到机械坐标的零点，*X* 轴、*Y* 轴和 *Z* 轴的原点在其轴的正限位处。在数控机床操作中，回原点操作非常重要，只有执行了回原点操作，机床的控制系统才能复位，后续操作机床运动就不会紊乱。

2. 置零

即把当前点设为当前坐标系的零点，操作时可选择设零的轴，选好轴后按 ENTER 键即可。开机后，若没有返回到上次的零点，再进行置零操作，系统会对此进行提示，因为若再置零，则上次的零点就会丢失，故需进行确认，以避免因丢失零点而无法进行上次未完成的加工。置零画面如图 6-20 所示。

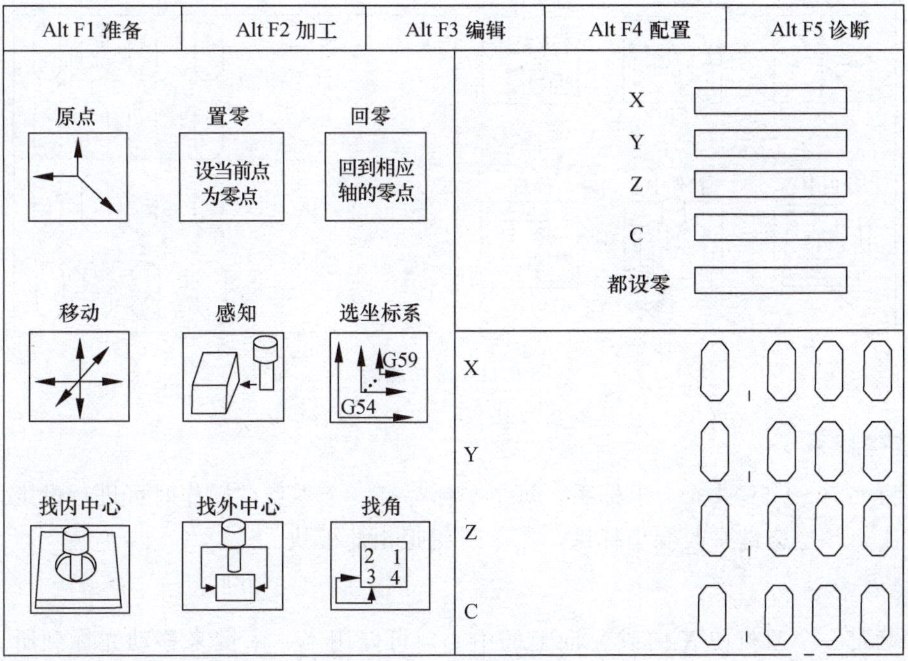

图 6-20　置零界面

3. 回零

即回到当前坐标系的零点，选中回零后画面如图 6-21 所示。操作时可以选择要回零的轴，可以单轴回零，也可以 *X*、*Y*、*Z* 三轴同时回零。三轴同时回零时，机床三个轴同时运动，因此，要注意不能使工件与电极碰撞，一般采用单轴回零操作，*Z* 轴应最后回零。

4. 移动

即通过输入数值使坐标轴移动到给定点处。操作时可以选择移动轴和所用的方式，方式用空格键来进行改变。有绝对和增量两种方式，绝对方式即以绝对坐标来进行移动，增量方式即以增量坐标来进行移动，两种方式有所不同，要引起注意。输入要移动到的坐标值后，按 ENTER 键即开始执行。

5. 接触感知

让电极和工件接触，以便定位。操作时可以用↑和↓键选择感知的方向。用空格键来选择速度，速度共 1～9 挡，1 挡最快，9 挡最慢，对于易碎的电极应选用较慢的速度。回退挡，即感知后向相反方向移动一个距离。按 ENTER 键开始执行此模块，按 F10 键退出此模块。感知画面如图 6-21 所示。

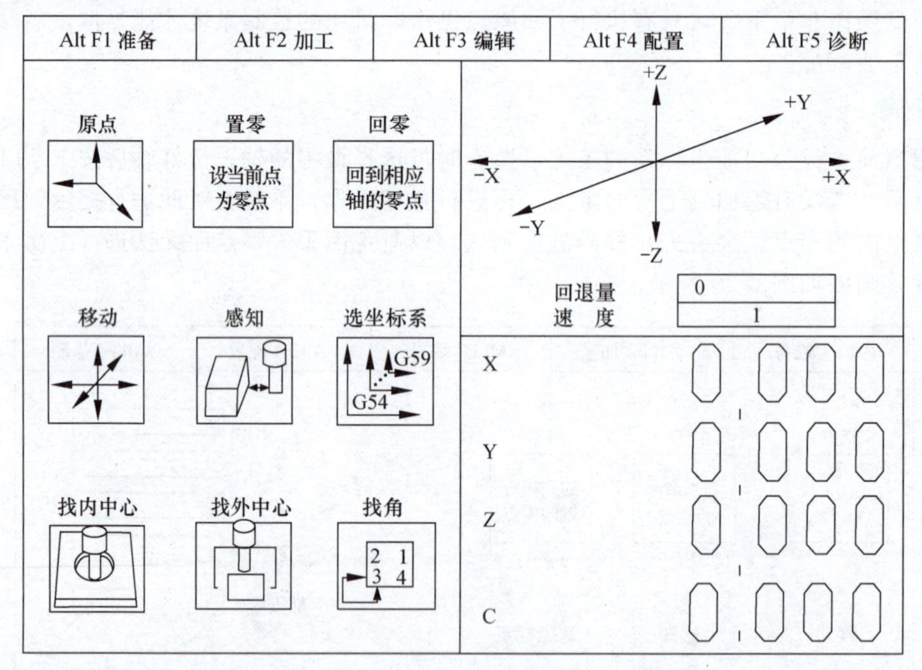

图 6-21　感知画面

6. 选坐标系

系统有 G54～G59 共 6 个坐标系，每个坐标都有一个零点，操作时可进行设定，以方便多工位加工。用空格键来改变坐标系，按 F10 键退出此模块。

7. 找内中心

自动确定一个型腔在 *X* 向或 *Y* 向上的中心，可以用↑、↓键来移动光标到所选项，用空格键来改变速度。

Y 向行程：在 X 轴方向上快速移动的距离，应小于孔的半径减去电极的半径值。

Y 向行程：在 Y 轴方向上快速移动的距离，应小于孔的半径减去电极的半径值。

感知速度：感知速度有 1～9 挡共 9 挡速度，1 挡最快，9 挡最慢。

在找中心前，电极应位于孔内，且大致在孔的中心。按 ENTER 键开始执行。按 F10 键退出此模块，找内孔中心画面如图 6-22 所示。执行完成后，电极停在孔的中心，对应轴显示为 0。

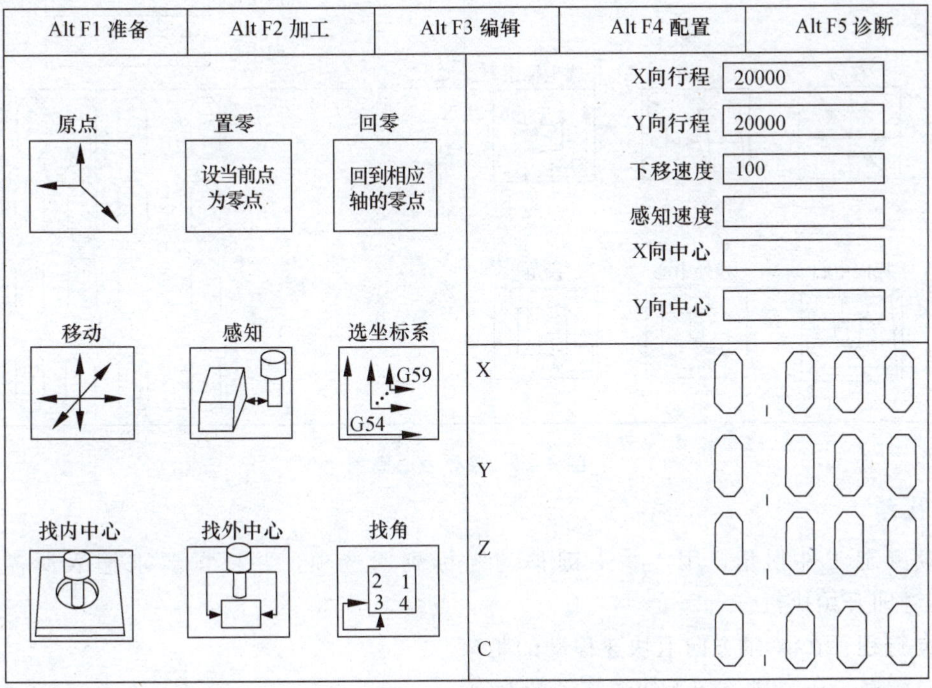

图 6-22　找内孔中心画面

8. 找外中心

自动确定工件在 X 向或 Y 向上的中心，用↑、↓键通过移动光标来进行选择指定，用空格键来改变速度。

X 向行程：X 轴方向上快速移动的距离，应大于工件在 X 方向长度的一半与电极在 X 向的一半之和。

Y 向行程：在 Y 轴方向上快速移动的距离应大于工件在 Y 方向长度的一半与电极在 Y 方向的一半之和。

下移距离：Z 轴向下移动的距离。

感知速度：用空格键进行改变，有 1～9 共 9 挡速度，1 挡最快，9 挡最慢。

在找中心前，电极应大致位于工件中心，且在其运动范围内没有障碍物。

按 ENTER 键开始执行，按 F10 键退出此模块。

执行 X 向找外中心时电极先向下移动，当接触到工件时便稍微上升一点，然后快速向 $+X$ 向移动所输入的数据，到位后 Z 方向按输入的数据下移并沿 $+X$ 找外中心。找外中心的画面如图 6-23 所示。

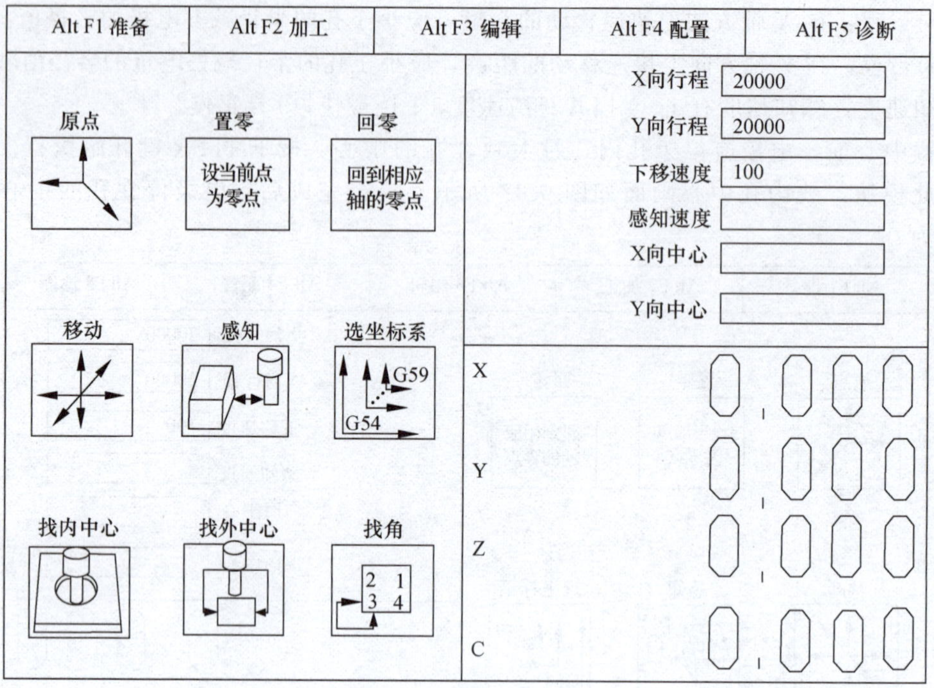

Alt F1 准备　Alt F2 加工　Alt F3 编辑　Alt F4 配置　Alt F5 诊断

原点　置零　回零

设当前点为零点　回到相应轴的零点

移动　感知　选坐标系

G59　G54

找内中心　找外中心　找角

2 1 3 4

X向行程 20000

Y向行程 20000

下移速度 100

感知速度

X向中心

Y向中心

X

Y

Z

C

图 6-23　找外中心画面

9. 找角

自动测定工件拐角，用↑、↓键移动光标到所选项，并根据要求输入所需值后按ENTER键即开始执行。

X 向行程：在 *X* 轴方向上快速移动的距离。

Y 向行程：在 *Y* 轴方向上快速移动的距离。

下移距离：沿 *Z* 轴向下移动的距离。

感知速度：用空格键进行改变，有 1～9 共 9 挡速度，1 挡最快，9 挡最慢。

角选择：用空格键选择角，有 1～4 个角供选择。按 ENTER 键开始执行，按 F10 键退出此模块。执行完后电极位于距拐角电极半径处，且把 *X*、*Y* 坐标设为 0。如图 6-24 和图 6-25所示。

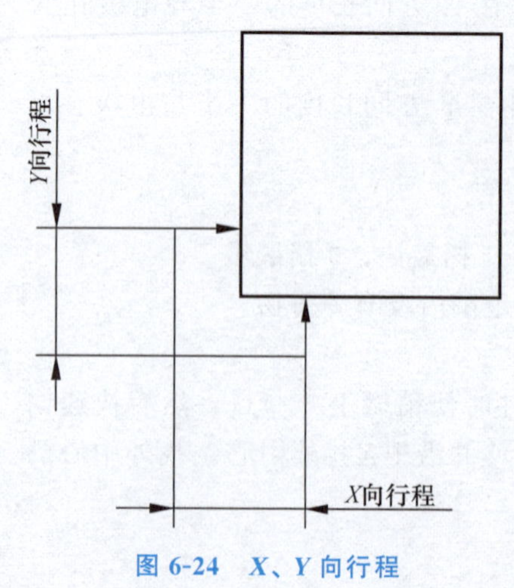

图 6-24　*X*、*Y* 向行程

6.3.2　电火花的编程

北京阿奇公司出产的 SF2009 数控电火花机床的第二屏为自动生成程序及加工屏，用于自动生成加工程序、条件输入、加工执行。如图 6-26 所示。

图 6-26 顶部的切换屏幕功能键提示区及数据输入区和主画面相同。

1. 工艺数据选择区

显示自动生成程序所需的工艺数据，由操作者进行选择，在此区域中可用↑、↓键来移动光标所需项。

Alt F1 准备　Alt F2 加工　Alt F3 编辑　Alt F4 配置　Alt F5 诊断

原点　置零（设当前点为零点）　回零（回到相应轴的零点）

移动　感知　选坐标系（G59、G54）

找内中心　找外中心　找角（2 1 3 4）

X向行程 20000
Y向行程 20000
下移速度 10
感知速度
角选择 1

X　Y　Z　C

图 6-25　找角画面

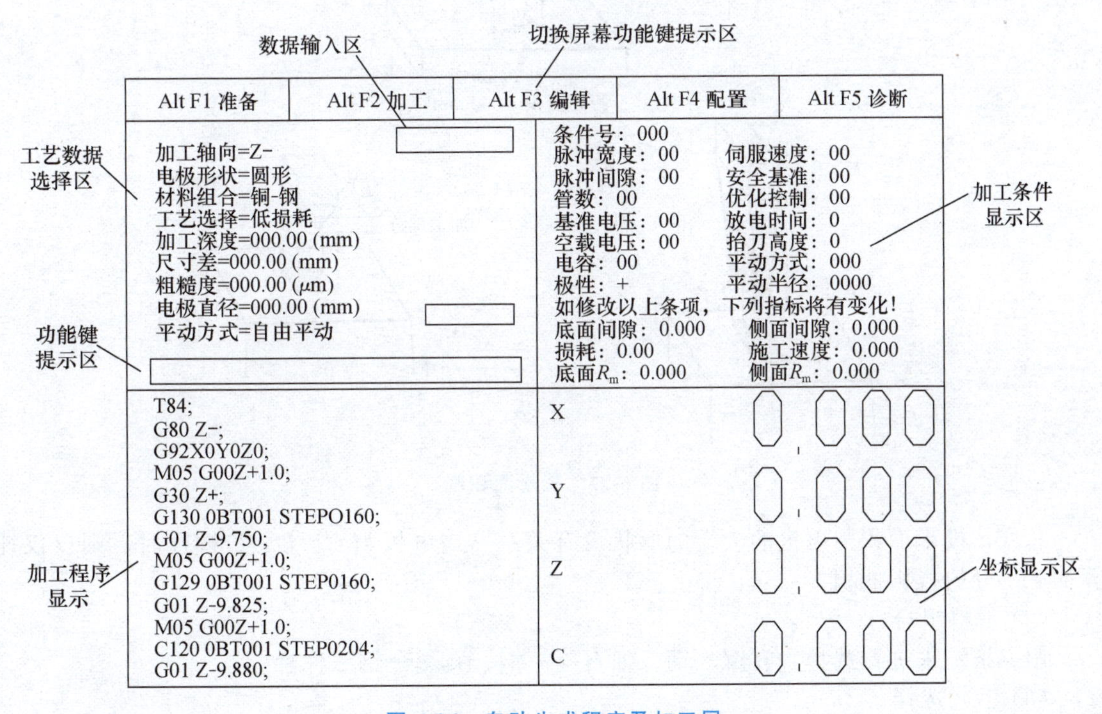

图 6-26　自动生成程序及加工屏

（1）电极形状

用空格键进行变换以选择用户所需的电极的形状。电极形状共有四种：圆形、方形、锥形及其他形状。对于圆形电极需输入其电极直径，对于方形电极需输入其横截面长度和宽度，对于锥形和其他则需输入电极的投影面积，单位为 cm^2。

这里所说的投影面积是指：

① 电极为柱体开头的场合为电极的底面积。

② 电极为楔形或者锥形的场合为电极加工的进行方向的投影面积（但是，电极只是实际加工的部分）。

③ 电极为凸模的场合为加工时放电的面积。

注意：放电加工的能量，与电极的投影面积有很大的关系，因而，一定要尽量正确地计算（或测定）这个面积，然后再输入。

所谓投影面积，是指投影在加工物上的电极的影子的面积，如图 6-27 所示。图中 A 与 B 的投影面积同。

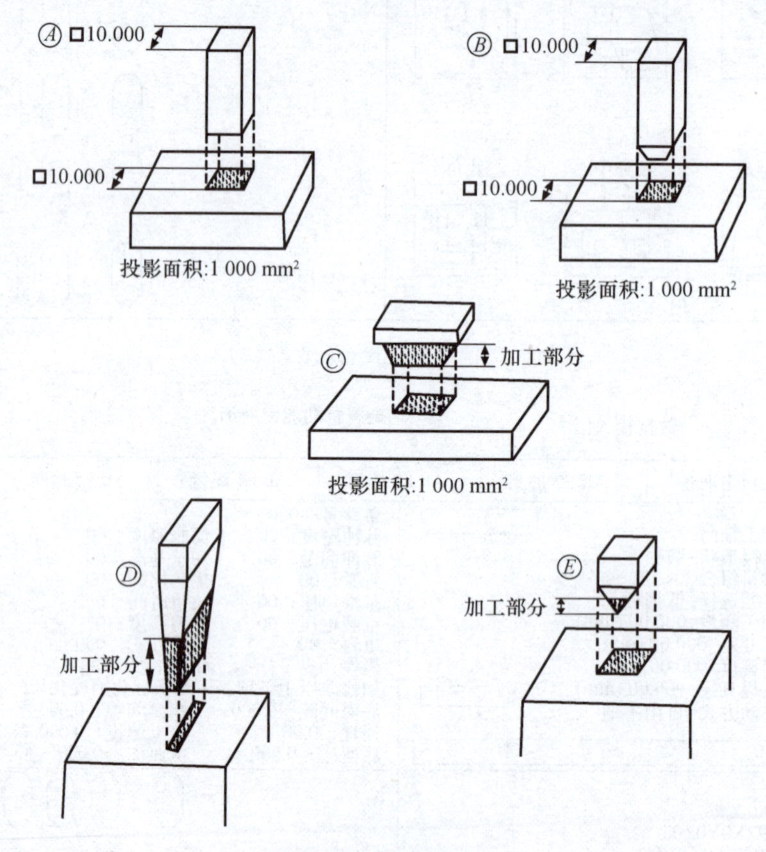

图 6-27 投影面积图

总之，投影面积与电极的尖端的形状没有关系。当电极为 C、D、E 模样时，则仅仅计算加工部分的投影面积。

（2）材料组合

用空格键来进行选择，有铜—钢、细石墨—钢、石墨—钢三种。

（3）工艺选择

用空格键来进行选择，有低损耗、标准值、高效率三种。低损耗工艺，则最终损耗相对标准值和高效率来说要小，Ra 也小，但效率相对来说会低一点。高效率即相对标准值来说，效率要高一些，但损耗会大一点。

（4）加工深度

即最终加工的深度，输入时单位为 mm，按 ENTER 键表示输入完成。

（5）尺寸差

即电极和最终加工形状之间的差值，输入时单位为 mm。

（6）粗糙度

即最终加工的粗糙度 Ra 值，单位为 μm。

（7）平动方式

平动方式有自由平动和伺服平动两种。所谓自由平动即平动轴和加工轴同时运动，而伺服平动则为加工轴加工到该条件的深度后，平动轴才进行平动。

输入完成后按 F1 键即自动生成加工程序。

2. 加工程序显示区

显示当前内存中的程序，当在加工中时，用红色显示当前加工段的程序，光标在工艺数据选择区时，可用↓键把光标移到该区，也可按 F8 键，光标直接跳到此区。可用↑、↓键把光标移到所需执行的程序段，按 ENTER 键即可开始加工。

3. 加工条件显示区

显示当前加工条件的内容，按 ESC 键把光标移入此区，再按 ESC 键光标又回到原来的位置。

4. 功能键提示区

提示当前可以执行的功能键。

5. 坐标显示区

实时显示加工中的坐标值。在加工中，在相应加工轴的字符下有一串小的数字，它是本程序段要加工到的实际深度。

6.4　数控电火花加工实训

6.4.1　塑料模电火花加工

例 6-1　如图 6-28 所示，该零件为塑料产品，外形为曲面，采用注射工艺生产，一模四腔凹模型腔如图 6-29 所示，由于该零件尺寸较小，凹模用数控铣较难加工，而采用电火花加工就容易实现，采用电火花加工时应注意以下几点。

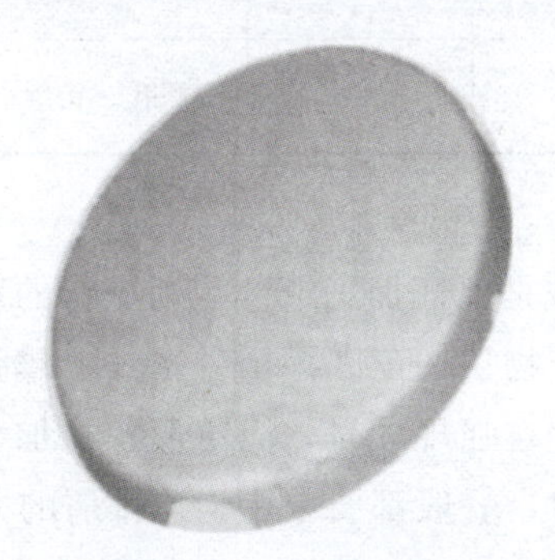

图 6-28　塑料产品

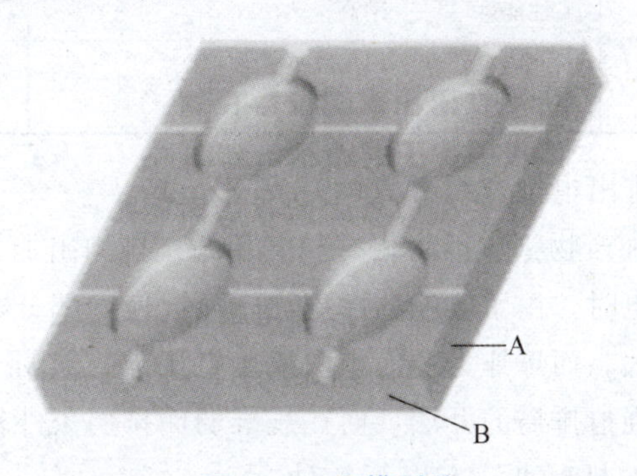

图 6-29　凹模型腔

1. 电极的设计与制造

电火花加工时，电极设计及制造的好坏，直接影响模具的质量与成本，因此，要重视这个问题。设计及制造电极时，应注意以下几点：

（1）电极形状设计

电极形状应根据被加工零件的形状设计，考虑放电间隙与工件抛光余量。当电极外凸时，则形状缩小；当电极内凹时，则形状放大。将工件尺寸与电极尺寸的差值称为尺寸减寸量。电极的尺寸精度的控制与选择的放电条件有关，每一种放电条件都形成侧面间隙和底面间隙，并且数值不同。一般计算电极尺寸的减寸量时，按下面的原则进行：粗加工用的粗电极，在预留精加工余量的情况下，按粗加工放电条件的侧面间隙计算电极尺寸的减寸量。精加工用电极按精加工放电条件的底面间隙计算电极尺寸的减寸量。

（2）电极的安装与找正方式

设计电极时应考虑电极的安装方式与找正基面，如考虑不当，则在加工时会出问题。

（3）电极材料的选择

选择电极材料时应考虑以下问题：价格低廉，易获得；易成形；成形后变形小，并具有一定的强度；电加工性能好（如加工稳定性好、电极损耗小）等。电极常用材料见表 6-4。

表 6-4　电极常用材料

电极材料 / 主要成分	纯铜	石墨	钢	铸铁	黄铜	铜钨合金	银钨合金
主要成分	Cu	C	Fe・C	Fe・C	Cu，Zn	Cu-W	Ag-W
密度/（g・cm^{-3}）	8.96	1.7～1.8	7.8	7.2	8.5	13.5	15.2
电阻/μm	1.67	～1000	9～11	8～9	6.2	—	
成形方法	切削、电铸精锻、液电成形	切削、加压振动成形、烧结成形	切削加工	切削加工	切削加工	切削加工	
成形性能	磨削较困难	强度较差	切削性好	切削性好	一般	一般	
电加工性能	稳定性好，损耗较大，精密微细加工性能好	稳定性尚好，损耗小，最大生产率高	稳定性差，损耗一般	稳定性比钢略好，损耗一般	稳定性好，损耗最大	稳定性好，损耗小	
使用场合	穿孔、型腔加工性能好	中大型型腔、部分穿孔	穿孔	穿孔	精密微细加工、穿孔	深孔、精细小型腔	

（4）排出电蚀产物方式的选择

将电蚀产物（包括固相的和气相的）排除出加工区域是保证加工继续顺利进行的重要条件之一。放电时，由于放电的爆炸力，可以使一部分电蚀产物从加工区抛出。爆炸力越强，抛出力量也越大。而爆炸力的大小取决于电规准的强弱。因此在强规准时，简单形状的加工可以不需要采用强迫排屑的办法，而在规准弱而排屑条件较差时，一般都要采用强迫排屑的方法。

常用的排屑办法有以下几种：

① 电极冲油。如图 6-30 所示，在电极上开具小孔，并强迫冲油是型腔电加工最常用的

方法之一。冲油小孔直径一般为 0.5～2 mm，可以根据需要开一个或几个小孔。小孔位置应布置合理，防止流动死区，并应开孔于难排屑处。电极冲油又称为“上冲油”。

② 工件冲油。如图 6-31 所示，工件冲油是穿孔电加工最常用的方法之一。由于穿孔加工大多在工件上开具预孔，因此具有下冲油的条件。型腔加工时如果允许工件加工部位开孔也可采用此法。这种排屑方法称为“下冲油”。

无论“上冲油”还是“下冲油”，都要保持适当的冲油压力。压力太大时，加工跳动，并会影响加工精度；压力太小，则不能顺利排屑。

③ 工件抽油。如图 6-32 所示，常用于穿孔加工。由于加工的蚀除物不经过加工区，因此加工斜度很小。但是抽油时要使放电时产生的气体（大多是易燃气体）及时泄放不能积聚在加工区，否则会引起“放炮”。“放炮”是严重的事故，轻则使工件移动走位，重则使工件炸裂，主轴头受到严重损伤。通常应在安放工件的油杯上采取措施，使抽油的部位尽量接近加工位置，使产生的气体及时抽走，另外在加工位置处采取一定的补油措施。抽油的排屑效果不如上下冲油。

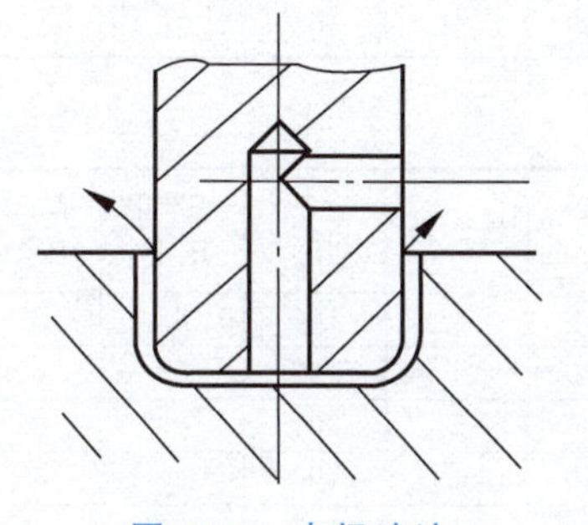

图 6-30　电极冲油

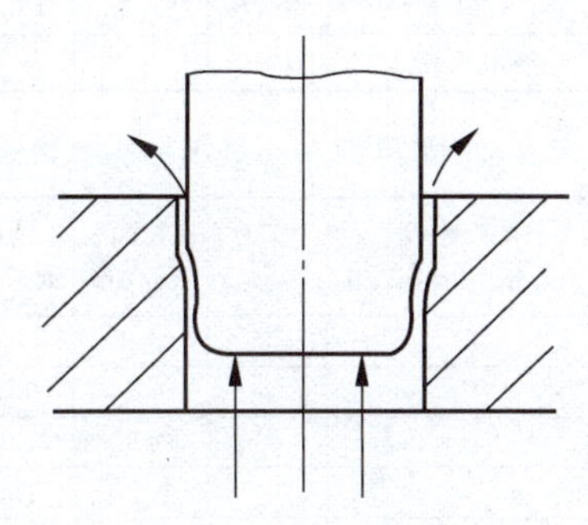

图 6-31　工件冲油

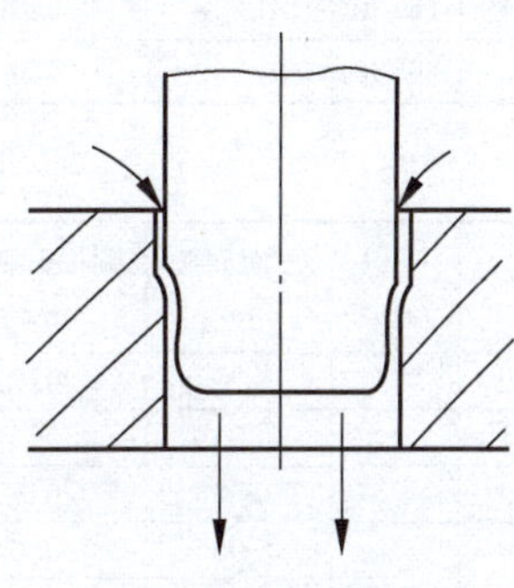

图 6-32　工件抽油

本例电极如图 6-33 所示，采用粗、精电极加工，电极尺寸按上述原则确定减寸量。加工时，除精加工电极放电表面外，还应精加工图中的 *A*、*B*、*C* 三个面，以便电火花加工时电极的安装与找正，还应注意防止 *A* 表面放电，即在 *D* 表面处加工一段直壁。

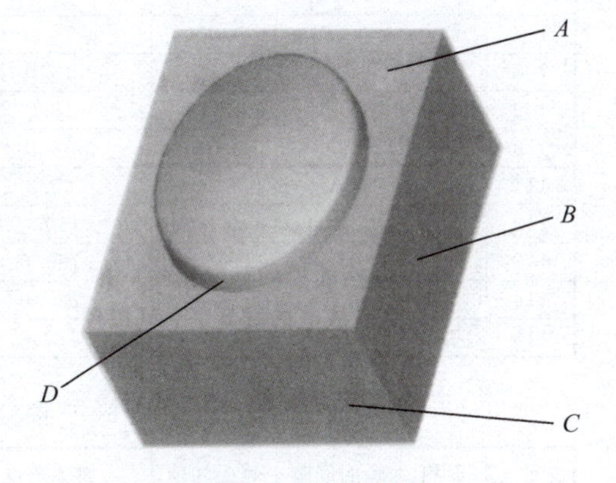

图 6-33　加工电极

2. 凹模板与电极的安装

凹模板在机床上安装时（见图 6-29）需要找正，即将基面 *A* 与一个坐标轴平行。电极安装时也必须找正（见图 6-33），将基面 *B* 与坐标平行，将 *A* 面与被加凹模板的上平面平行，*A* 面找正时，需要校正两个方向。

3. 放电参数的选择

被加工工件的表面质量与加工时的放电参数有关，型腔加工时，一般先选择精加工放电参数，后选择粗加工放电参数。精加工放电参数以所能达到的表面粗糙度来选择，但还要考虑加工成本。

SF200 数控电火花机床常用的放电条件及参数见表 6-5～表 6-13 所示。

表 6-5　铜打钢——标准型参数表

条件号	面积 /cm²	底面间隙 /mm	侧面间隙 /mm	加工速度 /(mm³·min⁻¹)	损耗 /%	底面 *Ra*/μm	侧面 *Ra*/μm	极　性	空载电压/V	基准电压/V	基准电压/V
121		0.047	0.035			0.60	0.75	+	100	80	65
123		0.051	0.040			0.80	1.00	+	100	80	65
124		0.057	0.045			1.08	1.35	+	100	80	64
125		0.078	0.050			1.44	1.80	+	100	75	60
126		0.110	0.060			2.24	2.80	+	100	75	58
127		0.155	0.080			3.28	4.10	+	100	75	53
128	1.00	0.240	0.140	22.0	0.40	4.16	5.20	+	100	75	52
129	2.00	0.350	0.200	28.0	0.25	5.20	6.50	+	100	75	52
130	3.00	0.500	0.260	51.0	0.25	5.60	7.00	+	100	70	52
131	4.00	0.610	0.310	85.0	0.25	5.88	8.60	+	100	70	52
132	6.00	0.720	0.360	125.0	0.25	9.68	12.10	+	100	65	52
133	8.00	1.000	0.530	200.0	0.15	12.20	15.20	+	100	65	52
134	12.00	1.250	0.640	320.0	0.15	13.40	16.70	+	100	58	52
135	20.00	1.600	0.850	390.0	0.15			+	100	58	52

表 6-6　铜打钢——最小损耗参数表

条件号	面积 /cm²	底面间隙 /mm	侧面间隙 /mm	加工速度 /(mm³·min⁻¹)	损耗 /%	底面 *Ra*/μm	侧面 *Ra*/μm	极　性	空载电压/V	基准电压/V	基准电压/V
100			0.010					+	100	85	85
101		0.046	0.035			0.56	0.70	+	100	80	65
103		0.055	0.045			0.80	1.00	+	100	80	65
104		0.065	0.050			1.20	1.50	+	100	80	64
105		0.085	0.055			1.50	1.90	+	100	75	60
106		0.120	0.065			2.00	2.60	+	100	75	58
107		0.170	0.095			3.04	3.80	+	100	75	52
108	1.00	0.270	0.160	13.0	0.10	3.92	5.00	+	100	75	52
109	2.00	0.400	0.230	18.0	0.05	5.44	6.80	+	100	75	52
110	3.00	0.560	0.310	34.0	0.05	6.32	7.90	+	100	70	52
111	4.00	0.680	0.360	65.0	0.05	6.80	8.50	+	100	70	52
112	6.00	0.800	0.450	110.0	0.05	9.68	12.10	+	100	65	52
113	8.00	1.150	0.5700	165.0	0.05	11.20	14.00	+	100	65	52
114	12.00	1.310	0.700	265.0	0.05	12.40	15.50	+	100	58	52
115	20.00	1.650	0.890	317.0	0.05	13.40	16.70	+	100	58	52

表 6-7　铜打钢——最大去除率参数表

条件号	面积 /cm²	底面间隙 /mm	侧面间隙 /mm	加工速度 /(mm³·min⁻¹)	损耗 /%	底面 *Ra*/μm	侧面 *Ra*/μm	极　性	空载电压/V	基准电压/V	基准电压/V
141		0.046	0.035			0.56	0.70	+	100	80	65
142		0.055	0.045			0.80	1.00	+	100	80	64
143		0.065	0.050			1.20	1.50	+	100	80	64
144		0.085	0.055			1.60	2.00	+	100	75	60
145		0.120	0.065			2.00	2.50	+	100	75	58
146		0.130	0.070			2.40	3.00	+	100	75	55
147		0.180	0.095	25.0	5.00	32.0	4.00	+	100	75	52

续表

条件号	面积/cm²	底面间隙/mm	侧面间隙/mm	加工速度/(mm³·min⁻¹)	损耗/%	底面 Ra/μm	侧面 Ra/μm	极　性	空载电压/V	基准电压/V	基准电压/V
148	1.00	0.270	0.130	36.0	2.50	3.68	4.60	+	100	75	52
149	2.00	0.310	0.170	40.0	1.80	4.40	5.50	+	100	75	52
150	3.00	0.450	0.230	68.0	1.00	5.12	6.40	+	100	70	52
151	4.00	0.570	0.280	100.0	0.90	6.96	8.70	+	100	70	52
152	6.00	0.650	0.320	135.0	0.80	9.76	12.20	+	100	65	52
153	8.00	0.920	0.450	225.0	0.40	11.80	14.80	+	100	65	52
154	12.00	1.160	0.560	340.0	0.40	13.80	17.20	+	100	58	52
155	20.00	1.520	0.770	450.0	0.40			+	100	58	52

表 6-8　普通石墨打钢——最小损耗参数表

条件号	面积/cm²	底面间隙/mm	侧面间隙/mm	加工速度/(mm³·min⁻¹)	损耗/%	底面 Ra/μm	侧面 Ra/μm	极　性	空载电压/V	基准电压/V	基准电压/V
260		0.250	0.170	10.0	0.10	3.60	4.50	+	100	75	54
261	1.00	0.320	0.190	16.0	0.10	5.00	6.20	+	100	75	53
262	2.00	0.380	0.220	19.0	0.10	6.50	7.70	+	100	70	53
263	3.00	0.570	0.300	45.0	0.10	10.30	12.10	+	100	70	53
264	4.00	0.640	0.330	65.0	0.10	12.90	15.20	+	100	70	53
265	6.00	0.720	0.390	120.0	0.10	15.70	16.50	+	100	65	53
266	8.00	0.800	0.430	215.0	0.50	16.50	19.40	+	100	65	53
267	12.00	0.920	0.460	340.0	0.50	16.80	19.80	+	100	65	52
268	20.00	1.000	0.550	395.0	0.50			+	100	60	52

表 6-9　普通石墨打钢——标准型参数表

条件号	面积/cm²	底面间隙/mm	侧面间隙/mm	加工速度/(mm³·min⁻¹)	损耗/%	底面 Ra/μm	侧面 Ra/μm	极　性	空载电压/V	基准电压/V	基准电压/V
270		0.190	0.140	12.0	0.50	4.00	5.00	+	100	75	53
271	1.00	0.250	0.170	19.0	0.50	5.20	6.50	+	100	70	53
272	2.00	0.290	0.190	28.0	0.50	6.20	7.31	+	100	70	53
273	3.00	0.440	0.250	58.0	0.50	9.10	10.00	+	100	70	53
274	4.00	0.560	0.310	80.0	0.50	10.20	12.00	+	100	70	53
275	6.00	0.700	0.360	130.0	0.50	14.80	17.40	+	100	65	53
276	8.00	0.780	0.410	230.0	0.70	15.70	18.50	+	100	65	52
277	12.00	0.900	0.440	385.0	0.80	16.50	19.40	+	100	65	52

表 6-10　普通石墨打钢——最大去除率参数表

条件号	面积/cm²	底面间隙/mm	侧面间隙/mm	加工速度/(mm³·min⁻¹)	损耗/%	底面 Ra/μm	侧面 Ra/μm	极　性	空载电压/V	基准电压/V	基准电压/V
280		0.220	0.130	20.0	10.00	5.20	6.50	+	100	65	53
281	1.00	0.260	0.150	45.0	10.00	6.00	7.50	+	100	70	53
282	2.00	0.340	0.190	65.0	10.00	7.40	9.20	+	100	70	53
283	3.00	0.380	0.210	95.0	8.00	8.90	10.50	+	100	70	53
284	4.00	0.450	0.250	145.0	5.80	9.80	11.50	+	100	65	53
285	6.00	0.590	0.320	270.0	4.80	11.50	13.50	+	100	65	53
286	8.00	0.730	0.390	390.0	4.20	14.30	16.80	+	100	65	53
287	12.00	0.830	0.420	590.0	3.40			+	100	65	52

表 6-11 细石墨打钢——最小损耗参数表

条件号	面积 /cm²	底面间隙 /mm	侧面间隙 /mm	加工速度 /(mm³·min⁻¹)	损耗 /%	底面 Ra/μm	侧面 Ra/μm	极 性	空载电压/V	基准电压/V	基准电压/V
300		0.010	0.010					+	100	88	88
301		0.015	0.015			0.56	0.70	+	100	80	70
304		0.065	0.050			1.20	1.50	+	100	80	66
306		0.110	0.070			2.40	2.70	+	100	80	58
307		0.160	0.100			2.80	3.60	+	100	80	55
308	1.00	0.200	0.120	16.0	0.30	3.36	4.00	+	100	80	55
309	2.00	0.230	0.170	27.0	0.20	4.00	5.00	+	100	75	52
310	3.00	0.300	0.200	58.0	0.15	4.56	5.70	+	100	75	52
311	4.00	0.390	0.260	81.0	0.10	6.24	7.20	+	100	75	52
312	6.00	0.450	0.280	120.0	0.10	7.76	9.70	+	100	70	52
313	8.00	0.600	0.330	180.0	0.05	8.96	11.20	+	100	70	52
314	12.00	0.660	0.360	320.0	0.05	9.60	12.00	+	100	70	52
315	20.00	0.800	0.400	380.0	0.05			+	100	65	52

表 6-12 细石墨打钢——标准型参数表

条件号	面积 /cm²	底面间隙 /mm	侧面间隙 /mm	加工速度 /(mm³·min⁻¹)	损耗 /%	底面 Ra/μm	侧面 Ra/μm	极 性	空载电压/V	基准电压/V	基准电压/V
321		0.015	0.015			0.56	0.70	+	100	80	70
322		0.020	0.020			0.80	1.00	+	100	80	70
323		0.025	0.025			1.07	1.34	+	100	80	70
324		0.065	0.050			1.36	1.70	+	100	80	66
325		0.075	0.055			1.76	2.20	+	100	80	64
326		0.100	0.060			2.32	2.90	+	100	80	56
327		0.150	0.090			2.88	3.60	+	100	75	55
328	1.00	0.190	0.110	18.0	0.80	3.12	3.90	+	100	75	55
329	2.00	0.210	0.150	31.0	0.80	3.76	4.70	+	100	75	52
330	3.00	0.270	0.180	62.0	0.50	4.56	5.70	+	100	70	52
331	4.00	0.340	0.230	90.0	0.30	5.60	7.00	+	100	70	52
332	6.00	0.400	0.260	125.0	0.30	7.60	9.50	+	100	70	52
333	8.00	0.540	0.300	185.0	0.20	9.28	11.6	+	100	70	52
334	12.00	0.600	0.320	320.0	0.20	10.7	13.4			65	52
335	20.00	0.750	0.380	380.0	0.15					65	52

表 6-13 细石墨打钢——最大去除率参数表

条件号	面积/cm^2	底面间隙/mm	侧面间隙/mm	加工速度/($mm^3 \cdot min^{-1}$)	损耗/%	底面 $Ra/\mu m$	侧面 $Ra/\mu m$	极 性	空载电压/V	基准电压/V	基准电压/V
341			0.015			0.56	0.70	+	100	80	70
342			0.020			0.80	1.00	+	100	80	68
343			0.025			0.96	1.20	+	100	80	66
344		0.050	0.030			1.20	1.50	+	100	80	65
345		0.056	0.035			1.44	1.80	+	100	80	64
346		0.085	0.050			1.68	2.10	+	100	80	56
347		0.120	0.060			2.16	2.70	+	100	75	55
348		0.150	0.095	20.0	6.50	2.88	3.60	+	100	75	53
349	1.00	0.170	0.130	33.0	4.00	3.60	4.50	+	100	75	52
350	2.00	0.210	0.150	66.0	3.00	4.08	5.10	+	100	70	52
351	3.00	0.230	0.170	95.0	3.00	5.28	6.60	+	100	70	52
352	4.00	0.320	0.210	125.0	2.50	5.76	7.20	+	100	70	52
353	6.00	0.420	0.260	185.0	1.00	6.40	8.00	+	100	65	52
354	8.00	0.510	0.300	330.0	0.60	8.40	10.50	+	100	65	52
355	12.00	0.650	0.350	390.0	0.50			+	100	65	52

6.4.2 冷冲模电火花加工

例 6-2 加工模具如图 6-34 所示，凹模尺寸为 25 mm×25 mm，深 10 mm，通孔尺寸公差等级为 IT7，表面粗糙度 Ra 为 1.25～2.5 μm，工件材料为 40Cr。

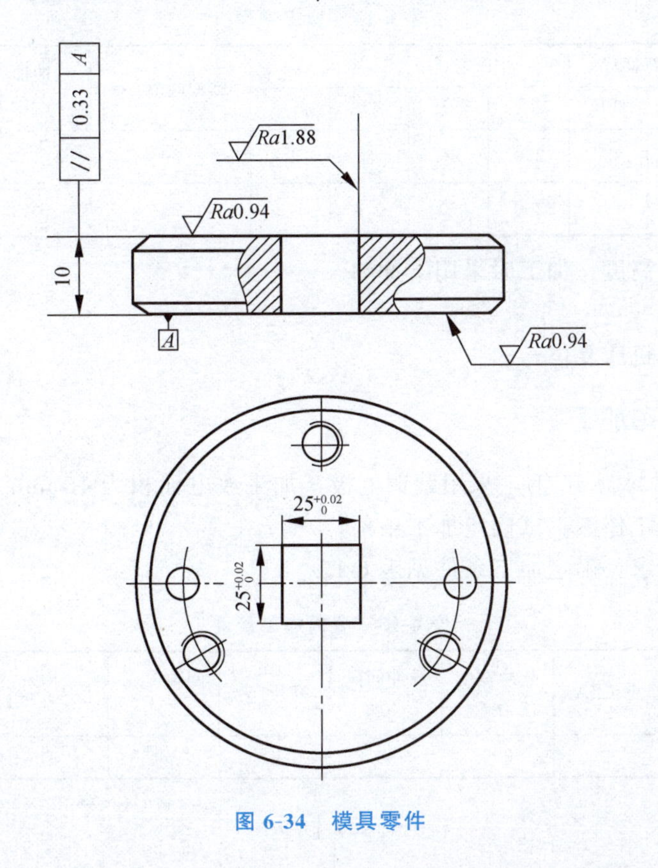

图 6-34 模具零件

1）电火花加工模具一般在淬火后进行，并且先加工出预制孔，如图 6-35（a）所示。

加工冲模的电极材料，一般选择铸铁或钢，这样可以采用成形磨削方法制造电极。电极制造如图 6-35（b）所示。加工前，工件和电极必须经过退磁处理。

2）加工操作步骤：

① 安装工件、电极，找正，装夹，校直。用粗、精加工两档标准。

② 输入加工程序；设定加工参数，见表 6-14。

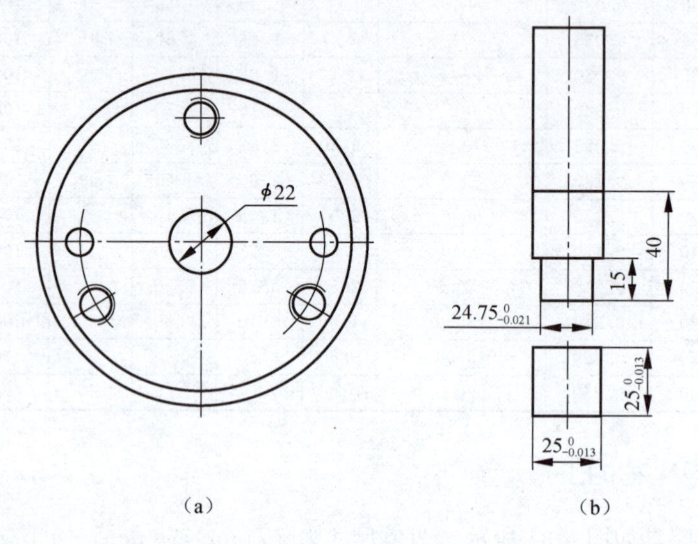

图 6-35　电火花加工前的工具、电极

表 6-14　加工参数

加工类型	脉冲宽度/μs		电压/V		电流/A		脉冲间隔/μs	冲油压力/10^2 kPa	加工深度/mm
	高压	低压	高压	低压	高压	低压			
粗加工	12	25	250	60	1	9	30	9.8	15
精加工	7	2	200	60	0.8	1.2	25	19.6	20

③ 上油至设定高度，加工时采用下冲油。

④ 开始加工。

⑤ 加工结束，机床复位。

6.4.3　窄槽电火花加工

例 6-3　工件材料为 45 钢，采用紫铜电极，加工放电面积为 10 mm×1 mm，加工深度为20 mm，采用煤油工作液。试确定加工条件。

1）根据加工要求，确定加工条件见表 6-15。

表 6-15　窄槽加工条件

段　号	加工深度/mm	电流/A	脉冲宽度/μs	脉冲间隔/μs	高压/V	间隙电压/V	抬刀/mm	放电时间/min	极　性
0	−20.000	4	200	80	0	6	1	2	—

2）加工操作步骤：

① 开机。

② 安装工件，根据工件特点采用适当的方式装夹。

③ 选择加工模式。

④ 安装电极，校正垂直。

⑤ 定位。

a. 在手动方式下，用接触感知方法确定工件的 X、Y 坐标位置。

b. 将电极移动到工件上方。

c. 电极下降，接触工件，设此位置为 $Z=0$，电极上升至 Z 为 1.0 mm 处。

⑥ 输入编辑加工程序。

⑦ 加工前检查，上油至设定高度。

⑧ 启动机床加工。

⑨ 加工结束，机床复位。

思考与练习

6-1　电火花加工的原理和特点是什么？

6-2　影响电火花加工质量的因素有哪些？

6-3　设计电火花加工电极时，应注意什么？

6-4　操作电火花机床时，要注意什么？

6-5　电火花加工的两个重要效应是什么，影响它的因素有哪些？

6-6　电火花加工的主要工艺指标有哪些？

6-7　用电火花加工毛坯尺寸为 50 mm×50 mm×20 mm 的零件，如图 6-36 所示。试设计电极。

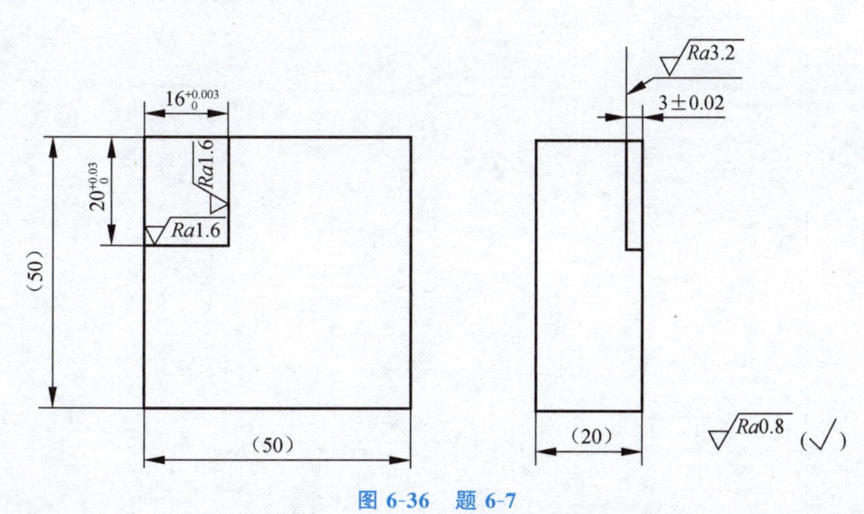

图 6-36　题 6-7

6-8　用电火花加工毛坯尺寸为 50 mm×50 mm×20 mm 的零件，如图 6-37 所示。试设计电极。

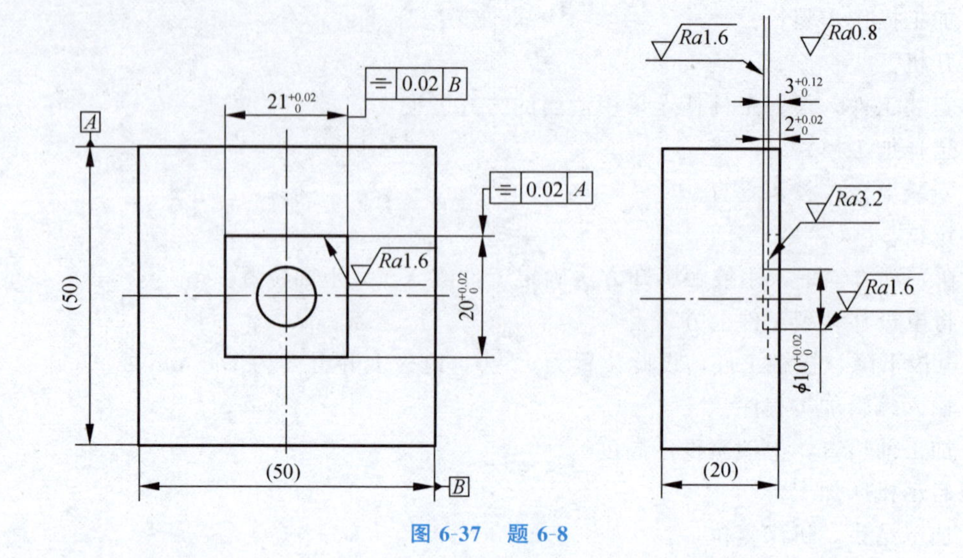

0.02 B
$21^{+0.02}_{0}$
A
0.02 A
Ra1.6
(50)
$20^{+0.02}_{0}$
(50)
B
Ra1.6
Ra0.8
$3^{+0.12}_{0}$
$2^{+0.02}_{0}$
Ra3.2
Ra1.6
$\phi10^{+0.02}_{0}$
(20)

图 6-37　题 6-8

第 7 章

数控线切割机床的编程与加工

素养小贴士

学习目标

- 了解电火花线切割的工艺与工装
- 掌握电火花线切割加工的编程方法
- 区分各种不同的编程方法

素养目标

- 培养学生创新意识；• 培养学生安全文明生产的意识。

7.1 数控线切割加工简介

7.1.1 加工原理与分类

1. 加工原理

数控电火花线切割是在电火花成形加工基础上发展起来的，简称数控线切割，工作原理如图 7-1 所示。

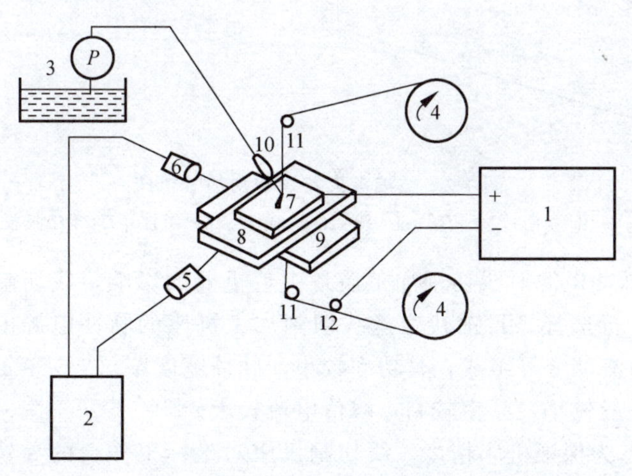

图 7-1 数控线切割加工原理

1—脉冲电源；2—控制装置；3—工作液箱；4—走丝机构；5，6—伺服电机；7—工件；8，9—坐标工作台；10—喷嘴；11—电极丝导向器；12—电源接电柱

工件装夹在机床的坐标工作台上，作为工件电极，接脉冲电源的正极；采用细金属丝作为工具电极，称为电极丝，接入负极。若在两电极间施加脉冲电压，不断喷注具有一定绝缘性能的水质工作液，并由伺服电机驱动坐标工作台按预先编制的数控加工程序沿 X、Y 两个坐标方向移动，则当两电极间的距离小到一定程度时，工作液被脉冲电压击穿，引发火花放电，温度高达 10 000 ℃以上，使金属熔化或气化，形成电蚀产物，由循环流动的工作液带走。控制两电极间始终维持一定的放电间隙，并使电极丝沿其轴向以一定速度做走丝运动，避免电极丝因放电总发生在局部位置而被烧断，即可实现电极丝沿工件预定轨迹边蚀除、边进给，逐步将工件切割加工成型。

2. 电火花线切割机床的分类

(1) 电火花线切割机床的组成

数控电火花切割加工机床由脉冲电源、机床本体、工作液循环系统和数字程序控制系统四大部分组成。图 7-2 所示为线切割机床的外形。

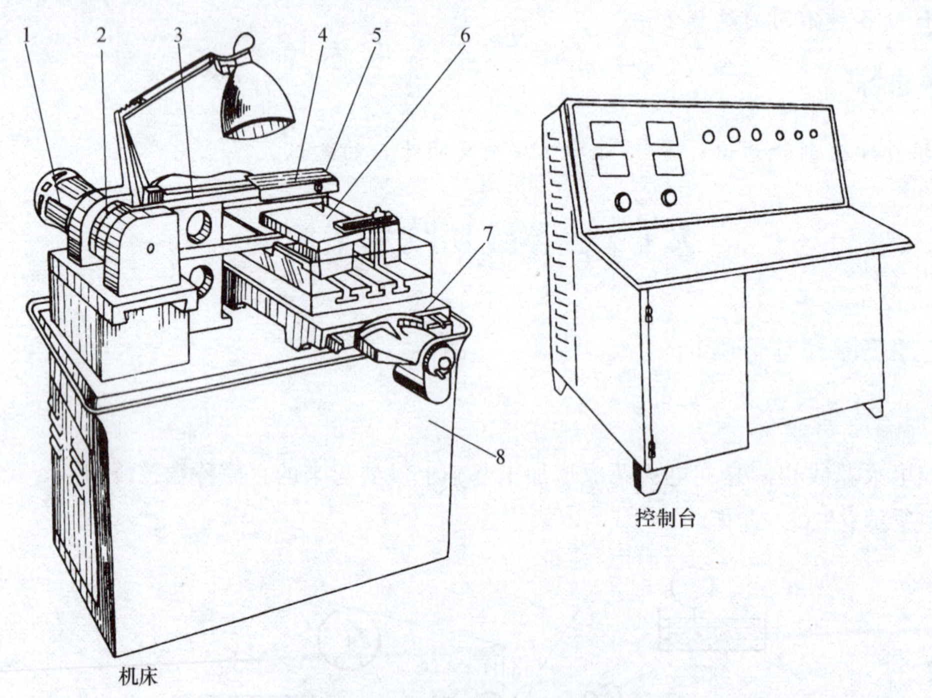

图 7-2　数控电火花线切割加工机床

1—电动机；2—储丝筒；3—钼丝；4—线架；5—导轮；6—工件；7—十字托板；8—床身

① 脉冲电源。脉冲电源对线切割加工质量有着重要的影响，线切割的电规准就是对脉冲电源的脉冲参数进行选择。目前快走丝线切割加工机床的脉冲电源由脉冲发生器、推动级、功率输出级和整流部分等组成，其功率较小，脉冲宽度窄（2～80 μs），单个脉冲能量、平均电流(1～5 A)一般较小，频率较高，峰值电流较大。

② 坐标工作台。为保证机床精度，线切割机床对坐标工作台的导轨精度、刚度和耐磨性有较高的要求。一般都采用“十”字滑板、滚动导轨和滚珠丝杆传动副将伺服电动机的旋转运动变为工作台的直线运动，通过两个坐标方向各自的进给移动，合成可获得各种平面图形曲线轨迹。平面坐标系是这样规定的：与线架伸出方向平行的方向为 X 轴，且延向伸出

方向为正；与线架垂直的方向为 Y 轴，前方为正。编程时，采用相对坐标系，即坐标系的原点随程序段的不同而变化。加工直线时，以该直线的起点为坐标系的原点，X、Y 取该直线终点的坐标值，并且 X、Y 可按比例约分，即可以取 X、Y 比值；加工圆弧时，以该圆弧的圆心为坐标系的原点，X、Y 取该圆弧起点的坐标值，坐标值的负号都不写。

③ 锥度切割装置。为了切割有锥度的内外表面，有些线切割机床有锥度切割功能。实现锥度切割的方法有很多种，偏移丝架和使用双坐标联动装置是其中常见的两种。偏移丝架使上下导轮偏转，让电极丝与切割面呈一个小角度，实现锥度切割，这种方法切割锥度有限，最大不超过 3°。使用双坐标联动装置，走丝结构的上、下丝架臂不动，通过电极丝上下导轮在纵横两个方向的偏移，使电极丝倾斜，可以切割各个方向的斜度。电极丝的偏移通过 U、V 轴步进电动机驱动，其运动轨迹和加工轨迹由计算机同时控制，实现 X、Y、U、V 四轴联动，最大倾斜角度为 60°。

④ 工作液循环系统。在线切割加工中，工作液对加工工艺指标的影响很大，如对切割速度、表面粗糙度、加工精度等都有影响。高速走丝时采用的工作液是乳化液，由于高速走丝能自动排除短路现象，因此可用介电强度较低的乳化油水溶液。低速走丝常用的是去离子水，即将水通过离子交换树脂净化器，驱除水中的离子。采用去离子水作工作液，冷却速度快，流动容易，不易燃，但去离子水电阻率大小对加工性能有一定影响。不管哪种工作液都应具有以下性能：有一定的绝缘性能；有较好的洗涤性能；具有较好的冷却性能；对环境无污染，对人体无危害。

（2）电火花线切割机床的分类

电火花线切割加工机床，根据电极丝运动的方式可分成快速走丝电火花线切割机床和慢走丝电火花线切割机床两大类。

① 快走丝电火花线切割机床。这种机床采用钼丝（直径 $\phi0.08\sim\phi0.2$ mm）或铜丝作电极。电极丝在储丝筒的带动下通过加工缝隙做往复循环运动，一直使用到断线为止。其走丝速度快，为 8～10 m/s。机床的振动较大，线电极振动也大，导丝导轮的损耗大，加之电极丝往复运行中的放电损耗，都将影响其加工精度。目前能达到的加工精度为±0.01 mm，表面粗糙度为 $Ra0.63\sim1.25$ μm，最大切割速度可达到 50 mm²/min 以上，切割厚度最大可达 500 mm，可满足一般的加工要求。

② 慢走丝电火花线切割机床。这种机床的走丝速度一般为 3 m/min，最高为 15 m/min。可使用紫铜、黄铜、钨、钼等作为丝电极，其直径为 $\phi0.03\sim0.35$ mm。电极丝单方向通过加工缝隙，不重复使用，以避免电极丝损耗，影响工件加工精度。加工精度可达±0.001 mm，粗糙度可达 $Ra<0.32$ μm。机床能进行自动穿电极丝和自动卸除加工废料等，自动化程度高，可实现无人操作加工。

相对慢走丝线切割机床而言，快走丝线切割机床结构简单，价格低廉，且加工生产率较高，精度能满足一般要求，目前在我国的生产、使用较为广泛。

7.1.2　数控电火花线切割加工的特点和应用范围

1. 电火花线切割加工的特点

与电火花成形加工相比较，数控电火花线切割机床也有适合于加工难切削材料、特殊及复杂形状的零件、直接利用电热能进行加工等特点，但也有如下不同的方面。

① 它是以很细的金属丝为工具电极，省掉了成形的工具电极的设计与制造，大大降低了成形工具电极的设计和制造费用，缩短了生产准备时间及模具加工周期，利于新产品的试制。可加工微细异形孔、窄缝和复杂形状的工件。

② 对加工精度影响小，由于采用移动的长电极丝或一次电极丝进行加工，单位长度电极丝损耗较少，对加工精度的影响可以忽略不计，加工精度高。电极丝可以更换。

③ 加工余量小，能有效地节约贵重材料。

④ 采用乳化液或去离子水的工作液，不易引燃起火，可实现无人运转。

⑤ 对于粗、精加工，用同一加工程序，只需调整电参数即可分别实现。自动化程度高，操作使用方便，易于实现微机控制。

⑥ 依靠数控系统的线径补偿功能，使冲模加工的凹凸模间隙可以任意调节，可一次切出凸凹模来。

⑦ 利用四轴联动，可加工上、下异形体，形状扭轴曲面体，变锥度和球形体等零件。

⑧ 当零件无法从周边切入时，工件上需钻穿丝孔。

⑨ 线切割可以方便地加工硬质合金等一切导电材料，且材料越硬，表面质量越好。不能加工不导电的材料，不能加工盲孔及纵向阶梯表面。

2. 数控电火花线切割加工的应用范围

线切割加工在新产品试制、精密零件加工及模具制造中应用广泛。

① 加工模具。适用于加工各种形状的冲模。在冲模中，凸模固定板、凹模及卸板的型孔与相对应的凸模外轮廓相似，用线切割加工时通过调整不同的间隙补偿量，只需一次编程即可。此外，还可以加工挤压模、粉末冶金模、弯曲模、塑压模等通常带锥度的模具。

② 能加工电火花成形加工用的电极，而且比较经济。

③ 加工零件。在试制新产品时，用线切割在坯料上直接割出零件，例如切割特殊微电机硅钢片定转子转芯，由于不需另行设计制造模具，可大大缩短制造周期，降价成本。在零件制造方面，可用于加工品种多、数量少的零件，特殊难加工材料的零件，材料试验样件，各种型孔、凸轮、样板、成型刀具。同时还可以进行微细加工、异形槽和标准缺陷的加工等。

7.2 数控电火花线切割加工的工艺特点

有了好的机床、控制系统、高频电源及程序，不一定就能加工出合乎要求的工件，还必须重视线切割加工时的工艺技术和技巧。因此，必须对线切割加工的各种工艺进行探讨。

7.2.1 电火花线切割加工的步骤及要求

电火花线切割加工是实现工件尺寸加工的一种技术。在一定设备条件下，合理地制订加工工艺路线是保证工件加工质量的重要环节。

电火花线切割加工，一般是工件加工的最后工序。要达到加工精度及表面粗糙度要求，应合理控制线切割加工时的各种工艺因素（电参数、切割速度、工件装夹等），同时应安排好零件的工艺路线及线切割加工前的准备。有关线切割加工的工艺准备和工艺过程如图 7-3 所示。

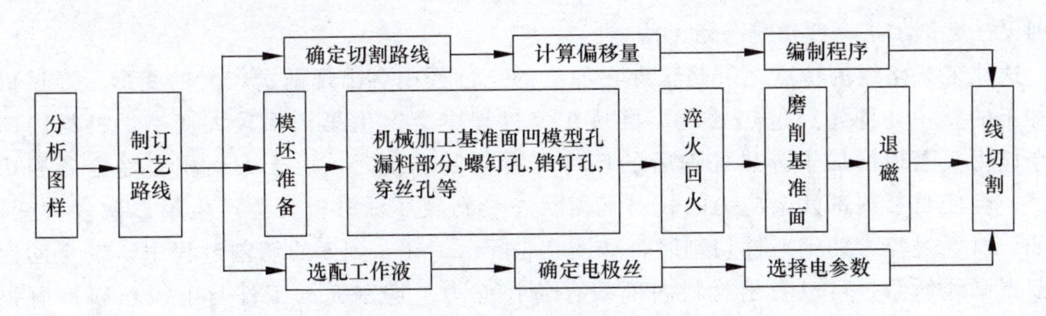

图 7-3　线切割加工的工艺准备和工艺过程

1. 零件图工艺分析

（1）凹角和尖角的尺寸要符合线切割加工的特点

线切割加工是用电极丝作为工具电极来加工的，因为电极丝有一定的半径 R，加工时又有一加工间隙 δ，使电极丝中心运动轨迹与给定图线相差距离 f，如图 7-4 所示，即 $f=R+\delta$，这样，加工凸模类零件时，电极丝中心轨迹应放大；加工凹模类零件时，电极丝中心轨迹应缩小，如图 7-5 所示。

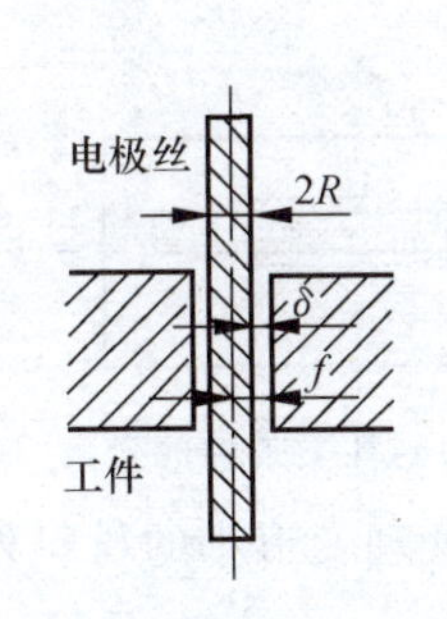

图 7-4　电极丝与工件放电位置关系

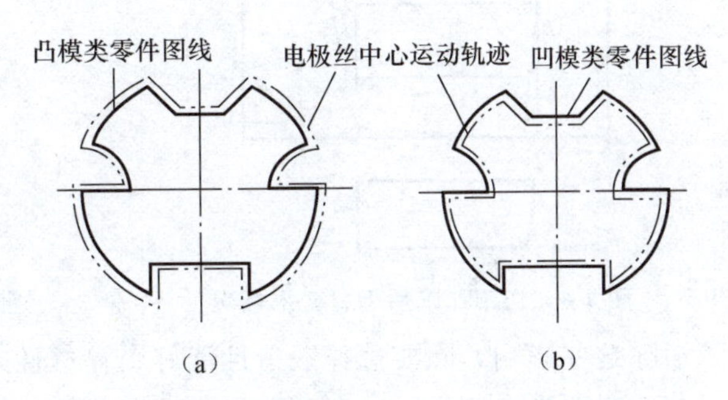

图 7-5　电极丝中心运动轨迹与给定图线的关系

(a) 加工凸模类零件时；(b) 加工凹模类零件时

线切割加工，在工件的凹角处不能得到“清角”，而是得到半径等于 f 的小圆弧。对于形状复杂的精密冲模，在凸、凹模设计图纸上应注明拐角处的过渡圆弧半径 R'。加工凹角时，$R'\geqslant R+\delta$;加工尖角时，$R'=R-\Delta$，其中为 Δ 配合间隙。

（2）合理选择表面粗糙度和加工精度

线切割加工表面是由无数的小坑和凸起组成的，粗细较均匀，所以在相同的粗细程度下，耐用度比机械加工的表面好。采用线切割加工时，工件表面粗糙度的要求可以较机械加工方法降低半级到一级；同时，线切割加工的表面粗糙度等级提高一级，加工速度将大幅度地下降。所以，图纸中要合理地给定表面粗糙度。线切割加工所能到达的最好粗糙度是有限的，若无特殊需要，对表面粗糙度的要求不能太高。同样，加工精度的给定也要合理。目前，绝大多数数控线切割机床的脉冲当量一般为每步 0.001 mm，由于工作台传动精度所限，加上走丝系统和其他方面的影响，切割加工精度一般为 6 级左右，如果加工精度要求很高，是难以实现的。

（3）工件材料内部残余应力对加工的影响

以线切割加工为主要工艺时，钢的加工路线是：下料→锻造→退火→机械粗加工→淬火与回火→磨削加工→线切割→钳工修整。

这种工艺路线的特点之一是工件在加工的全过程中会出现两次较大的变形。经过机械粗加工的整块坯件先经过热处理，材料在该过程中会产生第一次较大变形，材料内部的残余应力显著地增加了。热处理后的坯件进行切割加工时，由于大面积去除金属和切断加工，会使材料内部残余应力的相对平衡状态受到破坏，材料又会产生第二次较大变形。例如，对经过淬火的钢坯件切割时，如图 7-6 所示，在 a 到 b 的切割过程中，发生的变形如双点画线所示，可以看出材料内部残存着拉应力。切割完的工件与电极丝轨迹有很大差异。

如果在加工中发现割出的缝变窄了，原来的电极丝也不能通过，说明材料内部残存着压应力。

图 7-7 为切割孔类工件的变形，切割矩形孔过程中，由于材料内有残余应力，当材料去除后，可能导致矩形孔变为双点画线表示的鼓形或虚线表示的鞍形。这种变形有时比机床精度等因素对加工精度的影响还严重，可使变形达到宏观可见的程度。

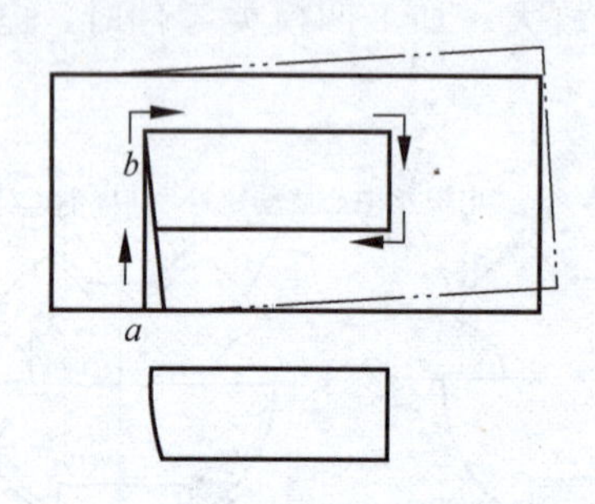

图 7-6　切割加工后钢材变形情况

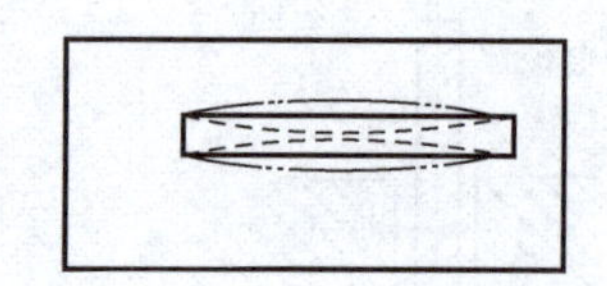

图 7-7　切割孔类工件的变形

为了消除这些影响，除要选择锻造性能好、淬透性好、热处理变形小的材料外，在线切割加工工艺上也要作合理安排。

2. 切割路线的确定

在加工中，工件内部残余应力的相对平衡受到破坏后，会引起工件的变形，所以在选择切割路线时，需注意以下方面。

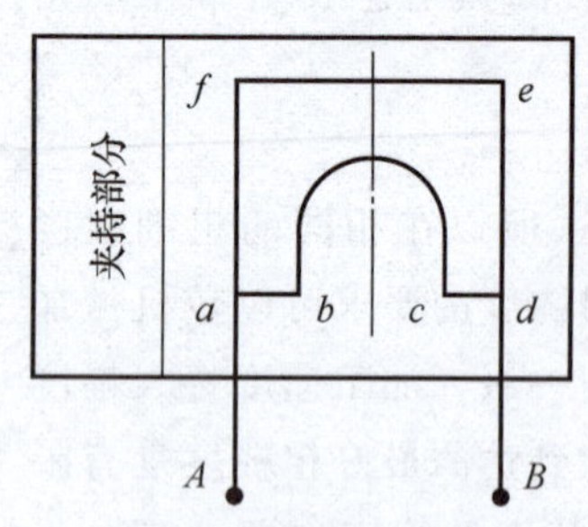

图 7-8　程序起点对加工精度的影响

1）应将工件与其夹持部分分割的部分安排在切割路线的末端。如图 7-8 所示，加工程序引入点为 A，起点为 a，则走向可有：

① $A \to a \to b \to c \to d \to e \to f \to a \to A$

② $A \to a \to f \to e \to d \to c \to b \to a \to A$

如选②走向，则在切割过程中，工件和易变形的部分相连接，会带来较大的误差；如选①走向，就可以减少或避免这种影响。

如加工程序引入点为 B 点，起点为 d 点，这时无论哪种走向，其切割精度都会受到材料变形的影响。

图 7-9 和图 7-10 也分别列举了走丝路线及起刀点的选择。

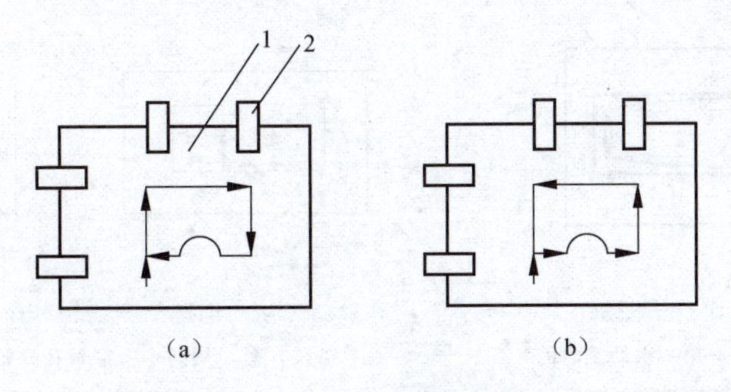

图 7-9　走丝路线的选择

(a) 错误；(b) 正确

1—工件；2—夹具

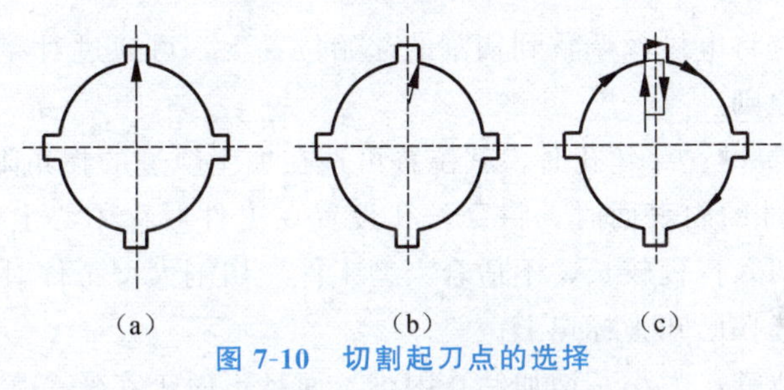

图 7-10　切割起刀点的选择

(a) 不好；(b) 可用；(c) 正确

2) 切割路线应从坯件预制的穿丝孔开始，由外向内顺序切割。如图 7-11 (a) 采用从工件端面开始由内向外切割的方案，变形最大，不可取。图 7-11 (c) 也是采用从工件端面开始切割，但路线由外向内，比 7-11 (a) 方案安排合理些，但仍有变形。图 7-11 (b) 切割起点取在坯件预制的穿丝孔中，且由外向内，变形最小，是最好的方案。

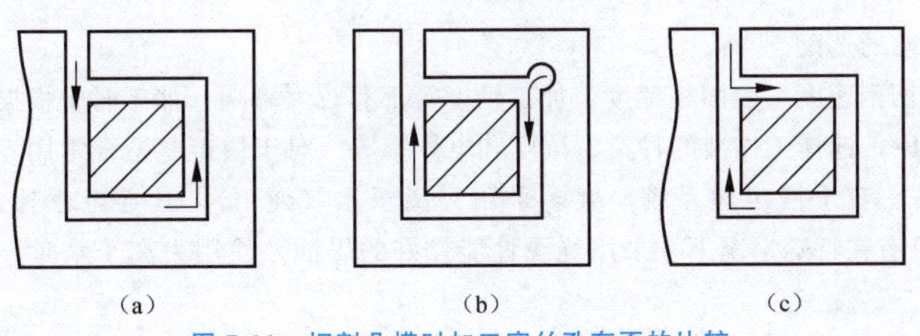

图 7-11　切割凸模时加工穿丝孔有否的比较

(a) 不正确；(b) 好；(c) 不好

3) 切割孔类零件，为减少变形，采用两次切割。如图 7-12 所示，第一次粗加工型孔，周边留 0.1～0.5 mm 余量，以补偿材料原来的应力平衡状态受到的破坏，第二次切割为精加工，这样可以达到满意的效果。

4) 在一块毛坯上要切出两个以上零件时，不应连续一次切割出来，而应从该毛坯的不同预制穿丝孔开始加工。如图 7-13 所示。

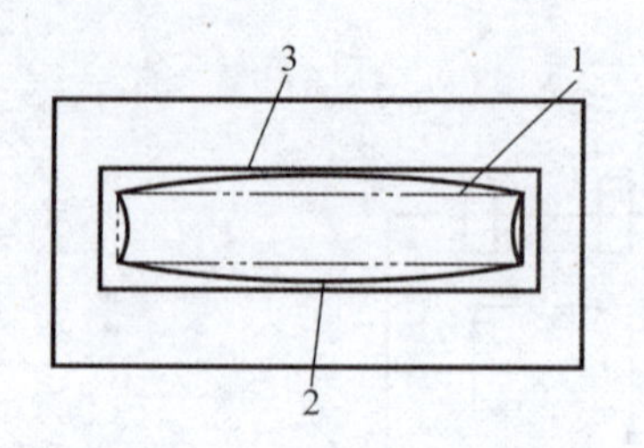

图 7-12 二次切割法图例

1—第一次切割路线；2—第一次切割后的实际图形；3—第二次切割的图形

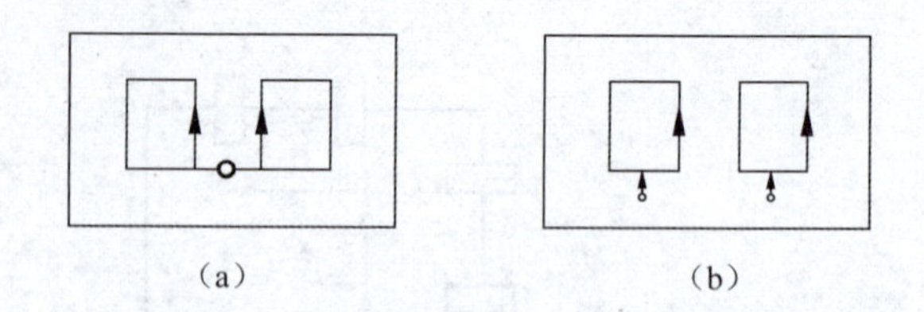

图 7-13 在一毛坯上要切出两个以上零件的加工路线

(a) 错误方案，从同一个穿丝孔开始加工；(b) 正确方案，从不同穿丝孔开始加工

5）加工的路线、距离端面（侧面）应大于 5 mm。

3. 电极丝初始位置的确定

线切割加工前，应将电极丝调整到切割的起始位置上，可通过对穿丝孔来实现。穿丝孔位置的确定，有如下原则。

① 当切割凸模需要设置穿丝孔时，其位置可选在加工轨迹的拐角附近，以简化编程。

② 切割凹模等零件的内表面时，将穿丝孔设置在工件对称中心上，对编程计算和电极丝定位都较方便，但切入行程较长，不适合大型工件。切割大型工件时应将穿丝孔设置在靠近加工轨迹边角处或选在已知坐标点上。

穿丝孔的大小要适宜，太小，增加钻孔困难，而且不便于穿丝；太大，也会增加工艺上的困难。一般选用直径为 3～10 mm 范围内。如预制孔可用车削等方法加工，在允许的范围内可加大直径。

③ 在一块毛坯上要切出两个以上零件或在加工大型工件时，应沿加工轨迹设置多个穿丝孔，以便发生断丝时能就近重新穿丝，切入断丝点。

4. 加工条件的选择

（1）工作液的选配

工作液对切割速度、表面粗糙度、加工精度等都有较大影响。加工时应根据线切割机床的类型和加工对象，选择工作液的种类、浓度和电导率等。对于快走丝系统常用专用乳化液，浓度为 10% 左右。对于慢走丝系统，大多采用去离子水（纯水），其导电率控制在 4×10^4～10^5 Ω·cm，只有在特殊情况下才采用绝缘性能较好的煤油。使用去离子水时，应注意调节离子浓度。

工作液应保持一定的清洁度，如果发现过脏，应及时更换。检查工作液循环系统工作是否正常，并调节工作液喷流压力。

（2）电极丝的选择、盘绕和调整

① 电极丝的选择。电极丝应具良好的导电性和抗电蚀性，抗拉强度高，材质均匀。电火花线切割加工使用的金属丝材料有钼丝、黄铜丝、钨丝和钼钨丝等。钼丝具有抗拉强度高、不易变脆、断丝较少的特点，广泛用于快速走丝线切割加工，其直径一般在 $\phi0.08$～0.2 mm 范围内。黄铜丝切割速度高，加工稳定性好，但抗拉强度低、损耗大，一般用于慢速导向走丝加工，其直径在 $\phi0.1$～0.3 mm 范围内。

电极丝的直径应根据切缝宽窄、工件厚度和拐角尺寸大小来选择。若加工带尖角、窄缝

的小型零件宜选用较细的电极丝；若加工大厚度的工件或大电流切割时，应选较粗的电极丝。

② 电极丝的盘绕和调整。盘绕电极丝时应掌握好松紧程度，在抗拉强度允许条件下，要调整好电极之间的拉力与张力，使之既能将电极丝绷直，又能使电极丝在使用中不被拉断。

加工前应校正和调整电极丝对工作台的垂直度。目前多借助校正工具来调整电极丝对工作台面的垂直度。

7.2.2　工件的装夹方法

1. 工件在工作台上的装夹位置对编程的影响

装夹工件时，必须保证工件的切割部位在机床工件台纵、横进给的范围之内，同时应考虑切割时电极丝的运动空间。工件在工作台上的位置不同，会影响工件轮廓线的方位，也就影响各点坐标的计算结果，进而影响各段程序。

(1) 适当的定位可以简化编程

在图 7-14 (a) 中，若使工件的 α 角为 0°、90°以外的任意角，则矩形轮廓各线段都成了切割程序中的斜线，这样，计算各点的坐标都比较麻烦，还可能发生错误。如条件允许，使工件的 α 角成 0°和 90°，则各条程序皆为直线程序，这就简化了编程，从而减少了差错。同理，图 7-14 (b) 中的图形，当 α 角为 0°、90°或 45°时，也会简化编程，提高质量，而为其他角度时，会使编程复杂些。

(2) 合理的定位可充分发挥机床的效能

有时则与上述情况相反，需要限制工件的定位，用改变编程的方法以满足加工的要求。如图 7-14 所示，工件的最大长度尺寸为 139 mm，最大宽度为 20 mm，工作台行程为 100 mm×120 mm。很明显，若用图 7-15 (a) 的定位方法，在一次装夹中就不能完成全部轮廓的加工，如选图 7-15 (b) 的定位方法，可使全部轮廓落入工作台行程范围内，虽然编程比较复杂，但可在一次装夹中完成全部加工。

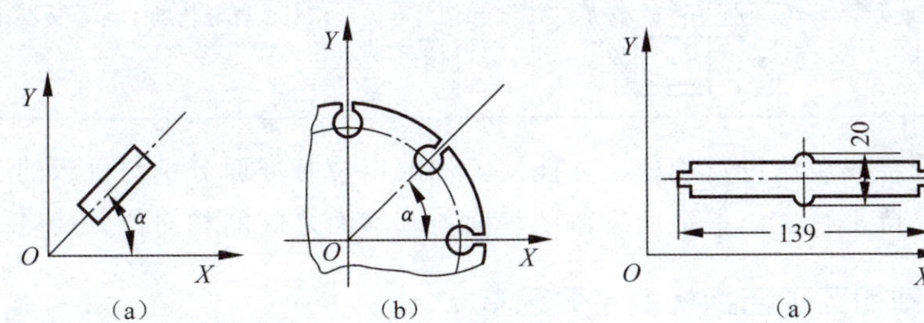

图 7-14　工件定位对编程影响示意图之一

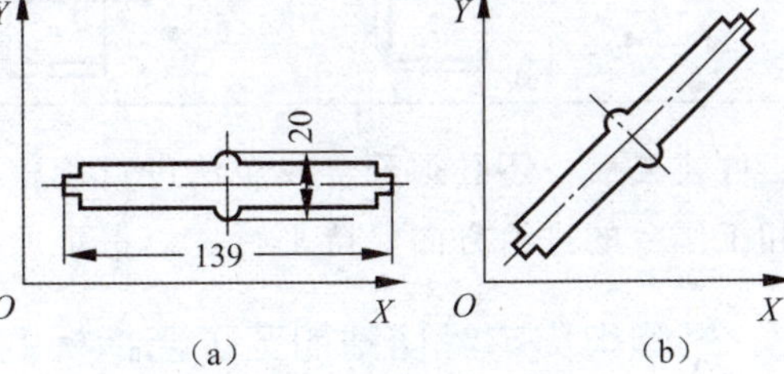

图 7-15　工件定位对编程影响示意图之二

2. 工件装夹

工件的装夹方式对加工精度有直接影响。线切割机床的夹具比较简单，一般是在通用夹具上采用压板螺钉固定工件，当然有时也会用到磁力夹具、旋转夹具或专用夹具。线切割加工工件安装的典型方式见表 7-1。

表 7-1　线切割加工工件安装典型方式

名　称	简　图	说　明
悬臂支撑方式	工件	装夹方便、通用性强。工件平面难与工作台面找平，工件一端悬伸，易受力挠曲，切割表面与工件上、下平面的垂直度误差较大，仅用于加工要求不高或悬臂较短的情况
两端支撑方式	工件	工件两端固定在两相对工作台面上，装夹简单方便，支撑稳定，定位精度高。但要求工件长度大于两工作台面的距离，不适于装夹较小的零件，且工件刚性要好，中间悬空部位不会产生挠曲
桥式支撑方式	垫铁	先在两端支撑的工作台面上垫上两个支撑垫铁，再在垫铁上安装工件，垫铁的侧面也可作定位面使用。方便灵活，通用性强，装夹方便。对大、中、小型工件装夹都适用
板式支撑方式	10×M8　支撑板	根据常用工件的形状和尺寸，制成带各种矩形或圆形的平板作为辅助工作台，将工件安装在支撑板上。装夹精度高，适于批量生产各种小型或异形工件。但无论切割型孔还是外形都需要穿丝，通用性较差
复合支撑方式		在桥式夹具上装上专用夹具组合而成，装夹方便，特别适用于成批零件加工。既可节省工件找正和调整电极丝相对位置等辅助工时，又保证了工件加工的一致性

工件装夹后，还必须配合找正法进行调整，才能使工件的定位基准面分别与机床的工件台面和工作台的进给方向保持平行，以保证所切割的表面与基准面之间的相对位置精度。

7.2.3　影响电火花线切割加工工艺指标的主要因素

评价电火花线切割加工工艺效果的好坏，一般是用切割速度、加工精度和加工表面粗糙来衡量。影响线切割加工工艺效果的因素很多，而且是相互制约的。下面就几个主要因素作简单的讨论。

1. 脉冲参数

线切割加工时，可选择的脉冲参数主要有电流峰值、脉冲宽度、脉冲间隙、空载电压、放电电流。要求获得较好的表面粗糙度时，所选用的电参数要小；若要求获得较高的切割速度，

脉冲参数要选大一些，但加工电流的增大受排屑条件及电极丝截面积的限制，过大的电流易引起断丝。

加工大厚度工件时，为了改善排屑条件，应选用较高的脉冲电压、较大的脉冲峰值电流和脉宽，以增加放电间隙，帮助排屑和工作液进入加工区。在容易断丝的场合，都应该增大脉冲间隔时间，减小峰值电流，待加工稳定（调节线切割进给速度）后再缩小脉冲间隙，增大加工电流，否则将会导致电极丝的烧断。

快速走丝线切割加工脉冲参数选择见表 7-2。

表 7-2　快速走丝线切割加工脉冲参数的选择

应　用	脉冲宽度 $t_i/\mu s$	电流峰值 I_e/A	脉冲间隙 $t_o/\mu s$	空载电压/V
快速切割或加大厚度工件 $Ra>2.5\ \mu m$	20～40	>12	为实现稳定加工，一般选择 $t_o/t_i>3\sim4$	一般为 70～90
半精加工 $Ra=1.25\sim2.5\ \mu m$	6～20	6～12		
精加工 $Ra<1.25\ \mu m$	2～6	<4.8		

2. 进给速度

进给速度要维持接近工件被蚀除的线速度，使进给均匀平稳。进给速度太快，超过工件的蚀除速度，会出现频繁的短路现象；进给速度太慢，滞后于工件的蚀除速度，极间将偏于开路，这两种情况都不利于切割加工，影响加工速度指标。

在数控电火花线切割设备中，进给是由变频电路控制的。放电间隙脉冲电压幅值经分压后作为检测信号，按其大小转变为相应的频率，驱动步进电机进给，从而控制进给速度。通过线切割机床控制台的板面开关或计算机相应的菜单按键即可调整变频工作点。如果变频工作点调节不当，出现忽快忽慢的进给现象，加工电流急剧变化，不能稳定加工，不但加工速度低，且易断丝。因此，切割加工时，要将变频电路调节到合理的工作状态。

在电火花线切割中，进给速度对表面粗糙度的影响较大。进给速度过高，间隙偏于短路，实际进给量小，加工表面成褐色，工件的上、下端面均有过烧现象。进给速度过低，间隙将时而开路，时而短路，加工表面和工件上、下端面也出现过烧现象。只有进给速度适宜时，工件蚀除速度与进给速度相匹配，加工丝纹均匀，能得到表面粗糙度值小、精度高的加工效果，生产率也较高。

3. 工件材料及其厚度

在采用快速走丝方式和乳化液介质的情况下，通常切割铜、铝、淬火钢等材料比较稳定，切割速度也较快；而切割不锈钢、磁钢、硬质合金等材料时，加工不太稳定，切割速度较慢。对淬火后低温回火的工件用电火花线切割进行大面积去除金属和切断加工时，会因材料内部残余应力发生变化而产生很大变形，影响加工精度，甚至在切割过程中造成材料突然开裂。

若工件材料薄，则工作液容易进入并充满放电间隙，对排屑和消电离有利，灭弧条件好，加工稳定。但工件太薄，金属丝易产生抖动，对加工精度和表面粗糙度不利。工件厚，工件液难以进入和充满放电间隙，加工稳定性差，但电极丝不易振动，因此精度较高，表面粗糙度值较小。

7.3　数控电火花线切割机床编程

线切割编程格式有 3B、4B、5B、ISO 和 EIA 等，早期的机床常采用 3B、4B 格式，近年来所生产的数控电火花线切割机床使用的是计算数控系统，直接采用 ISO 代码格式和图形交互式自动编程系统，本节将主要讨论 3B、4B 和 ISO 格式的编程方法。

7.3.1　程序编制步骤

① 根据相应的装夹情况和切割方向，确定相应的计算坐标系。为了简化计算，尽量选取图形的对称轴线为坐标轴。

② 按选定的电极丝半径 r、放电间隙，计算电极丝中心相对工件轮廓的偏移量 D。

③ 采用 3B 格式编程，将电极丝中心轨迹分割成平滑的直线和单一的圆弧，计算出各段轨迹交点的坐标值；采用 4B 或 ISO 格式编程，将需要切割的工件轮廓分割成平滑的直线和单一的圆弧，按轮廓平均尺寸计算出各线段交点的坐标值。

④ 根据电极丝中心轨迹（或轮廓）各交点坐标值及各线段的加工顺序，逐段编制程序。

⑤ 程序检验。编好的程序一般要经过检验才能用于正式加工。机床数控系统一般都提供程序检验方法，常见的方法有画图检验和空运行等。

7.3.2　3B 格式程序编制

1. 3B 格式

BX　BY　B　J　G　Z

3B 格式编程是我国数控电火花线切割机床上最常用的程序格式，该程序格式为无间隙补偿的五指令格式。具体格式见表 7-3。

表 7-3　3B 程序格式

B	X	B	Y	B	J	G	Z
分隔符号	X 坐标值	分隔符号	Y 坐标值	分隔符号	计数长度	计数方向	加工指令

各符号含义如下：

① B——分隔符号，区分隔离 X、Y 和 J 等数码，B 后数字如为 0，则此 0 可以不写。

② X、Y——直线终点或圆弧起点坐标的绝对值，单位为 μm，故编程时，所有的数值均扩大 1 000 倍。可以使用相对坐标编程，直线终点的坐标值是以直线的起点为原点的坐标值，圆弧起点坐标值是以圆弧的圆心为原点的坐标值。当 X 或 Y 为零时，X、Y 值均可不写，但分隔符 B 必须保留。

③ J——计数长度，加工轨迹（如直线、圆弧）在规定的坐标轴上（计数方向上）投影的总和，亦以 μm 为单位，一般机床计数长度 J 应补足 6 位，例如计数长度 J 为 11 200 μm，应写成 011200。

④ G——计数方向，分 Gx 和 Gy 两种。不管是加工直线还是圆弧，计数方向均按终点的位置来确定。加工直线时，终点靠近哪一根轴，则计数方向取何轴，加工与坐标轴成 45°

角的线段时，计数方向取 X 轴、Y 轴均可。当直线终点靠近 X 轴时，记作 Gx；当直线终点靠近 Y 轴时，记作 Gy。加工圆弧时，终点靠近何轴，则计数方向取另一轴，加工圆弧的终点与坐标轴成 45°时，计数方向取 X 轴、Y 轴均可。

计数方向选择的理由：加工直线时，终点接近 X 轴时，进给的 X 分量多，X 轴走几步，Y 轴才走一步，用 X 轴计数不至于丢步；但加工圆弧时，终点接近 X 轴时，曲线趋于垂直方向，Y 轴走几步，X 轴才走一步，用 Y 轴计数精度高些。

⑤ Z——加工指令，用来确定轨迹的形状、起点或终点所在象限和加工方向等信息，分直线加工指令和圆弧加工指令，如图 7-16 所示，共 12 条。

加工斜线和加工与坐标轴相重合的直线，根据进给方向，其加工指令分别用 L_1、L_2、L_3、L_4 表示，如图 7-16（a）所示。

加工圆弧时，若被加工圆弧的加工起点在坐标系的四个象限中，按顺时针插补时，加工指令分别用 SR_1、SR_2、SR_3、SR_4 表示；按逆时针插补时，加工指令分别用 NR_1、NR_2、NR_3、NR_4 表示，如图 7-16（b）所示。若加工起点正好在坐标轴上，其指令应选圆弧跨越的象限。

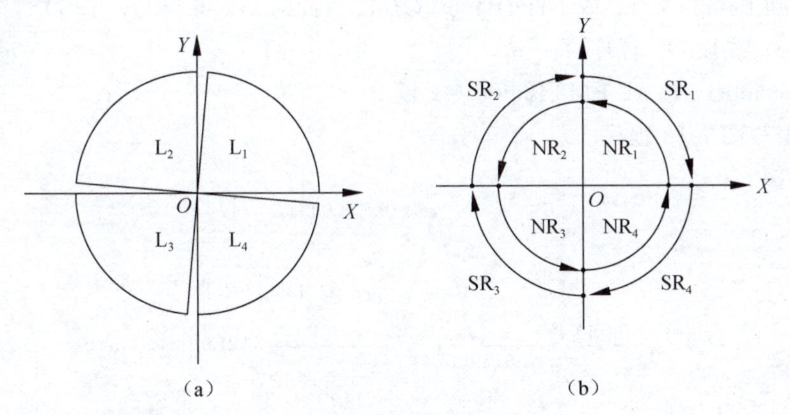

图 7-16　加工指令

（a）直线加工指令；（b）圆弧加工指令

2. 直线加工

（1）建立坐标系

把坐标原点设在线段的起点，建立相对坐标系。

（2）确定 X、Y 值

X、Y 分别取线段在对应方向上的增量，即该线段在相对坐标系中的终点坐标的绝对值。X、Y 可按比例约分，即可以取 X、Y 的比值。

（3）确定计数方向 G

根据上述确定的 X、Y 值，哪个方向的数值大，就取该方向作为计数方向。即 $X>Y$ 时为 Gx，$Y>X$ 时为 Gy，$X=Y$ 时，取 Gx、Gy 均可。

（4）确定计数长度 J

根据计数方向选取线段在该方向的增量（终点坐标的绝对值）。注意：计数长度 J 不可取比值。

（5）确定加工指令 Z

根据线段走向及线段与 X 轴正方向的夹角确定加工指令。参见图 7-16（a）、（b）。

例 7-1 编制图 7-17 中各直线程序。

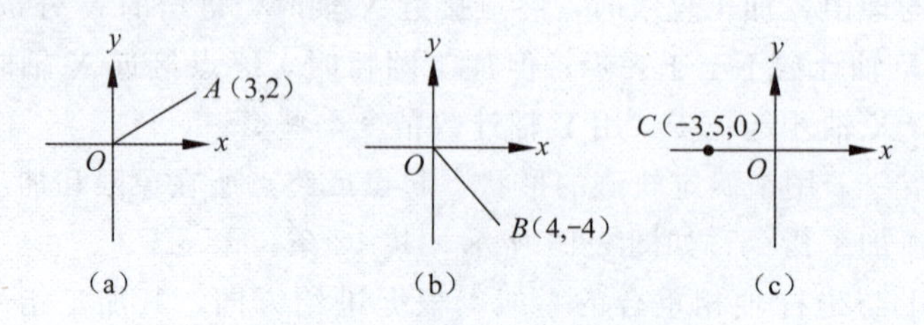

图 7-17 直线加工程序举例

图 7-17（a）线段 *OA* 程序

B3000B2000B3000Gx L_1 或 B3B2B3000 Gx L_1

图 7-17（b）线段 *OB* 程序

B4000B4000B4000Gx L_4 或 B1B1B4000 Gx L_4（此时 Gx 可与 Gy 互用）

图 7-17（c）线段 *OC* 程序

B3500B0B3500Gx L_3 或 B3B2B3000 Gx L_3

例 7-2 编写图 7-18 程序。

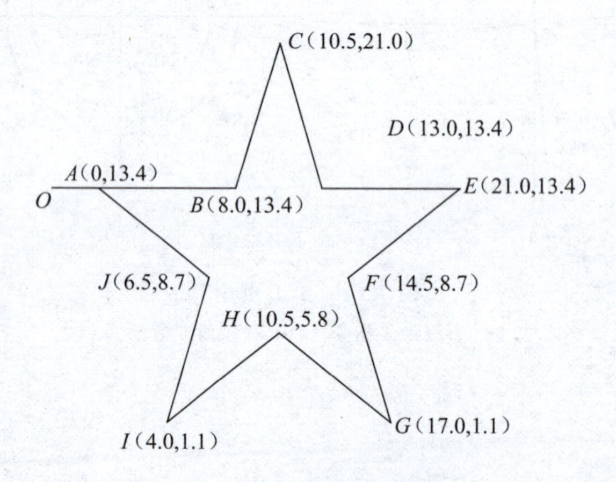

图 7-18 切割五角星图

编写的数控加工程序见表 7-4。

表 7-4 例 7-4 的数控加工程序

序 号	B	X	B	Y	B	J	G	Z	备 注
1	B		B		B	5 000	Gx	L_1	穿丝切割，*OA* 段引入程序
2	B		B		B	8 237	Gx	L_1	加工 *A*→*B* 线段
3	B	2 572	B	7 820	B	7 820	Gy	L_1	加工 *B*→*C* 线段
4	B	2 572	B	7 820	B	7 820	Gy	L_4	加工 *C*→*D* 线段
5	B		B		B	8 237	Gx	L_1	加工 *D*→*E* 线段

续表

序 号	B	X	B	Y	B	J	G	Z	备 注
6	B	6 691	B	4 838	B	6 691	Gx	L_3	加工 $E \to F$ 线段
7	B	2 574	B	7 824	B	7 824	Gy	L_4	加工 $F \to G$ 线段
8	B	6 691	B	4 838	B	6 691	Gx	L_2	加工 $G \to H$ 线段
9	B	6 691	B	4 838	B	6 691	Gx	L_3	加工 $H \to I$ 线段
10	B	2 574	B	7 824	B	7 824	Gx	L_1	加工 $I \to J$ 线段
11	B	6 691	B	4 838	B	6 691	Gx	L_2	加工 $J \to A$ 线段
12	B		B		B	5 000	Gx	L_3	引出程序段 $A \to O$
13								DD	加工结束符号

3. 圆弧加工

(1) 建立坐标系

将坐标原点设在圆弧的圆心，对该圆弧将建立相对坐标系。

(2) 确定 X、Y 值

X、Y 分别取圆弧起点相对圆心的增量，即圆弧在相对坐标系中的起点坐标的绝对值。

(3) 确定计数方向 G

根据圆弧在相对坐标中的终点坐标绝对值，哪个方向的数值小就取该方向作为计数方向，若两个方向的终点坐标绝对值相等，那么当圆弧是从靠近 Y 轴的地方走向终点时取 Gx，而靠近 X 轴的地方走向终点时取 Gy。

(4) 确定计数长度 J

根据计数方向，选取圆弧在对应坐标轴方向上投影的总和。

(5) 确定加工指令 Z

加工指令根据圆弧的走向和圆弧起点所在的象限，来确定加工指令的象限。参见图7-16（c）、（d）。

例 7-3 编制图 7-19 中各圆弧程序。

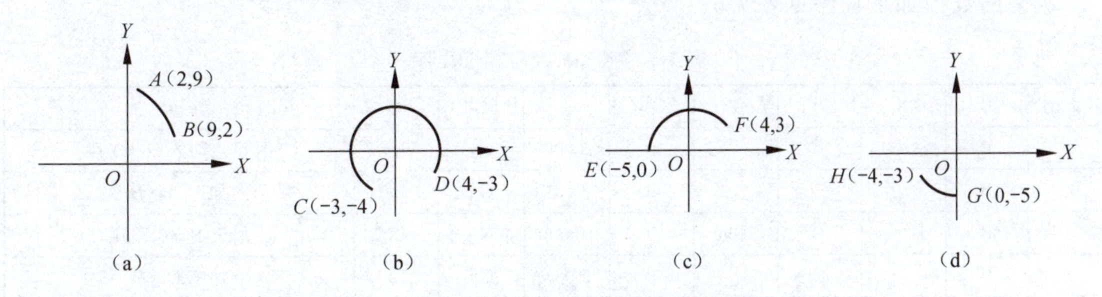

图 7-19 圆弧加工举例

图 7-19（a）圆弧程序

圆弧 AB 的程序：B2000B9000B7000Gy SR_1

圆弧 BA 的程序：B9000B2000B7000Gx NR_1

图 7-19（b）圆弧程序

圆弧 CD 的程序：B3000B4000B17000Gy SR_3

圆弧 DC 的程序：B4000B3000B13000Gx NR_4

图 7-19（c）圆弧程序

圆弧 EF 的程序：B5000BB7000Gy SR_2

圆弧 FE 的程序：B4000B3000B7000Gx NR_1

图 7-19（d）圆弧程序

圆弧 GH 的程序：B5000B2000B7000Gy SR_3

圆弧 HG 的程序：B4000B3000B4000Gx NR_3

例 7-4 加工图 7-20 所示圆弧，加工起点 A（−2，9），终点 B（9，−2），试编制其加工程序。

圆弧半径为：$R=\sqrt{2\,000^2+9\,000^2}=9220$（μm）

计数长度为：

$$J_{Y_{AC}}=9\,000\ \mu\text{m},J_{Y_{CD}}=9\,220\ \mu\text{m},$$
$$J_{Y_{DB}}=R-2\,000=7\,220\ \mu\text{m}$$

则：$J_Y=J_{Y_{AC}}+J_{Y_{DB}}=9\,000+9\,220+7\,220=25\,440$（μm）

编制的加工程序为：B2000B9000B025440GyNR_2

例 7-5 加工图 7-21 所示零件。

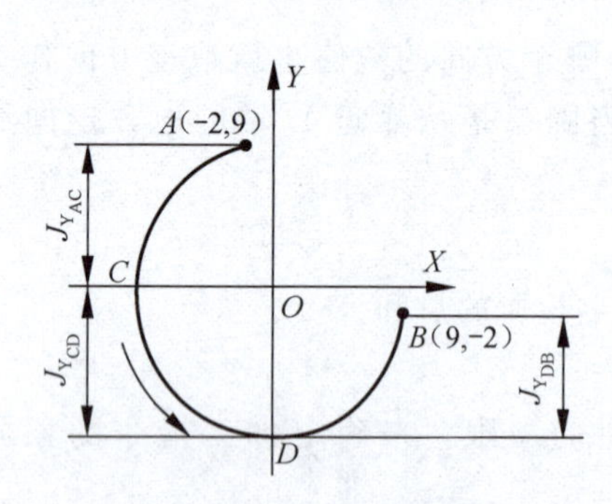

图 7-20 加工圆弧

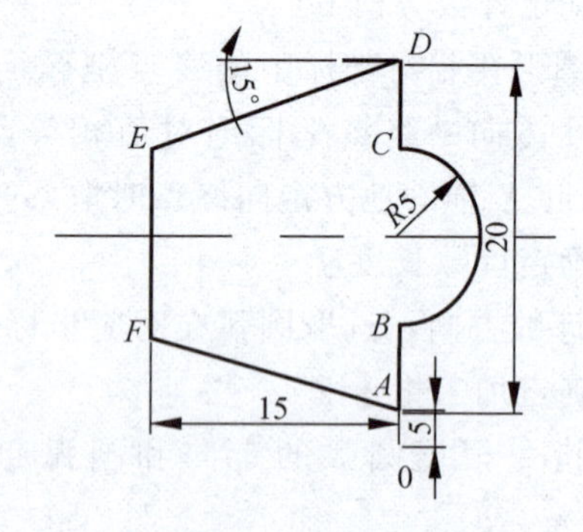

图 7-21 样板零件

编写的数控加工程序见表 7-5。

表 7-5 例 7-5 数控加工程序

序号	B	X	B	Y	B	J	G	Z	备注
1	B		B		B	5 000	Gy	L_2	由 O 点切入 O→A 段
2	B		B		B	5 031	Gy	L_2	加工 A→B
3	B	100	B	5 099	B	10 000	Gx	NR4	加工 B→C 圆弧
4	B		B		B	5 031	Gy	L_2	加工 C→D
5	B	15 200	B	4 073	B	15 200	Gx	L_3	加工 D→E
6	B		B		B	12 115	Gy	L_4	加工 E→F
7	B	15 200	B	4 073	B	15 200	Gx	L_4	加工 F→A
8	B		B		B	5 000	Gy	L_4	返回起点 A→O
9	B		B		B			DD	加工结束符号

例 7-6 加工图 7-22 所示零件。

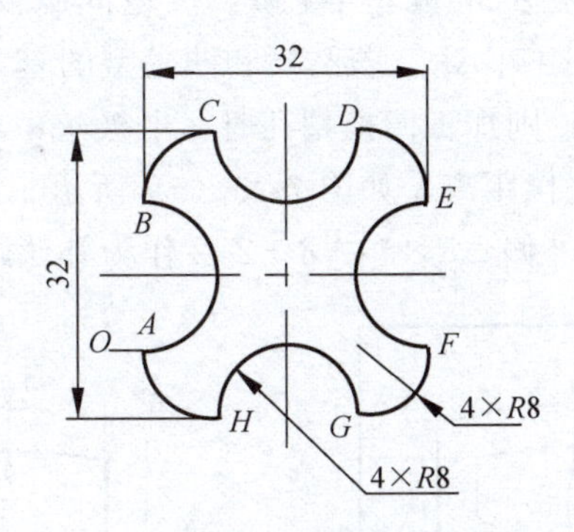

图 7-22　样板零件

编写的数控加工程序见表 7-6。

表 7-6　例 7-6 控加工程序

序　号	B	X	B	Y	B	J	G	Z	备　注
1	B		B		B	5 000	Gx	L_1	外侧水平 *OA* 段引入程序
2	B		B	8 000	B	16 000	Gx	NR4	*A*→*B* 圆弧
3	B	8 000	B		B	8 000	Gx	SR2	*B*→*C* 圆弧
4	B	8 000	B		B	16 000	Gy	NR3	加工 *C*→*D* 圆弧
5	B	8 000	B		B	8 000	Gy	SR1	加工 *D*→*E* 圆弧
6	B		B	8 000	B	16 000	Gx	NR2	加工 *E*→*F* 圆弧
7	B	8 000	B		B	8 000	Gx	SR4	加工 *F*→*G* 圆弧
8	B	8 000	B		B	16 000	Gy	NR1	加工 *G*→*H* 圆弧
9	B	8 000	B		B	8 000	Gy	SR3	加工 *H*→*A* 圆弧
10	B		B		B	5 000	Gx	L_3	引出程序段 *A*→*O*
11								DD	加工结束符号

4. 间隙补偿量的确定

实际切割加工中，控制装置所控制的是电极丝的中心轨迹，如图 7-23 中电极丝中心轨迹用虚线表示。在数控线切割机床上，为保证割出符合图纸要求的零件，电极丝的中心轨迹和图纸上工件轮廓的差值的补偿就叫间隙补偿。间隙补偿分为手工编程补偿和自动补偿。

(1) 手工编程补偿法

加工外形如凸模时，电极丝中心轨迹应在所加工图形的外面；加工内腔如凹模时，电极丝中心轨迹应在图形的里面。所加工工件图形与电极丝中心轨迹间的距离，在圆弧的半径方向和线段垂直方向都等于间隙补偿量 f。图 7-24 表示电极丝与工件轮廓的位置关系。

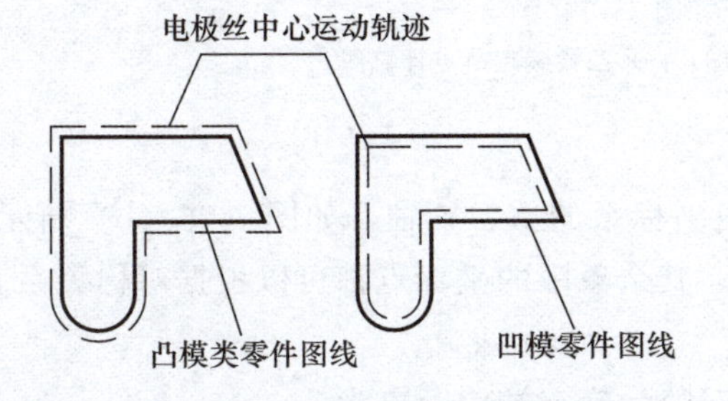

图 7-23　加工凸、凹模类零件时电极丝中心轨迹

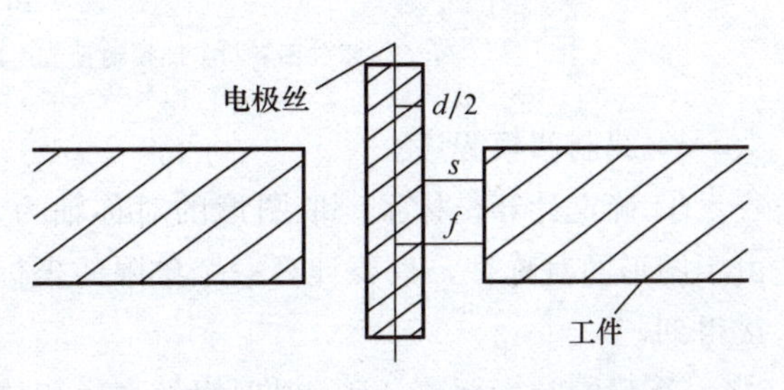

图 7-24　电极丝直径与放电间隙的关系

间隙补偿量的算法：按选定的电极丝半径 r，放电间隙 δ 和凸，凹模的单面配合间隙（$Z/2$）计算电极丝中心的补偿距离 ΔR。若凸模和凹模型的基本尺寸相同，要求按孔型配作凸模，并保持单向间隙值 $Z/2$，则加工凹模型孔时，电极丝中心轨迹应在要求加工图形的里面，即内偏 $\Delta R_1 = r+\delta$ 作为补偿距离，如图 7-25（a）所示。加工凸模时，电极丝中心轨迹应在要求加工图形的外面，即外偏 $\Delta R_2 = r+\delta-Z/2$ 作为补偿距离，如图 7-25（b）所示。

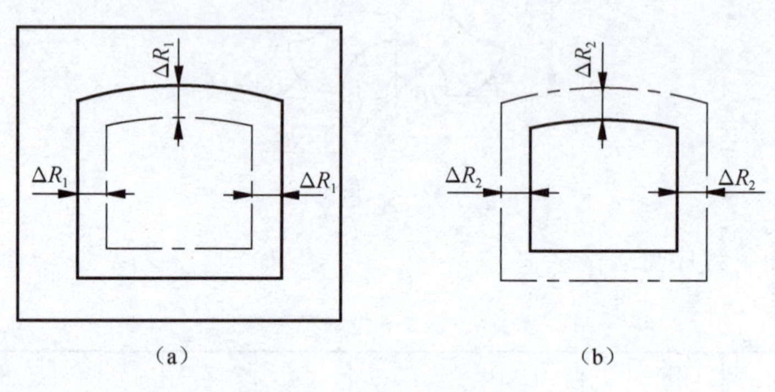

图 7-25　电极丝中心轨迹

（a）凹模；（b）凸模

例 7-7　编制加工图 7-26（a）所示零件的凹模和凸模程序，其双面配合间隙为 0.02 mm，采用 ϕ0.13 mm 的钼丝，单面放电间隙为 0.01 mm。

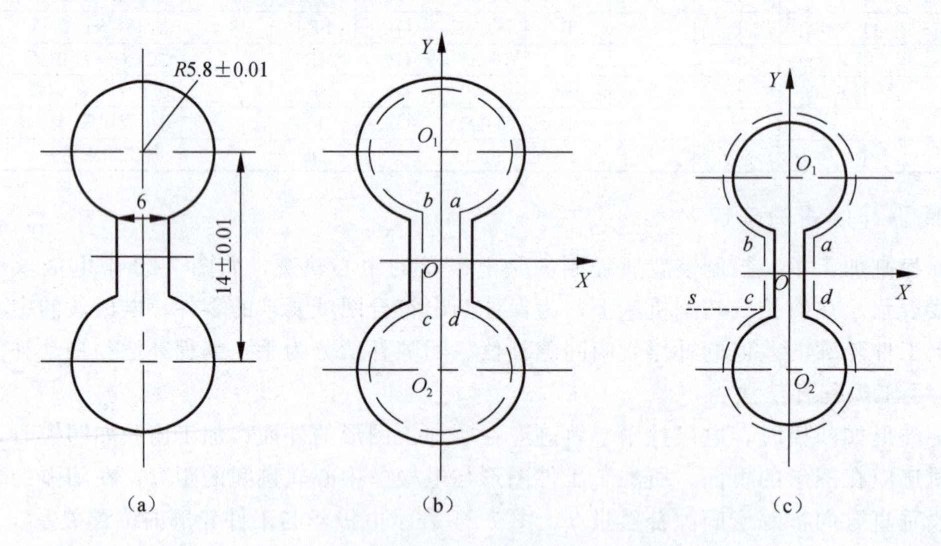

图 7-26　零件图

（a）零件图；（b）凹模编程节点计算图；（c）凸模编程节点计算图

1）编制凹模程序。

① 确定计算坐标系。取图形的对称轴为直角坐标系的 X、Y 轴，如图 7-26（b）所示。由于图形的对称性，只要计算一个象限的坐标点，其余象限的坐标点都可以根据对称关系直接得到。

② 确定补偿距离 ΔR。根据钼丝直径和放电间隙，确定补偿距离为

$$\Delta R = r + \delta = 0.5 \times 130 + 10 = 75(\mu m)$$

③ 计算各点坐标。显然圆心 O_1 的坐标为（0，7 000）。

在计算坐标系中，a 点坐标为（2 925，2 079），其余象限中各交点的坐标，均可根据对称关系直接得到：b(−2 925，2 079)，c(−2 925，−2 079)，d(2 925，−2 079)，圆心 O_2 坐标为(0，−7 000)。

为了编制程序，还要计算各点在切割坐标系中的坐标（切割坐标系分别以 O_1、O_2 等为原点，由计算坐标系平移而得）。

④ 编制程序。若凹模的预钻穿丝孔在坐标系中心点 O 上，钼丝中心的切割顺序是直线 Oa、圆弧 ab、直线 bc、圆弧 cd、直线 da，则切割程序见表 7-7。

表 7-7　凹模程序

序　号	线　段	B	X	B	Y	B	J	G	Z
1	直线 Oa	B	2 925	B	2 079	B	2 925	G_x	L_1
2	圆弧 ab	B	2 925	B	4 921	B	17 050	G_x	NR_4
3	直线 bc	B		B		B	4 158	G_y	L_4
4	圆弧 cd	B	2925	B	4 921	B	17 050	G_x	NR_2
5	直线 da	B		B		B	4 158	G_y	L_2
6									D

2）编制凸模程序。

① 确定坐标系（同凹模，见图 7-26（c））。

② 确定补偿距离 ΔR

$$\Delta R = r + \delta - \frac{Z}{2} = 65 + 10 - 10 = 65(\mu\text{m})$$

即切割凸模时的钼丝中心轨迹相对凹模的型孔尺寸（中间尺寸）外偏 65 μm。

③ 求各点坐标。在以 O 为原点的计算坐标系中有圆心 O_1(0，7 000)，O_2(0，−7 000)，计算得 a(3 065，2 000)，同理有 b(−3 065，2 000)，c(−3 065−2 000)，d(3 065，−2 000)。

a 点在以 O_1 为原点的坐标系中有：

$$\begin{cases} XaO_1 = 3\,065 \\ YaO_1 = 2\,000 - 7\,000 = -5\,000 \end{cases}$$

同理有

$$\begin{cases} XbO_1 = -3\,065 \\ YbO_1 = -5\,000 \end{cases}$$

c 在以 O_2 为原点的切割坐标系中有

$$\begin{cases} XcO_2 = -3\,065 \\ YcO_2 = 5\,000 \end{cases}$$

同理有

$$\begin{cases} XdO_2 = -3\,065 \\ YdO_2 = 5\,000 \end{cases}$$

④ 编制程序。加工凸模时由外面的 s 点切进去，若沿 X 轴正向切割进去 5 mm 以后，

即从 c 点开始正式沿 sc 直线-cd 圆弧-da 直线→ab 圆弧→bc 直线→cs 直线切割凸模，并最后也从 c 点沿 X 轴负向退出 5 mm，回到起始点，则编制的程序见表 7-8。

表 7-8　凸模程序

序　号	线　段	B	X	B	Y	B	J	G	Z
1	直线 sc	B		B		B	5 000	Gx	L_1
2	圆弧 cd	B	3 065	B	5 000	B	17 330	Gx	NR_2
3	直线 da	B		B		B	4 000	Gy	L_2
4	圆弧 ab	B	3 065	B	5 000	B	17 330	Gx	NR_4
5	直线 bc	B		B		B	4 000	Gy	L_4
6	直线 cs						5 000	Gx	L_3
7									D

（2）自动补偿法

目前，我国的线切割机床多数有自动偏移补偿功能。加工前，将间隙补偿量输入到机床的数控装置补偿参数表中，编程时，按图样的名义尺寸编制线切割程序，间隙补偿量 ΔR 不在程序段尺寸中，图形上所有非光滑连接处应加过渡圆弧修饰，使图形中不出现尖角，过渡圆弧的半径必须大于补偿量。这样在加工时，数控装置能自动将过渡圆弧处增大或减小一个 ΔR 的距离实行补偿，而直线段保持不变。

例 7-8　编制图 7-27 中凸凹模（图中尺寸为计算后的平均尺寸）的电火花线切割加工程序。电极丝直径为 0.18 mm，单边放电间隙为 0.01 mm。

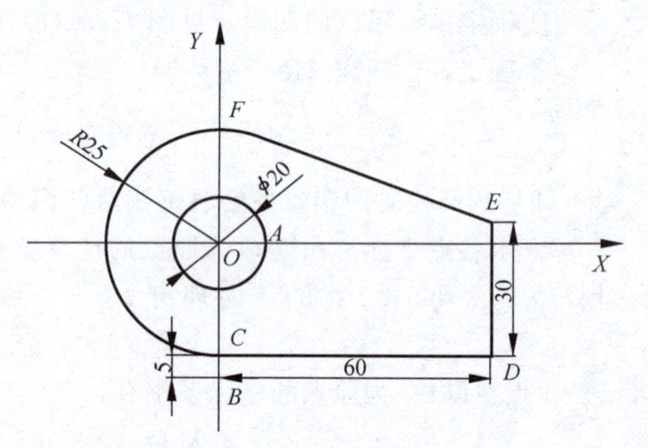

图 7-27　凸凹模

① 建立坐标系，确定穿丝孔位置。切割凸凹模时，不仅要切割外表面，还要切割内表面，因此，加工顺序应先内后外，选取 $\phi20$ 的圆心 O 为穿丝孔的位置，选取 B 点为凸模穿丝孔的位置。

② 确定间隙补偿量。

$$\Delta R = \frac{0.18}{2} + 0.01 = 0.10(\text{mm})$$

③ 计算交点坐标。将图形分成单一的直线段或圆弧，求 F 点的坐标值。F 点是直线段 FE 与圆的切点，其坐标值可通过图 7-28 求得：

$$\alpha = \arctan\frac{5}{60} = 4°46'$$

$$\beta = \alpha + \arccos\frac{R}{\sqrt{X_E^2 + Y_E^2}} = \alpha + \arccos\frac{25}{\sqrt{60^2 + 5^2}} = 70°14'$$

$$X_F = R\cos\beta = 8.456\,1\ \text{mm}$$

$$Y_F = R\sin\beta = 23.525\,5\ \text{mm}$$

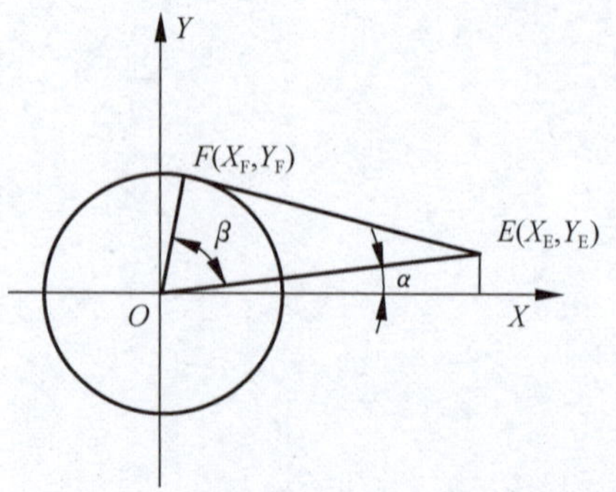

图 7-28　F 点坐标（X_F，Y_F）

其余交点坐标可直接由图形尺寸得到。

④ 编写程序。采用自动补偿时，图形中直线段 OA 和 BC 为引入线段，需减去间隙补偿量 0.10 mm。其余线段和圆弧不需考虑间隙补偿。切割时，由数控装置根据补偿特征自动进行补偿，但在 D 点和 E 点需加过渡圆弧，取 $R=0.15$ mm。

加工顺序为：先切割内孔，然后空走到外形 B 处，再按 $B—C—D—E—F—C—B$ 的顺序切割，其加工程序清单见表 7-9。

表 7-9　例 7-8 凸凹模加工程序清单

序　号	B	X	B	Y	B	J	G	Z	备　注
1	B		B		B	9 900	Gx	L_1	穿丝切割，OA 段引入程序段
2	B	10 000	B		B	40 000	Gy	NR_1	内孔加工
3	B		B		B	9 900	Gx	L_3	AO 段
4								D	拆卸钼丝
5	B		B		B	30 000	Gy	L_2	空走
6								D	重新装丝
7	B		B		B	4 900	Gy	L_2	BC 段
8	B	59 850	B	0	B	59 850	Gx	L_1	CD 段
9	B	0	B	150	B	150	Gy	NR_4	D 点过渡圆弧
10	B	0	B	29 745	B	29 745	Gy	L_2	DE 段
11	B	150	B	0	B	150	Gx	NR_1	E 点过渡圆弧
12	B	51 445	B	18 491	B	51 445	Gx	L_2	EF 段
13	B	84 561	B	23 526	B	58 456	Gx	NR_1	FC 圆弧
14	B		B		B	4 900	Gy	L_4	CB 弧引出程序段
15								D	加工结束

7.3.3　ISO 代码数控程序编制

ISO 代码为国际标准化机构制定的用于数控系统的一种标准代码，与数控车、数控铣 ISO 代码一致，采用 8 单位补编码。为了加强交流，按照国际统一规范 ISO 代码进行自动编程是今后数控加工的必然趋势。

1. 程序格式

一个完整的加工程序由程序名、若干个程序段和程序结束指令组成。程序名由文件名和扩展名组成，文件名可用字母和数字，最多可用 8 字符；扩展名最多用 3 个字母表示。每一程序段由若干个字组成，它们分别为顺序号字、准备功能字、尺寸字、辅助功能字和回车符等，其格式如下：

N _ G _ X _ Y _ M

这种程序段格式为可变程序段格式，即程序段中每个字的长度和顺序不固定，各个程序段的长度和字个数可变。代码编程移动坐标值单位为 μm。

2. ISO 代码及编程

表 7-10 所示为我国快走丝线切割机床常用的 ISO 代码，与国际上使用的标准代码基本一致，但也存在不同之处。因此，在使用中应仔细阅读数控系统的编程说明书。

表 7-10　数控线切割机床常用 ISO 指令代码

代码	功能	代码	功能	代码	功能
G05	X 轴镜像	G42	右偏间障补偿　D 偏移量	G80	接触感知
G06	Y 轴镜像	G50	取消锥度	G82	半程移动
G07	X、Y 轴交换	G51	锥度左偏　A 角度值	G84	微弱放电找正
G08	X 轴镜像，Y 轴镜像	G52	锥度右偏　A 角度值	M00	程序暂停
G09	X 轴镜像，X、Y 轴交换	G54	加工坐标系 1	M05	接触感知解除
G10	Y 轴镜像，X、Y 轴交换	G55	加工坐标系 2	M96	主程序调用文件程序
G11	X 轴镜像，Y 轴镜像，X、Y 轴交换	G56	加工坐标系 3	M97	主程序调用文件结束
G12	取消镜像	G57	加工坐标系 4	W	下导轮到工作台面高度
G40	取消间隙	G58	加工坐标系 5	H	工作厚度
G41	左偏间隙补偿 D 偏移量	G59	加工坐标系 6	S	工作台面到上导轮高度

下面讨论一些与数控车、铣编程指令有所不同的指令。

（1）G50、G51、G52 锥度加工指令

G51 为锥度左偏指令；G52 为锥度右偏指令；G50 为取消锥度指令。目前一些数控电火花线切割机床上，锥度加工是通过装在上导轮部分的 U、V 附加轴工作台实现的。加工时，控制系统驱动 U、V 附加轴工作台，使上导轮相对于 X、Y 坐标轴工作台平移，以获得所需锥角。此方法可加工带锥度工件，例如模具中的凹模漏料孔加工，如图7-29 所示。

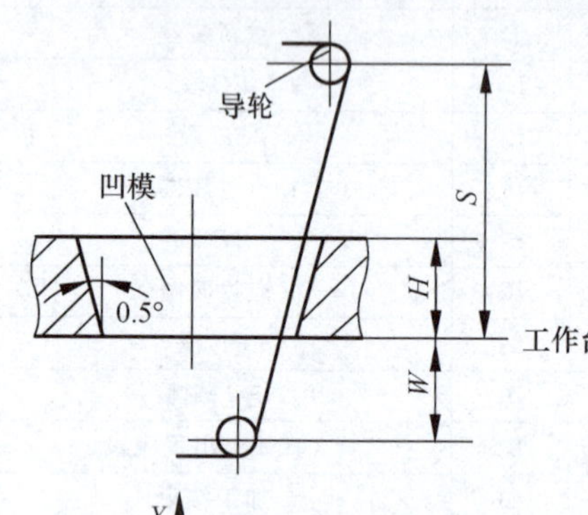

图 7-29　凹模锥度加工

沿加工轨迹方向观察，电极丝上端在底平面加工轨迹的左边即为 G51，电极丝上端在底平面加工轨迹的右边即为 G52。顺时针方向走丝时，锥度左偏加工出的工件上大下小，右偏加工出的工件上小下大；逆时针方向走丝时，锥度左偏加工出的工件上小下大，右偏加工出工件上大下小。加工时根据工件要求，选择恰当的走丝方向及左右偏指令。

程序段格式：G51　A_

G52　A_

G50　（单列一段）

其中：A 表示角度值，一般四轴联动机床的切割锥度可达±6°/50 mm。

在进行锥度加工时，还需要输入工件及工作台参数，如图 7-29 所示，图中，W 为下导轮中心到工作台的距离，单位为 mm；H 为工件厚度，单位为 mm；S 为工作台面上导轮中心高度，单位为 mm。

例 7-9　编制图 7-29 所示凹模的数控线切割程序。已知电极丝直径为 $\phi 0.12$ mm，单边放电间隙为 0.01 mm，刃口斜度 $A=0.5°$。工件厚度为 $H=15$ mm，下导轮中心到工作台面的距离 $W=60$ mm，工作台面到上导轮中心的高度 $S=100$ mm。

计算偏移量　$$D=\frac{0.12}{2}+\delta=0.06+0.01=0.07\ (\text{mm})$$

编写的数控加工程序见表 7-11。

表 7-11　例 7-9 的数控加工程序

程序段	说　明
P01；	程序名
W60000；	下导轮中心到工作台面的距离 $W=60$ mm
H15000；	工件厚度为 $H=15$ mm
S100000；	工作台面到上导轮中心的高度 $S=100$ mm
G51 A0.5；	锥度左偏，刃口斜度 $A=0.5°$
G42 D70；	右偏间隙补偿，D 偏移量为 0.07 mm
G01 X5000 Y10000；	从 O 点直线工进到（5，10）
G02 X5000 Y－10000 I0 J－10000；	顺圆工进到（5，10），I、J 为圆心相对于起点
G01 X－5000 Y－10000；	直线工进到（5，-10）
G02 X-5000 Y10000 I0 J-10000；	顺圆工进到（-5，10）
G01 X5000 Y10000；	直线工进到（5，10）
G50；	取消锥度
G40；	取消间隙补偿
G01 X0 Y0；	回到起始点 O 点
M02；	程序结束

（2）G54、G55、G56、G57、G58、G59

当工件上有多个型孔需加工时，为使尺寸计算简单，可将每个型孔上便于编程的某一点设为其加工坐标系原点，建立其自有的加工坐标系。

程序段格式：G54（单列一段）

其余五个加工坐标系设定指令的格式与 G54 的相同。

（3）手动操作指令 G80、G82、G84

其具体格式如下。

G80——接触感知指令，可使电极丝从现行位置接触工件，然后停止。

G82——半程移动指令，使加工位置沿指定坐标轴返回一半的距离（当前坐标系中坐标值一半的位置）。

G84——校正电极丝指令，能通过微弱放电校正电极丝与工作台的垂直度，在加工前一般要先进行校正。

（4）M 是系统的辅助功能指令

M00——程序暂停，按 ENTER 键才能执行下面程序，在加工中，进行电极丝装拆的前后应用。

M02——程序结束，系统复位。

M05——接触感知解除。

M96——调用子程序，程序段格式：M96 子程序名（子程序名后加“.”）

M97——子程序调用结束。

7.3.4　其他方式编程

由于计算机技术的高速发展，使得线切割自动编程技术有了更好的发展条件。早期的自动编程多采用语言式自动编程，它需要人工根据工件图形编写出源程序，编程人员必须记住一些几何图形的定义语句。

YH 编程是一种绘图式编程，编程人员只要在屏幕上按 YH 提供的方法绘出工件图形，就能编出程序。

CAXA 线切割编程拥有强大的 CAD 绘图功能，用 CAD 方法绘了工件图形，就能编写出程序，也可以调用 CAD 已经设计好的图形，用它编出程序。

对不太复杂的工艺美术图形，或尺寸精度要求不高的工件，可以直接将实物用扫描仪输入计算机，再经过矢量化处理及修整后，就可编出线切割程序来。

7.4 数控电火花线切割加工实例

电火花线切割加工，一般是工件加工的最后工序。要达到加工精度及表面粗糙度要求，应合理控制线切割加工时的各种工艺因素（电参数、切割速度、工件装夹等），同时应安排好零件的工艺路线及线切割加工前的准备。有关线切割加工的工艺准备和工艺过程如图 7-3 所示。

例 7-10 编制图 7-30 所示凸凹模的线切割加工程序。已知电极线直径为 $\phi0.1$ mm，单边放电间隙为 0.01 mm。图中双点画线为坯料外轮廓。

1. 工艺处理及计算

① 工件装夹。采用两端支撑方式装夹工件，如图 7-31 所示。

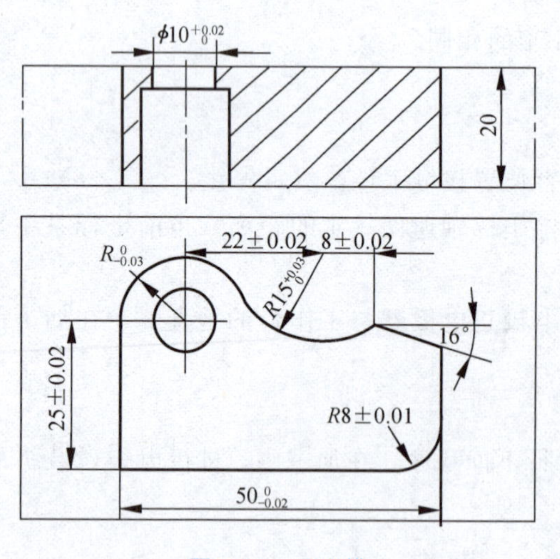

图 7-30 凸凹模

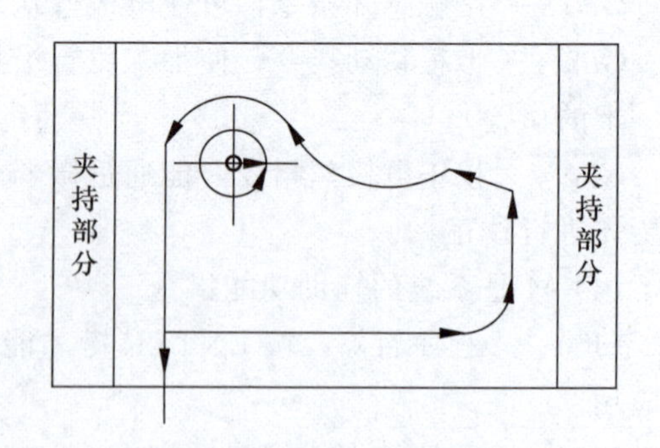

图 7-31 工件装夹及切割线路

② 选择穿丝孔及电极丝切入的位置。切割型孔时，在型孔中心处钻中心孔；切割外轮廓时，电极丝由坯件外部切入。

③ 确定切割路线。切割路线参见图 7-31 箭头所示。先切割型孔，后切割外轮廓。

④ 计算平均尺寸。如图 7-32 所示。

⑤ 确定计算坐标系。为简便起见，直接选型孔的圆心作为坐标系原点，建立坐标系，

如图 7-33 所示。

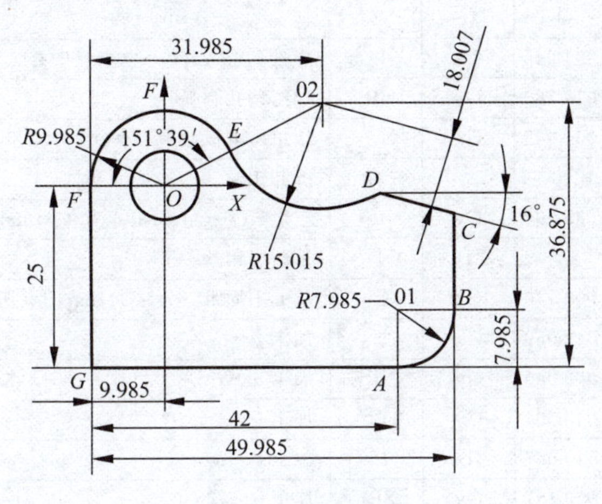

图 7-32　平均尺寸

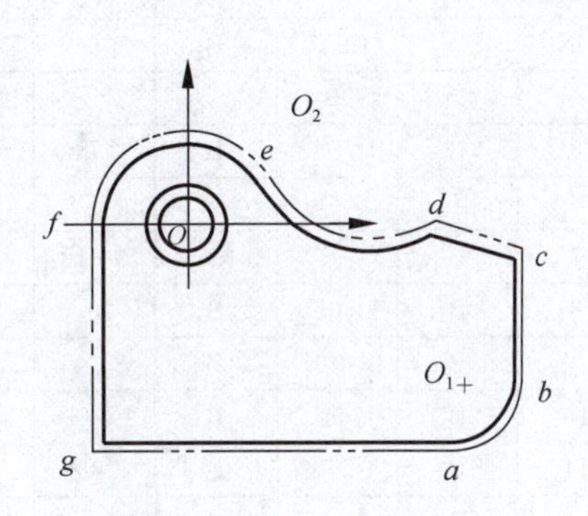

图 7-33　电极丝中心轨迹

⑥ 确定偏移量

$$D=r+\delta=\frac{0.1}{2}+0.01=0.06(\mathrm{mm})$$

2. 编制加工程序

(1) 3B 格式编程

① 计算电极丝中心轨迹。3B 格式必须按电极丝中心轨迹编程。电极丝中心轨迹如图 7-33 双点画线所示，相对工件平均尺寸偏移一垂直距离 D=0.06 mm。

② 计算交点坐标。将电极丝中心轨迹划分为单一的直线或圆弧，可通过几何计算或 CAD 查询得到各点坐标。各点的坐标见表 7-12。

表 7-12　凸凹模电极线轨迹各线段交点及圆心坐标

交　点	X	Y	圆　心	X	Y
a	32.015	−25.060	O	0	0
b	40.060	−17.015	O_1	32.015	−17.015
c	40.060	−3.651	O_2	22	11.875
d	29.993	−0.765			
e	8.839	4.772			
f	−10.045	0			
g	−10.045	−25.060			

切割型孔时电极丝中心至圆心 O 的距离为

$$R=\frac{10.01}{2}-0.06=4.945(\mathrm{mm})$$

③ 编写程序单。切割凸凹模时，先切割型孔，然后按：从 g 下面距 g 为 9.94 mm 的点切入→g→a→b→c→d→e→f→g→g 下面距 g 为 9.94 mm 的点切出的顺序切割，采用相对坐标编程，其线切割程序单见表 7-13。

表 7-13　凸凹模切割程序单（3B）

序号	B	X	B	Y	B	J	G	Z	说　明
1	B	4 945	B	0	B	004 945	Gx	L_1	穿丝孔切入，O→电极丝中心
2	B	4945	B	0	B	019 780	Gy	NR_1	加工型孔圆弧
3	B	4 945	B	0	B	004 945	Gx	L_1	切出，电极丝中心→O
4								D	拆卸钼丝
5	B	10 045	B	35 000	B	035 000	Gy	L_3	空走，O→g 下面距 g 为 9.94 mm 的点
6								D	重新装钼丝
7	B	0	B	9 940	B	009 940	Gy	L_2	从 g 下面距 g 为 9.94 mm 的点切入
8	B	42 060	B	0	B	042 060	Gx	L_1	加工 g→a
9	B	0	B	8 045	B	008 045	Gy	NR_4	加工 a→b
10	B	0	B	13 364	B	013 364	Gy	L_2	加工 b→c
11	B	10 067	B	2 886	B	010 067	Gx	L_2	加工 c→d
12	B	7 993	B	12 640	B	010 167	Gy	SR_4	加工 d→e
13	B	8 839	B	4 772	B	015 318	Gy	NR_1	加工 e→f
14	B	0	B	25 060	B	025 060	Gy	L_4	加工 f→g
15	B	0	B	9 940	B	009 940	Gy	L_4	g→g 下面距 g 为 9.94 mm 的点切出
16								D	加工结束

（2）ISO 代码编程

按图 7-32 所示平均尺寸编程，其线切割程序单见表 7-14。

表 7-14　凸凹模切割程序单（ISO）

程序段	说　明
AM；	主程序名
G90；	绝对值编程
G92　X0　Y0；	设置工件坐标系
G41　D60；	左偏间隙补偿，D 偏移量为 0.06 mm
G01 X5005 Y0；	穿丝孔切出，O→电极丝中心（5.005，0）
G01 X5005 Y0 I-5005 J0；	逆圆，线切割型孔，I、J 为圆心相对于起点值
G40；	取消间隙补偿
G01 X0 Y0；	回到坐标原点
M00；	程序暂停
G00 X-9985 Y-35000；	快速走到 G 点下方 10 mm 处
M00；	程序暂停
G41 D60；	左偏间隙补偿，D 偏移量为 0.06 mm
G01 X-9985 Y-25000；	走到 G 点
X32015；	加工 G→A
G03 X40 Y-17015 I0 J7985；	加工 A→B
G01 X40 Y-3697；	加工 B→C
G01 X30003 Y-830；	加工 C→D
G02 X8787 Y4743 I-8003 J12705；	加工 D→E
G03 X-9985 Y0 I-8787 J-4743；	加工 E→F
G01 X-9985 Y-25000；	加工 F→G
G40；	取消间隙补偿
G01 Y-35000；	从 G 点→G 点下方 10 mm 切出
M02；	程序结束

7.5 数控电火花线切割机床的基本操作

以北京迪蒙卡机床有限公司生产的CTW400数控电火花线切割机床为例来介绍机床的基本操作。

CTW400数控电火花线切割机床控制系统集数控、高频电源和（或）机床电气于一体，其中数控部分由微型计算机、接口板、电源、标准键盘、3英寸软盘驱动器、操作控制面板及一台屏幕显示器（CRT）组成，系统配备自动编程系统。

数控系统和高频脉冲电源组装在立式控制柜中。各部分之间用电缆线连接，结构简单，便于维修。系统主要技术指标：

① 计算机作为控制系统主机，承担运算、逻辑判断、输入输出和文件管理工作。

② 控制轴数为X、Y、U、V、Z，加工时控制轴数为X、Y、U、V。

③ 兼容多种形式的电机拖动系统，可连接步进电机、混合式步进电机、交流伺服机等(出前已由厂家设定)，脉冲当量为1 μm。

④ 采用逐点比较法的插补方式，插补线形有圆弧、直线两种。控制精度为1 μm，锥度切割采用直纹面控制方式，控制精度≤1 μm。最大圆弧控制半径、最大切割锥度参阅机床说明书。

7.5.1 机床系统主要功能

① 单项进给。系统具有±X、±Y、±U、±V方向进给，单向进给由手控盒控制，可实现点动和快速进给。

② 钼丝回直和钼丝校直。为了正确进行锥度切割，钼丝回直和钼丝校直可保证工件几何精度(钼丝应配置相应的硬件)。

③ 导轮偏移自动补偿。锥度加工时，导轮偏移量可自动补偿。

④ 放电间隙补偿。可实现凹凸模放电间隙自动补偿。

⑤ 旋转加工。在切割平面内，走丝路线可对原编程轨迹进行任意角度旋转，以便灵活实现编程坐标系与机床坐标系一致。

⑥ 倒走加工。可对原编程轨迹进行逆向切割加工。

⑦ 自动定位。为了保证加工初始时精确定位，可自动对中心和靠边定位。

⑧ 短路回退。加工过程中发生短路时，本系统具有手动回退功能。最多可回退2 000步。

⑨ 断电记忆。当加工过程中发生掉电，本系统具有掉电记忆功能，待通电开机即可继续加工。

⑩ 断丝保护。若切割中发生断丝，系统自身有保护功能。

⑪ 程序容量。用户可同时输入1 000条3B指令。

⑫ 自动关机。程序加工结束，系统断电关机。

⑬ 编程。

a. 采用人机对话式编程操作，中文菜单、命令，易于操作。

b. 源程序输入有键盘和磁盘输入两种方式，有强大的程序编辑功能，可方便地对源程序的内容进行修改、删除、插入编辑操作等。

c. 可以对加工程序进行校验，校验时有走丝图形显示，程序正确与否一目了然，保证了加工时编程不出现严重错误。

7.5.2 机床控制柜的组成

1. 主要按键

控制柜外形如图 7-34 所示。

① 主机开：（绿色）用于打开系统。

② 电源关：（红色蘑菇头）用于关断系统。

③ 脉冲参数：用于脉冲宽度和脉冲间隔的选择。

④ 进给调节：用于切割时调节进给速度。

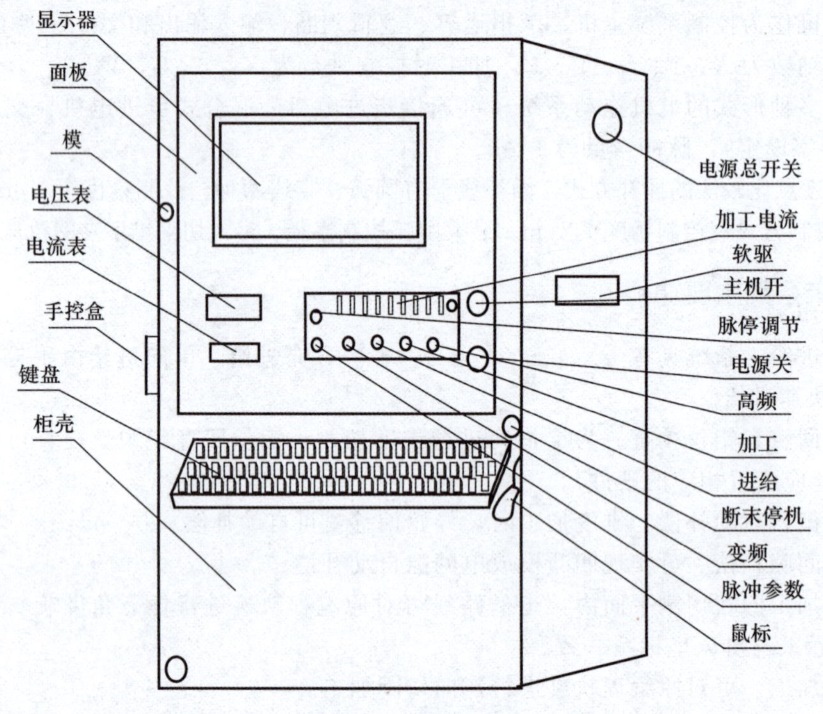

图 7-34 控制柜外形

⑤ 脉停调节：用于调节加工电流大小。

⑥ 变频：按下此键，高频转换电路向计算机输出脉冲信号，加工中必须将此键按下。

⑦ 进给：按下此键，步进电机处于工作状态，驱动机床拖板。切割时必须将此键按下。

⑧ 加工：按下此键，高频转换电路以高频取样信号作为输入信号，跟踪频率受放电间隙影响，此键不按下，高频转换电路自激振荡产生变频信号。切割时必须将此键按下。

⑨ 高频：按下此键，高频电源处于工作状态。

⑩ 加工电流：此键用于调节加工峰值电流，六挡电流大小相等。

2. 键盘、显示器

键盘用来把数值输入到系统中。显示器用来显示加工菜单及加工中的各种信息。

3. 手控盒

手控盒主要用于手动操作坐标轴，移动工作台。另外还可控制开丝、开线切割液。

7.5.3　机床的操作

1. 操作菜单

系统为用户设计了友好的人机对话界面。操作者开机后，可通过屏幕显示的中文菜单和中文提示，进行各种加工操作。系统设计了五个操作画面，分别为开机操作方式选择、无锥度加工编辑操作、无锥度加工工作操作、有锥度加工编辑操作、有锥度加工工作操作。选择“1.”，进入加工状态，操作者可在显示画面的提示下按键盘上相应的键完成各种加工操作。

开机后，系统初始化后，进入图 7-35 操作方式选择画面。共有 8 种方式选择。

(1) 进入加工状态

选择第一项“进入加工状态”，系统立即弹出一个对话框，如图 7-36 所示，进入有锥度加工和无锥度加工选择，后面对有锥度加工和无锥度加工进行专门讲解。

选择无锥度加工（可用鼠标点选），则进入图 7-37 所示界面，进行无锥度加工工件切割前的准备工作。如果选择有锥度加工（可用鼠标点选，或用光标移动选择），则进入图 7-38 所示界面，进行有锥度加工工件切割前的准备工作。

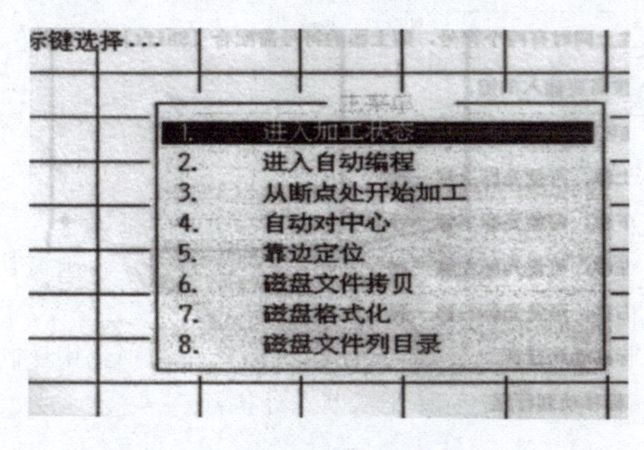

图 7-35　操作方式选择

无锥度加工
有锥度加工

图 7-36　加工类型选择界面

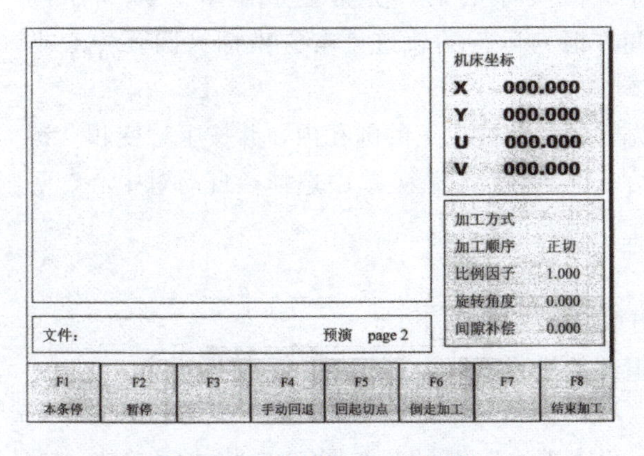

图 7-37　无锥度加工工作操作

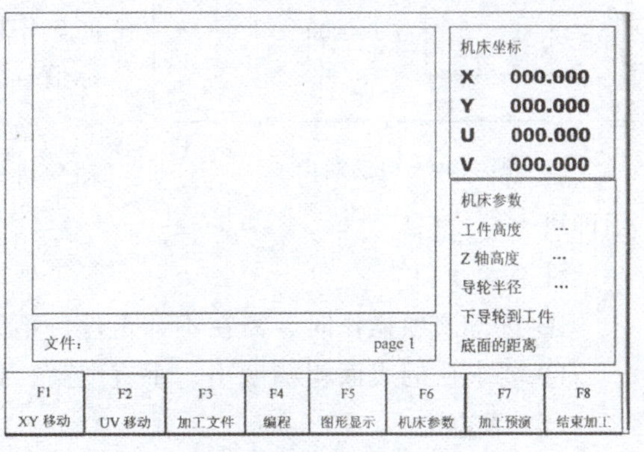

图 7-38　有锥度加工编辑操作

有、无锥度加工编辑操作中，都有 8 项子菜单，可通过键盘上 F1～F8 八个键的选择来操作。

（2）进入自动编程

CTW 系列数控线切割加工机床，配备了 TurboCAD/CAM 自动编程软件，用户可以进行自动编程，请参看自动编程章节。

（3）从断点处开始加工

CTW 系列数控线切割加工机床系统具有掉电记忆功能。当加工过程中掉电，系统会自动保护断点，待上电开机后，系统可以恢复断点，从断点处加工。操作如下：

开机后，系统恢复，进入图 7-35 所示界面，首先进行加工恢复处理，选择“3. 从断点处开始加工”，出现如图 7-39 所示的界面。这时，按屏幕提示操作，将存有该加工文件的磁盘插入驱动器中，然后按任意键，即在断点处继续进行切割加工。

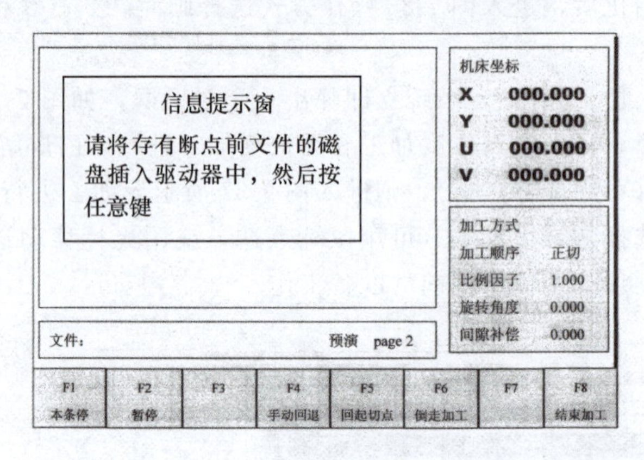

图 7-39 无锥度断点恢复加工操作

注意：

① 使用断点处恢复进行加工功能，所编制的加工程序事前必须存入磁盘，否则该功能不起作用。

② 断电后，待通电开机，若使用从断点处加工功能，直接从图 7-35 画面中选中该功能即可，请勿进行其他事项操作，否则出错，使加工的程序不从断点处执行。

（4）自动对中心

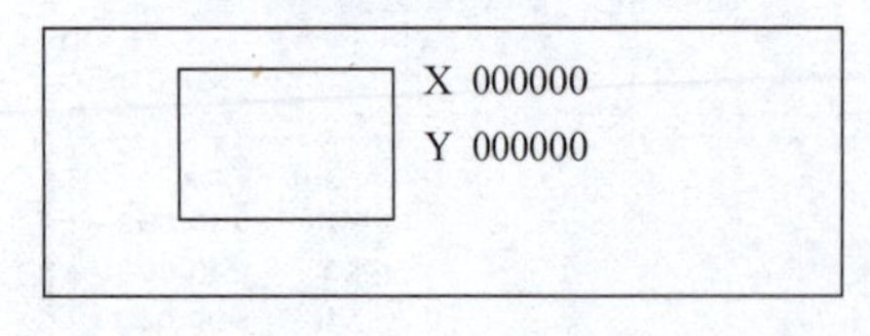

图 7-40 自动对中心

选中自动对中心后，屏幕显示如图 7-40 所示画面。中间方框为运行的轨迹，右方坐标为圆孔中心坐标值。操作如下：

首先将钼丝穿过找正的圆孔内，并按下“变频”键和“进给”键，然后在主菜单中选择“自动对中心”一项即可。

注意：

① 进行该项操作时，需在不开走丝、不开切割液的状态下。

② 要求孔的表面粗糙度小、垂直度高、钼丝的松紧度好，否则对中心精度不高。

（5）靠边定

将工件装夹在工作台上后，按下“变频”和“进给”键后，在图 7-35 中主菜单中选择“5. 靠边定位”一项，这时系统出现一个下拉菜单，询问定位方向为 L1、L2、L3 或 L4，操

作者根据工件靠边要求进行选择，然后按屏幕提示操作。

注意：

① 此操作是在不开走丝、不开切割液的状态下进行的；要求孔的表面粗糙度小、垂直度高、钼丝的松紧度好，否则对定位精度不高。

② 靠边定位时，为了避免断丝，操作时要遵守下面电极与工件的相对位置（站在平行于线架方向看）：

如果靠工件左面的边，钼丝应在工件的左面，此时选择 L1 方向；如果靠工件右面的边，钼丝应在工件的右面，此时选择 L3 方向；如果靠工件前面的边，钼丝应在工件的前面，此时选择 L2 方向；如果靠工件后面的边，钼丝应在工件的后面，此时选择 L4 方向。

（6）磁盘管理

磁盘管理有三项，即文件复制、磁盘格式化、列磁盘文件。

① 文件复制包括“单个文件复制”与“整盘文件复制”，操作者在主菜单中选中“文件复制”一项后，再在其子菜单中选择是单文件还是整盘文件复制。单文件复制需输入被复制文件的文件名，然后根据屏幕提示将目的盘插入软盘驱动器中，这样就可以实现将被复制文件复制到目的盘中。单个文件的复制，文件大小不得大于 64 KB。整盘复制，目的盘必须是空盘或没有格式化的磁盘，否则目的盘的文件将会丢失。

② 磁盘格式化。此功能可将新买的磁盘进行格式化。对一张新买的磁盘，程序是不能存储上去的，事先必须将它格式化。具体操作方法为，在主菜单中选中此功能后，将磁盘插入驱动器申，按 ENTER 键，屏幕显示正在进行格式化的磁盘磁道情况，格式化完成后，计算机问是否还要格式化另一张磁盘（英文提示 Format Another（Y/N）?），若需要，则将另外一张磁盘插入驱动器申，按 Y 键重复以上情景，不需要按 N 键结束，回到图 7-35。

③ 列磁盘文件。该功能是将已存有多个文件的磁盘进行文件名检索。如只知加工程序的文件名，不知存在哪张磁盘上，这时将磁盘插入驱动器中，选中该功能按 ENTER 键，屏幕就显示出磁盘存入的所有文件名，以供查询。

2. 无锥度加工

（1）无锥度加工编辑操作

在图 7-33 无锥度加工编辑操作的界面下，下边有 8 项菜单，功能如下。

F1——*XY* 移动。按下 F1 键，并按下面板上的“进给”（指示灯亮），可用手控盒选择＋X、－X、＋Y、－Y 键实现工作台单向快速移动。退出操作按键盘上的 ESC。

F2——加工方式/*UV* 移动。在无锥度加工编辑操作中，F2 定义为加工方式。按下 F2 后，屏幕弹出如图 7-41 所示的对话框。用光标键左右移动，选择加工方向为正切或倒切；用光标键上下移动，选择输入缩放倍数或旋转角度，输入数值后按 ENTER 键确认；没有输入按图示默认。退出操作按 ESC 键，图 7-41消失。

输入加工参数		
加工顺序	正切	倒切
旋转角度	0.000	
缩放比例	1.000	

图 7-41　无锥度加工方式

注意：对于加工方向，正切表示运丝轨迹与线切割程序描述一致，倒切表示运丝轨迹与线切割程序描述相反，加工方式输入的所有数据将显示在屏幕的右下方，以供观察校验；旋转只能对编辑好了加工程序，绕加工原点旋转。

在有锥度加工编辑中，F2 定义为 *UV* 移动。可用手控盒选择＋U、－U、＋V、－V 键实现 *UV* 小拖板移动，移动值显示在屏幕上。退出操作按键盘上的 ESC。

F3——文件名。控制系统将每一个完整的加工程序视为一个文件，为了方便管理，每一个加工程序都有一个文件名。文件名的格式由字母和数字组成，其他字符均是非法的。例如：

正确	错误
abcdl34	12abc、[Y
t123	abcdde2?1
123	12 3

当按下 F3 键后，屏幕中央显示如图 7-42 所示的对话框。文件名由盘符、路径、文件名组成，从键盘输入。按 ENTER 键确认后，屏幕出现如图 7-43 所示的提示：如果正确，则从磁盘中读取加工程序，如果错误，则显示出错信息，如图 7-44 所示，选择后进入重新输入或编辑新文件。操作者可以从这里输入新程序，并用小键盘上的光标键进行编辑。每输入完成一条 3B 程序后，按 ENTER 键，这时光标自动跳到下一程序的起始位置上。这样循环往复直至输入完毕。程序编辑完成后，按 ESC 键退出。屏幕显示信息提示框，按提示选择操作。如果不存盘，关机后程序自动消失。

请输入加工文件名
文件名：|

图 7-42　屏幕显示对话框

提示信息窗
请将磁盘插入驱动器中，然后按任意键

图 7-43　提示对话框

错误信息窗
输入的文件名不存在
R-重新输入
E-编辑文件

图 7-44　错误信息提示框

N1	帮
N2	助
N3	提
…	示
N16	区

图 7-45　程序编辑窗口

F4——编程。此键功能主要用于校验已输入的加工程序。按下 F4 键后，屏幕显示进入如图 7-45 所示的程序编辑窗口。另外，在此增加了块操作，按 F3 键系统将光标所在行定义为块，连续按 F3 键，系统则将多行定义为块，然后按 F4 键将已定义的块整体复制。

F5——图形显示。F5 键用于对已编制完毕的加工程序进行校验，以检查加工的图形是否与图纸形状相符。按 ESC 键退出。

F6——间隙补偿。F6 键用于输入间隙补偿量值。按下 F6 键，屏幕显示如图 7-46 所示的参数输入框。

通过键盘数字键输入补偿值。此值带正负符号，正号可省略。当钼丝运行轨迹大于编程尺寸时，补偿值为正；反之，补偿值为负。按 ENETR 键或 ESC 键退出。

注意：

① 在使用补偿值补偿间隙时，所编制的加工程序各拐角处，必须加圆弧过渡，否则将会出错。

② 切入段垂直加工图形。

F7——加工预演。F7 键用于对已编制好的加工程序进行模拟加工，系统不输出任何控制信号。按 F7 键，屏幕显示图 7-37 所示画面及其加工轨迹，待加工完毕后出现图 7-47 所示提示。

输入间隙补偿量	
单边间隙补偿量	0.000

图 7-46　参数输入框

提示信息窗
加工结束，按任意键返回

图 7-47　信息提示框

F8——开始加工。当一切工作准备就绪后，按 F8 键，并按下变频、进给、加工控制键，一起使用，机床将按程序编制的轨迹进行切割加工了，此时屏幕显示图 7-37 画面及加工图形。

(2) 无锥度加工操作

当无锥度加工编辑完成以后，按 F8 进入“开始加工”，屏幕界面如图 7-37 所示画面。在加工界面屏幕中，下方也有用中文提示的 8 个菜单，用 F1～F8 功能键，下面就具体介绍 F1～F8 功能键的用途。

F1——本条停。此键用于加工完某条程序后自动停机。按 F1 键，当加工完该条程序后，屏幕左上角出现信息提示窗，如图 7-48 所示。

若继续加工按 G 键，加工程序按顺序执行；若结束按 E 键，此时控制系统将停止执行该程序段之后的加工程序；按 ESC 键，退出并回到无锥度加工编辑操作状态。

F2——暂停。此键用于在加工过程中，程序暂时停止执行。按 F2 键，屏幕左上角出现信息提示窗，如图 7-49 所示。

本条暂停
继续加工（G键）
结束加工（E键）

图 7-48　本条暂停提示窗

暂停加工
继续加工（G键）
结束加工（E键）

图 7-49　暂停加工提示窗

若继续加工，按 G 键，加工程序继续执行；若结束加工，按 E 键，加工程序停止执行；按 ESC 退出并回到无锥度加工编辑操作状态。

F4——手动回退。切割时发生短路现象后，加工处于“卡机”状态，通过此项操作可控制电极丝沿原切割轨迹回退，解除短路。按下 F4 键，计算机将控制电极丝回退 100 步，然后屏幕左上角出现信息提示窗，如图 7-50 所示。

结束回退，按 G 键，加工继续进行。继续回退，按 C 键，此时可在已回退的点再继续沿原切割轨迹回退。屏幕继续显示图 7-51 信息提示窗，每次回退 100 步，可连续回退 20 次。

回退完毕
继续回退（C键）
结束回退，向前继续加工（G键）

图 7-50　回退完毕提示窗

提示信息窗
确实要回起切点吗?
Y——确实要回起切点
N——不回起切点，继续切割

图 7-51　信息提示窗

F5——回起切点。此键可以控制电极丝回到开始加工的起始点。按下 F5 键，屏幕左上角出现信息提示 F5 窗以确保不出现误操作。

确实回起切点按 Y 键（此时“加工”键抬起，加工停止，可以做钼丝抽掉等操作），不回起切点按 N 键，信息提示窗消失，控制程序继续加工。

确实要结束加工吗?
Y——结束加工
N——继续加工

图 7-52 结束加工确认窗

F6——倒走加工。此功能用于对原加工程序进行逆向切割。F6 键只有回到起切点后才起作用。如果在未回到起切点时按下此键，计算机将给出错误提示。

F8——结束加工。此功能用于结束当前程序加工，加工结束后系统提示如图 7-52 所示，结束加工按 Y，继续加工按 N。

3. 有锥度加工

在图 7-30 中，选择 1 进入加工状态，出现 7-36 对话框，选择“有锥度加工”，系统进入有锥度加工界面。如图 7-38 所示。与无锥度加工相似，分成加工编辑界面和加工操作界面两部分，同样有 F1～F8 八个功能软键，这 8 个功能键与无锥度加工的有些相同，有些不同，下面只介绍不同的功能键。文中没有提及或说明与“无锥度加工”一致的，请参阅无锥度加工。

（1）有锥度加工编辑操作

F2——UV 移动。按下 F2 键，此时操作者用手控盒选择＋U、－U、＋V 和－V 键。当按下手控盒上的某个（＋U、－U、＋V 和－V）键后，屏幕右上角 U、V 显示的值就是机床 UV 拖板移动的距离，操作者可以点动手控盒，每按键时 U 或 V 拖板移动量与屏幕显示值相同，从而达到 UV 移动，退出按 ESC。

F5——图形显示。同无锥度加工相似，这时红色线表示工件上平面形状，蓝色线表示工件下平面形状。

F6——机床参数。锥度加工时，必须输入与切割锥度工件锥度有关的三个参数：工件高度、Z 轴高度（即上下导轮间的距离）、下导轮与工件下平面的距离，另外根据机床特点需要加入导轮半径补偿的，还要输入导轮半径。F6 键的作用就是将这些参数输入计算机。操作步骤如下：

当按下 F6 键时，屏幕显示一个输入窗口，如图 7-53，首先通过键盘输入工件高度，输入后按 ENTER 键确认，用光标键上下移动，选择输入 Z 轴高度、导轮半径或下导轮与工件下平面间的距离。按 ESC 键返回，图 7-53 消失。输入的所有数据将显示在屏幕的右下方，以供观察校验。

机床参数	
工件高度	……
Z轴高度	……
导轮半径	0.000
下导轮到工件底面的距离	……

图 7-53 窗口显示

注意：在加工前或改变加工图形时请察看屏幕右下角显示的机床参数是否正确，若不正确，则通过上面的方法重新输入，否则加工工件的精度无法保障。

F7——加工预演。此功能用于对已编制好的加工程序进行模拟加工，系统不输出任何控制信号。按 F7 显示图 7-38 画面。

F8——开始加工。当有锥度切割加工编辑工作准备完成后，按 F8，并按下变频、进给、加工控制键，一起使用，机床将按程序编制的轨迹进行切割加工。此时屏幕显示图 7-38。

(2) 有锥度加工操作

当有锥度加工编辑完成以后，按 F8 进入“开始加工”，屏幕界面如图 7-39 所示画面。在加工界面屏幕中，与无锥度切割一样，下方也有用中文提示的 8 个菜单，用 F1～F8 功能键，这 8 个功能键与无锥度加工的功能键多数相同，只有 F6 功能键的用途不同。

F6——钼丝回直。当在有锥度切割过程中发生断丝或其他一些事故，需要将钼丝回到垂直状态，处理断丝等故障。此时，按下 F6，可使系统回到垂直状态。

注意：

① 如果操作者手动了 UV 拖板，计算机将无法控制回到切割初始的垂直状态。

② 钼丝只能在原地回直，不能回初始状态。

4. CTW 系统的操作步骤

(1) 开机前准备

首先将机床总电源置于开位置，将工件夹在工作台夹具上，电极丝在丝筒上盘好，并定位好走丝行程位置，线切割液稀释在水箱中待用。初次切割工件，要弄清楚机床工作台坐标 X、Y、U、V 轴的运动方向。方法如下：

① 将控制系统电源打开。

② 按光标键，选择进入加工状态，按 ENTER 键。

③ 按 F1 键，屏幕显示如图 7-54 所示。

④ 按下控制面板上的“进给”键。

⑤ 用手控盒按＋X、－X、＋Y、－Y 键，仔细察看机床坐标系的坐标轴及方向。

⑥ 锥度切割时确定 U、V 轴运动方向。

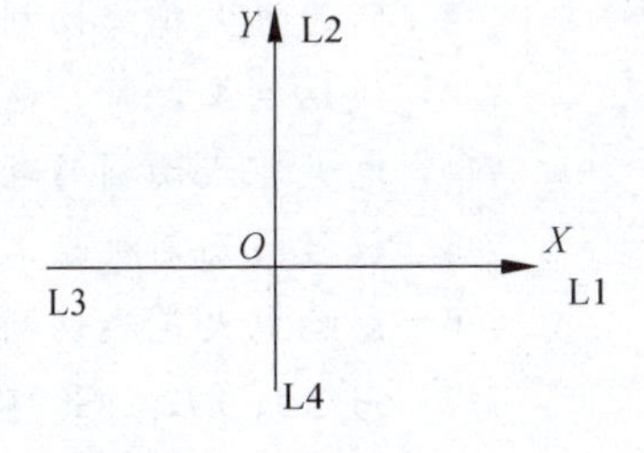

图 7-54　屏幕显示内容

锥度切割时，编制零件加工程序，采用绝对坐标系，即选取一个固定的坐标系原点，确定 U、V 轴运动方向，也应以导丝架运动方向为依据。当 X、Y 轴运动方向清楚之后，用户可以察看 U、V 轴。

① 系统进入无锥度加工工作操作界面。

② 按 F2 键。

③ 按“进给”键。

④ 操纵手控盒，按＋U 键，U 向正方向运动；按－U 键，U 向负方向运动；按＋V 键，V 向正方向运动；按－V 键，V 向负方向运动。

说明：当 X、Y 轴运动方向不正确时，调换驱动器 AB 和 CD 线号即可修正；当 U、V 轴方向不正确时，调换步进电机三相中任意两相即可修正。

(2) 加工操作

① 开机。

② 输入程序。

将存有加工程序的磁盘插入软盘驱动器中，利用前面已经介绍过的 F3 键的功能，把所要加工程序的文件名调入计算机内。加工程序的各种输入、编辑操作请参考前面的介绍。

③ 开始加工。

根据加工工件的材质和高度，选择合适的高频电源电规准，主要在控制柜操作面板上选择脉冲宽度和脉停宽度。按下控制柜操作面板“进给”“加工”键，选择“加工电流”，按下“高频”键，按 F8 键，将进给调节旋钮调到进给速度比较慢的位置（进给旋钮逆时针旋转），按下控制柜操作面板的“变频”键。机床步进电机准备动作，至此，可开始切割工件。注意观察加工放电状态，逐步调大进给速度，直到使控制柜操作面板上的电压表及电流表指示比较稳定为止。

④ 关机。

该设备有自动关机和手动关机两种关机方法。

自动关机：这在特殊状态时采用，一般不能使用。这一功能可以在运行程序结束后，计算机会自动发出信号，断掉控制柜电源。

手动关机：当不需要自动关机时，关掉面板上的“断电停机”开关，停止加工时后，手动来关掉所有电源。

思考与练习

7-1　简述电火花线切割机床的组成和分类。

7-2　简述电火花线切割加工的工作原理。

7-3　线切割工件时，电极丝与工件分别与电源的什么电极相连接？

7-4　电火花线切割的电源有何特点？工作时如何选择、调整电源参数？

7-5　数控线切割机床工作台、滑台由什么装置驱动？锥度加工时需要什么辅助运动？

7-6　影响电火花线切割加工工艺指标主要有哪些因素？

7-7　用 3B、4B、ISO 码编写如图 7-55 所示零件的凸模和凹模的线切割加工程序，并完成加工。凸凹模的单边间隙为 0.1 mm，电极丝直径为 0.2 mm，单边放电间隙为 0.01 mm。

7-8　用 45 号钢板（厚度为 20 mm）加工如图 7-56 所示长圆孔（手工编程或自动编程）。

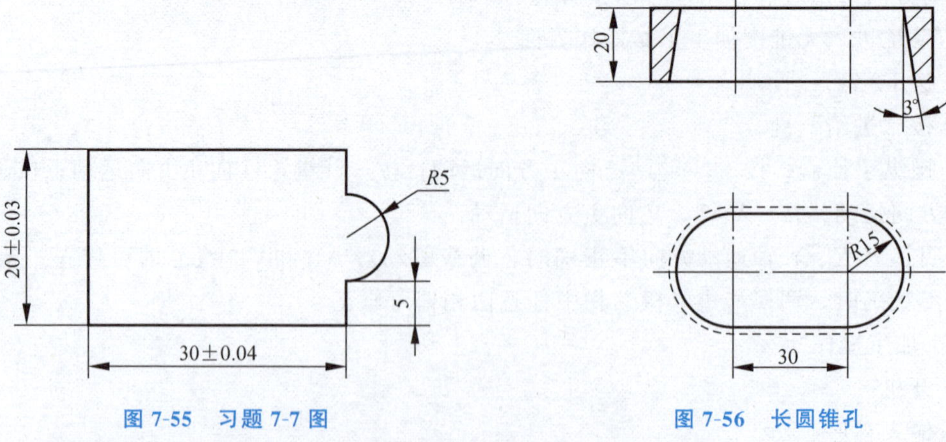

图 7-55　习题 7-7 图

图 7-56　长圆锥孔

7-9　在板厚 3 mm 的平板上切割图 7-57 所示零件，试用 3B 格式编程。

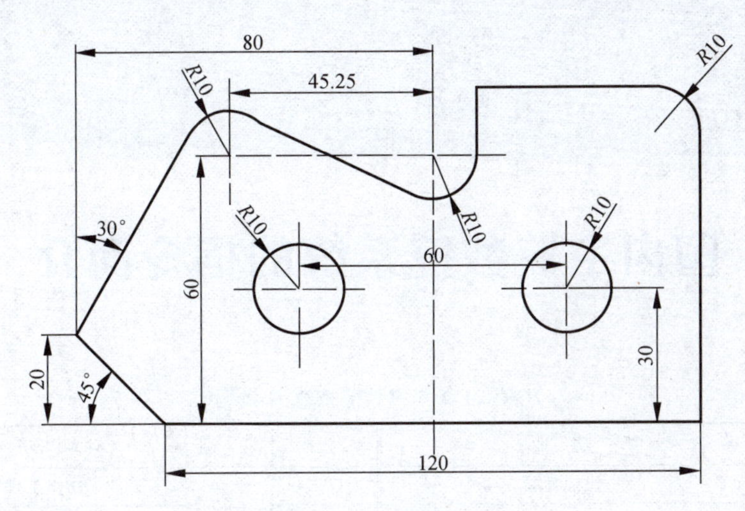

图 7-57　习题 7-9 图

7-10　编制图 7-58（a）所示凹模的线切割程序。已知电极丝钼丝的直径为 0.2 mm，单边放电间隙为 0.01 mm，穿丝孔坐标为（0，15）。

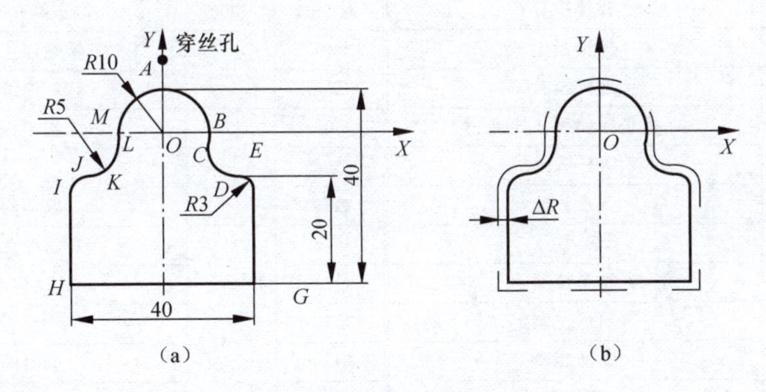

图 7-58　平面样板

7-11　编制图 7-59 所示冲裁凹模刃口的线切割程序并完成加工。已知电极丝钼丝的直径为 0.2 mm，放电间隙为 0.01 mm。

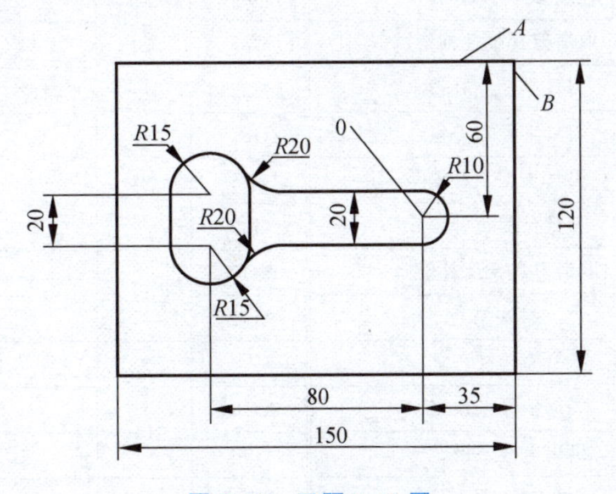

图 7-59　习题 7-11 图

国内主流数控系统的指令简介

HNC-21M 华中数控系统 G 代码

G 代码	组别	功能	G 代码	组别	功能
G00	01	快速定位	G56	11	选择工件坐标系 3
▲G01		直线插补	G57		选择工件坐标系 4
G02		顺时针方向圆弧插补	G58		选择工件坐标系 5
G03		逆时针方向圆弧插补	G59		选择工件坐标系 6
G04	00	暂停指令	▲G60	00	单方向定位
G07	16	虚轴制定	G61	12	精确停止校验方式
G09	00	准停校验	G64		连续方式
G10	02	极坐标编程，快进	G65	00	宏子程序调用
▲G17		*XY* 平面	G68	05	旋转变换
G18		*XZ* 平面	G69		取消旋转变换
G19		*YZ* 平面	G73	06	高速深孔加工循环
G20	08	英制单位制定	G74		反攻丝循环
▲G 21		米制单位制定	G76		精镗循环
G 22		脉冲当量	▲G80		取消固定循环
G24	06	镜像开	G81		钻孔循环
G25		镜像关	G82		带暂停的钻孔循环
G28	00	从中间点返回到参考点	G83		深孔钻循环
G29	00	从参考点返回	G84		攻螺纹循环
▲G40	09	取消刀具半径补偿	G85	06	镗孔循环
G41		刀具半径左补偿	G86		镗孔循环
G42		刀具半径右补偿	G87	06	反镗循环
G43	10	刀具长度正补偿	G88		镗孔循环
G44		刀具长度负补偿	G89		镗孔循环
G49		取消刀具长度补偿	▲G90	03	绝对尺寸编程
▲G50	04	缩放关	G91		增量尺寸编程
G51		缩放开	G92	00	工件坐标系设置
G52	00	局部坐标系设定	▲G94	14	进给率 mm/min
G53		机床坐标系设定	G95		进给率 mm/r
▲G54	08	选择工件坐标系 1	▲G98	15	固定循环返回起始点
G55		选择工件坐标系 2	G99		固定循环返回参考 *R* 点

SINUMERIK840 G 代码

G 代码	组别	功能	G 代码	组别	功能
G00	01	快速定位	G56	08	零点偏置 3
G01		直线插补	G57	06	零点偏置 4
G02		顺时针方向圆弧插补	G58	07	第一个可编程零点偏置
G03		逆时针方向圆弧插补	G59		第二个可编程零点偏置
G04	00	暂停指令	G60		进给率减小，精确停
G06		样条插补	G62		轮廓加工
G09	11	准停减速	G63	10	无编码器攻螺纹
G10	00	极坐标编程，快进	G64	08	轮廓加工
G11		极坐标编程，直线插补	G68		沿最短路径（转轴）的绝对式尺寸系
G12		极坐标编程，顺圆插补	G70	06	英制输入
G13		极坐标编程，逆圆插补	G71	09	公制输入
G16	02	自由选择轴平面	G74		程序作参考点附近
G17		*XY* 平面	G80		取消固定循环
G18		*XZ* 平面	G81		钻孔循环
G19		*YZ* 平面	G82		钻孔循环
G25	06	最小工作区限制	G83		深孔钻循环
G26	06	最大工作区限制	G84	09	攻螺纹循环
G33	00	螺纹切削	G85		粗镗循环
G34		螺纹切削，线性增螺距	G86		精镗循环
G35		螺纹切削，线性减螺距	G87		精镗循环
G40	07	取消刀尖半径补偿	G88		精镗循环
G41		刀具半径左补偿	G89		精镗循环
G42		刀具半径右补偿	G90	10	绝对尺寸编程
G48	12	离开轮廓	G91		增量尺寸编程
G50	13	取消比例修改	G92	06	编程零点设置
G51		比例修改	G94	11	进给率 mm/min
G53	04	零点偏置注销	G95		进给率 mm/r
G54	08	零点偏置 1	G96		接通恒定切割速度
G55		零点偏置 2	G97		关闭恒定切割速度

注：1. 00 组中的 G 代码是非模态指令，其他组的 G 代码为模态指令。

2. 标记▲的指令为系统启动后的缺省值。

HNC-21/22T 华中数控系统 G 代码

G 代码	组 别	功 能	G 代码	组 别	功 能
G00	01	快速定位	G65	00	宏指令简单调用
▲G01		直线插补	G71	06	外圆/内孔粗车复合循环
G02		顺时针方向圆弧插补	G72		端面粗车复合循环
G03		逆时针方向圆弧插补	G73		成形毛坯粗车循环
G04	00	暂停指令	G76		螺纹车削复合循环
G20	08	英制单位制定	▲G80		外圆/内孔简单固定循环
▲G21		米制单位制定	G81		端面简单固定循环
G28	00	返回参考位置	G82		螺纹车削循环
G29		从参考点返回	▲G90	13	绝对尺寸编程
▲G40	09	取消刀具半径补偿	G91		增量尺寸编程
G41		刀具半径左补偿	G92	00	工件坐标系设置
G42		刀具半径右补偿	▲G94	14	进给率 mm/min
▲G54	11	选择工件坐标系 1	G95		进给率 mm/r
G55		选择工件坐标系 2	G96	16	恒线速度切削
G56		选择工件坐标系 3	▲G97		恒转速切削
G57		选择工件坐标系 4			
G58		选择工件坐标系 5			
G59		选择工件坐标系 6			

SINUMERIK802D G 代码

G 代码	组 别	功 能	G 代码	组 别	功 能
G0	01	快速定位	CIP	01	中间点圆弧插补
G1 *		直线插补	G33		螺纹切削
G2		顺时针方向圆弧插补	G331		不带补偿夹具切削内螺纹
G3		逆时针方向圆弧插补	G332		不带补偿夹具切削内螺纹—退刀
CT		带切线过渡的圆弧插补	G4	02	暂停时间
			G74		回参考点
G40	07	取消刀尖半径补偿	G75		回固定点
G41		刀具半径左补偿	G90 *	14	绝对尺寸编程
G42		刀具半径右补偿	G91		增量尺寸编程
G60 *	10	连续路径加工	G601 *	12	在 G60，G9 方式下精准确定位
G64		连续路径加工	G602		在 G60，G9 方式下粗准确定位
G153	09	按程序段方式取消可设置零点偏置，包括手轮偏置	G53	09	按程序段方式取消可设置零点偏置

续表

G 代码	组 别	功 能	G 代码	组 别	功 能
G9	11	准确定位，单程序段有效	G94	15	进给率 mm/min
TRANS	03	可编程偏置	G95 *		进给率 mm/r
SCALE		可编程比例系数	G96		接通恒定切削速度
ATRANS		附加的可编程偏置	G97		关闭恒定切削速度
ASCALE		附加的可编程比例系数	G71 *	13	公制尺寸
G25		主轴转速下限或工作区域下限	G70		英制尺寸
G26		主轴转速上限或工作区域上限	G700		英制尺寸，也用于进给率 F
G500 *	08	取消可设定零点偏置	G710		公制尺寸，也用于进给率 F
G54		第一可设定零点偏置	G450 *	18	圆弧过渡
G55		第二可设定零点偏置	G451		等距线的交点，刀具在工件转角
G56		第三可设定零点偏置	BRISK *	21	轨迹跳跃加速
G57		第四可设定零点偏置	SOFT		轨迹平滑加速
G58		第五可编程零点偏置	FFWOF *	24	预控制关闭
G59		第六可编程零点偏置	FFWON		预控制打开
G17	06	选择平面（在加工中心孔时要求）	WALIMON *	28	工作区域限制生效
G18 *		选择 Z、X 平面	WALIMOF		工作区域限制取消
DIAMOF	29	半径尺寸输入	G290 *	47	西门子方式
DIAMON *		直径尺寸输入	G291		其他方式

注：1. 00 组中的 G 代码是非模态指令，其他组的 G 代码为模态指令。

2. 标记▲的指令为系统启动后的缺省值。

3. 带 * 的功能在程序启动时生效。

常用数控车床操作主要工具、刀具、量具清单（见表）

名称	规格（mm）	数量	名称	规格（mm）	数量
紫铜棒	Φ30×150	1	螺纹环规	M36×2－6g	1
硬爪	与机床配套	1 副	游标卡尺	0～150 mm（精度 0.02）	1
紫铜皮	0.1 mm，0.2 mm	若干	深度千分尺	0～25 mm	1
刷子	2 寸	1	外径千分尺	0～25 mm	1
抹布	棉质	若干	外径千分尺	25～50 mm	1
机床操作工具	卡盘扳手，加力杆，刀架扳手	一套	内径百分表	18～35 mm	1
铁屑清理工具	自定	1	深度游标卡尺	0～150 mm（精度 0.02）	1
护目镜等安全装置	自定	1 套	外圆车刀	主偏角：93°～95°； 副偏角 3°～5°机夹刀配刀片	1

续表

名称	规格（mm）	数量	名称	规格（mm）	数量
塞尺	自定	1套	外圆车刀	主偏角：93°～95°； 副偏角 50°～55°机夹刀配刀片	1
百分表	0～6	1	内孔车刀	孔径范围≥Φ20 mm； 刀杆伸长≤60 mm；机夹刀配刀片	1
杠杆百分表	0－1	1	外圆切槽（断）刀	刀刃宽 3～4 mm；	1
磁力表架	自定	1	外螺纹车刀	刀尖角 60°； 螺距：2 mm；机夹刀配刀片	1
游标万能角度尺	精度 2 分	1	垫片	宽 20 mm，长度依机床定厚： 0.1；0.3；0.5；1 mm	若干
螺纹环规	M30×2－6g	1			

常用数控铣床操作主要工具、量具、刀具准备清单

名称	规格（mm）	数量	名称	规格（mm）	数量
平口虎钳	开口＞100	1	游标万能角度尺	精度 2/	1
平行垫铁	依钳口高度定	若干	百分表	0～6	1
压板及螺栓		若干	杠杆百分表	0～1	1
扳手		1	磁力表座		1
手锤		1	高速钢立铣刀	Ȼ20、Ȼ10	各1
中齿扁锉	200	1	中心钻	Ȼ3	1
三角锉	200	1	钻头	Ȼ8、Ȼ10、Ȼ12	各1
油石		1	自紧式钻夹头刀柄	0～13	1
毛刷		1	弹簧或强力铣夹头刀柄		1
抹布		若干	夹簧	Ȼ20、Ȼ10	1
外径千分尺	0～25，25～50，50～75，75～100	1	深度千分尺	0～25	各1
游标卡尺	0～150（精度 0.02）	1			

3）补充了相应的评分表

表 1　职业素养评分表

学校名称		机床编号	数控车床		职业素养项目总分
姓　名			数控铣床		
试　卷		日　期			
考试时间	开始时间	完成时间			
职业素养	考核项目	考核内容		配分	得分
	纪律	服从安排；场地清扫等。如有违反，由监考员扣 1～3 分/项。		10	
	安全生产	安全着装；按规程操作等。如有违反，由监考员扣 1～3 分/ 项。		20	
	职业规范	机床加油、清洁；工具、量具、刀具摆放等。如有违反，由 监考员扣 1～3 分/项。		15	
	打刀	每打一次刀扣 5 分，最多扣 20 分。		20	
	加工超时	如超过规定时间不停止操作，每超过 1 分钟扣 1 分。		5	
	去毛刺	用砂布、锉刀修饰；锐边没倒钝，或倒钝尺寸太大等没按规定的操作行为，扣 1～3 分。		10	
	人伤械损事故	出现人伤械损事故整个测评成绩记 0 分。		20	
备注					
监考员签字			学生签字		

表 2　工艺文件编制评分细则

序号	评分项目	评分要点	配分	扣分要点
1	正确填写表头信息	含零件名称、毛坯种类、材料、质量等	6	至少要求填写六项，每少填一项扣 1 分。
2	工艺过程完善	工艺过程应包含毛坯准备、加工过程安排、检测安排及一些辅助工序（如去毛刺等）的安排。	10	每少一项必须安排的工序扣 5 分。
3	工序、工步的安排合理	1. 工序、工步层次分明，顺序正确。 2. 工件安装定位、夹紧正确。 3. 粗、精加工工序安排合理。 4. 热处理、检测安排合理。	20	①工序安排不合理，或少安排工序，每处扣 5 分，最多扣 20 分； ②工件安装定位不合适，扣 5 分； ③夹紧方式不合适扣 5 分。
4	工艺内容完整，描述清楚、规范，符合标准	1. 语言规范、文字简练、表述正确，符合标准。 2. 有使用夹具及装夹部位、校准方法及校正部位的描述。 3. 有使用刀具、加工部位的描述。 4. 有工序加工结果的描述。 5. 有使用设备、刀具、量具、工具的表述。	40	①文字不规范、不标准、不简练酌情扣 5～12 分； ②没有夹具及装夹的描述扣 6 分； ③没有校准方法、校正部位的表述扣 6 分； ④没有加工部位的表述扣 5 分； ⑤没有工序加工结果的规定扣 5 分； ⑥没有使用设备、刀具、量具的规定每项扣 2 分。
5	工序工艺简图	为表述准确，文字简练，对一些关键工序或工步要工艺卡上画工艺简图	14	①没有工序图扣 14 分； ②工艺图表达不正确每项扣 2 分； ③该画工艺图而没有画，每处扣 5 分。
6	刀具卡	对各工序工步中使用的刀具名称、刀具编号、刀具用途进行描述	10	①没填刀具卡扣 10 分； ②刀具卡填写错误每处扣 2 分。
7			100	

表3　零件检测评分表（参考）

学校名称			姓名			
零件名称		数控车零件1	工件编号			
序号	考核项目	检测位置	配分	评分标准	检测结果	扣分
1	形状（10分）	外轮廓	4	外轮廓形状与图形不符，每处扣1分		
		螺纹	3	螺纹形状与图形不符，每处扣1分		
		内孔	3	内孔与图形不符，每处扣1分		
2	尺寸精度（40分）	$\Phi34^{0}_{-0.025}$	6	每超差0.01 mm扣2分		
		$\Phi34^{0}_{-0.025}$	4	每超差0.01 mm扣2分		
		$\Phi34^{0}_{-0.025}$	4	超差不得分		
		Φ26±0.2	3	超差不得分		
		Φ22±0.2	3	超差不得分		
		螺纹M30×2－6g	5	超差不得分		
		槽4×3（±0.1）	3	超差不得分		
		C2（45°±30′）	1	超差不得分		
		R5±0.5	1	超差不得分		
		70±0.3	2	超差不得分		
		35±0.3	2	超差不得分		
		27±0.2	2	超差不得分		
		25±0.2	2	超差不得分		
		20±0.2	1	超差不得分		
		16±0.2	1	超差不得分		
3	表面粗糙度（15分）	Ra1.6	5	降一级不得分		
		Ra3.2	6	降一级不得分		
		其余Ra6.3	4	降一级不得分		
4	形状位置精度（5分）	同轴度0.03	5	每超差0.01 mm扣2分		
5	碰伤、划伤			每处扣3～5分。（只扣分，不得分）		
合计			70		零件得分	
检测老师签字						

参考文献

[1] 张德红，刘军．数控机床操作技能实训 [M]．北京：北京理工大学出版社，2010.
[2] 董建国，王凌云．数控编程与加工技术 [M]．长沙：中南大学出版社，2006.
[3] 赵学清．数控手工编程 [M]．北京：北京理工大学出版社，2010.
[4] 郑红．数控加工编程与操作 [M]．北京：北京大学出版社，2010.
[5] 罗永新．数控编程 [M]．长沙：湖南科学技术出版社，2007.
[6] 马名峻，蒋亨顺，郭洁民．电火花加工技术在模具制造中的应用 [M]．北京：化学工业出版社，2004.
[7] 刘瑞已，胡笛川．数控编程与操作 [M]．北京：北京大学出版社．2009.
[8] 申晓龙．数控加工技术 [M]．北京：冶金工业出版社．2008.
[9] 黄登红．数控编程与加工操作 [M]．长沙：中南大学出版社，2008.
[10] 杨丰，黄登红．数控加工工艺与编程 [M]．北京：国防工业出版社.
[11] 邹继强，刘矿陵．模具制造与管理 [M]．北京：清华大学出版社，2004.
[12] 王荣兴．加工中心培训教程 [M]．北京：机械工业出版社，2006.
[13] 余英良．数控铣削加工实训及案例解析 [M]．北京：化学工业出版社，2009.
[14] 汪红，李荣兵．数控铣床/加工中心操作工技能鉴定培训教程 [M]．北京：化学工业出版社，2008.